Gerd Sonnemann · Ozon

Gerd Sonnemann

Ozon

Natürliche Schwankungen
und anthropogene Einflüsse

Mit 86 Abbildungen und 11 Tabellen

Akademie Verlag

Dr. sc. nat. Gerd Sonnemann
Heinrich-Hertz-Institut
Observatorium für Atmosphärenforschung
Kühlungsborn

Lektorat: Dipl.-Met. Heide Deutscher
Herstellerische Betreuung: Christoph Neubarth

Die Deutsche Bibliothek – CIP-Einheitsaufnahme

Sonnemann, Gerd:
Ozon : natürliche Schwankungen und anthropogene
Einflüsse ; mit 11 Tabellen / Gerd Sonnemann. – Berlin :
Akad.-Verl., 1992
ISBN 3-05-500631-3

Erschienen in der Akademie Verlag GmbH, O-1086 Berlin
(Federal Republic of Germany),
Leipziger Str. 3-4

Gedruckt auf säurefreiem Papier

Satz und Druck: Druckhaus Köthen GmbH, O-4370 Köthen
Buchbinderische Verarbeitung: Leipziger Großbuchbinderei
Umschlaggestaltung: Ralf Michaelis, O-1153 Berlin
Printed in the Federal Republic of Germany

Inhaltsverzeichnis

1. Einführung

1.1. Gegenwärtige Bedeutung der Ozonforschung

Der dreiatomige Sauerstoff, das Ozon, ist neben dem Wasserdampf und dem Kohlenstoffdioxid der wichtigste atmosphärische Spurenstoff. Seine Gesamtmasse besitzt einen Wert von $3{,}6 \times 10^{15}$ g. Dies entspricht lediglich etwa der 20fachen Masse der Menschheit. Obwohl im absoluten Dichtemaximum der Ozonkonzentration in der Stratosphäre nur wenige Ozonmoleküle auf eine Million anderer Luftteilchen entfallen und in der atmosphärischen Grundschicht die relative Konzentration um mehr als das Einhundertfache geringer ist, besitzt das Ozon einige überaus wichtige Eigenschaften, die verlangen, diesem Minorkonstituenten höchste Aufmerksamkeit zu widmen.

Im wesentlichen gilt vier Wesensmerkmalen unser Interesse: Einmal besitzt Ozon das Vermögen, UV-Strahlung mit hoher Effektivität zu absorbieren. Damit bildet die Ozonschicht einen Schutzschild gegen die lebensbedrohende energiereiche Komponente der solaren Strahlung.

Mit der Absorption der ultravioletten Strahlung durch Ozon verbindet sich die wichtigste Energiequelle für die mittlere Atmosphäre. Die unterste atmosphärische Schicht, die Troposphäre, zeichnet sich durch eine mit der Höhe zunehmende Abkühlung aus. In der sich anschließenden Stratosphäre wachsen die Temperaturen aufgrund der durch Ozon bedingten Erwärmung wieder an.

Das bodennahe Ozon entfaltet im Gegensatz zu dem der Stratosphäre einige unerwünschte Wirkungen. So steht es in dem dringenden Verdacht, in Verbindung mit anderen Luftschadstoffen für die sogenannten neuartigen Waldschäden verantwortlich zu sein. Als letztes trägt es anteilig zum troposphärischen Treibhauseffekt bei, womit es in gewissen Grenzen auch klimatisch bedeutsam ist.

Für die Ozonbildung gibt es nur einen zu beachtenden chemischen Prozeß. Dieser besteht in der Dreikörperreaktion von atomarem mit molekularem Sauerstoff und einem dritten an der chemischen Reaktion unbeteiligten Stoßpartner, der dafür Sorge trägt, daß die Energie- und Impulsbilanz der Reaktion aufgeht. Trotz dieser einheitlichen Bildung unterscheidet sich die Ozonchemie in den einzelnen Atmosphärenschichten wesentlich voneinander. Einerseits treten unterschiedliche Verlustreaktionen in den Vordergrund, andererseits rührt der atomare Sauerstoff aus verschiedenen Quellen her. Dies macht es erforderlich, die Ozonchemie, oder zumindest Aspekte von ihr, für die einzelnen Atmosphärenschichten gesondert zu betrachten.

Die Ozonproblematik besitzt damit eine außergewöhnliche Komplexität und Breite. Galt die Aufmerksamkeit der Pioniere der Ozonforschung noch vorrangig den geophysikalischen Aspekten, so hat sich in den vergangenen 20 Jahren der Schwerpunkt entscheidend verschoben. Ozon wird heute vornehmlich mit Umweltfragen in Beziehung gebracht. Ausgelöst wurde die heftige Debatte durch die aus mathematischen photochemischen Modellen vorhergesagte zukünftige drastische Reduzierung des Schutzschildes Ozonschicht. Damit würde eine höhere UV-Strahlenbelastung für das Leben der Biosphäre erfolgen. Ein Schreckgespenst, die Hautkrebsgefahr, wurde geboren.

Dies führte nun zu einer wesentlichen Forcierung der Ozonforschung. Breit angelegte internationale Forschungsprogramme wurden in Angriff genommen, die Regierungen stellten Forschungsmittel zur Verfügung, und die gesamte Ozonforschung genoß eine ungewöhnliche Publizität. Nach einer Periode des Auf und Nieder in der Voraussage der möglichen Folgen anthropogener Attacken auf die Ozonschicht erlebt gegenwärtig durch die Entdeckung des „Ozonlochs“ über der Antarktis die öffentliche Diskussion eine neue Renaissance.

Erst in jüngster Zeit rückte Ozon in Verbindung mit den Stickstoffoxiden als möglicher Forstschadstoff in den Blickpunkt des Interesses. Im Hintergrund stehen handfeste ökonomische Zwänge. Befürchtet man, daß in den höheren Schichten das Ozon zu rar werden könnte, bereitet in der Grundschicht gerade der Ozonüberschuß ernsthafte Sorgen.

Die bisweilen sehr emotional geführten Dispute spiegeln die gesellschaftliche und politische Brisanz aller anthropogenen Einflüsse auf die Umwelt wider. Eine Versachlichung im Meinungsstreit wäre sehr wünschenswert, ohne sich als Wissenschaftler, wo erforderlich, einer Stellungnahme zu enthalten, denn die „Anthropogenosphäre“, der Bereich menschlich beeinflußter Umwelt, unterliegt auch der Verantwortung durch den Menschen.

1.2. Zur Geschichte der Ozonforschung

Ozon, der Trisauerstoff, wurde erstmals 1785 durch van Marum beim Durchschlagen elektrischer Funken durch Sauerstoff am Geruch wahrgenommen. Die eigentliche Entdeckung gelang 1839 Schönbein. Er benannte das Gas nach dem griechischen Wort ozein – riechen. Noch in einer Verdünnung von 1:500000 (2 ppm) kann es geruchlich wahrgenommen werden. Im Jahre 1858 wurde das Ozon von HOUZEAU in der Luft als Spurenstoff nachgewiesen. Die richtige chemische Zusammensetzung fand schließlich SORET im Jahre 1864.

Ozon stellt eine energiereiche Modifikation des Sauerstoffs dar und kann als eines der stärksten Oxydationsmittel angesehen werden. Insofern sollte es durch Luftverunreinigungen und Oxydationsprozesse an der Erdoberfläche zerstört werden. Da es jedoch permanent präsent ist, muß es einen ständigen Nachschub geben.

Ozon ist ein Gas von hellblauer Farbe mit einem stechenden Geruch. Es kondensiert bei 161,2 K (—111,9 °C) zu einer explosiblen schwarzblauen Flüssigkeit, die sich bei 22,1 K (—251 °C) zu gleichfalls explosiblen schwarzvioletten Kristallen verfestigt. Unter Zimmertemperatur zersetzt sich Ozon relativ langsam, zerfällt jedoch beim Erhitzen explosionsartig.

Frühe meteorologische Untersuchungen des niederen Ozons stammen von BÉRIGNY (1855) und BOECKEL (1865). Sie benutzten (wie HOUZEAU) von SCHÖNBEIN entwickelte Papiere, die Kaliumjodid und Stärke enthielten. Damit waren nur semiquantitative Aussagen möglich. BOECKEL fand im Ozon Tag-zu-Tag-Variationen und ein jährliches Maximum im Frühling. Erste Messungsversuche in der freien Atmosphäre (5 km) mit solchen Papieren durch GLAISHER und COXWELL 1862 mittels eines Ballons (GLAISHER et al. 1870) waren erfolglos.

CHAPPUIS erhielt 1882 als erster diese dunkelfarbene Flüssigkeit und spekulierte wie HARTLEY bereits vor ihm, daß die blaue Himmelsfärbung hieraus resultiere, obwohl die klärenden Arbeiten von RAYLEIGH und TYNDALL et al. zu der Zeit schon erschienen waren. Bereits 1854 hatte SORET eine Nachweismethode von Ozon durch Oxidation von Kaliumarsenit K_3AsO_3 zu Kaliumarsenat K_3AsO_4 durch Ozon in Anwesenheit von Kaliumjodid gefunden. LÉVY nutzte diese Methode zwischen 1876 und 1906 im Meteorologischen Observatorium Montsouris in Paris zur systematischen Messung des Bodenozons. Er fand Werte zwischen 14 $\mu g\,m^{-3}$ im Februar und 7 $\mu g\,m^{-3}$ im Dezember, der Durchschnitt der Jahre 1876 bis 1881 betrug 11 $\mu g\,m^{-3}$, der eingedenk der vielzitierten Bodenozonerhöhung erstaunlich gut mit dem gegenwärtigen Wert um 10 $\mu g\,m^{-3}$ korrespondiert. Daß die Bodenozonkonzentration vom Untergrund mit abhängt, entdeckte 1874 ZITTEL in Ägypten. Er fand, daß der Ozongehalt über dem Saharasand höher ist als in einem nahegelegenen Niltal.

Im Jahre 1880 setzten HARTLEY und etwa gleichzeitig CHAPPUIS einen Meilenstein in der Ozonforschung. Ihnen gelang der spektroskopische Nachweis von Ozon in unterschiedlichen Wellenlängenbereichen. Bei der Untersuchung der Extinktion ultravioletter Strahlung durch Ozon unterhalb 300 nm wurde gefunden, daß Ozon in diesem heute als HARTLEY-Banden bezeichneten Wellenlängenbereich die Strahlung sehr stark absorbiert. Damit lag es nahe, das atmosphärische Ozon zur Erklärung des abrupten Abbruchs des an der Erdoberfläche gemessenen solaren Spektrums bei 300 nm zu kürzeren Wellenlängen hin verantwortlich zu machen.

CHAPPUIS gelang eine analoge Entdeckung eines aber nicht so ausgeprägten Effekts im sichtbaren Wellenlängenbereich, der heute den Namen CHAPPUIS-Banden trägt. Schließlich entdeckten HUGGINS und HUGGINS 1890 eine neue Liniengruppe in dem photographischen Spektrum von Sirius, die durch FOWLER und STRUTT (RAYLEIGH) 1917 als Absorptionsband des atmosphärischen Ozons identifiziert wurde. Schon 1906 hatten LADENBURG und LEHMANN ohne Kenntnis der Messungen in der freien Atmosphäre diese Liniengruppe im Absorptionsspektrum des Ozons beobachtet. Dieser sich den HARTLEY-Banden anschließende Bereich größerer Wellenlänge heißt heute die HUGGINS-Banden.

1861 erwähnte TYNDALL, daß Ozon stark Wärmestrahlung absorbiert. ÅNGSTRÖM entdeckte 1908 eine Reihe von Absorptionsbanden im infraroten Spektrum bei 4,8; 5,8 und 9,1–10,0 µm. Die letzte erwies sich als extrem intensiv, und ÅNGSTRÖM schlußfolgerte richtig, daß in dieser Bande die terrestrische Eigenstrahlung absorbiert wird. Der Sonne schrieb er ohne Wissen um die wahren photochemischen Zusammenhänge ein Ozonbildungspotential zu.

Aufgrund der Beobachtung, daß sich die Abbruchgrenze des solaren Spektrums bei niederem Sonnenstand zu größeren Wellenlängen hin verschiebt, zog bereits 1879 CORNU den Schluß, es müsse ein atmosphärischer Spurenstoff für diesen Effekt verantwortlich sein, da sich das Sonnenspektrum selbst nicht mit der Erdrotation ändern kann. HARTLEYS zweite Arbeit aus dem Jahre 1881 befaßte sich bereits mit der Absorption solarer Strahlung durch atmosphärisches Ozon. Die endgültige Bestätigung dieser Schlußfolgerung wurde jedoch erst wesentlich später durch FABRY und BUISSON (1921) erbracht. Beim Vergleich der gemessenen Extinktion der ultravioletten Strahlungsdichte der Sonne mit der aufgrund der allgemeinen atmosphärischen Absorption theoretisch zu erwartenden konnte der Differenz eine Ozonmenge von 0,3 cm reduzierter Schichtdicke zugeordnet werden. Damit erwies sich die durchschnittliche atmosphärische Ozonkonzentration mit einem relativen Anteil von 3 bis 4×10^{-7} oder 300 bis 400 ppbV als außerordentlich gering. (1 cm reduzierter Schichtdicke entsprechen etwa $2{,}7 \times 10^{19}$ Ozon-Teilchen pro cm^2. Die DOBSON-Einheit DU (D) ist definiert als 10^{-3} cm reduzierter Schichtdicke, und diese wiederum entspricht dem Maß, wenn das Gesamtozon auf Normaldruck von 1 013,25 hPa und Normaltemperatur von 0 °C gebracht würde.)

Das bodennahe Ozon mit einer noch wesentlich geringeren Konzentration von durchschnittlich 20 ppbV konnte nicht die Extinktion der Solarstrahlung in den HARTLEY-Banden erklären. Damit entstand zwangsweise die Vorstellung einer Ozonschicht, der Ozonosphäre, welche in höheren Atmosphärenregionen gelagert sein mußte.

Aus Ballonmessungen bis 10 km Höhe durch WIGAND (1913) konnte keine signifikante Abnahme der Extinktion gefunden werden, so daß STRUTT (1918) diese Schlußfolgerung zog. 1926 gelang es GÖTZ mit Hilfe des Umkehreffektes, den Schwerpunkt der atmosphärischen Ozonschicht in 25 km Höhe zu bestimmen. Bei seinen Messungen auf Spitzbergen konnte GÖTZ (1929) auch die vertikale Ozonverteilung der Stratosphäre mit Hilfe der Umkehrmethode ermitteln (siehe DOBSON 1968, GÖTZ et al. 1934).

Erste theoretisch-aeronomische Überlegungen über das atmosphärische Ozon wurden auf der Ozonkonferenz 1929 in Paris durch CHAPMAN vorgestellt. Die 27 auf dieser Veranstaltung gehaltenen Vorträge publizierte FABRY (1929) in der Zeitschrift „Gerlands Beiträge zur Geophysik" (siehe auch CHAPMAN 1930). Die Höhe der Ozonschicht wurde trotz der richtigen Lokalisierung durch GÖTZ (1928) mit 45 km noch falsch angenommen. Mit Hilfe von Ultraviolettspektrographen konnte die vertikale Ozonverteilung durch E. und V. H. REGENER (1934) direkt gemessen und somit die Höhe der Ozonschicht unmittelbar festgestellt werden.

Es wurde schon sehr früh offenkundig, daß die durchschnittliche Ozonschicht der Atmosphäre beachtlichen Schwankungen unterworfen war (DOBSON und HARRISON 1927). Diese Variationen kontinuierlich zu überwachen, schien für das Verständnis der meteorologischen Abläufe in der höheren Atmosphäre sehr anstrebenswert zu sein. Auf diesem Gebiet leistete DOBSON (1926, 1931) in Oxford mit der Entwicklung und dem Einsatz (17. 2. 1925) seines auf der differentiellen Absorption beruhenden lichtelektrischen Photometers Pionierarbeit.

Mit den DOBSON-Photometern, die einheitlich interkalibriert wurden (siehe auch Ozonmeßtechnik), konnte bald ein von der WMO anerkanntes Meßnetz von Ozonbeobachtungsstationen ausgerüstet werden, deren Anzahl sich im Laufe der Jahre vergrößerte, ohne dabei den Nachteil zu überwinden, daß sich die meisten auf der Nordhemisphäre in der Nähe industrieller Zentren befanden. Neben dem in Oxford zum Einsatz gebrachten Photometer wurden zuerst die Stationen Valentia (Irland), Lerwick (Shetlandinseln), Abisko (Schweden), Lindenberg (Deutschland) und Arosa (Schweiz) mit diesen Geräten bestückt.

Die Erforschung der vertikalen Ozonverteilung war unmittelbar mit der Entwicklung der Meßtechnik und der Trägersysteme für diese verbunden. Radiosonden-Bestimmung der vertikalen Ozonverteilung initiierten KULCKE und PAETZOLD (1957) sowie VASSY (1958). Chemische Sonden wurden durch REGENER (1960) und BREWER und MILFORD (1960) entwickelt und eingesetzt. Insbesondere der Einsatz von meteorologischen Raketen und die Satellitenmeßtechnik führten zu einem enormen Erkenntniszuwachs. (Es sei in diesem Zusammenhang auf den Abschnitt Ozonmeßtechnik verwiesen.)

Historisch gesehen fertigte GÖTZ bereits im Jahre 1931 die erste Isoplethenkarte eines latitudinal-saisonalen Schnitts des Gesamtozons zwischen 80 °N und etwa 50 °S an, in der bereits die wesentlichen Strukturen der globalen Gesamtozonverteilung zu erkennen sind.

Seit 1965 wurden erste meridionale Schnitte der Ozonverteilung auf der Grundlage der Messung durch chemische Sonden erbracht. Das Verhalten des globalen Ozons zu erforschen, kristallisierte sich als Schwerpunktaufgabe heraus (GRIGGS 1966, DÜTSCH 1968, 1969). Durch LONDON et al. (1976) konnte auf der Basis des weltweiten DOBSON-Netzwerkes ein Atlas der globalen Gesamtozonverteilung für den Zeitraum 1957 bis 1967 erstellt werden. Synoptische Analysen der horizontalen und vertikalen Ozonverteilung fertigte 1969 PIAGET an.

Mit dem Start der Satelliten NIMBUS 4 am 8. 4. 1970 begann eine neue Ära der globalen Ozonerforschung. Raketenmessungen erbrachten zuvor wichtige Ergebnisse, insbesondere auch über das durch Ballons nicht mehr erfaßbare mesosphärische Ozon. Sie führten zur Aufstellung des US-Standard-Modells des mesosphärischen Ozons durch KRUEGER und MINZNER (1976). Jedoch gestatteten erst die Satelliten eine feinskalige globale synoptische Überwachung des Ozons bei simultaner Messung der Temperatur. Der Solar Mesospheric Explorer (SME) Satellite erweiterte insbesondere das Wissen über das mesosphärische Ozon. Ein Nachteil der Satelliten (und damit ein entscheidendes Argument für die weitere Existenzberechtigung der DOBSON-Stationen) besteht darin, daß die Meßreihen zu kurz und die Meßgeräte untereinander nicht genau genug kalibriert sind. Langfristige globale Trendaussagen über mögliche anthropogene Veränderungen des Gesamtozons wurden fast ausschließlich aus den DOBSON-Messungen erhalten.

CHAPMAN (1930, 1943) führte die photochemische Theorie einer reinen Sauerstoffatmosphäre zur Erklärung des atmosphärischen Ozons ein. Diese Theorie wurde in den nachfolgenden Jahren durch MECKE (1931), WULF und DEMING (1936, 1937) ausgebaut. CHAPMAN (1930) formulierte darüber hinaus den Bildungsmechanismus atmosphärischer Schichten (single layer) als Zusammenspiel einerseits der mit der Höhe abnehmenden Luftdichte und andererseits der mit der Höhe zunehmenden Strahlungsintensität.

Im Jahre 1950 entdeckte MEINEL die Vibrations-Rotationsbanden des Hydroxylradikals OH im Leuchten des Nachthimmels (MEINEL-Banden). Dies gab den Anlaß, die Ozonchemie komplexer zu betrachten. Die Einbeziehung von Wasserstoffverbindungen in die Ozonchemie wurde zuerst durch BATES und NICOLET (1950a) vollzogen. Sie entwickelten eine Hydrogen-Oxygen-Chemie und schlossen im gleichen Jahr andere Hydrogenverbinden wie Methan und Wasserdampf in die Betrachtung ein (siehe auch HERZBERG 1951).

Die fundamentale Bedeutung des elektronisch angeregten ^1D-Zustandes des atomaren Sauerstoffs in der Atmosphäre bei der Oxydation von H_2O erkannten erstmalig HAMPSON (1964) und CADLE (1964). Die aus der Photolyse von Ozon im Wellenlängenbereich unter 316 nm stammende $O(^1D)$-Produktion erwies sich als hinreichend groß, H_2O, CH_4 und H_2 photochemisch zu aktivieren (Nicolet 1970).

Wird die mesosphärische Ozonchemie sehr präzise durch eine Hydrogen-Oxygen-Chemie beschrieben, so zeigten sich für die untere Stratosphäre bald Unstimmigkeiten zwischen Theorie und Beobachtung. Einen Ausweg fand 1970 Crutzen (1970, 1971) indem er Stickstoffoxide als zusätzliche katalytische Ozonvernichter in die Photochemie mit einbezog.

Mit Johnston (1971) begann die Phase der Diskussion um mögliche anthropogene Einwirkungen auf die Ozonschicht. In seiner Arbeit vermutete er, daß durch den Einsatz von stratosphärischen Überschalltransportflugzeugen durch deren Stickstoffoxide enthaltende Abgase die Ozonschicht katalytisch reduziert werden könnte.

Nachdem Stolarski und Cicerone (1974) und andere Wissenschaftler Chlorverbindungen für einen weiteren katalytischen Abbau der Ozonkonzentration verantwortlich gemacht hatten, lenkten Molina und Rowland (1974 a, b) und Rowland und Molina (1975) die Aufmerksamkeit auf die industriell erzeugten Chlorfluormethane. Auch heute stellen noch der massenweise Einsatz von Chlorverbindungen in Form von Treibgasen, Kühlmitteln, Reinigungsmitteln oder Schaummitteln das Kernproblem der anthropogenen Beeinflussung des Schutzschildes Ozonschicht dar.

Die Einbeziehung von Bromverbindungen in die Ozonchemie durch Wofsy u. a. (1975) und von anderen natürlichen Chlorverbindungen wie Methylchlorid (Lovelock 1975) vervollständigten die Ozonchemie. Insbesondere mit der Entdeckung des „Ozonlochs" über der Antarktis wurden durch verschiedene Gruppen heterogene photochemische Reaktionen (siehe entsprechenden Abschnitt), d. h. Reaktionen zwischen Gas- und Flüssig- oder Festkörperphase an der Oberfläche von Aerosolen, diskutiert. Der Meinungsstreit ist diesbezüglich noch nicht abgeschlossen. Die mögliche Zersetzung der Ozonschicht erweist sich als eine der komplexesten Fragen, die so unterschiedliche interdisziplinäre Wissenschaften wie chemische, geophysikalische, meteorologische, geologische, biologische, medizinische, technologische, ökonomische u. a. Forschung zusammenführt.

Die Untersuchung der Chemie des troposphärischen (Grundschicht) Ozons wurde vor allem durch die Smogepisoden und neuerdings durch die Diskussion um die Forstschäden vorangetrieben. Zum allgemeinen Verständnis trug hierzu wesentlich die Aufklärung des Mechanismus der katalytischen Ozonerzeugung aus Kohlenstoffmonoxid mittels Stickstoffoxiden durch Heicklen et al. (1971) in der sogenannten Smogkammerreaktion bei. Dabei wird in der Nettoreaktion aus Kohlenstoffmonoxid, Sauerstoff und Strahlung Kohlenstoffdioxid und Ozon gebildet.

1.3. Die Zusammensetzung der Luft

Das die Erdoberfläche bedeckende Gas, die Luft, ist ein Gemisch, dessen dominierende Bestandteile Stickstoff, Sauerstoff und Argon eine örtlich wie zeitlich große Mischungskonstanz aufweisen. Bezogen auf trockene Luft ergibt sich die folgende Zusammensetzung:

Gas	chemische Kurzbezeichnung	Molekulargewicht	Volumenanteil	Massenanteil
Stickstoff	N_2	28,016	0,7809	0,7552
Sauerstoff	O_2	32,000	0,2095	0,2315
Argon	Ar	39,944	0,0093	0,0128

Eines der überraschendsten Ergebnisse der Erforschung der Hochatmosphäre bestand in der Erkenntnis, daß sich dieses Mischungsverhältnis bis hinauf in etwa 100 km Höhe, in die Turbopause, nicht ändert. Dies ist eine Folge der weitaus stärkeren turbulenten Durchmischung der Atmosphäre, als man zuvor angenommen hatte. Die Schicht der einheitlichen Luftzusammensetzung wird als Homosphäre bezeichnet.

Erst oberhalb der Turbopause, einer relativ engbegrenzten Übergangsregion, beginnt die Heterosphäre. Diese Schicht ist dadurch gekennzeichnet, daß aufgrund der Zunahme der mittleren freien Weglänge zwischen zwei kollidierenden Gasteilchen der relative Anteil der Gasteilchen mit niederem Gewicht mit der Höhe zunimmt, obwohl selbstverständlich absolut die Gasdichte weiterhin abnimmt. Es beginnen qualitativ neuartige Gaskomponenten, die aus der Dissoziation der molekularen Konstituenten durch die energiereiche solare EUV-Strahlung hervorgingen, zu dominieren. Zunächst herrscht in der unteren und mittleren Thermosphäre, ab 130–180 km in Abhängigkeit von der Temperatur der höchsten Atmosphärenschicht, der Exosphäre, der atomare Sauerstoff O vor. In der sogenannten Übergangsregion (transition region) übernimmt Helium He die Rolle des atmosphärischen Hauptgases (zwischen 450–1 500 km). Schließlich avanciert in den höchsten Schichten mit sehr variabler unterer Grenze der atomare Wasserstoff zum beherrschenden Gas.

Die Luft enthält neben diesen drei Bestandteilen eine sehr große Anzahl von Spurenstoffen (minor constituents) und die beiden noch als Hauptkomponenten definierten Gase H_2O und CO_2. Diese Stoffe und eine Unzahl von Staub- und Aerosolpartikeln bestimmen die Luftqualität. Man spricht in diesem Zusammenhang von guter und schlechter Luft. Selbst die sogenannte „verbrauchte Luft" ist nicht so sehr durch einen Mangel an Sauerstoff als vielmehr durch eine Anreicherung von Konstituenten wie CO_2 gekennzeichnet.

In der untersten Luftschicht, der Troposphäre, tritt als wichtigste Komponente H_2O in Erscheinung. Seine Konzentration kann bis zu 2,5% betragen und

0,02% unterschreiten, weshalb auch alle Konzentrationen anderer Gase auf trockene Luft bezogen werden. H_2O nimmt in der Luft alle drei Phasen an und bestimmt wegen seiner hervorragenden Eigenschaften, latente Wärme (Verdampfungswärme) zu transportieren, Infrarotstrahlung (thermische Strahlung) zu absorbieren, durch Wolken Strahlung zu reflektieren, um nur einige zu nennen, das meteorologische Geschehen der Troposphäre wesentlich mit.

Oberhalb der Troposphäre, deren Höhe vom Äquator bis zum Pol etwa zwischen 18 und 8–10 km mißt, wird der Wasserdampf zum Spurengas mit einer Konzentration von nur wenigen (3–4) ppm (parts per million-Konzentration von $10^{-6} = 10^{-4}\%$). Seine Bedeutung für die so bezeichnete mittlere Atmosphäre besteht in der Einflußnahme auf photochemische Prozesse. Vor allem die Oxydation durch das elektronisch angeregte $O(^1D)$, das aus der Photodissoziation von Ozon für Wellenlängen kleiner als etwa 310 nm folgt, in zwei OH-Radikale bzw. die direkte Dissoziation in der Mesosphäre durch die Lyman-α-Strahlung in H und OH schafft chemisch äußerst aktive Konstituenten.

Kohlenstoffdioxid (landläufig als Kohlendioxid bezeichnet) stellt einen weiteren wichtigen atmosphärischen Bestandteil dar. Aufgrund der Oxidation der fossilen Energieträger Kohle, Erdöl und Erdgas sowie der Vernichtung sowohl der toten als auch der lebenden Biomasse (Humus und Holz der tropischen Regenwälder) nimmt seine Konzentration seit etwa der Mitte des vergangenen Jahrhunderts meßbar zu. Gegenwärtig beträgt der Zuwachs ungefähr 1 ppm pro Jahr. Das CO_2-Mischungsverhältnis in der Luft ist bis hinauf in 90 km Höhe relativ konstant und beläuft sich im Jahr 1991 auf 345–350 ppm. Es wird in seiner Konzentration durch die Vegetationsperioden insbesondere der Nordhalbkugel und durch Austauschprozesse mit dem Ozean leicht moduliert.

Oberhalb 90 km beginnt sich zunehmend die photochemische Dissoziation von CO_2 bemerkbar zu machen, so daß seine relative Konzentration stark abnimmt und in der Heterosphäre schließlich entsprechend seinem hohen Molekulargewicht von 44,010 vernachlässigt werden kann.

Die grundsätzliche Bedeutung des CO_2 für das irdische Leben liegt bekanntlich vor allem darin, daß es die Pflanzen bei Abgabe von Sauerstoff im Prozeß der Photosynthese assimilieren können. Seine meteorologische und geophysikalische Relevanz ist mit seiner Infrarotaktivität verknüpft. Der atmosphärische Treibhauseffekt rührt zum größten Anteil aus der Absorption der terrestrischen Eigenstrahlung um das Maximum der Schwarzkörperstrahlung in den 15-µm- und 6,3-µm-CO_2-Banden her. Erst der atmosphärische Treibhauseffekt, d. h. der verzögerte Abtransport der von der Erdoberfläche und der unteren Atmosphäre ausgehenden Wärmestrahlung, schafft lebensfreundliche Temperaturen für die Biosphäre. Andererseits verbinden sich mit einer zu großen Treibhauswirkung Befürchtungen, daß sich die globale Temperatur erhöhen und damit die natürlichen klimatischen Verhältnisse bis hin zu Folgen wie dem Abschmelzen des polaren Treibeises und des antarktischen Eisschelfes irreversibel verändern könnten.

In der mittleren Atmosphäre bestimmt CO_2 so gut wie allein die Infrarotkühlung der Atmosphäre in der intensiven 15-μm-Schwingungsrotationsbande (eigentlich handelt es sich um mehrere Banden) und repräsentiert damit den Hauptverlustterm in der Energiebilanz dieses Bereiches.

Ein dritter Konstituent spielt eine überragende Rolle in der Physik und Chemie der Atmosphäre und in dem biologischen Leben. Es ist das Ozon. Diesen Minorkonstituenten vorzustellen ist Anliegen dieses Buches.

Eine schier endlose Anzahl anderer Spurenstoffe sind natürlicherweise in der Atmosphäre enthalten. Hierzu zählen die Edelgase Helium, Neon, Krypton und Xenon sowie örtlich in kleinsten Dosen das aus dem radioaktiven Zerfall stammende selbst instabile Radon. Weiter enthält die Atmosphäre Methan und Wasserstoff, verschiedene Schwefel-, Stickstoff-, Chlor-, Fluor-, Bromverbindungen, Kohlenwasserstoffe usw. usf. Ihre Gesamtkonzentration bleibt unter 10^{-3}%. Sie unterliegen zahlreichen chemischen Umwandlungen und werden z. T. erst durch photochemische Prozesse erzeugt.

Durch anthropogene Emissionen gelangen über die natürlichen Bestandteile hinausgehend eine bedeutende Anzahl von Spurenstoffen in die Atmosphäre bzw. erhöhen die Konzentration der natürlichen Konstituenten. Einige wichtige sind Schwefeldioxid, die Stickstoffoxide (NO und NO_2) sowie N_2O, das Lachgas. Weiter Fluorchlorkohlenwasserstoffe FCKW, Ammoniak, Tetrafluormethan, Methan, Kohlenstoffmonoxid, Kohlenwasserstoffe usw. Ozon oder andere Photooxidantien als sekundäre Schadstoffe werden aufgrund des Eintrages primärer Schadstoffe in photochemischen Abläufen gebildet.

Tabelle 1.1. Konzentration der Edelgase und einiger Spurenstoffe in der Troposphäre

Konzentration: der Edelgase		einiger Spurenstoffe in der Troposphäre		
Atom	Verhältnis auf Volumen	Molekül	Verhältnis	Bemerkung
He	$5{,}24\times10^{-6}$	CO_2	$3{,}4\times10^{-4}$	steigend
Ne	$1{,}82\times10^{-5}$	H_2	10^{-5}–10^{-2}	sehr variabel
Ar	$9{,}34\times10^{-3}$	CH_4	$1{,}6\times10^{-6}$	leicht steigend durchmischt
Kr	$1{,}14\times10^{-6}$	N_2O	$2{,}5\times10^{-7}$	steigend durchmischt
Xe	$8{,}7\times10^{-8}$	O_3	10^{-8}–10^{-7}	variabel
		CO	5×10^{-8}–2×10^{-7}	steigend variabel
		NO_2	5×10^{-10}–2×10^{-8}	steigend variabel
		H_2	5×10^{-7}	steigend variabel durchmischt

Hinzugezählt werden müssen Stäube unterschiedlicher Art (Metalle, Ruß, Gummiabriebe u. a.) und Aerosole. Sie machen im Normalfall weniger als 10^{-6} Massenanteile aus (10^{-6} kgm^{-3}), können aber anthropogen bedingt oder bei Staubstürmen wesentlich höhere Quoten erreichen. Tabelle 1.1 gibt eine Übersicht über einige Spurenstoffe in der Atmosphäre.

Obzwar Isotope für die Photochemie ohne große Relevanz sind, spielen sie für viele Fragen der Forschung als sogenannter Tracer (Indikator) eine bedeutende Rolle. Die wichtigsten Ozonisotope $O^{16}O^{18}O^{16}$ und $O^{16}O^{18}O^{18}$ besitzen eine relative Häufigkeit von 0,21% und 0,41%.

1.4. Der strukturelle Aufbau der Atmosphäre

Die Atmosphäre unterteilt man nach unterschiedlichen physikalischen und stofflichen Gesichtspunkten in Sphären und Schichten. Als gebräuchlichste Einteilung wird der Parameter „Vorzeichen des Höhengradienten der Temperatur" verwendet.Wir wollen uns in der Diskussion im wesentlichen auf den bereits vorgestellten Bereich der Homosphäre beschränken.

Die Transparenz der Atmosphäre für den energetisch bedeutsamsten Teil der solaren Strahlung im sichtbaren Spektrum bedingt eine Aufheizung der Erdoberfläche, die ihrerseits durch turbulenten Wärmeaustausch die Grundschicht erwärmt. In der untersten Schicht, der Troposphäre, nimmt, von der warmen Bodenschicht ausgehend, durch eine adiabatische Temperaturabnahme der Gradient dT/dz negative Werte an. Die obere Grenze der Troposphäre wird Tropopause genannt. Sie ist durch eine plötzliche Zunahme der statischen Stabilität ausgezeichnet. Die Temperaturen der Tropopause betragen an den Polen (8–10 km) 223 K (—50 °C) und am Äquator (16–18 km) 193 K (—80 °C), besitzen aber jahreszeitliche Variationen und unterliegen darüber hinaus irregulären Veränderungen.

Bisweilen wird die atmosphärische Grundschicht oder planetarische Grenzschicht auch als Peplosphäre bezeichnet. Sie erstreckt sich im Mittel 1,8 km in die Höhe und zeigt häufig ein sogenanntes Inversionsverhalten, welches darin zum Ausdruck kommt, daß die Temperatur im Gegensatz zum allgemeinen troposphärischen Erscheinungsbild bis zur Peplopause zunimmt.

Die Peplosphäre stellt die bodennahe Reibungsschicht dar und ist dadurch gekennzeichnet, daß der ageostrophische Massenfluß in Richtung des horizontalen Druckgradienten verläuft. Der Windvektor ist nicht orthogonal zum Druckgradienten. Die von der Bodenreibung freien geostrophischen Winde wehen aufgrund der durch die Erdrotation hervorgerufenen ablenkenden Corioliskraft orthogonal zum Druckgradienten. Ein Tiefdruckgebiet wird aus diesem Grunde zyklonal (auf der Nordhalbkugel entgegen dem Uhrzeigersinn) umstrudelt, ein

Hochdruckgebiet antizyklonal. Das markanteste Beispiel stellt der Polarwirbel (polar vortex) dar. Im Winter entwickeln sich wegen des Energiedefizits zirkumpolare Tiefdruckgebiete, die zu einer vorherrschenden Westwindströmung führen. Der Energieüberschuß des Polarsommers erzeugt ein antizyklonales Ostwindregime.

Die mittlere Atmosphäre wird aus der Stratosphäre und der Mesosphäre gebildet. Die Stratosphäre zeichnet sich durch einen positiven Temperaturgradienten aus. Dieser folgt aus der Aufheizung durch Ozon bei Absorption solarer UV-Strahlung. Die Stratosphäre besitzt im Gegensatz zur Troposphäre, in der eine ständige konvektive Durchmischung der Luft stattfindet, eine hohe statische Stabilität. Etwa in 50 km (±5 km) Höhe in der Stratopause erreichen die stratosphärischen Temperaturen ein Maximum mit Werten um 0 °C (±20 K).

Die Mesosphäre zeichnet sich wieder durch einen negativen Temperaturgradienten aus. Dieser kann zeitweise und örtlich so groß werden, daß die statische Stabilität unterschritten wird und damit konvektive Aufwärtsströmungen möglich sind. Die Temperaturen erreichen in Höhe der Mesopause um 85 km (±5 km) die absolut niedrigsten Beträge, die irgendwo im erdnahen Raum beobachtet werden. Von Minimalwerten um 140 K (—133 °C) wurde berichtet. Im Mittel variieren sie vom Sommer zum Winter zwischen 180 K und 220 K, wobei eine ausgeprägte Breitenabhängigkeit existiert.

Die Temperaturabnahme mit der Höhe ist an die Ozonabnahme gekoppelt. Andererseits wurde die extreme UV-Strahlung (EUV) bereits durch das Gas höherer Schichten absorbiert, so daß die Mesosphäre durch einen Mangel an absorbierter Strahlungsenergie gekennzeichnet ist.

Die Mesopause verhält sich in bezug auf die saisonale Abhängigkeit der Temperatur genau entgegengesetzt wie die Stratopause. Höhere Wintertemperaturen zeigen an, daß es in der Energiebilanz außer der Absorption solarer UV-Strahlung gerade in dem Mesopausenbereich weitere z. T. dominierende (diabatische) Energiequellen geben muß.

Eine ist verbunden mit der Umsetzung chemischer Energie, vor allem der stufenweisen Assoziation (Rekombination) von atomarem Sauerstoff. Dieser bildet sich in höheren Schichten (und lokal) aus der Dissoziation von molekularem Sauerstoff durch die Wirkung der EUV-Strahlung und setzt nach dem diffusiven oder an vertikale Winde gebundenen Abwärtstransport seine latente chemische Energie um.

Ein weiterer energetischer Term verknüpft sich mit der durch die vertikalen Winde hervorgerufenen adiabatischen Erwärmung (Abwärtswinde bei Umsetzung von potentieller Energie in Wärme) oder adiabatischen Abkühlung (Aufwärtswinde bei Wärmeentzug aufgrund der Arbeit gegen die Schwerkraft). Schließlich trägt insbesondere im Winter dissipierende Wellenenergie aus internen Schwerewellen und planetaren (planetarischen) Wellen anteilig zur Erwärmung der Mesosphäre bei.

Die Aufzählung der energetischen Einflüsse ist nicht vollständig, doch mögen gerade eine winterliche adiabatische Erwärmung und eine erhöhte Rekombination sowie der Umsatz von nieder-atmosphärischer Wellenenergie die höheren Wintermesopausentemperaturen erklären, während extrem niedrige Sommertemperaturen einer adiabatischen Abkühlung zuzuschreiben wären.

Oberhalb der Mesosphäre beginnt die Thermosphäre. Sie wird geprägt durch einen rapiden Anstieg der Temperatur in Abhängigkeit von der solaren Aktivität und anderen Parametern auf Werte zwischen 600 K und vielleicht extrem 2 000 K, im Mittel um 1 000 K. Ihre obere Grenze, die Thermopause, besitzt einen auf 0 abfallenden Temperaturgradienten und variiert mit der Sonnenaktivität zwischen 200 und 500 km Höhe. Im Thermopausenbereich bestimmt vor allem die XUV-Absorption durch den atomaren Sauerstoff den Energieeintrag (XUV-Spektralbereich, der sich längerwellig der Röntgenstrahlung anschließt). In tieferen Schichten der Thermosphäre gewinnt zunehmend die Absorption der EUV-Strahlung durch den molekularen Sauerstoff im SCHUMANN-RUNGE-Kontinuum und den SCHUMANN-RUNGE-Banden an Bedeutung.

Unser Interesse gilt vor allem der Chemosphäre, die die Ozonossphäre in sich einschließt. Die Chemosphäre ist auf das engste mit der Ozonchemie verbunden. Ihre obere Grenze wird dadurch bestimmt, daß die sogenannten Dreikörperreaktionen mit der Höhe aufgrund der Zunahme der freien Weglänge immer seltener werden, schließlich selbst Zweikörperreaktionen an Bedeutung verlieren. Nach unten zu nimmt die die chemischen Reaktionen hervorrufende dissoziierende Strahlung entsprechend der CHAPMAN-Theorie ab.

Es sollen hier keine Grenzen der Chemosphäre willkürlich festgelegt werden. Grob könnte man die Chemosphäre mit dem Höhenbereich der mittleren Atmosphäre identifizieren. Jedoch laufen insbesondere in der Troposphäre überaus mannigfaltige und sehr eigenständige photochemische Reaktionen ab, darüber hinaus treten in der E- und F-Schicht vielfältige iono-chemische Prozesse mit Einschluß verschiedener angeregter Spezies in Erscheinung, so daß eine solche Definition zu sehr auf die Ozonosphäre selbst zugeschnitten erschiene.

2. Zur Physik der Atmosphäre

2.1. Aerologie — Aeronomie

1906 wurde auf Vorschlag von KÖPPEN (Sitzungsbericht der Internationalen Kommission für wissenschaftliche Luftschifffahrt, Mailand 1906, Straßburg 1907) für die Wissenschaft von der Erforschung der physikalischen und chemischen Zustände und Vorgänge in der Erdatmosphäre der Begriff Aerologie eingeführt. Die Aerologie war als ein Teilgebiet Meterologie gedacht.

Für den Bereich der oberen Atmosphäre setzt sich gegenwärtig eine von NICOLET geprägte Bezeichnung, die Aeronomie (aeronomy), durch. Ihre Definition ist mit der der Aerologie weitgehend identisch bis auf den Unterschied, daß sich die Aerologie auf die gesamte Atmosphäre bezog und die Aeronomie nur den Bereich außerhalb der Höhe, die zum Forschungsgebiet der klassischen Meterologie zählt, einbezieht. In der Zeit der Begründung der Aerologie begrenzte sich diese weitgehend auf die niedere Atmosphäre. Die Erforschung des stratosphärischen Ozons müßte nach ihrer Definition sowohl der Aerologie als auch der Aeronomie zugerechnet werden. Es soll deshalb dem internationalen Sprachgebrauch gehorchend für die Aerologie der oberen Atmosphäre der Begriff Aeronomie verwendet werden.

Die Aeronomie wird in physikalische und chemische Aeronomie (WHITTEN und POPPOFF 1971) unterschieden, obwohl, wie die Kontinuitätsgleichung verdeutlicht, beide Aspekte aufs engste miteinander verknüpft sind. Bei der Darlegung der physikalischen Grundlagen wollen wir uns ausschließlich auf die für die Ozonproblematik relevanten Erscheinungen beschränken. Der entsprechende Höhenbereich korrespondiert im wesentlichen mit der Homosphäre.

2.2. Die Hydrostatik der Atmosphäre und die barometrische Höhenformel

Die Atmosphäre als thermodynamisch aktives Gasgemisch auf einer rotierenden Kugel unterliegt als wesentlichster Kraft der Schwerkraft. Die hydrostatische Schichtung der Atmosphäre folgt aus der Tatsache, daß die Abnahme des

Druckes $\mathrm{d}p$ innerhalb eines infinitesimalen Höhenintervalls $\mathrm{d}z$ dem Produkt aus Erd- und Schwerebeschleunigung g und Gasdichte ϱ gleich ist.

$$-\frac{\mathrm{d}p}{\mathrm{d}z} = \varrho g. \tag{2.1}$$

Für die Homosphäre zumindest gilt die ideale Gasgleichung

$$p = nkT \tag{2.2}$$

mit T - Temperatur, k - BOLTZMANN-Konstante ($1{,}3803 \times 10^{-23}\ J\,\mathrm{K}^{-1}$) und n - Moleküldichte (number density). Die Massen- und die Moleküldichte sind verbunden durch

$$\varrho = m \cdot n = \sum_i m_i \cdot n_i \quad (m\ -\ \text{mittlere Molekularmasse}). \tag{2.3}$$

Der Index i bezieht sich auf die individuellen Gassorten. Aus (2.1) bis (2.3) folgt

$$\frac{\mathrm{d}p}{p} = -\frac{\mathrm{d}z}{kT/mg} \tag{2.4}$$

oder als logarithmische Ableitung

$$\frac{\mathrm{d}p}{p} = \frac{\mathrm{d}n}{n} + \frac{\mathrm{d}T}{T} = \frac{\mathrm{d}\rho}{\rho} + \frac{\mathrm{d}T}{T} - \frac{\mathrm{d}m}{m}; \tag{2.5}$$

$$H = \frac{k \cdot T}{m \cdot g} \tag{2.6}$$

wird als Druckskalenhöhe (pressure scale height) bezeichnet. Formal (2.4) integriert ergibt

$$p = p_0 \exp\left(-\int_{z_0}^{z} \frac{1}{H(z)}\,\mathrm{d}z\right). \tag{2.7}$$

Für genaue Untersuchungen (z. B. Ableitung der Temperatur aus dem Dichteverlauf mit der Höhe) macht es sich erforderlich, die Höhenabhängigkeit der Erdbeschleunigung zu berücksichtigen.

$$g \cdot r^2 = g_0 \cdot r_0^2; \tag{2.8}$$

r und r_0 repräsentieren die Abstände vom Erdzentrum, wobei der Index 0 eine Bezugshöhe angibt. Die Erdbeschleunigung an der Erdoberfläche wird standardgemäß mit $g_0 = 980{,}655\ \mathrm{cm\,s^{-2}}$ angegeben mit einer Variation vom Pol zum Äquator von $\pm 2{,}6\ \mathrm{cm\,s^{-2}}$. Die Schwerebeschleunigung in der Höhe z

beträgt damit

$$g(z) = \frac{980{,}655 \pm 2{,}6}{[1 + (1{,}573 \mp 0{,}005) \times 10^{-4} z]^2} \text{ cm s}^{-2} \tag{2.9}$$

und als gute Näherung

$$g = g_0 (1 - 3{,}146 \times 10^{-4} z). \tag{2.10}$$

Bei konstanter Temperatur läßt sich mit

$$g = g_0 \left(\frac{r_0}{r}\right)^2 = \frac{g_0}{(1 + (z - z_0)/r_0)^2} \tag{2.11}$$

$$\frac{p_0}{p} = \exp\left(-\frac{r_0}{H_0}\left(\frac{r - r_0}{r}\right)\right) = \exp\left(-\frac{1}{H_0}\frac{z - z_0}{1 + (z - z_0)/r_0}\right) \tag{2.12}$$

berechnen. Hierbei wurde $H_0 = \frac{kT_0}{mg_0}$ und $z - z_0 = r - r_0$ gesetzt.

Im Ausdruck $$\frac{z - z_0}{1 + (z - z_0)/r_0} = z' - z_0' \tag{2.13}$$

wird z' als reduzierte Höhe oder Geopotentialhöhe definiert. Bei angenommener konstanter Temperatur und Erdbeschleunigung läßt sich (2.7) sofort integrieren, und man erhält die bekannte exponentielle Gasdruckabnahme mit der Höhe

$$p = p_0 \exp(-(z - z_0)/H). \tag{2.14}$$

(2.7) und (2.14) werden als barometrische Höhenformel bezeichnet.

Die Temperatur erweist sich nur in Sonderfällen als mit der Höhe unveränderlich.

Sie kann aber in einigen Höhenintervallen über einen konstanten Gradienten $\frac{dT}{dz} \sim \frac{dH}{dz}$ approximiert werden.

$$H = H_0 + \frac{dH}{dz}(z - z_0). \tag{2.15}$$

Mit $\frac{dH}{dz} = \alpha$ folgt aus (2.4) unmittelbar

$$p = p_0 \left(1 + \frac{\alpha}{H_0}(z - z_0)\right)^{-1/\alpha} = p_0 \left(\frac{H}{H_0}\right)^{-1/\alpha}. \tag{2.16}$$

Dieser Ausdruck geht für $\alpha \to 0$ in (2.14) über.

Als Skala wird in der Physik der Betrag des Kehrwertes der partiellen logarithmischen Ableitung einer Größe nach einer Raum- oder Zeitkoordinate definiert. Entsprechend spricht man von Raum- oder Zeitskalen.

$$\frac{1}{S} = \left| \frac{1}{G} \frac{\partial G}{\partial \xi} \right| . \tag{2.17}$$

Die Skalen geben eine anschauliche Vorstellung über die Veränderung einer Größe in Raum oder Zeit und erleichtern damit das Einordnen, Vergleichen, Abschätzen der Größenordnungen und Festlegen von Rangordnungen. Die Skalenhöhe stellt nach (2.14) das Höhenmaß der Abnahme des Druckes auf $1/e$ oder der Zunahme um e dar.

Für sehr viele praktische Fragen interessiert nicht so sehr die Höhenveränderung des Druckes, sondern die der Teilchendichte. (2.5) spiegelt den Zusammenhang zwischen Druck, Teilchendichte und Temperatur wider. Bei konstanter Temperatur gilt $\frac{\mathrm{d}p}{p} = \frac{\mathrm{d}n}{n}$, und damit beschreibt die Druckskala auch die Veränderung der Teilchendichte. Unter der Annahme der Bedingung (2.15) folgt

$$n = n_0 \left(1 + \frac{\alpha}{H_0} (z - z_0) \right)^{-(1+1/\alpha)} . \tag{2.18}$$

Über die ideale Gasgleichung wird aus (2.4) analog zu (2.7) allgemein

$$n = n_0 \left(\frac{T_0}{T} \right) \exp \left(- \int_{z_0}^{z} \frac{1}{H(z)} \mathrm{d}z \right) . \tag{2.19}$$

Durch die Definition einer Dichteskala gemäß (2.17) kann (2.19) formal auf eine (2.7) entsprechende mathematische Form gebracht werden. Die Dichteskala H_n hängt mit der Druckskala $H_p = H(z)$ über die Differentialbeziehung

$$H_n = H_p \left(1 + \frac{\partial H_p}{\partial z} \right)^{-1} \tag{2.20}$$

zusammen.

Schließlich sei noch erwähnt, daß (2.19) nach der Temperatur aufgelöst

$$T(z) = \frac{T_0 n_0}{n(z)} - \frac{mg}{kn(z)} \int_{z_0}^{z} n(x)\,\mathrm{d}x \tag{2.21}$$

bei Integration von oben nach unten zur Berechnung des Temperaturprofils aus gemessenen Dichteprofilen verwendet werden kann (siehe auch FELSKE et al. 1977, SONNEMANN 1984).

2.3. Die Kontinuitätsgleichung, die Diffusionsgleichung

Die Kontinuitätsgleichung (der Masse) beschreibt die zeitliche Änderung der Konzentration eines Konstituenten unter Einbeziehung von Quellen und Senken in einem Raumvolumen $\mathrm{d}\tau$. Die Bilanz der durch die Oberfläche F eines beliebigen Volumens τ pro Zeit hindurchtretende Teilchenzahl eines beliebigen Konstituenten n_i beträgt

$$\oint n_i \boldsymbol{W}_i \cdot \mathrm{d}\boldsymbol{F}, \tag{2.22}$$

$\boldsymbol{W}_i$ stellt dabei die mittlere Teilchengeschwindigkeit dar. Dieser Wert entspricht dem Verlust oder Gewinn der im eingeschlossenen Raumvolumen enthaltenen Teilchenzahl

$$-\frac{\partial}{\partial t} \int n_i \,\mathrm{d}\tau = - \int \frac{\partial n_i}{\partial t} \,\mathrm{d}\tau. \tag{2.23}$$

Wird auf das Oberflächenintegral der GAUSSsche Satz angewendet und dieses in ein Volumenintegral überführt

$$\oint n_i \boldsymbol{W}_i \,\mathrm{d}\boldsymbol{F} = \int \mathrm{div}(n_i \boldsymbol{W}_i)\,\mathrm{d}\tau, \tag{2.24}$$

so folgt

$$\frac{\partial n_i}{\partial t} = -\,\mathrm{div}(n_i \boldsymbol{W}_i). \tag{2.25}$$

Wirken innerhalb des Raumvolumens photochemische Prozesse, die zu einer Produktion P_i und/oder einem Verlust $L_i n_i$ des Konstituenten n_i beitragen, dann kann als totale Bilanz

$$\frac{\partial n_i}{\partial t} = P_i - L_i n_i - \mathrm{div}(n_i \boldsymbol{W}_i) \tag{2.26}$$

geschrieben werden. Es ist üblich, den Verlustterm (loss term) in der Produktdarstellung zu schreiben, da jeder photochemische Abbau des Konstituenten n_i wenigstens proportional zu seiner Konzentration erfolgt. L_i^{-1} wird als charakteristische chemische Zeit des Konstituenten n_i bezeichnet.

In der Atmosphäre setzt sich die mittlere Teilchengeschwindigkeit aus drei Anteilen zusammen. Der erste wird durch die makroskopische Bewegung $\boldsymbol{W}$, die besser als Wind bekannt ist, gegeben. Das Windfeld resultiert aus den hydrodynamischen Gleichungen.

Von mikroskopischer Natur sind die diffusiven Prozesse. Wir müssen hier zwischen turbulenter W_E (auch als Eddy-Diffusionsgeschwindigkeit bezeichnet) und molekularer Diffusionsgeschwindigkeit W_{Mi} unterscheiden. In der Eddydiffusion spiegeln sich die turbulenten Prozesse, die Auflösung von großen Wirbeln zu immer kleinräumigeren (den Eddies), wider. Diese Diffusionsform herrscht in der Turbosphäre - Homosphäre vor. Bei der Betrachtung des ausschließlich vertikalen Transports gilt

$$W_E = -K \frac{(\mathrm{d}(n_i/n)/\mathrm{d}z)}{(n_i/n)}. \tag{2.27}$$

K stellt hierin den Eddydiffusionskoeffizienten dar. Unter Verwendung der Gleichungen (2.4) und (2.5) ergibt sich aus (2.27)

$$W_E = -K\left(\frac{1}{n_i}\frac{\mathrm{d}n_i}{\mathrm{d}z} + \frac{1}{H} + \frac{1}{T}\frac{\mathrm{d}T}{\mathrm{d}z}\right). \tag{2.28}$$

Für eine sich im turbulenten oder Eddydiffusionsgleichgewicht befindliche Komponente n_i verschwindet W_E, und es gilt

$$\frac{1}{n_i}\frac{\mathrm{d}n_i}{\mathrm{d}z} + \frac{1}{H} + \frac{1}{T}\frac{\mathrm{d}T}{\mathrm{d}z} = 0. \tag{2.29}$$

Integration dieser Gleichung führt zu der (2.19) analogen Beziehung

$$n_i(z) = n_i(z_0)\,\frac{T(z_0)}{T(z)}\exp\left(-\int_{z_0}^{z}\frac{\mathrm{d}z}{H(z)}\right) \tag{2.30}$$

und stellt die hydrostatische Gleichung für einen Einzelkonstituenten dar. Bildet man das Verhältnis zweier Konstituenten n_i und n_j, so wird ersichtlich, daß das Mischungsverhältnis von der Höhe unabhängig ist

$$\frac{n_i(z)}{n_j(z)} = \frac{n_i(z_0)}{n_j(z_0)} = \text{konstant}. \tag{2.31}$$

Der Ausdruck für die molekulare Diffusion folgt aus der BOLTZMANN-Statistik bei der Betrachtung des durch die molekulare Bewegung hervorgerufenen Ineinanderdringens zweier Gaskomponenten.

Wir wollen auf seine Ableitung und die Diskussion damit verbundener Probleme nicht weiter eingehen, sondern auf die einschlägige Literatur verweisen wie BANKS und KOCKARTS (1973 b), WHITTEN und POPPOFF (1971), HIRSCHFELDER et al. (1954), NICOLET (1960, 1961) CHAPMAN und COWLING (1970), CHAMBERLAIN (1978) u. a.

Die molekulare Diffusion bestimmt im wesentlichen bei Beachtung der Randbedingungen und der makroskopischen Transporte die stoffliche Zusammensetzung der Heterosphäre.

Die Einbeziehung der turbulenten Diffusion in mathematische photochemische Modelle geht gewöhnlich von einem (meist der Aufgabe entsprechenden) experimentellen, bisweilen auch theoretischen Profil des turbulenten Diffusionskoeffizienten aus. Die numerische Praxis zeigt jedoch, daß aus seiner unzulänglichen Kenntnis erhebliche Modellunsicherheiten resultieren.

2.4. Das solare Spektrum

Die solare Strahlungsenergie treibt fast alle Vorgänge der Atmosphäre in einem gewaltigen Szenario der Energiedissipation an.

Für die Analyse photochemischer Prozesse stellt die genaueste Kenntnis des solaren elektromagnetischen Spektrums eine unabdingbare Voraussetzung dar. Überdies besitzt die solare Partikel- und die kosmische Strahlung eine beachtliche Bedeutung. Für die Hochatmosphäre dominiert eindeutig die energiereiche Ultraviolett- und Röntgenstrahlung (X-rays). Erste Messungen des UV-Spektrums oberhalb der Ozonschicht mittels Raketen datieren aus dem Jahre 1946 (BAUM et. al.). Die Sondierung wurde 1946 für Höhen oberhalb 100 km auf kürzere Wellenlängen ausgedehnt (JOHNSON et al. 1952).

Nach dem PLANCKschen Strahlungsgesetz steht das Emissionsvermögen eines schwarzen Körpers innerhalb eines bestimmten Frequenzintervalls $\mathrm{d}\nu$ mit der Frequenz ν in der Beziehung

$$2E_\nu \mathrm{d}\nu = \frac{2h\nu^3}{c^2(\exp(h\nu/kT) - 1)}\,\mathrm{d}\nu \tag{2.32}$$

mit h — PLANCKschem Wirkungsquantum und c — Lichtgeschwindigkeit. Der Parameter ist durch die Strahlungstemperatur gegeben. Gebräuchlich ist die Darstellung in der wellenlängenabhängigen Schreibweise

$$2E_\lambda \mathrm{d}\lambda = \frac{2hc^2}{\lambda^5}\,\frac{1}{\exp(hc/kT\lambda) - 1}\,\mathrm{d}\lambda. \tag{2.33}$$

Hier muß $\mathrm{d}\nu$ durch $\frac{c}{\lambda^2}\,\mathrm{d}\lambda$ wegen $\nu = \frac{c}{\lambda}$ substituiert werden.

Die realen Strahler sind keine idealen schwarzen Körper, sondern mehr oder weniger grau. KREPLIN (1961) benutzte zur Berechnung des Energieflusses im weichen Röntgenspektrum der Sonne die sogenannte Graukörperapproximation. Es wird dabei ein Schwächungsfaktor D (dilution factor) eingeführt, der nichts weiter beinhaltet als die Abweichung von der wahren Schwarzkörperstrahlung.

Die von der Sonnenoberfläche emittierte Strahlungsflußdichte hat sich in Erdentfernung (1 AE - astronomische Einheit) um den Faktor

$$\beta = R^2/(\mathrm{AE})^2 = (5{,}41 \pm 0{,}18) \times 10^{-6} \tag{2.34}$$

(R - Sonnenradius) mit einer durch die Exzentrizität der Erdbahn bedingten Variation von $\pm 3{,}3\%$ verringert.

Nach dem KIRCHHOFFschen Satz ergibt sich die Strahlungsflußdichte K_ν aus dem Verhältnis von Emissionsvermögen E_ν zum Absorptionsvermögen A_ν.

$$K_\nu = \frac{E_\nu}{A_\nu}. \tag{2.35}$$

Ein Körper, für den $A_\nu \equiv 1$ gilt, heißt schwarzer Körper. Er absorbiert jedes Lichtquant. Demnach gilt für das PLANCKsche Strahlungsgesetz mit $E_\nu = K_\nu$ die gleiche Beziehung für die Strahlungsflußdichte. Die Strahlungsflußdichte $2\,K_\nu \mathrm{d}\nu$ ist dabei definiert als die Energiemenge des Frequenzintervalls $\mathrm{d}\nu$, die pro Zeit- und Flächeneinheit ein Flächenelement unter dem Öffnungswinkel 1 (der Halbraum hat einen von 2π) senkrecht durchsetzt. Der Faktor 2 wird mitgeführt, weil die Strahlung in 2 senkrechte Polarisationsebenen zerlegt werden kann, wobei K_ν der Strahlungsflußdichte von linear polarisierter Strahlung entspricht. Die Energiedichte ϱ_ν des Vakuums (Brechungsindex $n = 1$) berechnet sich aus

$$\varrho_\nu = \frac{8\pi K_\nu}{c}. \tag{2.36}$$

Aus diesem Grunde findet man häufig auch das Strahlungsgesetz in der Form

$$\varrho_\nu = \frac{8\pi h\nu^3}{c^3}\left(\frac{1}{\exp(h\nu/kT) - 1}\right) \tag{2.37}$$

angegeben. Die einzelnen Konstanten haben die Werte:

$$h = 6{,}62 \times 10^{-34}\ \mathrm{J\,s}^1,$$

$$k = 1{,}38 \times 10^{-23}\ \mathrm{JK}^{-1},$$

$$c = 2{,}998 \times 10^8\ \mathrm{ms}^{-1}.$$

Unter Beachtung, daß $h \cdot \nu$ der Energie eines Photons entspricht, folgt für die

Anzahl der Photonen im Frequenzintervall (ν, ν + dν) pro Quadratmeter und Sekunde an der Erdoberfläche

$$q(\nu)\,\mathrm{d}\nu = 8\pi\beta\nu^2/c^2\left(\frac{1}{\exp(h\nu/kT) - 1}\right)\mathrm{d}\nu. \tag{2.38}$$

Die totale Anzahl der Photonen für Frequenzen größer als ν ergibt sich aus der Integration von (2.38)

$$Q = \int_{\nu}^{\infty} q(\nu)\,\mathrm{d}\nu = \frac{8\pi\beta}{c^2}\left(\frac{kT}{h}\right)^3\int_{x}^{\infty}\frac{x^2}{e^x - 1}\,\mathrm{d}x \tag{2.39}$$

mit $x = \dfrac{h\nu}{kT}$.

Für photosphärische Temperaturen gilt für den kurzwelligen Zweig des solaren Spektrums $x \gg 1$, womit

$$Q = \frac{8\pi\beta}{c^2}\frac{k^3}{h^3}T^3\exp(-h\nu/kT)\left(\left(\frac{h\nu}{kT} + 1\right)^2 + 1\right) \tag{2.40}$$

folgt.

Das Stefan-Boltzmannsche Gesetz für die gesamte von einem schwarzen Körper emittierte Energie leitet sich aus der Integration des Emissionsvermögens $2\,E = 2\int_0^\infty E_\nu \mathrm{d}\nu$ über alle Frequenzen zu

$$\frac{2\pi^4k^4}{15c^2h^3}\cdot T^4 = \sigma' T^4 \tag{2.41}$$

her. Hierbei besitzt das Integral $\displaystyle\int_0^\infty \frac{x^3}{e^x - 1}\,\mathrm{d}x$ den numerischen Wert von $\dfrac{\pi^4}{15}$.

Die gesamte in einen Halbraum 2π abgestrahlte Energie ist schließlich durch

$$E = \sigma T^4 \tag{2.42}$$

mit

$$\sigma = \pi\sigma^l \tag{2.43}$$

gegeben.

Aus dem auf der Erdoberfläche zugänglichen Spektrum folgt, daß die Sonne mit einer Temperatur nahe 6000 K strahlt. Nach dem Stefan-Boltzmannschen Gesetz aus der Leuchtkraft abgeleitet folgt ein Wert 5800 K. Das extraterrestrische Strahlungsmaximum liegt bei 478 nm, was einer Temperatur von etwa diesem Wert entspricht (siehe Abb. 2.1). Die Strahlung stammt dabei aus der Photosphäre, einer nur 500 km dicken Schicht.

Für die kürzeren Wellenlängen zeigt sich zunehmend ein anderes Strahlungsverhalten, wie es gleichsam für die extrem langwellige Strahlung im Radiofrequenzbereich gilt. Mit den Kurvenscharen der Schwarzkörperstrahlung verglichen, nimmt die Strahlungstemperatur (man spricht von äquivalenter Strahlungstemperatur) formal betrachtet zunächst auf Werte unterhalb 5000 K ab. Sie erreicht im SCHUMANN-RUNGE-Dissoziationskontinuum des O_2 um 150 nm ein Minimum von etwa 4700 K, um darauf für noch kürzere Wellenlängen wieder anzusteigen. Im LYMAN-α Kontinuum (Wasserstoffionisationskontinuum) um 80 nm werden äquivalente Temperaturen von 7000 K angenommen. Das Bild des Spektrums wird zunehmend bizarrer, eine Unzahl von stärkeren und schwächeren Emissionslinien sind der Grundstrahlung überlagert und bestimmen im EUV- und XUV-Bereich ausschließlich den Strahlungsfluß.

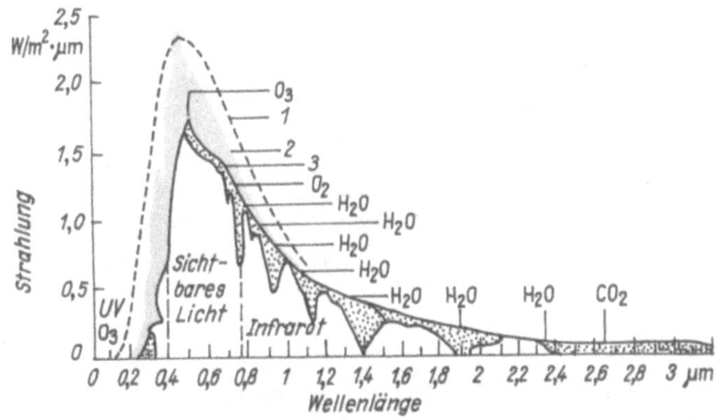

Abb. 2.1. Solares Strahlungsspektrum mit Absorptionsbanden durch Spurenstoffe und O_2 (nach WHITTEN und POPPOFF 1971)

1 - Energiekurve für eine ideale PLANCK-Strahlung von 6000 K,
2 - solare Strahlungskurve außerhalb der Erdatmosphäre,
3 - solare Strahlungskurve auf Meeresspiegelniveau

Die scheinbare Abnahme der Schwarzkörpertemperatur resultiert aus dem Einfluß vieler eng beieinanderliegender Absorptionslinien des FRAUNHOFERschen Spektrums. Im EUV-Bereich verliert es seinen Einfluß. Die FRAUNHOFERschen Absorptionslinien werden in der Chromosphäre, einer kühleren Schicht mit bis auf 4000 K (im Durchschnitt 4500 K) abnehmenden Temperaturen, erzeugt. Die kühleren höheren Schichten bewirken auch die Randverdunkelung der Sonnenscheibe.

Die starken solaren Linien im EUV-Bereich determinieren in diesem Spektralintervall die Strahlungsenergie. Die bedeutungsvollste ist durch die LYMAN-α-Linie gegeben. Sie bestimmt wesentlich den Ozonverlustterm der Mesosphäre mit. Andere aeronomisch wichtige Linien stellen die LYMAN-β und die CIII-Linie (zweimal ionisierter Kohlenstoff) für die E- und D-Schicht sowie die beiden Heliumlinien He I und He II (einmal ionisiertes Helium) für die F-Schicht dar.

Die Solarkonstante besitzt außerhalb der Erdatmosphäre einen Wert von $1{,}39 \times 10^3\ Jm^{-2}\ s^{-1}$. Hiervon werden weniger als $10\ Jm^{-2}\ s^{-1}$ in der Hochatmosphäre absorbiert. Die solare LYMAN-α-Linie mit etwa $5 \times 10^{-3}\ Jm^{-2}\ s^{-1}$ unterschreitet diesen geringen Betrag noch einmal um mehr als zwei Größenordnungen.

Die Bezeichnung ultraviolette Strahlung bezieht sich auf einen weiten Bereich von 5—10 nm bis 400 nm des kurzwelligen unsichtbaren Bereichs. Sie wird nach unterschiedlichen Gesichtspunkten weiter unterteilt, oder bestimmte Bereiche wurden durch eigene Namensgebung hervorgehoben. Eine häufig benutzte Unterteilung für das weichere UV-Spektrum ist:

UV-A	400—320 nm	5,4% der Solarstrahlung
UV-B	320—280 nm	1,2% der Solarstrahlung
UV-C	280—200 nm	0,4% der Solarstrahlung.

Bei dieser biologisch begründeten Klassifikation wird das UV-C vollständig in der Erdatmosphäre absorbiert. Von der schädlichen UV-B Strahlung erreichen noch 33% die Erdoberfläche. In der englischsprachigen Literatur werden für die Wellenlängenbereiche unterhalb 290 nm die Ausdrücke fernes UV (FUV — far UV), unterhalb 200 nm extremes UV (EUV) und z. T. in Verbindung mit dem Röntgenbereich unterhalb etwa 100 nm (X-ray) XUV gebraucht. Es wird aber auch die Unterteilung in fernes UV 100—200 nm, mittleres UV 200—295 nm und nahes UV 295—400 nm verwendet.

Normales Glas absorbiert die UV-Strahlung, Quarzglas jedoch im Wellenlängenbereich von 200—350 nm nicht. Entsprechend bezeichnet man dieses Intervall als Quarz UV. Für das extrem kurzwellige UV unterhalb etwa 200 nm, das durch Luft (O_2) stark absorbiert wird, ist es erforderlich, bei Messungen im Vakuum zu arbeiten. Diese Strahlung wird deshalb auch durch den Begriff Vakuum-UV gekennzeichnet.

Die Strahlung zwischen 280 und 315 nm, die für die Erythembildung und nachfolgende Pigmentierung der Haut sowie die Vitamin-D-Bildung verantwortlich ist, nennt man auch DORNO-Strahlung. Schließlich wird in der aeronomischen Forschung entsprechend dem Absorptionsverhalten von molekularem Sauerstoff O_2 und Ozon O_3 das Spektrum in das SCHUMANN-RUNGE-Kontinuum 122 nm (Absorptionsmaximum bei 142,5 nm) bis 175 nm, die SCHUMANN-RUNGE-Banden 175–195 nm, das HERZBERG-Kontinuum 195–242,4 nm und bezüglich Ozon in die HARTLEY-Banden (Maximum um 255 nm) von 220 bis 295 nm und die HUGGINS-Banden 300-350 nm unterteilt. Die CHAPPUIS-Banden

450–750 nm umfassen bereits den sichtbaren Spektralbereich (maximale Absorption bei 600 nm). Die Angaben über die Grenzen sind nicht einheitlich.

Zum Röntgenbereich hin steigen die äquivalenten Strahlungstemperaturen gewaltig an und erreichen Werte von mehreren Millionen Grad. Die Strahlung stammt aus der durch dissipierende Druckwellen (Stoßwellen) aufgeheizten Sonnenkorona oberhalb der Chromosphäre. Die Schichtgrenze befindet sich schwankend bei 30000 km. Die Temperaturen steigen dabei von 4500 K in der Chromosphäre auf Werte von 20000 K in 1500 km Höhe bis auf 10^6 K in der Sonnenkorona an. In der heißen Sonnenkorona hat auch der Sonnenwind seinen Ursprung.

Die Solarstrahlung besitzt vor allem im XUV- und EUV-Bereich eine hohe Variabilität mit unterschiedlicher Zeitskala. Das „Wetter" der Sonnenatmosphäre, die dynamischen Prozesse in der Sonnenkorona, bedingen diese Aktivität. Erregt wird sie aus der Kopplung zwischen solarem Magnetfeld und differentieller Sonnenrotation. Die differentielle Rotation besteht in dem Fakt, daß sich die Sonnenoberfläche am Pol in 37 Tagen und am Äquator in 26 Tagen (siderische Periode – bezogen auf die raumfesten Koordinaten des Sternenhimmels) um die eigene Achse dreht. Von der Erde aus betrachtet, die sich in der Äquatorebene der Sonne im Sinne der Sonnenrotation um die Sonne bewegt, betragen die sogenannten synodischen Perioden 41 und 27 Tagen.

Mit den Sonnenflecken verbindet sich das äußere erkennbare Merkmal der Sonnenaktivität. Sie rotieren, z. T. etwas schneller als die Sonnenoberfläche, und rufen den quasi 27tägigen Aktivitätszyklus hervor. Bei der Analyse der Fleckenanzahl und Anzahl der Fleckengruppen wird der quasi 11jährige Sonnenfleckenzyklus registriert, der in der bisherigen Geschichte der neueren Fleckenbeobachtung, von 1700 angefangen, zwischen 7 und 17 Jahren lag. Für die letzten 50 Jahre ergab sich ein Durchschnittswert von 10,4 Jahren. Der quantitative Maßstab der Sonnenfleckenaktivität ist mit der Züricher Sonnenfleckenrelativzahl R gegeben. Sie berechnet sich aus $R = C(S + 10G)$ mit S – Anzahl der Einzelflecken, G – Anzahl der Gruppen und C – Korrekturfaktor, der die Beobachtungsbedingungen ausgleicht.

Obwohl die Flecken relativ kühle Stellen der Photosphäre repräsentieren mit Temperaturen von nur 4000 K, wird durch sie die Aktivität der Korona angeregt, deren Temperaturen um 20% ansteigen und deren Dichte sich verdoppelt. Ihr Aussehen, ihre Struktur und Mächtigkeit verändern sich. In den aktiven Zentren werden hohe äquivalente Strahlungstemperaturen beobachtet.

Für aeronomische Modellrechnungen kann mit Vorteil im Röntgenbereich eine gewichtete Überlagerung einer relativ kalten Grundstrahlung von $(1\text{–}2) \times 10^6$ K mit heißer Fleckenstrahlung von $(5\text{–}10) \times 10^6$ K angewendet werden.

Bei Eruptionen (flares) treten Spitzentemperaturen von mehr als 30×10^6 K auf, deren spektrales Maximum im Bereich unter 0,1 nm liegt. Gerade die energiereiche kurzwellige Röntgenstrahlung dringt tief in die Atmosphäre ein (mittlere Atmosphäre). Die Grundstrahlung des Röntgenspektrums wird dagegen zum größten Teil bereits in der Thermosphäre absorbiert.

Die nach etwa 2 Tagen nach einem Flare in die Erdatmosphäre einfallende energiereiche Teilchenstrahlung führt hier zu dem Schauspiel der Polarlichter, aber auch zu einer breiten Palette von Störungen, angefangen bei der Radiowellenausbreitung bis hin zum Ozonabbau in bestimmten Höhen. Die dynamische Bewegung, die ständige Expansion des koronalen Gases, gilt als Ursache des Sonnenwindes. Die Wechselwirkung des Sonnenwindes mit der Magnetosphäre erzeugt wiederum die geomagnetische Aktivität, die in mannigfacher Weise geophysikalische Erscheinungen beeinflußt.

Der Sonnenwind besteht aus Protonen, Elektronen und Alphateilchen. Seine Geschwindigkeit beträgt 300–700 km s^{-1}, die Dichte einige Teilchen pro cm^3 und seine Temperatur um 10^5 K. Im King-Katalog wurden neben diesen Daten die wichtige B_z-Komponente des interplanetaren Magnetfeldes sowie seine Sektorstruktur und Polarität aller verfügbarer Messungen aufgelistet. Die Trajekto-

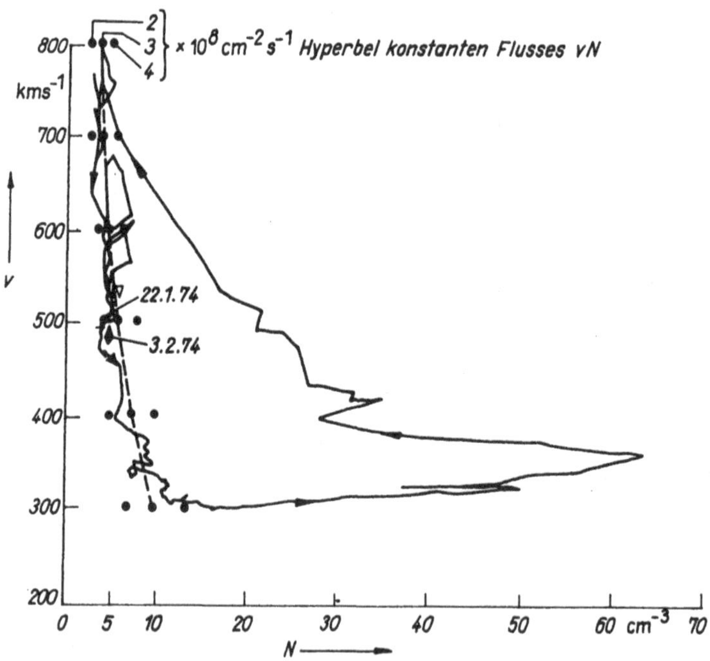

Abb. 2.2. Bumerangartige v-N-Trajektorie des Solarwindes vom 22. 1.–3. 2. 1974

rie zwischen der Teilchendichte N und der Geschwindigkeit v zeigt, wie Abb. 2.2 verdeutlicht, häufig ein bumerangartiges Aussehen mit einem Hyperbelast relativ konstanter Flußdichte vN.

Die größte Variabilität des kurzwelligen Zweiges herrscht im Röntgenbereich. Messungen des kontinuierlichen Spektrums sind rar. Im allgemeinen wird die Energie in vorgegebenen Intervallen gemessen. Abb. 2.3 verdeutlicht nach HINTEREGGER (1969) die Variabilität des Spektrums im EUV-Bereich. Die Untersuchung der spektralen Abhängigkeit der weichen Röntgenstrahlung von DERE et al. (1974) ergab, daß diese durch mehrere Graukörperstrahlungstemperaturen dargestellt werden muß: $0{,}5 \times 10^6$ K für 4,4–6 nm, 7×10^6 K für 0,1–2; 0,1–8; 0,1–5 und 0,8–2 nm, 10×10^6 K für 0,05–0,3 nm.

Die Sonnenfleckenrelativzahl korreliert im Groben sehr gut mit dem 10,7-cm-Radiofluß, dem sogenannten Ca-K Plages Index und dem UV-Stahlungsfluß. Diese Kenngrößen stellen die Basis für viele aeronomische Untersuchungen dar. So wird die Abhängigkeit der thermosphärischen Modelldichten des MSIS-Modells (HEDIN et al. 1977a, b) oder des CIRA-Modells (z. B. JACCHIA (1972, 1977) durch sie beschrieben. Für Schwankungen kurzer Zeitskala beobachtet man einige nicht unerhebliche Differenzen (DONNELLY et al. 1983).

Nach BRUECKNER (1980) beträgt die Variabilität der UV-Strahlung nur 1% für Wellenlängen größer als 210 nm (photosphärisches Kontinuum), 8% bis 208 nm, 20% bis 190 nm, 70% bis H LYMAN-α und 200% für bestimmte Linien zwischen 120 und 180 nm. Ein Faktor 4 wird für koronale Linien unterhalb 100 nm angegeben.

Abbildung 2.4 stellt nach HINTEREGGER (1980) EUV-Messungen zwischen 20 und 180 nm an einem individuellen Tag und das Verhältnis der EUV-Flüsse zwischen Januar und Juli 1976 dar.

Durch HEROUX und HINTEREGGER (1978) wurde ein Referenzspektrum für Solarstrahlung unterhalb 200 nm aufgestellt. Die LYMAN-α Linie überwiegt energetisch den gesamten Rest der kürzerwelligen Strahlung. Nach ersten Messungen von PURCELL und TOUSEY (1960) (Abb. 2.5) entsteht ihre typische Linienform durch Resonanzabsorption in der heißen Sonnenatmosphäre, der schmale tiefe Einschnitt durch Resonanzabsorption in der relativ kalten Geokorona. Es muß schon als (geo)physikalischer Zufall mit aeronomischen Konsequenzen bezeichnet werden, daß sich die stärkste solare Linie an der Stelle eines tiefen O_2-Absorptionsfenster befindet.

Die Variabilitätsgrenzen sind auch gegenwärtig noch nicht endgültig abgesteckt. Wir werden im konkreten Zusammenhang bei der Diskussion der durch die Variation der solaren Strahlung bedingten Ozonvariabilität hierauf zurückkommen.

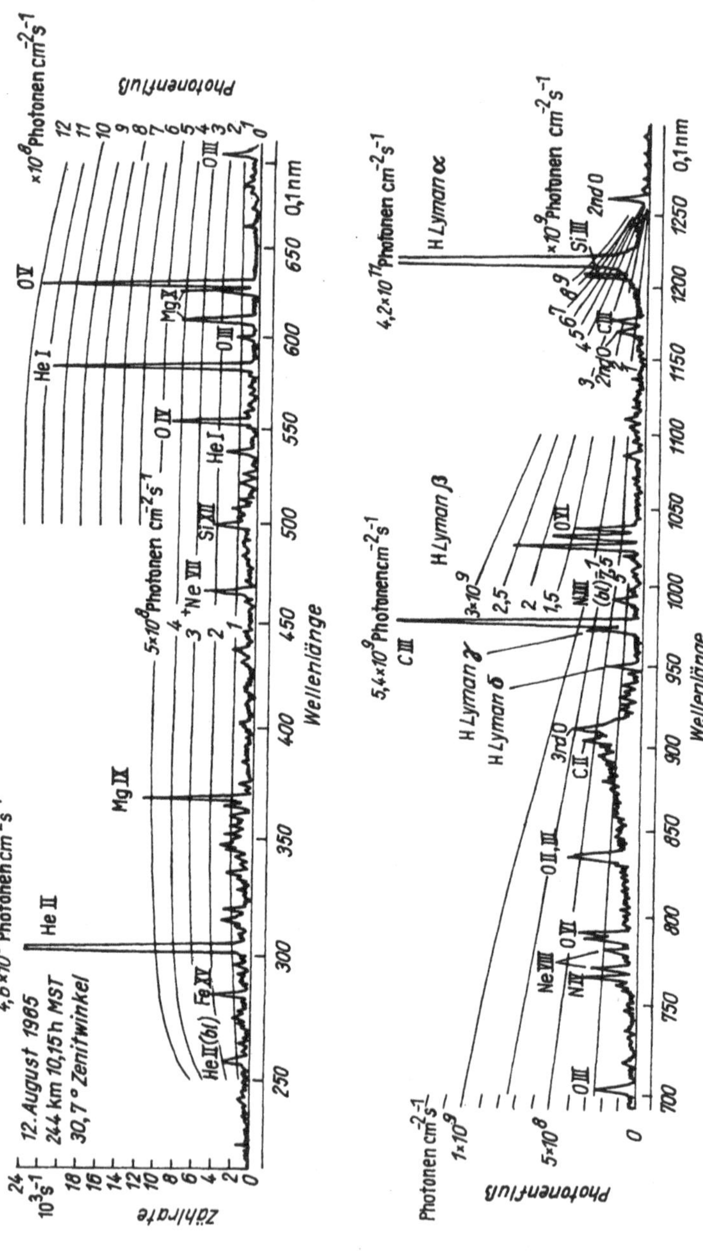

Abb. 2.3. Solares EUV-Spektrum zwischen 25 und 125 nm (nach HINTEREGGER 1969)

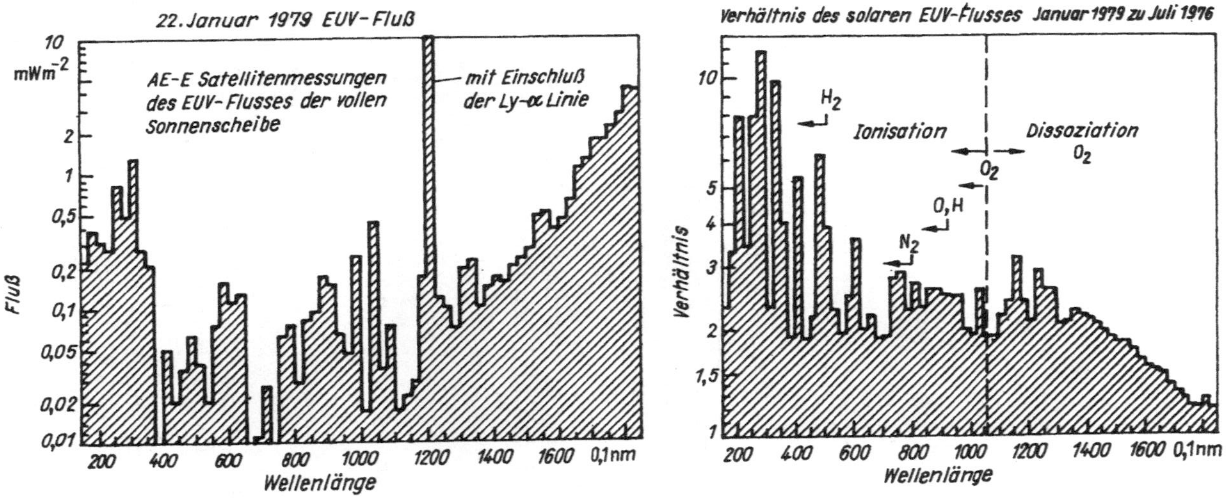

Abb. 2.4. EUV-Flüsse zwischen 20 und 180 nm und das Verhältnis der Flüsse von Januar 1979 zu Juli 1976 (nach Hinteregger 1980)

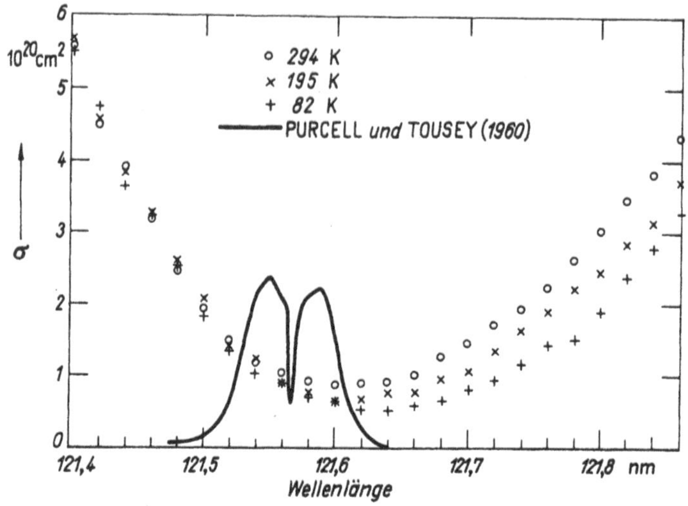

Abb. 2.5. Linienform der LYMAN-α-Linie nach PURCELL und TOURSEY (1960) und O_2-Wirkungsquerschnitt bei unterschiedlichen Temperaturen

2.5. Wirkungsquerschnitte

Die Transmission T von Strahlung jeglicher Art unterliegt der Absorption A und der Streuung S, zusammengefaßt als Extinktion bezeichnet. Die Summe der drei Anteile ergibt 1.

$$T + A + S = 1. \tag{2.44}$$

Allgemein wird die Extinktion durch das BOUGUER-LAMBERTsche Gesetz beschrieben:

$$I = I_0 \exp(-\alpha x), \tag{2.45}$$

wobei I_0 die Anfangsintensität bezeichnet und I die Intensität nach dem Durchlaufen einer bestimmten Strecke X durch ein Material mit dem Extinktionskoeffizienten α in m^{-1}. Sehr häufig wird die Schwächung eines monochromatischen Lichtbündels bei der Transmission auch BEER-LAMBERTsches Gesetz genannt (oder in umgekehrter Namenreihe z. B. STARR und LOEWENSTEIN 1972), dessen Formulierung auf H. LAMBERT (1760) und A. BEER (1852) zurückgeht. Nur als BEERsches Gesetz geschrieben verwendet es BLAKE (1979). Das BEERsche Gesetz drückt nur die Tatsache aus, daß in Lösungen oder Gasgemischen der im Extinktionskoeffizientzen enthaltene Absorptionskoeffizient k der Konzentration C proportional ist.

$$k = k_c C. \tag{2.46}$$

k_c wird dabei als molekulare Extinktionskonstante definiert. Das Transmissionsgesetz gilt exakt nur für monochromatische Strahlung, einen infinitesimal dünnen Strahl mit einer 2π-Meßanordnung (MELCHER 1970).

Bei breitbandiger Absorption führt die Tatsache, daß der Absorptionskoeffizient von der Wellenlänge abhängt, zu der Einführung eines von der durchstrahlten Schichtdicke abhängigen effektiven Absorptionskoeffizienten. Als Wirkungsquerschnitt $\sigma(\lambda)$ bezeichnet man eine spezifische Größe, die in Beziehung zur durchstrahlten Teilchenzahl gebraucht wird. Seine Dimension ist die einer Fläche, z. B. m^2. Bezüglich der Absorption spricht man vom Absorptionsquerschnitt. Die einfache Beziehung zum Absorptionskoeffizienten lautet für Gase

$$k(\lambda) = \sigma_A(\lambda)\, L_1, \tag{2.47}$$

L_1 - LOSCHMIDTsche Zahl bezogen auf 1 m^3, $L_1 = L/V$
$L_1 = 6{,}0236 \times 10^{23}\ \mathrm{Mol}^{-1} / 22{,}421 \times 10^{-3}\ \mathrm{m}^3 = 2{,}687 \times 10^{25}\ \mathrm{m}^{-3}$,
V - Molvolumen $= 22{,}421 \times 10^{-3}\ \mathrm{m}^3$.

Im Begriff des Wirkungsquerschnittes werden eine Reihe von Einzelwechselwirkungen summarisch zusammengefaßt. Der Absorptionsquerschnitt enthält vor allem den für photochemische Belange bedeutsamen Ionisations- und Dissoziationsquerschnitt. Darüber hinaus spielt die Anregung von unterschiedlichen Quantenzuständen eine wichtige Rolle.

Die Grenzen der Ionisation bzw. Dissoziation sind durch energetische Schwellenwerte gekennzeichnet (auch als Ionisations- bzw. Dissoziationspotential bezeichnet), die entweder in eV oder auch einfach als Grenzwellenlänge angegeben werden. Die Ionisationsgrenzwellenlängen in nm einiger wichtiger atmosphärischer Konstituenten (einschließlich Meteoratome) wurden in Tabelle 2.1 zusammengestellt.

Tabelle 2.1. Ionisationsgrenzwellenlänge (nm) einiger wichtiger atmosphärischer Konstituenten

Na	241,2	NO	134	O_2	102,8	CH_4	95,4	CO	88,5
Al	207,1	CH_3	126	NO_2	100,8	OH	94,0	N	85,2
Ca	202,8	NH_3	122,1	H_2	98,5	H	91,1	N_2	79,6
Mg	162,2	CH	111,7	O_3	96,9	O	91,0	Ar	78,7
Si	152,1	C	110	N_2O	96,1	CO_2	89,9	Ne	57,5
								He	50,4

Die Kenntnis der Ionisations- und Dissoziationsquerschnitte bilden die Voraussetzung zur Berechnung der Ionisations- und Dissoziationsratenkonstanten, d. h. des sekundlich ionisierten oder dissoziierten Anteils, für die einzelnen Konstituenten. Mit Ausnahme einiger Meteormetalle erfolgt die Ionisation im EUV-Bereich. Die LYMAN-α-Strahlung bei 121,56 nm kann in der Hochatmosphäre effektiv nur NO ionisieren, da NH_3 und CH_3 praktisch abwesend sind. Die Röntgen- und harte Komponente der EUV-Strahlung ionisiert jedes Gas.

Der Wirkungsquerschnitt im kurzwelligen Röntgenbereich gehorcht praktisch einer einfachen Gesetzmäßigkeit

$$\sigma_i(\lambda) = a_i \cdot \lambda^b \qquad (2.48)$$

mit spezifischen Konstanten a_i für die Komponente i. An den sogenannten Absorptionskanten ändert sich der Absorptionsquerschnitt sprunghaft. Die K-Grenzen (entsprechend der Ionisation eines K-Schalen-Elektrons) liegen für Sauerstoff, Stickstoff und Kohlenstoff in dem Wellenlängenbereich von 1,0 bis 10 nm, für Argon bei 0,387 nm.

Die chemischen Bindungsenergien spielen eine untergeordnete Rolle, so daß in guter Näherung bis in den kurzwelligen EUV-Bereich hinein der Wirkungsquerschnitt eines Moleküls der Summe der atomaren Einzelwirkungsquerschnitte entspricht. Es gilt z. B.

$$\frac{1}{2}\,\sigma_{O_2}(\lambda) \approx \sigma_O(\lambda), \qquad (2.49)$$

was insofern von Interesse ist, da sich atomarer Sauerstoff (so wie er thermosphärisch vorliegt) labormäßig nicht in hoher Konzentration erzeugen läßt.

Abbildung 2.6 stellt die Wirkungsquerschnitte von C, N, O, Ar und Luft im Wellenlängenbereich von 1–10 nm dar. Für kleine Wellenlängen lassen sich die Wirkungsquerschnitte einfach extrapolieren.

Die Absorption von EUV-Strahlung bis jenseits des SCHUMANN-RUNGE-Kontinuums ist für die Photochemie der mittleren und niederen Atmosphäre von nur mittelbarer Bedeutung. Eine Ausnahme bildet die LYMAN-α-Linie. In der Tabelle 2.2 sind nach SULLIVAN und HOLLAND (1966) die Absorptionsquerschnitte wichtiger atmosphärischer Konstituenten in der LYMAN-α-Linie zusammengestellt. Die kalte Mesopause ist ein Ausdruck dafür, daß nur wenig Strahlung absorbiert wird. Der Verlauf der Wirkungsquerschnitte im EUV-Bereich weist ein äußerst kompliziertes Bild auf. Von aeronomischem Interesse sind vor allem die Wirkungsquerschnitte von O_2, O und N_2 und z. T. von einigen angeregten Zuständen. So liegt die Ionisationswellenlänge für den metastabilen $O_2(a^1\Delta g)$-Zustand bei 111,8 nm langwelliger als im Grundzustand, was zu einer Ionisation in Höhen unterhalb der E-Schicht Anlaß gibt. Die größte Bedeutung besitzt von diesen der molekulare Sauerstoff. Aus dem Grundzustand heraus beträgt die Ionisationswellenlänge 102,78 ± 0,01 nm. Dissoziative Ionisation kann für Wellenlängen kleiner als 65,8 nm erfolgen. Sie führt zur Bildung von $O^+(^4S) + O(^3P)$, während bei 59,8 bzw. 53,0 nm $O(^1D)$ bzw. $O(^1S)$ als neutrales Sauerstoffatom resultiert. Im EUV-Bereich ist es vor allem wichtig, die Wirkungsquerschnitte in den dominanten solaren Linien genau zu kennen.

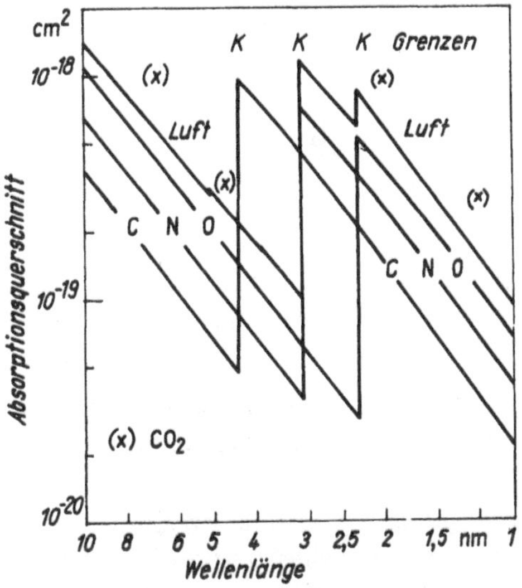

Abb. 2.6. Absorptionsquerschnitt für Röntgenstrahlung von C, N und O bzw. für Luft im Bereich 1–10 nm

Tabelle 2.2. Absorptionsquerschnitt verschiedener atmosphärischer Konstituenten in der LYMAN-α-Linie (nach SULLIVAN und HOLLAND 1966)

$NO_2 (7-9) \times 10^{-18}\ cm^2$
$N_2\ 10^{-21}-10^{-22}\ cm^2$
$N_2O (6-7) \times 10^{-18}\ cm^2$
$H_2O (1,0-1,8) \times 10^{-17}\ cm^2$
$CO_2 (6,8) \times 10^{-20}\ cm^2$
$CH_4 (1,6-2,2) \times 10^{-17}\ cm^2$
$O_3 (2,3) \times 10^{-17}\ cm^2$
$NO (2,2-2,6) \times 10^{-18}\ cm^2$

Abbildung 2.7 zeigt die Variation des Absorptionsquerschnittes von O_2 vom Ionisationskontinuum bis zu den SCHUMANN-RUNGE-Banden. Für die mittlere Atmosphäre erweist sich dabei die genaue Kenntnis des Absorptionsquerschnittes im SCHUMANN-RUNGE-Bandensysten und im HERZBERG-Kontinuum von größter Relevanz. Die erste Dissoziationsenergie von O_2 entspricht 5,11 eV gemäß einer Dissoziationswellenlänge von 242,4 nm. Die Dissoziation liefert zwei Sauerstoffatome im Grundzustand $O(^3P)$.

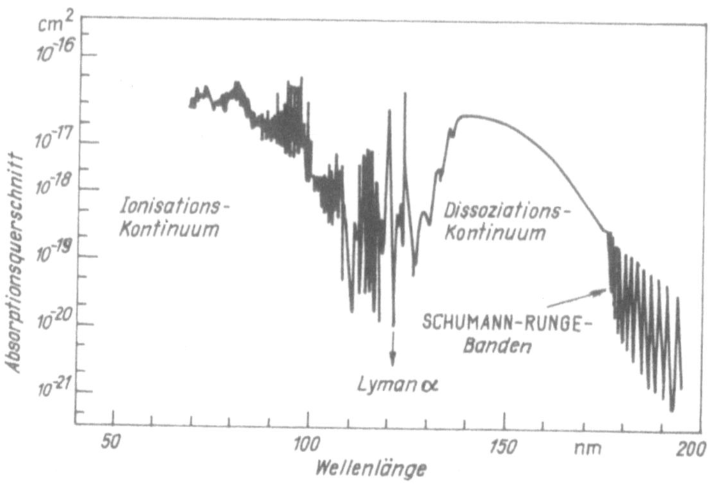

Abb. 2.7. Absorptionsquerschnitt für O_2 in SCHUMANN-RUNGE-Banden und -Dissoziationskontinuum sowie dem Ionisationskontinuum (nach BANKS und KOCKARTS 1973a)

Das SCHUMANN-RUNGE-Bandensystem entspricht dem Übergang $X^3\Sigma_g^- \rightarrow B^3\Sigma_u^-$. Ähnlich wie im Infrarotbereich z. B. die Schwingungsrotationsbanden des CO_2 besteht das Bandensystem aus einer Unzahl einzelner Linien, die sich zu geschlossenen Banden überlagern. Ein Minimum von 16000 Datenpunkten wäre erforderlich, um für eine gegebene Temperatur den Wirkungsquerschnitt darzustellen. Aus diesem Grunde wurden zur Vereinfachung der atmosphärischen Rechnungen nach dem Schema der Transmissionsberechnung im Infrarotbereich (GOODY 1964) anwendungsorientierte Modelle entwickelt. Eine große Anzahl verschiedener Ansätze wurden mit dem Ziel unternommen, praktische Lösungen zu finden.

Nach OGAWA (1971) ist der Wirkungsquerschnitt temperaturabhängig. Auch KOCKARTS (1976) findet eine leichte Temperaturabhängigkeit, jedoch werden die Transmissionsprofile nicht empfindlich durch saisonale Variationen gestört, so daß die Profile für einen solaren Zenitwinkel von O^0 berechnet auch für einen weiten Winkelbereich gelten.

Es bietet sich für kleine Wellenlängenintervalle an, effektive Wirkungsquerschnitte in Abhängigkeit von der pro Fläche durchstrahlten Gesamtteilchenzahl zu definieren. Durch BLAKE (1979) wurden diese berechnet und durch die Beziehung

$$T(N) = \exp\left[-\left(\frac{X}{(1 + BXN)^{1/2}} + y\right)N\right] \qquad (2.50)$$

approximiert. Der Ausdruck in runden Klammern entspricht damit dem effektiven Wirkungsquerschnitt. Tabelle 4 aus jener Arbeit gibt in 0,2 nm Schrittweite die Parameter X, Y und B für (2.50) wieder. Die Rechnungen wurden für einen weiten Wertebereich für N von 3×10^{16} cm^{-2} bis 3×10^{23} cm^{-2} für eine isothermale Atmosphäre von 300 K und eine US Standard-Atmosphäre (COESA 1976) durchgeführt. Im HERZBERG-Kontinuum liegt der Absorptionsquerschnitt von O_2 zwischen 10^{-24} bis 10^{-23} cm^2.

Von einiger Bedeutung ist der Wirkungsquerschnitt von O_2 über die LYMAN-α-Linie (siehe Abb. 2.5). Nach den Messungen von WATANABE (1958) und weiter OGAWA (1968), DOSE et al. (1975), CARVER et al. (1976), PRINZ und BRUECKNER (1977) variiert dieser durchaus beachtlich über die Linie mit einer Breite von etwa 0,1 nm. CARVER et al. (1976) berücksichtigten dabei noch die Temperaturabhängigkeit.

Obwohl Ozon um die LYMAN-α-Linie seinen absolut höchsten Wirkungsquerschnitt des gesamten Spektrums aufweist, hat dieser Umstand keine aeronomischen Konsequenzen, da diese Strahlung oberhalb der Höhe hinreichend großer Ozondichten absorbiert wird.

Photodissoziation von Ozon kann durch Strahlung bis in den IR-Bereich hinein erfolgen (1184,3 nm). Die Dissoziation in verschiedenen Wellenlängenbereichen leitet zu Dissoziationsprodukten in unterschiedlich angeregtem Zustand. Nach MOREELS et al. (1977) werden die Wellenlängengrenzen für die wichtigsten angeregten Spezies wie in Tabelle 2.3 folgt angegeben. An gegebener Stelle wird hierauf noch eingegangen werden. Als wichtigstes Resultat muß jedoch angesehen werden, daß für Wellenlängen unterhalb etwa 310 nm das angeregte $O(^1D)$ gebildet wird, das für die Photochemie der Stratosphäre und Troposphäre eine fundamentale Bedeutung besitzt.

Tabelle 2.3. Produktion angeregter Spezies bei der Dissoziation von Ozon in Abhängigkeit von der Wellenlänge (nach MOREELS et al. 1977)

Wellenlängenbereich (nm)	Spezies	Verzweigungsrate (%)
102,5–197,34	$O_2(^1\Delta g) + O(^1S)$	30
	$O_2(^1\Delta g) + O(^1D)$	70
197,34–266	$O(^1D) + O_2(^1\Sigma_g^+)$	20
	$O(^1D) + O_2(^1\Delta g)$	80
266–310	$O_2(^1\Delta g) + O(^1D)$	100
310–411	$O_2(^1\Sigma_g^+) + O(^3P)$	33
	$O_2(^1\Delta g) + O(^3P)$	33
	$O_2(^3\Sigma_g^+) + O(^1D)$	33
425–611	$O_2(^1\Delta g) + O(^3P)$	100
611–800	$O_2(^3\Sigma_g^+) + O(^3P)$	100

Die klassischen Messungen des Wirkungsquerschnittes von INN und TANAKA (1959) können auch heute noch verwendet werden (siehe auch ACKERMAN 1971). Abb. 2.8 und 2.9 geben das Verhalten von δ_{O_3} in den HARTLEY-, HUGGINS- und CHAPPUIS-Banden wieder. Im Maximum der HARTLEY-Banden zwischen 250 und 260 nm erreicht der Wirkungsquerschnitt einen Wert um 10^{-17} cm² und liegt damit 6 bis 7 Größenordnungen über dem von O_2 (und noch höher über dem von N_2).

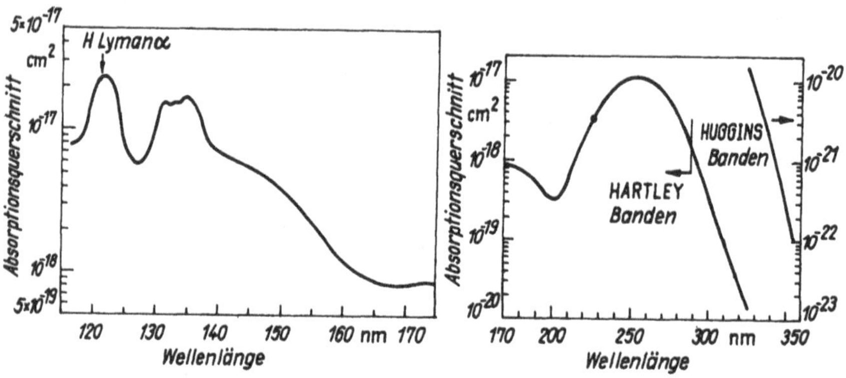

Abb. 2.8. Wirkungsquerschnitt von Ozon im EUV-Bereich sowie in den HARTLEY- und HUGGINS-Banden (nach BANKS und KOCKARTS 1973 a)

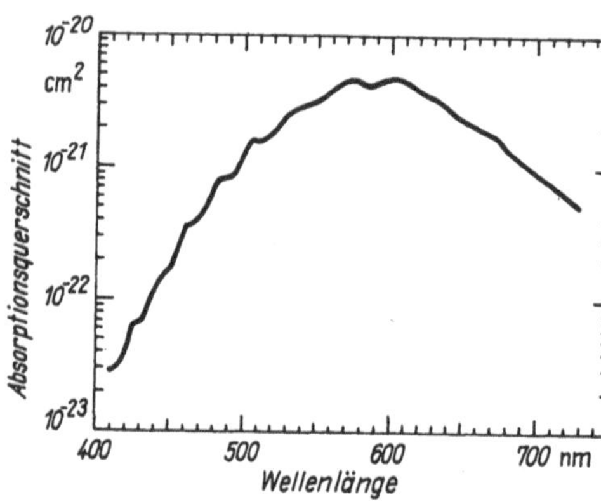

Abb. 2.9. Wirkungsquerschnitt von Ozon in den CHAPPUIS-Banden (nach BANKS und KOCKARTS 1973 a)

Obwohl der Wirkungsquerschnitt in den HUGGINS-Banden um gut 2 Größenordnungen abfällt und damit diese Strahlung tiefer (Stratosphäre) absorbiert wird, spielt O_2 als Absorber auch hier keine Rolle, da O_3 mit einer kleinen Skalenhöhe von etwa 4 km nach unten stark zunimmt, während O_2 mit einer Skalenhöhe von 6–7 km wesentlich langsamer anwächst.

Die Photodissoziation von Wasserdampf beginnt bei 240 nm. Der wesentlichste Prozeß liegt mit der Spaltung in OH und H vor. Die direkte Abspaltung von H_2 ist möglich, aber insbesondere in der LYMAN-α-Linie nur mit geringem Anteil bei gleichzeitiger Erzeugung von $O(^1D)$.

Methan mit 4 Wasserstoffatomen stellt ein beachtliches Reservoir für aktive Wasserstoffradikale dar. Der Wirkungsquerschnitt in der LYMAN-α-Linie ist hoch(2×10^{-17} cm^2). Ansonsten wird es chemisch oxydiert.

Die Photodissoziation von NO muß in der Thermosphäre beachtet werden. Seine Dissoziationswellenlänge hat einen Wert von 190 nm.

Für die Photochemie der Troposphäre (Smogchemie) und der Stratosphäre hat die Photodissoziation von NO_2 enorme Bedeutung. Die Grundreaktion lautet $NO_2 + h\nu(\lambda < 397{,}5\ \text{nm}) \rightarrow NO + O$. Abbildung 4.4 stellt die Variation des Absorptionsquerschnittes von NO_2 um 450 nm dar, wie er für Lidar-Messungen verwendet wird. Der Hauptteil der Dissoziation (98,75%) rührt aus der Photolyse für $\lambda > 300$ nm her.

CO_2 unterliegt vor allem in Höhen oberhalb 90 km für Wellenlängen $\lambda < 227{,}4$ nm einer effektiven Dissoziation. Der Grundprozeß ist durch $CO_2 + h\nu \rightarrow CO(^1\Sigma_g^+) + O(^1D)$ gegeben.

Andere zu beachtende Konstituenten unterliegen der Photodissoziation. Insbesondere werden einige in der Troposphäre inerte chemische Verbindungen erst nach ihrer Ausbreitung in die Hochatmosphäre photodissoziiert. Hierzu zählen die FCKW, das Tetrafluormethan u. a. Wie auch für H_2O_2 oder H_2CO sind genaue Wirkungsquerschnitte bislang nur unzulänglich bestimmt worden. In den photochemischen Modellen werden deshalb häufig geschätzte Dissoziationsratenkonstanten für sie verwendet.

2.6. Photoionisations- und Photodissoziationsratenkonstanten

Die Berechnung von zeit- und höhenabhängigen Photodissoziations- und Ionisationsratenkonstanten J_x und I_x stellt eine notwendige Voraussetzung für die photochemische Modellierung dar. Die Ratenkonstanten (Dimension s^{-1}) bestimmen den relativen Anteil der sekundlichen Abnahme einer Spezies, das Produkt mit der Teilchendichte, die Rate, somit die Absolutzahl der während dieser Zeit in 1 cm^3 dissoziierten oder ionisierten Teilchen. Den inversen Vorgang nennt man Assoziation und Rekombination.

Bei genauer Kenntnis des solaren Spektrums muß die in einer Höhe z noch zur Verfügung stehende Photonenanzahl berechnet werden, wozu die Extinktion (E) auf dem Transmissionsweg nach dem BEER-LAMBERTschen Gesetz zu berücksichtigen ist. Die Extinktion ist nur einer geringen Anzahl von Hauptkomponenten zuzuschreiben, während die dissoziierten oder ionisierten Spezies auch Minorkonstituenten sind, deren Extinktionsanteil zu vernachlässigen ist. In tieferen Atmosphärenschichten muß unbedingt die indirekte Streustrahlung in die Photonenbilanz einbezogen werden.

Die Dissoziationsratenkonstante ergibt sich somit für einen bestimmten solaren Zenitwinkel in einer Höhe z aus

$$J_x(z,\chi) = \int_0^{\lambda_D} \sigma_{D_x}(\lambda)\,\rho(\lambda)\exp\left[-\sum_i \delta_{E_i}(\lambda)\,N_i(z,\chi)\right]\mathrm{d}\lambda \qquad (2.51)$$

und analog für die Ionisationsratenkonstante. λ_D entspricht der Dissoziations- (oder Ionisations-)wellenlänge. Mit $\rho(\lambda)$ wird das absolute solare Spektrum in [Photonen cm^{-2} s^{-1} nm^{-1}] in Erdentfernung bezeichnet. In $\rho(\lambda)$ gehen die unterschiedlichen solaren Bedingungen ein, während $N_i(z, \chi)$ die terrestrischen Verhältnisse widerspiegelt.

Abbildung 2.10 zeigt die berechneten Dissoziationsraten für Ozon. Analog stellen Abb. 2.11 a und b als weiteres Beispiel die Ionisationsratenkonstanten von N_2 und Produktionsraten für $N_2{}^+$ in der Thermosphäre dar. Die Rechnungen basieren auf Messungen des solaren Spektrums nach HEROUX und HINTEREGGER (1978). Während die Ionisationsratenkonstante nur monoton mit abnehmender Höhe fallen kann, zeigen sich in dem Produktionsterm zwei relative Maxima. Das Hauptmaximum rührt von der Absorption der EUV-Strahlung her, während das sekundäre Maximum durch die tiefer eindringende Röntgenstrahlung mit Wellenlängen von einigen nm hervorgerufen wird.

2.7. Die Streuung

Die Streuung von Photonen an atmosphärischen Teilchen ist im allgemeinen ein elastischer Prozeß. Die Strahlung wird nicht absorbiert, sondern in willkürliche Richtungen dispergiert. Die Extinktion durch Streuung muß vor allem in Höhenbereichen unterhalb der Stratopause berücksichtigt werden. Ist d der Durchmesser des streuenden Teilchens, so unterliegt für $d \ll \lambda$ die Strahlung der RAYLEIGH-Streuung und für $d \geqq \lambda$ der MIE-Streuung. Unelastische Streuung wie die COMPTON-Streuung oder RAMAN-Streuung spielen in der Atmosphäre keine große Rolle. RAMAN- und Resonanzstreuung im Wellenlängenbereich von 180 bis 400 nm wurde durch konstante Erhöhung des RAYLEIGH-Streuquerschnittes um 5,9% berücksichtigt (PRATHER 1981).

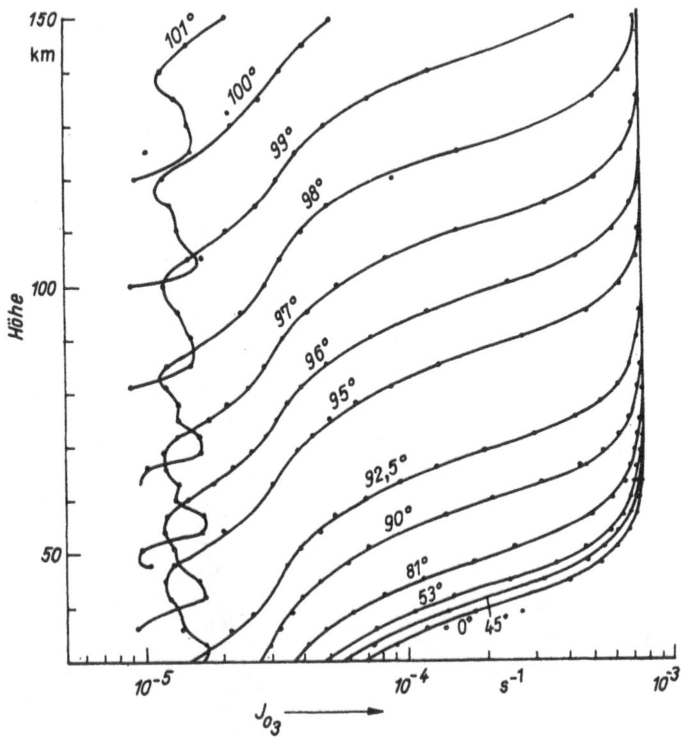

Abb. 2.10. Berechnete Dissoziationsratenkonstanten von Ozon in Abhängigkeit von der Höhe. Parameter ist der solare Zenitwinkel χ. Eine starke Dynamik zeigt sich zu Zeiten vor Sonnenauf- bzw. nach Sonnenuntergang.

Die Gasteilchendurchmesser sind wesentlich kleiner als die Wellenlängen der elektromagnetischen Strahlung. Die RAYLEIGH-Streuung wird durch das berühmte λ^{-4}-Gesetz beschrieben. Der Luftstreukoeffizient besitzt die Darstellung

$$b(\lambda) = \frac{8\pi^3}{3n_L^2\lambda^4}\,(n^2(\lambda) - 1)^2 \tag{2.52}$$

mit n_L- Luftdichte und $n(\lambda)$ - Brechungsindex von Luft (PENNDORF 1957). Die starke Abhängigkeit der Streuung von der Wellenlänge, das TYNDALL-Phänomen, welches für die blaue Himmelsfarbe verantwortlich ist, trägt zu einer erheblichen Streuung des UV-Lichtes bei. Nach LONGBOTHUM (1976) kann der Streuquerschnitt durch die Formel

$$\sigma_R(\nu) = 6{,}86 \times 10^{-86}\nu^4 \text{ cm}^2 \tag{2.53}$$

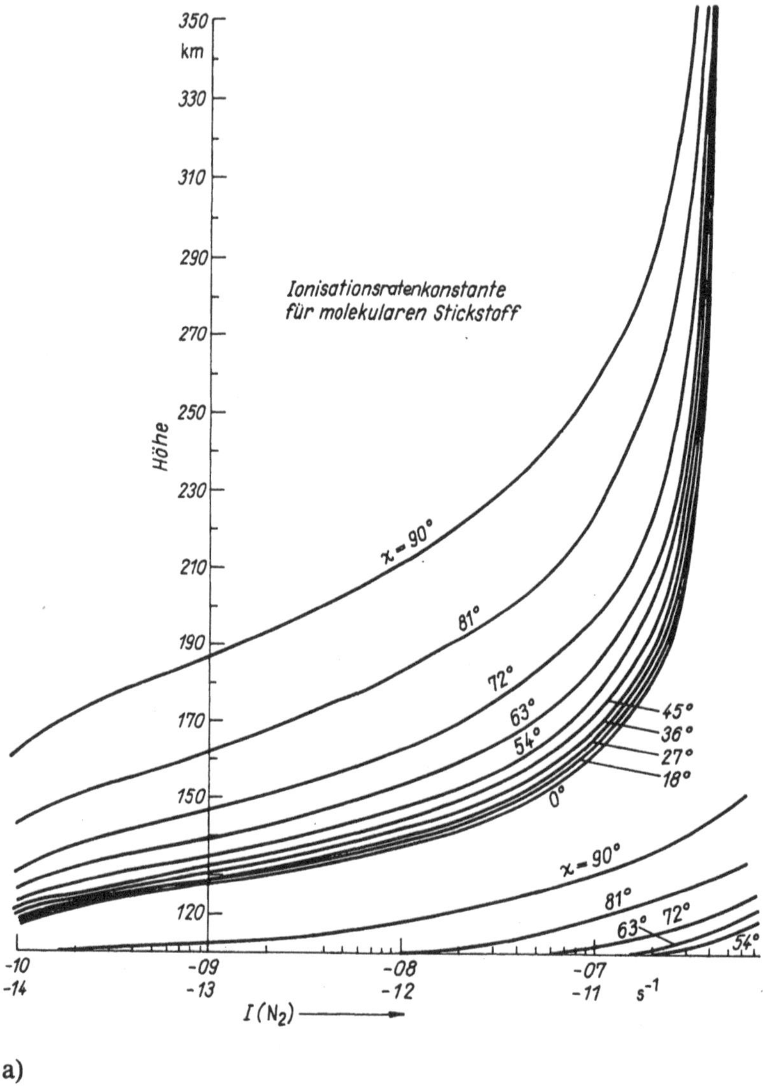

a)

Abb. 2.11. Ionisationsratenkonstante (a) für molekularen Stickstoff und Ionenproduktionsrate (b)

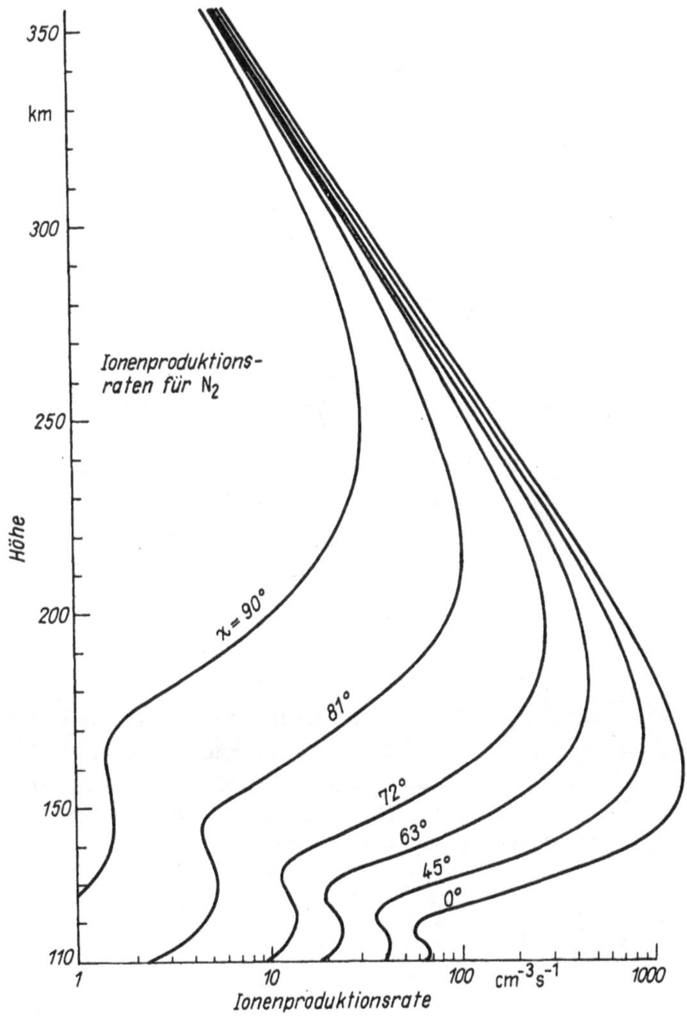

350
km
300
Ionenproduktions-
raten für N_2
250
Höhe
200
$\chi = 90°$
81°
150
72°
63°
45°
0°
110
1
10
100
$cm^{-3}s^{-1}$
1000
Ionenproduktionsrate

b)

Abb. 2.11. (b)

(ν in Hz) berechnet werden. Für die extrem kurzwellige Strahlung in H-LYMAN-α beträgt z. B. σ_R (λ = 121,6 nm) = $2{,}55 \times 10^{-24}$ cm^2. Damit liegt der Streuquerschnitt noch um Größenordnungen unter dem der Absorption durch O_2 von etwa 10^{-20} cm^2. Erst für die Strahlung langwelliger als die Dissoziationswellenlänge von O_2 bei 242 nm, für die der Absorptionsquerschnitt von Luft Werte unter 10^{-23} cm^2 annimmt, gewinnt die RAYLEIGH-Streuung an Bedeutung. Nach NICOLET et al. (1982) kann in Abweichung vom λ^{-4}-Gesetz der Streuquerschnitt nach der Beziehung

$$\sigma_R = 3{,}9 \times 10^{-28} \lambda^{-(4+X)} \text{ cm}^2$$

mit $X = 0{,}074\,\lambda + 0{,}005\,\lambda^{-1} - 0{,}0084$ (λ in µm) berechnet werden (X nach FRÖHLICH und SHAW 1980).

Die MIE-Streuung findet an mikroskopischen dispersiv verteilten Schwebeteilchen in der Luft, den Aerosolen, deren Größe im Wertebereich von 10^{-7} bis 10^{-2} cm liegt, statt. Bei hochdispersiven Aerosolen besitzen die Teilchen einen Durchmesser kleiner als 10^{-5} cm und bei grobdispersiven Aerosolen größer als etwa 2×10^{-4} cm. Die stratosphärischen Aerosolschichten und die troposphärischen Aerosole haben sowohl in der Klimaforschung eine außerordentliche Bedeutung als auch in der sogenannten heterogenen Chemie für photochemische Vorgänge und Depositionsprozesse. Die Theorie der MIE-Streuung geht von den MAXWELLschen Gleichungen aus und berechnet, wenn das streuende Teilchen im Koordinatenursprung lokalisiert wird, die senkrecht zueinander polarisierten Streuanteile.

$$K(\alpha) = \frac{d_M}{\pi r^2}. \tag{2.54}$$

Der Streuquerschnitt ist eine oszillierende Funktion, die für verschiedene Werte des Brechungsindexes der Teilchensubstanz tabelliert vorliegt. Das Charakteristikum der MIE-Streuung besteht in einer starken Ausprägung sowohl der Vorwärts- als auch der Rückwärtsstreuung. Die Extinktion durch die Aerosole wird oft durch des ÅNGSTRÖM-Gesetz (siehe 4.6) beschrieben.

2.8. Die Bandenabsorption

Das auf der Erdoberfläche gemessene solare Spektrum wird vor allem im Infrarotgebiet durch charakteristische tiefe Einschnitte geprägt. In der sogenannten χ-Bande bei 2,6 µm ist die Atmosphäre völlig undurchsichtig und in der Ω - und Ψ-Bande bei etwa 1,35 µm und 1,9 µm nur wenig transparent.

Umgekehrt zeigen auch Messungen der irdischen Eigenstrahlung mittels Satelliten, daß es im thermischen Infrarot solch strahlungsabsorbierende Bereiche gibt. Verursacht wird die Absorption durch die infrarotaktiven Konstituenten wie H_2O, CO_2, O_3, O_2 und eine Unmenge von Spurenstoffen.

Die Absorptions- und Emissionsspektren der Moleküle weisen drei prinzipielle Spektraltypen auf. Die diskreten Niveaus der Spektrallinien werden durch die diskreten Niveaus der Änderung des elektronischen, des Schwingungs- und Rotationszustandes des Moleküls bestimmt, sie sind quantisiert. Bei Vernachlässigung der Wechselwirkung zwischen den einzelnen Energiemoden gilt

$$h\nu = \Delta E_{\mathrm{El}} + \Delta E_{\mathrm{Schw}} + \Delta E_{\mathrm{Rot}}. \qquad (2.55)$$

Zur Änderung des Rotationszustandes eines Moleküls sind die geringsten Energien unterhalb von etwa 10^{-1} eV (oder $1{,}6 \times 10^{-20}$J) bis 10^{-4} eV erforderlich. Die Terme erscheinen im fernen (langwelligen) Infrarot oder Mikrowellenbereich. Die Emissionslinien spielen bei der Identifikation von Molekülen im interstellaren Gas oder der Atmosphäre eine große Rolle.

Die Änderung des Schwingungszustandes eines Moleküls erfordert etwas größere Energien um 0,1 - 1 eV. Die gleichzeitige Änderung des Rotationszustandes läßt aus einem Schwingungsterm eine Rotations-Schwingungsbande werden. Die Änderung des Rotationszustandes kann dabei positiv oder negativ sein. Die Terme liegen im thermischen Infrarot bis in das UV-Gebiet hinein.

Die Änderung des Elektronenzustandes setzt Energien in der Größenordnung einiger eV voraus. Charakteristische Linien treten im sichtbaren und UV-Bereich auf.

Die Änderungen des Rotationszustandes besitzt bei nichtlinearen Molekülen ein komplizierteres Erscheinungsbild als bei linearen Molekülen, deren Atome in einer Reihe hantelförmig angeordnet sind. In dem nichtlinearen Fall kann sich der Rotationszustand um jede Hauptträgheitsachse ändern, während bei linearen Molekülen der Rotationszustand um die Längsachse eingefroren ist.

Bei der Änderung des Schwingungszustandes mehratomiger Moleküle muß zwischen Valenz- und Deformationsschwingung unterschieden werden, je nachdem, ob die Schwingung in Richtung der Atomverbindung oder quer dazu verläuft. Die Deformationsschwingungen sind leichter anregbar und liegen deshalb weiter im Infraroten.

Wie bei der Änderung des Elektronenzustandes die Terme für höhere Anregungszustände auf einen festen Energiewert, die Ionisationsenergie, konvergieren, so nähern sich die Schwingungsterme dem Grenzwert der Dissoziationsenergie.

Zum Verständnis der Absorption oder Emission in einer ganzen Bande ist es notwendig, die Absorption oder Emission in einer einzelnen Linie zu betrachten. Die Linienbreite einer einzelnen Linie wird durch verschiedene Einflüsse bestimmt. Zunächst hat jede Linie eine durch die Heisenbergsche Unschärferelation bedingte natürliche Breite. Diese tritt aber in der Atmosphäre gegenüber den anderen beiden dominierenden Verbreitungsmechanismen zurück. Durch die thermische Eigenbewegung der Gase kommt es zur DOPPLER-Verbreitung (Doppler broadening). Die Strahlung ist, je nachdem in welche Richtung sich der Emittent bewegt, zum Langwelligen (Fortbewegung) bzw. Kurzwelligen (Zubewegung) hin verschoben. Analoges gilt für die Absorption. Als dritter Einfluß erscheint die Stoßdämpfungsverbreiterung (pressure broadening). Wir wollen auch hier auf eine ausführliche mathematische Darstellung verzichten, da die Ozonproblematik hiervon nur indirekt tangiert wird.

Die Berechnung der Absorption einer Linie stellt die Grundlage für die Ermittlung der Absorption in einer ganzen Bande dar. Diese sogenannte Line-by-line-Berechnung ist ein numerisch aufwendiges Verfahren. Der Absorptionskoeffizient variiert in schmalen Wellenlängenbereichen um Größenordnungen, was bei der numerischen Rechnung eine große Anzahl von Stützstellen verlangt. Aus diesem Grunde wurden in der Vergangenheit verschiedene Bandenmodelle entwickelt und Parametrisierungsverfahren erdacht. Eine Übersicht über zusammenhängende theoretische Probleme vermittelt eine Arbeit von HAUS (1985).

2.9. Zur Energiebilanz der mittleren Atmosphäre

In der Energiebilanz der mittleren Atmosphäre haben die beiden Konstituenten Kohlenstoffdioxid und Ozon dominierende Bedeutung. Der erste bestimmt den Energieverlust und der zweite den Gewinn. Erst in der oberen Mesophäre und Thermosphäre übernimmt der molekulare Sauerstoff die Rolle des Ozons.

Innerhalb der mittleren Atmosphäre variiert der Druck um 5–6 Größenordnungen. Ein einheitliches Verhalten bezüglich der energetischen Prozesse wird deshalb nicht zu erwarten sein. Neben dem photochemischen Energieeintrag treten vor allem dynamische Vorgänge in Erscheinung, so Energietransport über planetare Wellen oder interne Schwerewellen. Vertikale und horizontale Winde komplizieren das Bild erheblich. Daß nicht allein der unmittelbare Energieeintrag durch Absorption solarer Strahlung von Bedeutung ist, wird durch die Tatsache belegt, daß selbst unter Polarnachtbedingungen die winterliche Mesopause wärmer als die sommerliche ist.

In der Stratopause dagegen verhält sich die Atmosphäre „normal". Es existiert ein starker meridionaler Temperaturgradient, der im Winter einen intensiven geostrophischen Wind mit westlichen Winden von über 100 m s^{-1} hervorruft, den stratospheric-polar-night jet. Die generelle Zirkulation der mittleren Atmosphäre in mittleren und hohen Breiten ist im Winter zyklonal (westliche Winde) und im Sommer antizyklonal (östliche Winde). Sommerliche Zirkulationsformen herrschen dabei nur während weniger Sommermonate vor. Hierbei werden der Umstellungstermin und die Intensität der Zirkulation durch Höhe, Breite und Jahreszeit bestimmt. Der Zusammenbruch der winterlich zyklonalen Zirkulation ist dabei gekoppelt mit den Erscheinungen der stratosphärischen Erwärmungen (stratwarms).

Die globale Zirkulation strebt einen Ausgleich in dem hemisphärisch (Sommer-Winterhemisphäre) bzw. breitenabhängig unterschiedlichen Energieeintrag durch die Solarstrahlung an. Bereits 1961 postulierten MURGATROYD und SINGLETON eine globale HADLEY-Zelle, gekennzeichnet durch aufsteigende Bewegung am Sommerpol und Abwärtsbewegung am Winterpol. Der Aufwärtswind führt zu einer adiabatischen Abkühlung, während der abwärtsgerichtete Wind zur adiabatischen Erwärmung beiträgt.

Die globale thermosphärische Zirkulation beeinflußt durch analoge Winde die Verteilung des atomaren Sauerstoffs. Der atomare Sauerstoff bildet sich verstärkt auf der Sommerhemisphäre aus der Dissoziation von O_2. Aufgrund der relativ hohen sommerlichen thermosphärischen Aufheizung wird er aufwärts befördert und durch Meridionalwinde zum Winterpol transportiert, wo er absinkt und eine Dichteerhöhung des atomaren Sauerstoffs bewirkt. Erst in relativ geringen Höhen unterhalb der Turbopause kann er effektiv über die 3-Körperreaktion rekombinieren. Damit wird sowohl die Dissoziations- als auch die potentielle Energie (Anheben der Gasteilchen gegen die Schwerkraft) global umverteilt (KELLOGG 1961).

Die mittlere Atmosphäre empfängt solare Energie vornehmlich im nahen UV-Gebiet. In einem Dissipationsprozeß wird diese Energie thermalisiert und treibt dabei die mittelatmosphärische Zirkulation an. Der Motor dieses Antriebs ist das Ozon. Nach dem Energieerhaltungssatz muß im globalen und zeitlichen Mittel die Energiebilanz ausgeglichen sein. Der Energieverlust erfolgt über Wärmestrahlung vornehmlich durch das CO_2, obwohl in Stratopausenhöhe auch das Ozon zu 25% zum Verlust beitragen kann. Eine Vielzahl von Einzelprozessen, der Austausch von Energie zwischen unterschiedlichen Höhen modifizieren diese generelle Bilanz.

In der oberen Mesosphäre gewinnt die Strahlungsabsorption durch O_2 zunehmend an Bedeutung. Die Berechnung ihres Einflusses bereitet besonders in den SCHUMANN-RUNGE-Banden Schwierigkeiten. Parametrisierungsansätze wie durch NICOLET und PEETERMANS (1980) können hier helfen.

Die RAYLEIGH-Streuung spielt vor allem in der Stratosphäre bei der Absorption solarer Strahlung in den HUGGINS-Banden 300–350 nm und CHAPPUIS-Banden 450–750 nm eine bedeutende Rolle. Die Albedo und Mehrfachstreuung führen in der mittleren Atmosphäre zu einer beachtenswerten Erhöhung der Strahlungsenergie, die zur Dissoziation von O_3 zur Verfügung steht. Dieser Beitrag ist sowohl höhen- als auch cos χ- und wellenlängenabhängig. Die RAYLEIGH-

Streuung in der mittelatmosphärischen Energiebilanz wurde erstmals durch HERMAN und YARGER (1966) berücksichtigt.

LACIS und HANSEN (1974) betrachteten die Streuung unter zusätzlicher Einführung der Wolken- und Erdalbedo. Sie nahmen wie auch spätere Autoren vereinfacht an, daß es eine absorbierende Ozonschicht begrenzter Höhe gibt, unter der eine diffusiv reflektierende Schicht lagert, die keine Absorption besitzt und durch einen effektiven LAMBERT-Reflektor des Reflexionsvermögens ω_0 ($0 \leqq \omega_0 \leqq 1$) gekennzeichnet ist. Die effektive Albedo ist dabei eine Funktion der Albedo der unteren Atmosphäre und des Erdbodens, wobei zwischen wolkenlosem Himmel und Bewölkung zu unterscheiden ist. Als globalen Mittelwert der Albedo kann nach STROBEL (1978) $\omega_0 = 0{,}25$ genommen werden. Die Werte schwanken bei anderen Autoren bis leicht über 0,3.

Für kurze Wellenlängen $\lambda < 180$ nm kann die Streuung vernachlässigt werden und macht für das Intervall von 180–240 nm lediglich 1% der totalen solaren Strahlung aus. Mehrfachstreuung erscheint maximal im Wellenlängenbereich um 340–360 nm (NICOLET et al. 1982). Erwartungsgemäß ist für die Wellenlängen, die durch geringe Absorption gekennzeichnet sind, der Reflexionseinfluß am größten.

Die RAYLEIGH-Streuung bildet fast ausschließlich eine zusätzliche Wärmequelle, lediglich unter Winterbedingungen der hohen stratosphärischen Breiten äußert sie sich durch Schwächung der solaren Strahlung. Quantitativ kann über 80 km jegliche Streuung vernachlässigt werden, in 60 km Höhe beträgt ihr Einfluß 2%, in der sommerlichen Tropopause folgt eine Energieerhöhung von 20% und im Winter gar um 35%. Für die untere Stratosphäre ist die Streuung in den CHAPPUIS-Banden relevant, während für die obere Stratosphäre und Mesosphäre die aus den HUGGINS-Banden von Bedeutung ist.

Die MIE-Streuung kann man im allgemeinen energetisch für die mittlere Atmosphäre vernachlässigen. In der permanenten Aerosolschicht, der nach JUNGE benannten Schicht (JUNGE et al. 1961), reichen die Konzentrationen der Aerosole noch nicht aus, um einen beachtenswerten Effekt hervorzurufen. Nach bedeutenden Vulkaneruptionen, die die stratosphärischen Aerosolschichten auffüllen, ist jedoch ein meßbarer Einfluß zu erwarten.

Die Erzeugung angeregter Spezies bei der Dissoziation muß energetisch oberhalb der oberen Mesosphäre beachtet werden. Stoßdeaktivierungsreaktionen (quenching) führen im allgemeinen zur Thermalisierung der Anregungsenergie. Da dieser Prozeß relativ schnell verläuft, ist es energetisch belanglos, ob bei der Dissoziation zuvor eine angeregte Zwischenstufe durchlaufen wird. Nur wenn durch spontane Emission Strahlungsverluste auftreten, muß dies ins Kalkül gezogen werden. Dies setzt eine geringe Stoßdeaktivierungsrate, d. h. geringe Dichte der Stoßpartner voraus.

In der unteren Mesosphäre und Stratosphäre spielt der Transport von latenter chemischer Energie keine bedeutende Rolle, oberhalb dieser Höhen stellt er jedoch zunehmend einen beachtenswerten Vorgang dar.

Im Prozeß $O+O+M \rightarrow O_2 + M$ werden 5,12 eV Energie frei. Jedes O-Atom trägt somit latent $\frac{1}{2} \times 5{,}12$ eV Energie. In der Gesamtbilanz ist es gleichgültig, über welche Zwischenstufen diese Energie thermalisiert wird. So ergibt

$$
\begin{array}{llll}
& O+O_2+M & \rightarrow O_3+M & +\ 1{,}05\,\mathrm{eV} \quad \text{und} \\
& O+O_3 & \rightarrow 2\,O_2 & +\ 4{,}07\,\mathrm{eV} \\
\text{Netto:} & O+O & \rightarrow O_2 & +\ 5{,}12\,\mathrm{eV} \quad \text{oder} \\
& O+O_2+M & \rightarrow O_3+M & +\ 1{,}05\,\mathrm{eV} \\
& O+OH & \rightarrow O+HO_2 & +\ 1{,}69\,\mathrm{eV} \\
& HO_2+O & \rightarrow O_2+OH & +\ 2{,}38\,\mathrm{eV}
\end{array}
$$

mit der gleichen Nettobilanz.

Mit dem Transport eines Sauerstoffatoms aus der Thermosphäre sind also 2,56 eV verknüpft, ein Ozonmolekül befördert dagegen nur 1,05 eV.

Die Berechnung der Erwärmungsraten setzt die Kenntnis der spezifischen Wärme C_p für die einzelnen Gaskomponenten voraus. Nach HAMPSON und GARVIN (1978) sind diese Werte gegeben durch

$$
\begin{aligned}
C_p(N_2) &= 1{,}0397 \times 10^6\ \mathrm{JK^{-1}g^{-1}} \\
C_p(O_2) &= 0{,}9174 \times 10^6\ \mathrm{JK^{-1}g^{-1}} \\
C_p(O) &= 1{,}3696 \times 10^6\ \mathrm{JK^{-1}g^{-1}}.
\end{aligned}
$$

Die höchsten stratosphärischen Erwärmungsraten treten in der Sommerhemisphäre mit einem Maximum in der polaren Stratopause auf. Nach PARK und LONDON (1974) betragen sie 19 K d^{-1}, nach LONDON und BJARNASON (1980) 18 K $\times d^{-1}$ und nach WANG et al. (1982) 13,4 K d^{-1}.

In der unteren Stratosphäre dagegen sind die photochemischen Erwärmungsraten bedeutend geringer und erreichen nur Werte von weniger als 1 K d^{-1} im Sommer und unter 0,5 K d^{-1} im Winter. Hierbei wurden die RAYLEIGH-Streuung und eine effektive Albedo sowie Absorption im kurzwelligen, sichtbaren und nahen UV durch NO_2 mitberücksichtigt.

In der Mesosphäre zeigt sich auf Grund des jahreszeitlich variierenden solaren Energieeinflusses ein ähnliches Bild mit höchsten Erwärmungsraten im polaren Sommer und einem Maximum in der unteren Thermosphäre um 110 km. Ein signifikantes Minimum liegt unterhalb der Mesopause (um 75 km), welches mit dem kalten Mesopausenminimum korrespondiert, jedoch in deutlich geringeren Höhen auftritt.

Aufwärts gerichtete Vertikalwinde tragen zu einer adiabatischen Abkühlung und in umgekehrter Richtung zur Erwärmung bei. In der Stratosphäre rangieren die typischen Windgeschwindigkeiten in der Größenordnung von wenigen mm s^{-1}. DOPPLICK (1972) ermittelte einen akzeptierten mittleren Wert von 0,5 mm s^{-1} für die untere Stratosphäre. Das Bewegungsfeld entspricht etwa der BREWER-DOBSON-Zirkulation (BREWER 1949, DOBSON 1956).

Während der Solstitien bildet sich in der Stratosphäre und der unteren Mesosphäre eine thermische Zirkulationszelle mit aufsteigender Bewegung in der Sommerhemisphäre und Abwärtswinden in der Winterhemisphäre aus. Während der Äquinoktien existiert eine 2-Zellenstruktur mit äquatorialen Aufwärtswinden und polarer abwärtsgerichteter Strömung. In der Mesosphäre und der unteren Thermosphäre kann mit Vertikalwindbeträgen von einigen cm s^{-1} gerechnet werden. DICKINSON et al. (1981) z. B. finden auf der Grundlage eines theoretischen Modells in den äquatorialen Breiten Aufwärtswinde und im Polarbereich Abwärtswinde von 1–2 cm s^{-1}.

Die molekulare Wärmeleitung kann für die gesamte mittlere Atmosphäre vernachlässigt werden und spielt ausschließlich oberhalb der Turbopause eine zunehmende Rolle. Der Wärmefluß stellt sich dar als

$$\Phi_m = -\lambda(Z)\frac{\partial T}{\partial z} \tag{2.56}$$

mit der molekularen Wärmeleitfähigkeit λ (z). λ besitzt für Luft Werte von etwa 5×10^3 J cm^{-1} s^{-1} K^{-1}.

Wesentlich anders liegt der Sachverhalt bei der turbulenten Wärmeleitung. In der atmosphärischen Grundschicht spielt sie eine Hauptrolle. Die mittlere Atmosphäre galt lange Zeit als turbulenzfrei. Heute steht es außer jedem Zweifel, daß insbesondere in der Mesosphäre und der unteren Thermosphäre verschiedenskalige Turbulenzen auftreten und mit ihnen eine turbulente Wärmeleitung und Dissipation der kinetischen Energie der Eddies verbunden sind.

Als Hauptquelle der kleinräumigen Turbulenzen gelten kollabierende interne Schwerewellen, die in kleinere Eddies zerfallen. Der große Wert des Eddydiffusionskoeffizienten K ist Ausdruck dieser Tatsache.

In der gegenwärtigen Diskussion gibt es bezüglich der Höhe der effektiven Dissipation, ihres energetischen Einflusses, der jahreszeitlichen und Breitenvariation noch erhebliche Kontroversen. Der maximale Diffusionskoeffizient schwankt nach Literaturangaben zwischen 10^5 und 10^7 cm^2 s^{-1}. Dies ist sowohl Ausdruck seiner hohen natürlichen Variabilität als auch der Unsicherheit bei seiner Bestimmung. Turbulente Wärmeleitung aus dem Mesopausenbereich trägt mit einiger Wahrscheinlichkeit zur Abkühlung unterhalb der Mesopause bei.

Wellentransporte gekoppelt an planetare Wellen müssen in der mittleren Atmosphäre beachtet werden. Die Ausbreitung dieser Wellen bis in die untere Thermosphäre hinein ist im allgemeinen an zyklonale Windsysteme gebunden und damit besonders in winterlichen mittleren und hohen Breiten bedeutsam. Die Ausbreitung von Infraschallwellen in die Hochatmosphäre, z. B. von Meereswellen angeregt, wurde diskutiert. Nachgewiesen worden sind Gezeitenwellen (tidal waves), die durch die tägliche Erwärmung in der stratosphärischen Ozonschicht angeregt werden und sich nach oben hin ausbreiten. Sie beeinflussen z. B. den Grundwind der Mesosphäre oder spiegeln sich in den Plasmaparametern wider.

Im Aurorabereich der Thermosphäre tragen präzipitierende hochenergetische Teilchen (keV-Elektronen bis MeV-Protonen) und dissipierende elektrische Ströme, die JOULEsche Erwärmung, zu einem beträchtlichen Energieeintrag bei, der zumindest noch für die obere Mesosphäre von Bedeutung ist. Voraussetzung sind elektrische Felder, die in die Ionosphäre die Plasmateilchen beschleunigen. Besonders unter geomagnetisch gestörten Bedingungen können die Einflüsse beachtlich und Ursache von vielerlei Effekten sein (Auroraerscheinungen, Erregung von Schwerewellen, erhöhte Stoßionisation, Erzeugung von aeronomisch wirksamen NO-Molekülen u. a.). Der hierbei aufgeheizte Aurorahochdruckgürtel treibt in typischer Weise die Meridionalzirkulation an.

Den Counterpart der Erwärmung durch eine Unzahl von Einflüssen stellt die Abkühlung vor allem durch Ausstrahlung dar. Aus der Bilanz beider resultiert ein Temperaturfeld, das das Luftdruckfeld bestimmt, welches der Motor der Zirkulation ist. In der mittleren Atmosphäre resultiert aus der Ausstrahlung durch CO_2 in der 15-µm-Bande der wesentlichste Verlust. Andere Banden tragen nur wenig zur Abkühlung bei. In der Stratopause (um ca. 45–50 km) spielt auch die 9,6-µm-Bande des Ozons mit maximal 25% der Gesamtkühlung eine zu beachtende Rolle (HAUS 1985). In der unteren Thermosphäre müssen die 63-µm-Emission des atomaren Sauerstoff und die 5,3-µm-Emission von NO als wesentliche Wärmesenke betrachtet werden. In alten Arbeiten wurde noch die 147-µm-Emission des atomaren Sauerstoffs als bedeutender Wärmeverlustprozeß angegeben. Das wurde in jüngeren Arbeiten revidiert. Bezüglich der 63-µm-Strahlung muß die Strahlungstransportgleichung gelöst werden, da aufgrund der Resonanzabsorption die untere und mittlere Thermosphäre nicht als optisch dünn angesehen werden können.

Die Abstrahlungsrate der schwingungsangeregten CO_2-Moleküle wird (analog der Airglowemission von $O_2({}^1_a\Delta_g)$ oder $O_2({}^1\Sigma_g^+)$) durch die Stoßdeaktivierung mit anderen Molekülen, vor allem N_2 und O_2, bestimmt. Neuerdings hat sich gezeigt, daß die Stoßdeaktivierung und damit Thermalisierung durch O einen beachtlichen Einfluß im Bereich hoher O-Dichten (oberhalb 80 km) besitzt. Es existieren jedoch bezüglich der Datengrößen noch erhebliche Unsicherheiten.

Bei der theoretischen Berechnung von Temperaturfeldern steht man vor der Tatsache, daß sich die Temperatur als kleine Differenz aus den großen Termen der Erwärmungs- und Abkühlungsrate ergibt. Unsicherheiten in diesen Termen schlagen sich verstärkt als Ungenauigkeiten in der Temperatur nieder. Dieses vergrößert sich noch, werden aus den EULERschen Gleichungen die Zirkulationsfelder bestimmt. Von einer befriedigenden Lösung des Gesamtproblems ist man gegenwärtig bei allem Fortschritt der vergangenen Jahre noch ein gutes Stück entfernt.

3. Die Photochemie der Atmosphäre

3.1. Photochemische Grundreaktionen

Im vorhergehenden Kapitel wurden bereits die Kontinuitätsgleichung eingeführt, die Dissoziation, Ionisation und Anregung besprochen sowie einzelne Reaktionen erwähnt. Photochemische Prozesse bilden den Zugang zum Verständnis der gesamten Ozonproblematik. Aus diesem Grunde sollen in diesem Kapitel vom allgemeinen Standpunkt aus die Photochemie und iono-chemische Grundreaktion vorgestellt werden. Wir bedienen uns dabei nicht der thermodynamischen Beschreibung.

Im allgemeinen befinden sich die Reaktionspartner in der Gasphase. Man spricht in diesem Fall von homogener Chemie. Heterogene chemische Reaktionen liegen dann vor, wenn einer der Reaktionspartner in einem anderen Zustand in Erscheinung tritt. Dies ist der Fall für Reaktionen zwischen Gaskomponenten und in Aerosolen gebundenen Molekülen.

In der homogenen Chemie begegnen uns zwei Typen chemischer Reaktionen, die auch als Zweikörper- und Dreikörperreaktion bezeichnet werden. Aus der Stoßtheorie kann die Wahrscheinlichkeit für Zusammenstöße zweier Reaktionspartner berechnet werden, aber nicht jede Kollision führt zur chemischen Reaktion.

In

$$XY + Z \rightarrow XZ + Y \tag{3.1}$$

muß eine molekulare Bindung zwischen X und Y aufgebrochen werden. Dies verlangt eine bestimmte Aktivierungsenergie E. Für eine große Anzahl von Reaktionen in der Atmosphäre ist diese Aktivierungsenergie sehr hoch, und damit besitzen diese Reaktionen praktisch keine Bedeutung.

Die „Reaktionsfreudigkeit“ wird durch Reaktionskoeffizienten, auch sehr häufig als Reaktionsratenkonstanten bezeichnet, beschrieben. Im strengen Sinne gibt eine Rate die relative Änderung eines Konstituenten in einem Volumenelement in der Zeit an. Eine solche Umwandlungsrate ergibt sich erst nach Multiplikation mit der Dichte der beiden bzw. der drei Reaktionspartner. Wir unterscheiden hier also zwischen Rate [s^{-1} cm^{-3}] und Ratenkonstanten [cm^3 s^{-1}] bzw. [cm^6 s^{-1}]. Die Reaktionskoeffizienten sind im allgemeinen temperaturabhängig. Nach der ARRHENIUSschen Formel gilt für die Größe der Ratenkonstanten

$$l = F \times \exp(-E/RT) \tag{3.2}$$

mit R - Gaskonstante ($R = 8{,}314$ JK^{-1} Mol^{-1}), und F stellt den Frequenzfaktor dar, der eine Funktion der Stöße zwischen den Molekülen ist. F kann durch $1{,}5 \times 10^{-11}$ $T^{1/2} f$ cm^3 s^{-1} approximiert werden, wobei f als räumlicher Hindernisfaktor (steric hindrance factor) bezeichnet wird.

Beim Dreikörperstoß (three body collision) liegt das Grundreaktionsmuster

$$X + Y + M \rightarrow Z + M \tag{3.3}$$

zugrunde. M entspricht einem an der chemischen Reaktion unbeteiligten Stoßpartner, der lediglich für den Ausgleich der Energie- und Impulsbilanz Sorge trägt. In der Reaktion $O + O_2 + M \rightarrow O_3 + M$ kann M molekularer Sauerstoff, molekularer Stickstoff oder Argon bzw. zufällig irgendein anderer Minorkonstituent sein. Sie unterscheiden sich in ihren Reaktionsratenkonstanten, die in diesem Fall mit k (bzw. $\bar{k}$ bezogen auf M) bezeichnet werden sollen und die Dimension [cm^6 s^{-1}] besitzen.

In den „Chemical kinetic and photochemical data sheets for atmospheric reactions“ wurden durch HAMPSON (1980) die atmosphärischen Reaktionen zusammengestellt. Im Bulletin vom September 1982 des Upper Atmospheric Programs sind z. B. in großer Anzahl Ratenkonstanten der sogenannten „Second order reactions“ aufgelistet. Es empfiehlt sich bei photochemischen Modellierungen, unbedingt auf diese oder nachfolgende Kataloge zurückzugreifen. Die in diesem Buch angegebenen Zahlenwerte sind deshalb auch nur als Orientierungsgrößen zu betrachten, weshalb auf eine nutzerorientierte Auflistung der Ratenkonstanten verzichtet wurde.

Die Aussagen aus photochemischen Modellen hängen sehr entscheidend von der Größe der Reaktionsratenkonstanten ab. Insofern ist es notwendig, bei Rechnungen auf jeden Fall auf die Quelle der benutzen Ratenkonstanten zu verweisen, da sich einige Werte durch labormäßig verbesserte Bestimmungsmethoden im Laufe der vergangenen Jahre erheblich verändert haben.

Entstehen bei den photochemischen Reaktionen angeregte Spezies, so ist es wichtig, diese als gesonderte chemische Komponenten zu führen, sobald sie chemisch andersartig reagieren als die im Grundzustand befindlichen Teilchen, bzw. wenn sie durch Abgabe von Lumineszenz zum Indikator für einen bestimmten Prozeß werden. Die angeregten Zustände werden hier bisweilen durch einen Stern an der chemischen Kurzbezeichnung charakterisiert.

In dem Dreikörperprozeß

$$O + O + O \rightarrow O_2 + O(^1S), \tag{3.4}$$

dem CHAPMAN-Mechanismus, ergaben Labormessungen eine Ratenkonstante von $k(O_2, O(^1S)) = 4{,}8 \times 10^{-33}$ cm^6 s^{-1}. Andere Reaktionen wie $N + N + O \rightarrow N_2 + O(^1S)$ $k(N_2, O(^1S)) = 1 \times 10^{-33}$ cm^6 s^{-1} oder $N + O + O \rightarrow NO + O(^1S)$ führen ebenfalls zum angeregten ^1S-Zustand. Die nachfolgende Strahlungsdeaktivierung ruft die charakteristische Airglowstrahlung der grünen Linie bei 557,7 nm hervor. Aus den gemessenen Nightglowstrahlungen kann auf ein Konzentrationsmaximum des atomaren Sauerstoffs in 95 km Höhe von etwa 10^{12} cm^{-3} geschlossen werden. Das Reaktionsmuster (3.3) ist dahingehend zu modifizieren, daß nach der Reaktion M^* vorliegt.

Die unmittelbare Assoziation von atomarem Sauerstoff in

$$O(^3P) + O(^3P) + N_2 \rightarrow O_2\,(^1_b\Sigma_g^+) + N_2 \tag{3.5}$$

($O(^3P)$ entspricht dem Grundzustand) leitet zum roten atmosphärischen Bandensystem. Hierbei wäre in (3.3) statt Z $Z^* = XY$ zu schreiben.

Die spontane Emission, deren Wahrscheinlichkeit durch den Einsteinkoeffizienten für spontane Emission A beschrieben wird, gehorcht dem einfachen Schema $X^* \rightarrow h\nu + X$. (A in [s^{-1}].) Die normale Form der Deaktivierung erfolgt über Stöße (quenching reactions) nach dem einfachen Muster

$$X^* + M \rightarrow X + M. \tag{3.6}$$

Als Beispiel steht

$$O(^1D) + M \rightarrow O(^3P) + M. \tag{3.7}$$

Die Reaktionsrate von (3.7) für $M = N_2$ beträgt $\gamma = 1{,}8 \times 10^{-11} \exp(107/T)$ $\times$ cm^3 s^{-1}. In etwa zu einem Drittel erfolgt auch eine Anregung von N_2 nach dem Muster

$$X^* + Y \rightarrow X + Y^* \tag{3.8}$$

$$O(^1D) + N_2 \rightarrow O(^3P) + N^*_{2(\nu=7)}. \tag{3.9}$$

Die Rekombination ist der zur Ionisation inverse Prozeß der Wiedervereinigung eines Elektrons mit einem positiven Ion. Wiederum aus Gründen der Energie- und Impulsbilanz kann effektiv eine Rekombination nur mit molekularen Ionen erfolgen, welche beim Rekombinationsvorgang dissoziieren. Man spricht hierbei von dissoziativer Rekombination. Die Rekombinationskoeffizienten spiegeln die Rekombinationsgeschwindigkeit wider. Bei atomaren Ionen liegen diese um etwa 5 Größenordnungen unterhalb jener von molekularen Ionen. So folgt in der Reaktion

$$O^+ + e \rightarrow O + h\nu \quad \alpha(O) = 3 \times 10^{-12}\ \mathrm{cm^3\,s^{-1}} \tag{3.10}$$

und bei

$$O_2^+ + e \rightarrow O^* + O^* \quad \alpha(O^*, O^*) = 2{,}2 \times 10^{-7} \left(\frac{300}{T_e}\right)^{0{,}7 \text{ bis } 1{,}0} \text{cm}^3 \text{ s}^{-1}. \tag{3.11}$$

T_e symbolisiert die Elektronentemperatur, die in der unteren und mittleren Ionosphäre mit der Neutralgastemperatur $T_n = T_e$ übereinstimmt. Die Finalkomponenten O* können in unterschiedlichen Anregungszuständen ^{3}P, ^{1}D oder ^{1}S vorliegen.

$O_2^+(^2\Pi g) + e$ rekombiniert zu

$O(^3P) + O(^3P) + 6{,}95$ eV,

$O(^3P) + O(^1D) + 4{,}98$ eV,

$O(^3P) + O(^1S) + 2{,}76$ eV,

$O(^1D) + O(^1D) + 3{,}01$ eV und

$O(^1D) + O(^1S) + 0{,}79$ eV.

Von aeronomischer Wichtigkeit ist z. B. zu welchem Anteil bei der Rekombination von $N_2^+(^2\Sigma_g^+)$ oder $NO^+(^1\Sigma^+)$ $N(^2D)$ oder $N(^4S)$ gebildet wird, da $N(^2D)$ im wesentlichen zur NO-Bildung beträgt, $N(^4S)$ es jedoch vornehmlich zerstört. So betragen die Rekombinationsratenkonstanten für

$$NO^+ + e \rightarrow O^* + N(^4S) \quad \alpha(O^*, N(^4S)) = 1{,}01 \times 10^{-7} \text{ cm}^3 \text{ s}^{-1} \tag{3.12}$$

und für

$$NO^+ + e \rightarrow O^* + N(^2D) \quad \alpha(O^*, N(^2D)) = 3{,}19 \times 10^{-7} \text{ cm}^3 \text{ s}^{-1}. \tag{3.13}$$

Das bedeutet, daß bei der Rekombination von NO^+ etwa zu 3/4 $N(^2D)$ und zu 1/4 $N(^4S)$ entsteht.

Sehr hohe Rekombinationsratenkonstanten besitzen die sogenannten Clusterionen. Clusterionen sind schwachgebundene Ionen-Molekülkomplexe, die in der Mesopausenregion um 70–85 km Höhe auftreten. Die dominierenden Clusterionen werden dabei aus H_2O gebildet: $H_3O^+ = H^+(H_2O)$ und $H_5O_2^+ = H^+(H_2O)_2$. Die Initialionen stellen O_2^+ und NO^+ dar. Über komplizierte ionochemische Reaktionsketten bilden sich schließlich die Wasserclusterionen. Höhere Clusterionen entstehen nach dem Reaktionsschema.

$$H_3O^+ (H_2O)_{n-1} + H_2O + M \rightleftarrows H_3O^+ (H_2O)_n + M. \tag{3.14}$$

Die Rekombinationskoeffizienten betragen bei $T = 300$ K in $H_3O^+ + e \rightarrow H_2 + OH^*$ $\alpha(H_2, OH^*) = (1{,}3 \pm 0{,}6) \times 10^{-6}$ cm^3 s^{-1} und in $H_3O^+ + e \rightarrow H + H_2O$ $\alpha(H, H_2O) = 1{,}9 \times 10^{-7}$ cm^3 s^{-1}.

Der dissoziative Rekombinationskoeffizient nähert sich für höhere Clusterionen 10^{-5} cm^3 s^{-1} an (Biondi et al. 1971).

Ladungsaustauschprozesse (charge exchange) spielen in der Aeronomie der Ionosphäre eine überaus wichtige Rolle. Die konkrete Struktur der Ionosphäre wird durch sie bestimmt. In der Exosphäre verläuft der wesentliche Wasserstoffentweichungsprozeß über den Ladungsaustausch von heißen Wasserstoffionen mit kaltem Wasserstoff der Geokorona.

$$H^+_{\text{heiß}} + H_{\text{kalt}} + H^+_{\text{kalt}} + H_{\text{heiß}}. \tag{3.15}$$

Der heiße neutrale Wasserstoff kann effektiv den Anziehungsbereich der Erde verlassen. In der F-Schicht wird primär O^+ erzeugt. Erst durch den Ladungsaustausch mit O_2 und N_2 entstehen rekombinationsfähige Ionen.

$$O^+ + O_2 \rightarrow O + O_2^+ \tag{3.16}$$

und

$$O^+ + N_2 \rightarrow O + N_2^+. \tag{3.17}$$

Die Ladungsaustauschratenkonstanten werden mit $\beta(O^+, N_2^+) = 2\times 10^{-11} \left(\frac{T}{300}\right) \exp\left(\frac{80}{T}\right)$ $\text{cm}^3\,\text{s}^{-1}$ und $\beta(O^+, N_2^+) = 7\times 10^{-11}\,\text{cm}^3\,\text{s}^{-1}$ angegeben.
Nach dem Reaktionsschema

$$Z^+ + XY \rightarrow XZ^+ + Y \tag{3.18}$$

erfolgt der Ladungsaustausch in $O^+ + N_2 \rightarrow NO^+ + N$.
Die Ratenkonstante beläuft sich auf $\beta(O^+, NO^+) = 1{,}53\times 10^{-12}\,\text{cm}^3\,\text{s}^{-1}$. In der oberen Ionosphäre besitzt die Reaktion

$$He^+(^2S) + O_2(^3\Sigma) \rightarrow He\,(^1S) + O(^3P) + O^+(^4S), \tag{3.19}$$

die nach einem anderen Reaktionsschema abläuft, Bedeutung. Eine Reaktion nach dem Muster

$$XX^+ + YY \rightarrow XY^+ + XY, \tag{3.20}$$

wie durch $O_2^+(^2\Pi) + N_2(^1\Sigma) \rightarrow NO(^2\Pi) + NO^+(^1\Sigma)$ gegeben, ist prinzipiell möglich, hat aber mit einer wahrscheinlichen Ratenkonstanten von $\beta(O_2^+, N_2, NO^+, NO) = 2\times 10^{-16}\,\text{cm}^3\,\text{s}^{-1}$ keine Relevanz. Hohe Ratenkonstanten werden in $H_2O^+ + O_2 \rightarrow H_2O + O_2^+$ oder $OH^+ + H_2O \rightarrow H_3O^+ + O$ mit $\beta(H_2O^+, O_2^+) = 2\times 10^{-10}\,\text{cm}^3\,\text{s}^{-1}$ und $\beta(OH^+, H_3O^+) = 4{,}7\times 10^{-10}\,\text{cm}^3\,\text{s}^{-1}$ angenommen, so daß die Ionen H_2O^+ und OH^+ in der Ionosphäre praktisch abwesend sind. Die Dreikörperreaktion

$$O_2^+ + O_2 + M \rightarrow O_4^+ + M \tag{3.21}$$

mit einer Ratenkonstanten von $\beta(O_2^+, O_4^+, M = O_2) = 2{,}4\times 10^{-30}\text{cm}^6\,\text{s}^{-1}$ bei $T = 307$ K führt zur Bildung des Sauerstoffclusterions. Interessanterweise verbindet sich hiermit die Möglichkeit der Ozonproduktion, denn ein Zweig des O_4^+-Verlustes verläuft über

$$O_4^+ + O \rightarrow O_2^+ + O_3 \tag{3.22}$$

mit $\beta(O_4^+, O_2^+) = (3 \pm 2) \times 10^{-10}\,\mathrm{cm^3\,s^{-1}}$ bei $T = 295$ K.

Praktische Bedeutung indes besitzt diese Reaktion für die Ozonbildung nicht. Die Nettoreaktion von (3.21) und (3.22) ergibt $O + O_2 \rightarrow O_3$, d. h., der normale Ozonbildungsprozeß wird lediglich um ein Winziges effektiver. Die zweite Möglichkeit des Verlustes von O_4^+ leitet zur Bildung eines Wasserclusterions $O_4^+ + H_2O \rightarrow O_2^+\,H_2O + O_2$.

3.2. Photochemische Bilanzgleichungssysteme

Die zeitliche Bilanz von Gewinn und Verlust einer chemischen Komponente wird durch eine Bilanzgleichung beschrieben, eine Vielzahl untereinander reagierender chemischer Komponenten demnach durch ein Bilanzgleichungssytem. Den zeitlichen Verlauf der Änderung der chemischen Konzentrationen untersucht die Reaktionskinetik. Entsprechend gebraucht man für die Bilanzgleichung auch den Ausdruck reaktionskinetische Gleichung.

Im Kapitel 2.3 wurde im Zusammenhang mit der Kontinuitätsgleichung auf die Produktion und den Verlust der chemischen Konstituenten eingegangen. Entsprechend wird bei Einbeziehung von Transporten mikroskopischer und makroskopischer Art auch von Kontinuitätsgleichungen gesprochen. Diese sind Ausdruck des Gesetzes von der Erhaltung der Masse. Bei den reaktionskinetischen Gleichungen tritt dieses Gesetz in der speziellen Modifikation der Erhaltung der Anzahl der Atome in Erscheinung. Diese werden aus den Anfangsbedingungen als Nebenbedingungen formuliert.

Die Bilanzgleichungen ohne Berücksichtigung von Transporten stellen Systeme von gewöhnlichen nichtlinearen Differentialgleichungen (mit gemischtquadratischen oder gemischtkubischen Gliedern) erster Ordnung in der Ableitung nach der Zeit dar. Auf ihrer Grundlage ist eine 0D (nulldimensionale) dynamische Modellierung von chemischen Abläufen möglich.

Schließt man auch Transporte mit ein, so werden die Ableitungen partiell, und es folgen nach Kap. 2.3 Terme bis zweiter Ordnung nach dem Ort. Von einem dynamischen 1D-Modell (eindimensionales) spricht man, wenn lediglich die vertikale Raumkoordinate berücksichtigt wurde. Bei einem 2D-Modell werden Meridionaltransporte mit ins Kalkül gezogen. Dabei werden zonale Gradienten noch vernachlässigt. Die anspruchsvollen 3D-Modelle berücksichtigen schließlich alle Raumkoordinaten. Sie sind im Normalfall an Zirkulationsmodelle gekoppelt. Ihre Lösung setzt Großrechner mit hinreichender Speicherkapazität voraus, so daß bei vielen Modellierungen unabhängig vom Modellierungsaufwand auf sie verzichtet werden muß. Was bleibt, sind oft abgerüstete Varianten, die irgendwo Kompromisse einschließen.

Andererseits geht bei zunehmender Komplexität und Dimension, d. h. Reproduzierbarkeit der Wirklichkeit, die Durchschaubarkeit verloren, so daß reduzierte Modelle ihren Sinn haben, wenn es darum geht, die wesentlichen Zusammenhänge zu erkennen, ohne sie bei der Vereinfachung zu verfälschen. Für Trendrechnungen, das Durchspielen von Szenarien sind jedoch die komplexesten Modelle die besten.

Als Variable in den Bilanzgleichungen treten die Konzentrationen der Reaktionspartner in Erscheinung. Wir werden allgemein mit Teilchendichten rechnen, d. h. mit der Anzahl der Teilchen in einem Kubikzentimeter. Die Schreibweise hierfür soll zukünftig $[X]$ für die Komponente X sein.

Als Reaktionspartner können alle Atome, Moleküle, Ionen, die Elektronen und angeregte Spezies fungieren. Für die Untersuchung einzelner Fragestellungen kann es sich als günstig erweisen, die Systeme in vernünftiger Weise einzuschränken. So ist z. B. für die Ionenchemie der negativen Ionen die Ozonkonzentration von Bedeutung, jedoch gilt das gleiche nicht umgekehrt, so daß negative Ionen aus der Betrachtung ausgeschlossen werden können. In anderen Fällen besitzen einige Reaktionspartner derart hohe Konzentrationen, daß ihre Dichten durch die photochemischen Reaktionen so gut wie nicht beeinflußt werden. Sie können ebenfalls aus dem System ausgeschlossen werden. Dies gilt in der gesamten mittleren Atmosphäre, zumindest für die Hauptkonstituenten N_2 und O_2, aber auch eine zeitlich nur sehr langsam veränderliche Konzentration kann bei der Untersuchung von Kurzzeiteffekten als konstant betrachtet werden.

Die Veränderung der Teilchendichte $\mathrm{d}[X]$ innerhalb der infinitesimalen Zeit $\mathrm{d}t$ errechnet sich aus der Bilanz der während dieser Zeit produzierten und vernichteten Teilchen. Nach (2.26) kann die Bilanz in der Form

$$\frac{\mathrm{d}[X]}{\mathrm{d}t} = P_X - L_X[X] \tag{3.23}$$

geschrieben werden. $\tau_X = L_X^{-1}$ wurde als charakteristische chemische Zeit definiert. Die charakteristische Zeit stellt ein Maß dar, wie schnell unter Gleichgewichtsbedingungen bei einer kleinen Störung die Komponente einen stationären Wert erreicht, d. h. der Differentialquotient gegen 0 geht. Die charakteristischen Zeiten gestatten auch, das System zu ordnen. Komponenten mit sehr kleiner charakteristischer Zeit können als im Gleichgewicht befindlich aufgenommen werden. Bei der Lösung des Bilanzgleichungssystems braucht in diesem Fall die

Integration der Differentialgleichung nicht ausgeführt zu werden, was vor allem den Vorteil erbringt, daß mit größerer Zeitschrittweite integriert werden kann.

Unter Einbeziehung diffusiver Prozesse, die durch charakteristische Diffusionszeiten gekennzeichnet sind, bedeutet ein Vergleich mit den charakteristischen chemischen Zeiten u. U. die Vernachlässigung der Diffusion für einzelne Konstituenten. Dies schafft wiederum Vereinfachungen bei der numerischen Lösung. Es darf jedoch in diesem Fall nicht von der charakteristischen Zeit einer einzelnen Komponente, sondern von der einer ganzen chemischen Familie ausgegangen werden. Auf das Problem der charakteristischen Zeiten werden wir an späterer Stelle zurückkommen. Zuvor sollen jedoch sehr einfache photochemische Systeme betrachtet werden, um an Hand dieser einige grundsätzliche Seiten reaktionskinetischer Rechnungen darzustellen.

3.3. Kombinierte Messung von NO, NO_2 und O_3 auf der Grundlage der Lösung reaktionskinetischer Gleichungen

Den reaktionskinetischen Gleichungen liegen gewöhnlich praktische Fragestellungen zugrunde. In der Umweltüberwachung im Zusammenhang mit Forstschäden in sogenannten Reinluftgebieten macht es sich erforderlich, gleichzeitig die NO_X-Komponenten NO und NO_2 und das Ozon zu messen. Chemilumineszenzverfahren können nur NO messen. Um Aussagen über die Gesamtbelastung durch Stickstoffoxide zu erhalten, überführt man im Meßgerät das NO_2 des Analysegases katalytisch mittels heißer Metallkatalysatoren (wie Molybdän, Vanadium, Wolfram, Mangan, Silber oder Kupfer) in NO. Dieses wird darauf definiert mit Ozon zur Reaktion gebracht, dabei entsteht angeregtes NO_2^*, dessen Lumineszenzstrahlung zu messen ist. Eine Separation zwischen NO und NO_2 ist hierbei durch Differenzbildung innerhalb gewisser Fehlergrenzen möglich. Ozon selbst muß unabhängig bestimmt werden.

Durch SONNEMANN et al. (1987) wurde ein Verfahren vorgeschlagen, bei welchem auf der Grundlage reaktionskinetischer Abläufe innerhalb eines Meßprozesses auf die 3 chemisch miteinander reagierenden Komponenten geschlossen werden kann. Hierbei wird eine Luftprobe einer Pumpstrahlung ausgesetzt und der dynamische Verlauf der Emission meßtechnisch verfolgt. Die Hauptreaktion stellt ebenfalls

$$O_3 + NO \rightarrow NO_2^* + O_2, \; l^* = 5 \times 10^{-14}\, T^{1/2} \exp(-1200/T)\; cm^3\, s^{-1} \tag{3.24}$$

dar. Zu einem bestimmten Anteil verläuft die Oxydation von NO auch ohne Bildung von angeregtem NO_2^*

$$O_3 + NO \rightarrow NO_2 + O_2, \; l^* = 5 \times 10^{-14}\, T^{1/2} \exp(-2100/T)\; cm^3\, s^{-1}. \tag{3.25}$$

Das angeregte NO_2^* kann stoßdeaktiviert werden (γ), oder es sendet mit einer bestimmten Emissionswahrscheinlichkeit A spontan Strahlung im Wellenlängenbereich $\lambda > 590$ nm aus. Das Verhältnis beider Koeffizienten beträgt etwa 10^{-15} cm^{-3}. Wird NO_2-haltiges Gas mit einer Wellenlänge unterhalb $\lambda = 397{,}5$ nm (günstigst zwischen 320 und 397,5 nm in den Maxima der Bandenabsorption) bestrahlt, dann dissoziiert es nach

$$NO_2 + h\nu(\lambda < 397{,}5\ \mathrm{nm}) \rightarrow NO + O,\ J_{NO_2}. \tag{3.26}$$

Das hierbei freiwerdende Sauerstoffatom reagiert augenblicklich mit dem molekularen Sauerstoff zu Ozon

$$O + O_2 + M \rightarrow O_3 + M, \quad k = 6{,}2 \times 10^{-34} \left(\frac{300}{T}\right)^2 \mathrm{cm^6\,s^{-1}} \tag{3.27}$$

für M = Luft. Weitere Reaktionen von O, wie $O + O + M \rightarrow O_2 + M$ oder $O + O_3 \rightarrow 2O_2$ u. a., brauchen wegen ihrer vernachlässigbaren Effizienz bei Normaldruck nicht berücksichtigt zu werden. Zunächst zu beachten ist, daß auch Ozon mit J_{O_3} simultan mit NO_2 dissoziiert wird. Aus den wenigen Reaktionen folgt das 5komponentige System

$$\frac{d[NO_2]}{dt} = l[NO][O_3] + \gamma[NO_2^*][M] + A[NO_2^*] - J_{NO_2}[NO_2],$$

$$\frac{d[NO_2^*]}{dt} = l^*[NO][O_3] - \gamma[NO_2^*][M] - A[NO_2^*],$$

$$\frac{d[NO]}{dt} = J_{NO_2}[NO_2] - (l + l^*)[O_3][NO],$$

$$\frac{d[O_3]}{dt} = k[O][O_2][M] - (l + l^*)[NO][O_3] - J_{O_3}[O_3],$$

$$\frac{d[O]}{dt} = J_{NO_2}[NO_2] + J_{O_3}[O_3] - k[O][O_2][M].$$

NO_2^* und O kommen sehr schnell ins photochemische Gleichgewicht, so daß ihre Differentialquotienten im wesentlichen verschwinden.

$$[NO_2^*] = \frac{l^*[NO][O_3]}{\gamma[M] + A} \tag{3.28}$$

und

$$[O] = \frac{J_{NO_2}[NO_2] + J_{O_3}[O_3]}{k[O_2][M]} \tag{3.29}$$

folgen den dynamisch veränderlichen Werten von [NO], $[NO_2]$ und $[O_3]$ ohne großen Zeitverzug. Mit diesen Ausdrücken kann das ganze System auf die einfache Form

$$\frac{d[NO_2]}{dt} = \bar{l}[O_3][NO] - J_{NO_2}[NO_2], \tag{3.30}$$

$$\frac{d[NO]}{dt} = J_{NO_2}[NO_2] - \bar{l}[O_3][NO], \tag{3.31}$$

$$\frac{d[O_3]}{dt} = J_{NO_2}[NO_2] - \bar{l}[NO][O_3] \tag{3.32}$$

gebracht werden. Hierbei wurde $\bar{l} = (l + l^*)$ gesetzt. Aus (3.30) + (3.31) folgt

$$\frac{d[NO_2]}{dt} + \frac{d[NO]}{dt} = 0.$$

Integration ergibt

$$[NO]_t + [NO_2]_t = \text{konstant}_1 = [NO_x]_t. \tag{3.33 I}$$

Analoges folgt aus (3.30) + (3.32) mit

$$\frac{d[NO_2]}{dt} + \frac{d[O_3]}{dt} = 0.$$

Hieraus leitet sich wiederum durch Integration eine zweite Erhaltungsaussage ab. $[O_3]_t + [NO_2]_t = \text{konstant}_2$ bzw. durch Substraktion von (3.31) — (3.32)

$$[NO]_t - [O_3]_t = \text{konstant}_{(1-2)}. \tag{3.33 II}$$

Aus jeder Gleichung vom System (3.30) — (3.32) ergibt sich im stationären Fall

$$[NO_2]_S = \frac{l}{J_{NO_2}}[O_3]_S \cdot [NO]_S. \tag{3.34}$$

Aus (3.33 I) und (3.33 II) folgt, wenn die Konstanten aus den Anfangsbedingungen bei $t = t_O$ festgelegt werden:

$$[NO_2]_t = [NO_2]_O - ([O_3]_t - [O_3]_O), \tag{3.35 I}$$

$$[NO]_t = [NO]_O + ([O_3]_t - [O_3]_O). \tag{3.35 II}$$

Die Volumenemissionsrate beträgt mit (3.58)

$$\varepsilon_t = A[NO_2^*] = \frac{A \cdot l^*}{\gamma[M] + A}[NO]_t[O_3]_t. \tag{3.36}$$

Wegen der bei Normaldruck um viele Größenordnungen höheren Deaktivierungseffektivität über Stöße gegenüber der der spontanen Emission kann in (3.36) das A im Nenner vernachlässigt werden, und es bleibt als konstanter Vorfaktor $\frac{A\,l^*}{\gamma[M]} = \sigma$.

Eine beliebige Gleichung von (3.30) bis (3.32) und die Gleichungen (3.33 I) und (3.33 II) bilden das Bestimmungssystem für das Zeitverhalten der Konstituenten $[NO]_t$, $[NO_2]_t$ und $[O_3]_t$. Wird in (3.32) $[NO_2]$ und $[NO]$ durch (3.35 I) und (3.35 II) ersetzt, so ergibt sich eine RICCATIsche Differentialgleichung.

$$\frac{d[O_3]_t}{dt} = J_{NO_2}([NO_2]_O + [O_3]_O) - (J_{NO_2} + \bar{l}([NO]_O - [O_3]_O))[O_3]_t - \bar{l}[O_3]_t^2, \tag{3.37}$$

die unter der Kenntnis der speziellen Lösung $[O_3]$ = konstant gelöst werden kann. Die Konstante besitzt nach Lösung der quadratischen Gleichung, wenn (3.37) null gesetzt wird, die Form

$$[O_3]_S = -\frac{J_{NO_2} + \bar{l}([NO]_O - [O_3]_O)}{2\bar{l}} + \left(\left(\frac{J_{NO_2} + \bar{l}([NO]_O - [O_3]_O)}{2\bar{l}}\right)^2 + \frac{J_{NO_2}([NO_2]_O + [O_3]_O)}{\bar{l}}\right)^{1/2}. \tag{3.38}$$

Bei (3.38) handelt es sich für O_3 um die stationäre Lösung unter den noch unbekannten Anfangsbedingungen $[NO]_O$, $[NO_2]_O$ und $[O_3]_O$. Mit der Substitution

$$[O_3]_t = [O_3]_S + \frac{1}{u} \tag{3.39}$$

folgt eine inhomogene lineare Differentialgleichung 1. Ordnung, die sich in bekannter Weise durch Quadraturen lösen läßt.

$$\frac{du}{dt} - (J_{NO_2} + \bar{l}([NO]_O - [O_3]_O) + 2\bar{l}[O_3]_S)\,u - \bar{l} = 0 \tag{3.40}$$

mit der Anfangsbedingung für u bei $t = 0$ nach (3.39)

$$u_O = \frac{1}{[O_3]_O - [O_3]_S}. \tag{3.41}$$

Schließlich ergibt sich mit der Abkürzung

$$\beta = J_{NO_2} + \bar{l}([NO]_O) - [O_3]_O) + 2\bar{l}[O_3]_S$$
$$= ((J_{NO_2} + \bar{l}([NO]_O - [O_3]_O))^2 + 4\bar{l}J_{NO_2}([NO_2]_O + [O_3]_O)^{1/2}$$

die Lösung

$$[O_3]_t = [O_3]_S + \left(\left(\frac{\bar{l}}{\beta} - \frac{1}{[O_3]_S - [O]_3]_O}\right) \exp[\beta t] - \frac{\bar{l}}{\beta}\right)^{-1}. \tag{3.42}$$

Betrachten wir das System (3.30—3.32), so ist zu erkennen, daß es bezüglich NO und O_3 eine vollkommene Symmetrie besitzt. Dieses spiegelt sich auch in dem Ausdruck für die Volumenemissionsrate (3.36) wider. Vertauschung der Anfangsbedingungen von O_3 und NO sollte demnach an dem dynamischen Verlauf der Volumenemissionsrate nichts ändern. Eine Gasmischung aus 1 ppb NO_2 und 2 ppb NO sowie 10 ppb O_3 verhält sich bezüglich der Emission bei Bestrahlung mit J_{NO_2} genauso wie eine Mischung aus 1 ppb NO_2 mit 10 ppb NO und 2 ppb O_3. Wird (3.36) mit Hilfe von (3.35) umgeformt, so erhält man

$$\begin{aligned} \varepsilon_t &= \sigma([NO]_O - [O_3]_O)[O_3]_t + \sigma[O_3]_t^2. \\ \varepsilon_t &= -\sigma([NO]_O - [O_3]_O)[NO]_t + \sigma[NO]_t^2. \end{aligned} \tag{3.43}$$

Für $[O_3]_t$ folgt hieraus

$$[O_3]_t = -\frac{1}{2}([NO]_O - [O_3]_O) + \left(\frac{1}{4}([NO]_O - [O_3]_O)^2 + \frac{\varepsilon_t}{\sigma}\right)^{1/2} \tag{3.44}$$

bzw. für $[NO]_t$

$$[NO]_t = \frac{1}{2}([NO]_O - [O_3]_O) + \left(\frac{1}{4}([NO]_O - [O_3]_O)^2 + \frac{\varepsilon_t}{\sigma}\right)^{1/2}.$$

(3.42) und (3.44) gleichgesetzt stellt eine transzendente Gleichung dar. In dieser Gleichung treten die Größenpaare $[NO]_O - [O_3]_O = \text{konstant}_{(1-2)}$, $[O_3]_O + [NO_2] = \text{konstant}_2$ und $[O_3]_S - [O_3]_O$ auf, wobei $[O_3]_S$ selbst eine Funktion der ersten beiden Größenpaare ist.

Eine Bestimmung der Anfangskonzentrationen erfolgt in der Weise, daß minimal ε_t zu drei Zeiten gemessen werden muß. Damit liegt ein nichtlineares und transzendentes Gleichungssystem zur Bestimmung der Angangskonzentration vor. Dieses besitzt mehrere Lösungen. Physikalisch sinnvoll sind nur nichtnegative reelle Lösungen. Das System liefert zwei Lösungssätze ^jk_i, die sich durch die

Vertauschung von $[O_3]_O$ mit $[NO]_O$ unterscheiden.

$$^1k_1 = [NO]_O - [O_3]_O \qquad ^2k_1 = [O_3]_O - [NO]_O = -^1k_1$$
$$^1k_2 = [NO_2]_O + [O_3]_O \qquad ^2k_2 = [NO_2]_O + [NO]_O$$
$$^1k_3 = [O_3]_S - [O_3]_O \quad \text{bzw.} \quad ^2k_3 = [NO]_S - [NO]_O = {}^1k_3.$$

Hieraus folgen sofort zwei Lösungssätze für $[O_3]_O$, $[NO_2]_O$ und $[NO]_O$, die sich wiederum durch Vertauschung von $[O_3]_O$ und $[NO]_O$ unterscheiden. Die Entscheidung für eine der Lösungen kann nur über zusätzliche Informationen erfolgen.

Eine technische Möglichkeit, alternativ zu entscheiden, welche Lösung real vorliegt, besteht darin, Ozon in einem zweiten Meßschritt aus dem Analysegas zu eliminieren, indem das Analysegas über Mangandioxid oder bei Temperaturen über 100 °C über Metalle wie Silber, Kupfer, Eisen, Mangan usw. geleitet wird. Ozon oxidiert alle Metalle außer Gold und Platin. Durch die Aufnahme dynamischer Kennlinien $\varepsilon_t = \varepsilon(t)$ können die Schadstoffkonzentrationen mit Redundanz bestimmt werden. Abbildung 3.1 und 3.2 stellen diesbezügliche Modellrechnungen dar. In der Praxis bedarf dieses Verfahren grundsätzlich einer Eichung, da die Volumenemissionsraten nicht direkt meßbar sind. Die charakteristischen Zeiten überstreichen einen Bereich, der es problemlos erlaubt, mittels Sekundärelektronenvervielfacher SEV's und Dualzählern die Dynamik zu erfassen.

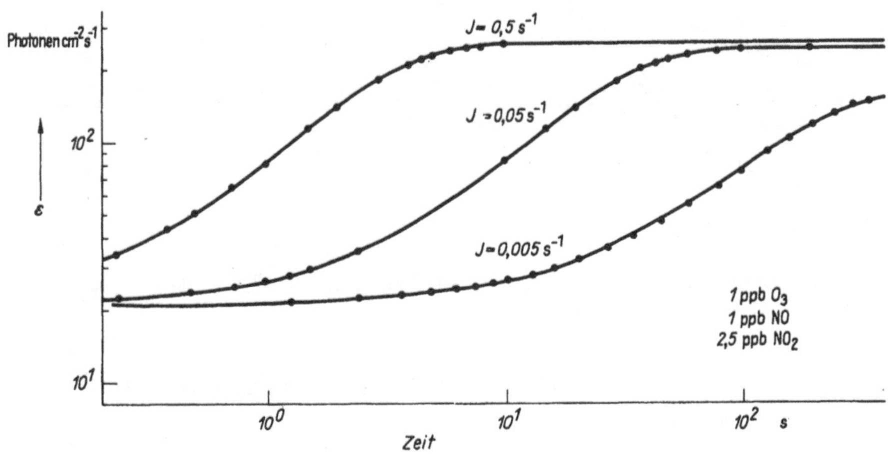

Abb. 3.1. Zeitlicher Verlauf der Volumenemissionsrate eines Spurenstoffanteils von 1 ppb O_3, 1 ppb NO und 2,5 ppb NO_2 in Luft unter Normaldruck bei unterschiedlicher Strahlungsanregung

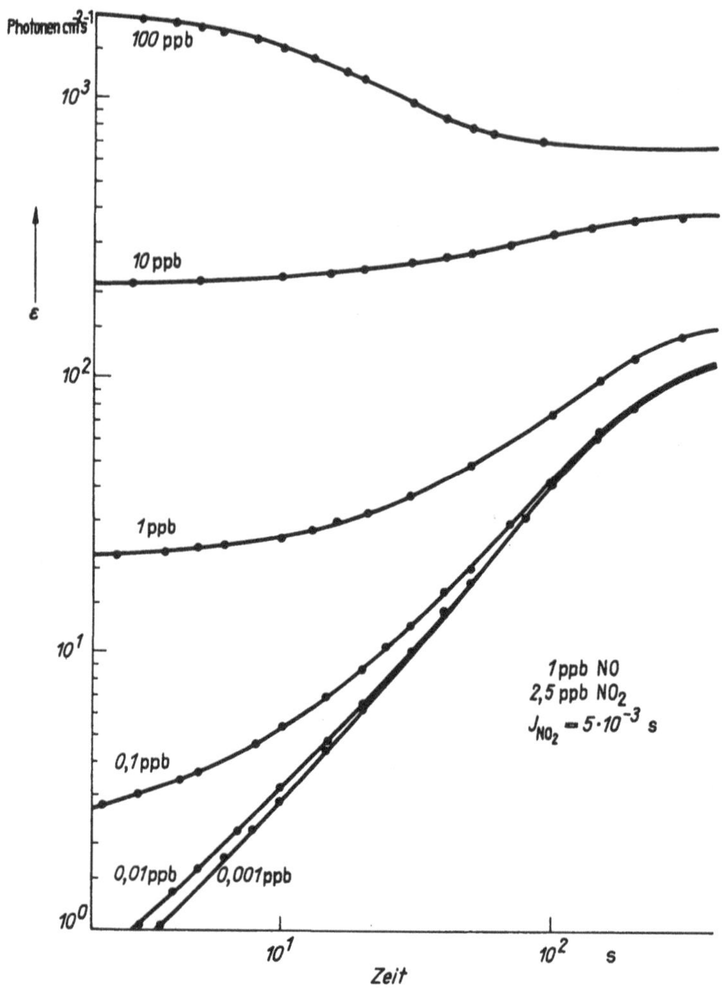

Abb. 3.2. Volumenemissionsrate über die Zeit. Parameter ist die Ozonkonzentration.

3.4. Die Photochemie eines reinen Sauerstoffsystems und die Oddfamilien

Die Grundgedanken zur photochemischen Entstehung des atmosphärischen Ozons stammen von CHAPMAN (1930, 1943). Die Initialreaktion besteht in der Photodissoziation von molekularem Sauerstoff durch Strahlung mit

$\lambda \leqq 242{,}4$ nm oder $\geqq 5{,}11$ eV Dissoziationsenergie.

$$O_2 + h\nu(\lambda \lesssim 242{,}4\,\text{nm}) \rightarrow O(^3P) + O(^3P),\ J_{O_2}. \tag{3.45}$$

Über den Dreikörperstoß

$$O + O_2 + O_2 \rightarrow O_3 + O_2,\ k_9 = 6{,}9\times 10^{-34}\left(\frac{300}{T}\right)^{-1{,}25}\ \text{cm}^6\,\text{s}^{-1} \tag{3.46}$$

wird Ozon gebildet. (Es wird allgemein O mit dem Grundzustand $O(^3P)$ identifiziert.) Eine Rekombination zu O_2 erfolgt über

$$O + O + O \rightarrow O_2 + O,\ k_1 = 3{,}6\times 10^{-33}\ \text{cm}^6\,\text{s}^{-1}, \tag{3.47}$$

und

$$O + O + O_2 \rightarrow O_2 + O_2,\ k_2 = 2{,}85\times 10^{-30}\,\frac{1}{T}\exp\left(\frac{T}{170}\right)\ \text{cm}^6\,\text{s}^{-1}. \tag{3.48}$$

Beide Reaktionen führen auch zu dem angeregten $O_2(^1_a\Delta g)$. Molekularer Sauerstoff entsteht auch rückblickend aus

$$O + O_3 \rightarrow O_2 + O_2,\ l_{12} = 2\times 10^{-11}\exp\left(-\frac{2280}{T}\right)\ \text{cm}^3\,\text{s}^{-1}. \tag{3.49}$$

Ozon unterliegt gleichfalls der Photodissoziation bis in den nahen Infrarotbereich hinein.

$$O_3 + h\nu(\lambda \leqq 1184{,}3\,\text{mm}) \rightarrow O_2 + O,\quad J_{O_3}. \tag{3.50}$$

Die Strahlung, welche O_2 dissoziiert, spaltet auch das Ozon. Hierbei entstehen (siehe Tabelle 2.3) unterschiedlich angeregte Produkte. Wir wollen nur die beachten, welche sich auch durch ein andersartiges chemisches Verhalten äußern. Die Reaktionen (3.45) und (3.50) müssen insofern modifiziert werden, als auch mit Ratenkonstanten $J_{O_2-O^*}$ und $J_{O_3-O_2^*}$ sowie $J_{O_3-O^*}$ angeregte Spezies entstehen.

Das $O_2(^1_a\Delta g)$ kann unmittelbar mit Ozon reagieren.

$$O_2(^1_a\Delta g) + O_3 \rightarrow O + 2O_2,\quad l_{59} = 1{,}2\times 10^{-11}\exp\left(-\frac{2400}{T}\right)\ \text{cm}^3\,\text{s}^{-1}. \tag{3.51}$$

Stoßdeaktivierung erfolgt über O und O_2. Spontane Emission führt zur 1,27-µm-Strahlung.

$$O_2(^1_a\Delta g) + O_2 \rightarrow O_2 + O_2 \qquad \gamma_{57} = 2{,}22\times 10^{-18}\left(\frac{T}{300}\right)^{0{,}78}\ \text{cm}^3\,\text{s}^{-1}, \tag{3.52}$$

$$O_2(^1_a\Delta g) + O(^3P) \rightarrow O_2 + O(^3P) \quad \gamma_{56} = 1{,}3\times 10^{-16}\ \text{cm}^3\,\text{s}^{-1}, \tag{3.53}$$

$$O_2(^1_a\Delta g) \rightarrow O_2 + h\nu(\lambda = 1{,}27\,\mu\text{m}),\quad A_{58} = 2{,}58\times 10^{-4}\ \text{s}^{-1}. \tag{3.54}$$

Eine Stoßdeaktivierung über O_3 wurde bislang in den Modellen nicht berücksichtigt, da sie unter atmosphärischen Bedingungen aufgrund der relativ geringen O_3-Konzentration vernachlässigbar ist. (3.51) stellt somit die Grundreaktion zwischen $O_2(^1\Delta g)$ und O_3 dar. Die hier angegebenen Ratenkonstanten beziehen sich auf einzelne Autoren. In HAMPSON und GARVIN (1978) (Reaction Rate and Photochemical Data for Atmospheric Chemistry 1977) wurden zum Beispiel für (3.51) die Werte

			Zuverlässigkeit von $\log\gamma$
CLARK, JONES, WAYNE (1970)	195—439 K	$6{,}6\times10^{-13}\exp(-1560/T)$	$\pm0{,}24$
FINDLAY, SNELLING (1971)	283—321 K	$4{,}5\times10^{-11}\exp(-2830/T)$	$\pm0{,}11$
BECKER, et al. (1972)	296—360 K	$6{,}0\times10^{-11}\exp(-2850/T)$	$\pm0{,}17$
COLLINS, et al. (1973)	300 K	$4{,}4\times10^{-15}$	$\pm0{,}11$
SCHOFIELD (1972) review	283—321 K	$4{,}5\times10^{-11}\exp(-2830/T)$	$\pm0{,}11$

angegeben.

Der zweite wesentliche angeregte Konstituent ist mit dem $O(^1D)$ gegeben. In der zu (3.49) analogen Reaktion erfolgt ein bedeutend intensiverer Ozonabbau

$$O(^1D) + O_3 \rightarrow 2O_2, \qquad l_{34} = 1{,}2\times10^{-10}\,\text{cm}^3\,\text{s}^{-1}. \tag{3.55}$$

In

$$O(^1D) + O_3 \rightarrow 2O + O_2, \qquad l_{35} = 1{,}2\times10^{-10}\,\text{cm}^3\,\text{s}^{-1} \tag{3.56}$$

reagiert $O(^1D)$ qualitativ andersartig als $O(^3P)$. Quasi ein Austausch der Anregungen erfolgt in

$$O(^1D) + O_2 \rightarrow O + O_2(^1\Delta g)\ \gamma_{33} = 3{,}2\times10^{-11}\exp\left(-\frac{67}{T}\right)\,\text{cm}^3\,\text{s}^{-1}. \tag{3.57}$$

Stoßdeaktivierung mit O_2 kann auch zu $O_2(^1\Sigma_g^+)$ führen, bzw. O_2 verbleibt in dem Grundzustand bei völliger Thermalisierung der Anregungsenergie. Die Stoßdeaktivierungsratenkonstanten werden mit

$$\gamma_{204} = 2{,}9\times10^{-11}\exp\left(-\frac{67}{T}\right)\,\text{cm}^3\text{s}^{-1}\ \text{bzw.}\ \gamma_{205} = \gamma_{33}$$

angegeben. Wird $O_2(^1\Sigma_g^+)$ nicht als gesonderte Komponente behandelt, so können γ_{204} und γ_{205} mittels der Reaktion

$$O(^1D) + O_2 \rightarrow O + O_2 \qquad \gamma_{32} \approx 6{,}1\times10^{-11}\exp\left(-\frac{67}{T}\right)\,\text{cm}^3\,\text{s}^{-1} \tag{3.58}$$

zusammengefaßt werden. (Das Vorzeichen im Exponentialausdruck von γ_{204} unterscheidet sich in HAMPSON und GARVIN (1978) von dem in THOMAS et al. (1983).)

Spontane Emission findet in

$$O(^1D) \rightarrow O(^3P) + h\nu(\lambda = 630\,\text{nm}) \quad A_{202} = 9{,}09 \times 10^{-3}\,\text{s}^{-1} \tag{3.89}$$

durch Aussendung von Photonen im sichtbaren Spektralbereich statt.

Chapmans ursprüngliche Theorie schloß noch nicht die angeregten Spezies mit ein. Die Dreikörperreaktionen verliefen aber auch über N_2 als Stoßpartner.

Die Reaktionen (3.45) bis (3.59) stellen die Grundlage für die Aufstellung des Bilanzgleichungssystems dar. Dieses 5komponentige System muß durch die Gleichung der Erhaltung der Sauerstoffatome ergänzt werden.

$$2[O_2]_t + 2[O_2(^1_d\Delta g)]_t + [O]_t + [O(^1D)]_t + 3[O_3]_t = \text{konstant.} \tag{3.60}$$

In der unteren und mittleren Atmosphäre stellen alle Komponenten außer O_2 Spurenstoffe dar. Es gilt

$$[O_2]_{t=0} \approx [O_2]_t, \tag{3.61}$$

d. h., seine Konzentration wird chemisch nur unwesentlich beeinflußt. Folglich braucht die O_2-Bilanz nicht gesondert behandelt zu werden. Sie läßt sich jedoch leicht aus (3.60) erhalten. Auch die angeregten Spezies spielen in diesem System im allgemeinen photochemisch eine untergeordnete Rolle und modifizieren nur die Resultate in Grenzen. Das ist vor allem dem dominierenden Einfluß der Stoßdeaktivierung zu verdanken. Diese Komponenten aus der Betrachtung herausgelassen, d. h. bei ihrer Produktion formal $O(^1D) \Rightarrow O(^3P)$ und $O_2(^1_d\Delta_\gamma) \Rightarrow O_2$ gesetzt, führt mit (3.61) auf

$$\frac{d[O]}{dt} = 2J_{O_2}[O_2]_O + J_{O_3}[O_3] - (k_9[O_2]^2_O + 2k_2[O_2]_O[O] + 2k_1[O]^2)[O]$$

$$- l_{12}[O_3][O], \tag{3.62}$$

$$\frac{d[O_3]}{dt} = k_9[O_2]^2_O[O] - (l_{12}[O] + J_{O_3})[O_3]. \tag{3.63}$$

Für O und O_3 als photochemisch aktive Spezies wurde der Begriff Oddoxygenkomponenten (odd – ungerade, engl.) wegen der ungeraden Atomanzahl geprägt. Diese Sprechweise wurde später auch auf andere photochemische Familien übertragen. So gibt es die Oddnitrogene und Oddhydrogene, und man versteht darunter die Radikale dieser Familien, die sämtlich durch ungerade Elektronenanzahl im Molekül gekennzeichnet sind. So gehören z. B. H, OH und HO_2 mit 1, 9 und 17 Elektronen zu den Oddhydrogenen, aber H_2 und H_2O mit 2 und 18 Elektronen nicht.

Die Arithmetik der freien Radikale wurde, durch Johnston (1970) und Johnston und Podolske (1978) in die Atmosphärenchemie eingeführt. Hiernach zählen H, OH, HOO, N, NO, NO_2, NO_3, Cl, ClO, CH_3, CH_3O, CH_3OO, HCO, $CFCl_2$, CF_2Cl zu den atmosphärisch bedeutsamen Radikalen.

Die Nettobilanz der Oddoxygene ist gegeben durch

$$\frac{d[O]}{dt} + \frac{d[O_3]}{dt} = 2J_{O2}[O_2]_O - 2l_{12}[O][O_3] - 2k_2[O_2]_O[O]^2 - 2k_1[O]^3. \tag{3.64}$$

Zur Quelle der Oddoxygene avanciert hiernach ausschließlich die Photodissoziation von molekularem Sauerstoff. Die Dissoziation von Ozon fällt aus der Nettobilanz heraus. Ohne Produktion wirken die Verluste auf einen Abbau der Oddoxygene hin. Hierbei verschwindet der atomare Sauerstoff vollkommen. Sobald dieser aufgebraucht ist, kann Ozon nicht weiter reduziert werden. Es konvergiert gegen einen stabilen (sogenannten nächtlichen) Wert.

Die Gleichgewichtskonzentration von Ozon bestimmt sich nach (3.63) zu

$$[O_3]_S = \frac{k_9[O_2]_O^2[O]_S}{l_{12}[O]_S + J_{O3}}. \tag{3.65}$$

(3.65) in (3.62) eingesetzt, führt für die Berechnung von $[O]_S$ auf eine Gleichung 4. Grades, die nur eine physikalisch sinnvolle Lösung, $[O]_S \geqq 0$, besitzt. Wird vom stationären Wert ausgehend die Dissoziation abgeschaltet, d. h. $J_{O2} = J_{O3} = 0$ gesetzt, dann folgt aus (3.63)

$$\frac{d[O_3]}{dt} = (k_9[O_2]_O^2 - l_{12}[O_3])[O] > 0. \tag{3.66}$$

Somit wird Ozon produziert, und damit liegt das nächtliche Ozonniveau über dem des Tages. Die Produktion kommt zum Stillstand, wenn sämtlicher atomarer Sauerstoff verbraucht wurde. Bei der Umstellung von Nachtverhältnissen auf Tagverhältnisse reduziert die einsetzende Dissoziation zunächst die Ozondichte. Sie kann ein Minimum durchlaufen, um darauf, wenn die O_2-Dissoziation effektiv wirksam geworden ist, wieder anzusteigen.

3.5. Ausbeuteoptimierung und charakteristische Zeiten

Im vorhergehenden Abschnitt wurden die Reaktionen eines reinen Sauerstoffsystems vorgestellt. Einige erste prinzipielle Aspekte der atmosphärischen Ozonchemie konnten beleuchtet werden. Diesem reinen Sauerstoffsystem liegt jedoch eine praktische Aufgabenstellung zugrunde (STARK et al. 1982). Für den optimalen Betrieb einer selektiv empfindlichen Ionisationskammer war es notwendig, eine möglichst hohe Konzentration von $O_2(^1_a\Delta_g)$ zu erzeugen. $O_2(^1_a\Delta_g)$ ist bis zu

Wellenlängen von 111,8 nm ionisierbar, während das unangeregte O_2 seine Grenze bei 102,8 nm inne hat. Mittels eines LiF-Fensters, dessen kurzwellige Empfindlichkeitsgrenze bei 105 nm liegt, kann eine optisch gepumpte Ionisationskammer für den Wellenlängenbereich von 105 bis 111,8 nm selektiv sensibilisiert werden.

Freie Parameter eines reinen Sauerstoffsystems sind die Anfangskonzentration $[O_2]_O$ und die Dissoziationsratenkonstanten J_{O_2} und J_{O_3}. Diese besitzen technisch bedingte obere Grenzen. Somit steht bei konstanter Dissoziation die Frage, wie groß muß $[O_2]_O$ sein, damit die Ausbeute an $[O_2(^1\Delta g)]$ optimal wird? Sehr hohe O_2-Konzentrationen fördern die Stoßdeaktivierung, sehr geringe Dichten dagegen läßt die Produktion von $O_2(^1\Delta g)$ niedrig. Das gesamte Bilanzgleichungssystem kann für unterschiedliche O_2-Werte in diskreten Abständen durchgerechnet und so das Optimum annähernd herausgesucht werden. Dieser Weg ist zwar wenig elegant, jedoch in den meisten analogen Fällen am praktikabelsten.

Die Bilanzgleichungen für die angeregten Spezies lauten:

$$\frac{d[O_2(\Delta)]}{dt} = J_{O_3-O_2(\Delta)}[O_3] + \gamma_{33}[O(^1D)][O_2]_O - (l_{59}[O_3] + \gamma_{57}[O_2]_O + \gamma_{56}[O] + A_{58})[O_2(\Delta)] \tag{3.67}$$

und

$$\frac{d[O(^1D)]}{dt} = J_{O_3-O(^1D)}[O_3] + J_{O_2-O(^1D)}[O_2]_O - ((\gamma_{32} + \gamma_{33})[O_2]_O + (l_{34} + l_{35})[O_3] + A_2)[O(^1D)]. \tag{3.68}$$

(Wir vernachlässigen hierbei im Produktionsterm die Reaktion $O + O + O \rightarrow O_2(\Delta) + O$ und $O + O + O_2 \rightarrow O_2(\Delta) + O_2$.) Es wird das Optimum unter stationären Bedingungen gesucht. Nach (3.67) ergibt sich

$$[O_2(\Delta)] = \frac{J_{O_3-O_2(\Delta)}[O_3] + \gamma_{33}[O(^1D)][O_2]_O}{l_{59}[O_3] + \gamma_{57}[O_2]_O + \gamma_{56}[O] + A_{58}}. \tag{3.69}$$

Für einen Extremwert gilt als notwendige Bedingung

$$\frac{\partial[O_2(\Delta)]}{\partial[O_2]_O} = 0. \tag{3.70}$$

Alle Komponenten $[O]$, $[O_3]$ und $[O(^1D)]$ sind wiederum von $[O_2]_O$ abhängig. Der Verlust von $[O_2(\Delta)]$ führt ausschließlich zu O_2, dessen Bilanz als nicht beeinflußt gilt. Unter der Annahme, die den Gleichungen (3.62/63) zugrunde liegt, läßt sich $[O_2(\Delta)]$ als Funktion allein von $[O_2]_O$ darstellen und (3.70) numerisch lösen.

In komplizierten Fällen kann das Problem zwar im Sinne von (3.70) therore-tisch formuliert werden, die mathematische Behandlung bereitet jedoch Schwierigkeiten. Hängt die Konzentration von mehreren freien Parametern ab, dann sind sämtliche Ableitungen nach diesem Parameter 0 zu setzen.

Bei der Bestimmung der charakteristischen chemischen Zeiten von (3.62) und (3.63) ergibt sich

$$\tau_O = (k_9[O_2]_O^2 + 2k_1[O]^2 + 2k_2[O_2]_O[O] + l_{12}[O_3])^{-1} \tag{3.71}$$

und

$$\tau_{O_3} = (l_{12}[O] + J_{O_3})^{-1}. \tag{3.72}$$

Unter Normaldruck führt für O der im allgemeinen dominierende Term $k_9[O_2]_O^2$ bereits zu charakteristischen Zeiten unter 10^{-4} s. Die Lebenszeit von O_3 kann von beiden Termen determiniert werden. Nehmen wir an, daß J_{O_3} der größere von beiden ist und einen hohen Wert von 10^{-1} s^{-1} besitzt, so liegt die charakteristische Zeit für O_3 unter Einstrahlungsbedingungen unterhalb 10 s. Hiernach sollte bei flüchtiger Betrachtung bei Nichtstationarität das System als Ganzes nach wenigen Sekunden ins photochemische Gleichgewicht gekommen sein.

Gehen wir von der Nettogleichung (3.64) aus und analysieren die Summe $[O] + [O_3] = [O_{ODD}]$, dann folgt bezüglich dieser Größe

$$\tau_{ODD} = ((2l_{12}[O]\,[O_3] + k_1[O]^3 + k_2[O_2]_O[O]^2) \,/\, [O_{ODD}])^{-1}. \tag{3.73}$$

Offensichtlich spielen in dieser charakteristischen Nettozeit die für die Einzelkomponenten dominanten Terme überhaupt keine Rolle. Die charakteristische Nettozeit, auch als Familienzeit bezeichnet, kann beliebig große Werte annehmen, wenn nur [O] hinreichend klein wird. Die Konsequenz besteht darin, daß von nichtstationären Anfangsbedingungen ausgegangen das System als Ganzes sehr langsam stationäre Bedingungen erreicht.

Die charakteristischen Zeiten sind überdies dynamische Größen. Ihr Wert zu einem bestimmten Zeitpunkt spiegelt nur die augenblickliche Tendenz wider, den stationären Zustand anzustreben. Jede charakteristische Einzelzeit kennzeichnet die Geschwindigkeit, mit der Disproportionen untereinander bezogen jeweils auf die andere Komponente ausgeglichen werden, sie bestimmt die wahrscheinliche Lebenszeit eines individuellen Teilchens, bevor es durch photochemische Reaktionen umgewandelt wird.

Die Definition von charakteristischen Zeiten erleichtert in vielen Fällen die Modellierung, hilft wesentliche und unwesentliche Einflüsse zu unterscheiden, gestattet die Festlegung von Hierarchien, erlaubt die Ordnung und Einordnung und stellt damit ein wichtiges Hilfsmittel dar, bereits aus einer einfachen Analyse wichtige Schlüsse zu ziehen. Diese charakteristischen Zeiten, in (2.17) auch als Zeitskala definiert, bzw. häufig konkret als Lebenszeit, Residenzzeit, mittlere Verweildauer, Halbwertszeit bezeichnet, geben bildhafte Vorstellungen über die Geschwindigkeit von Veränderungen, den Abbau von Störungen, das Einstellen eines neuen Zustandes, die Dynamik des Austausches.

Durch $\tau_D = A(H^2/D)$ (3.74) kann nach MANGE (1957) die charakteristische Diffusionszeit definiert werden. H bezeichnet wieder die atmosphärische Skalenhöhe und D den molekularen oder turbulenten Diffusionskoeffizienten. A symbolisiert eine Konstante in der Größenordnungen zwischen 1 und 10. Für Argon folgt nach BANKS und KOCKARTS (1973 b) z. B. $\tau_D(\mathrm{Ar}) = 1{,}6\, H^2/D_{12}$ und für Helium $\tau\,(\mathrm{He}) = 9{,}6\, H^2/D_{12}$.

Die charakteristische Diffusionszeit gibt die Tendenz wieder, Diffusionsgleichgewicht zu erreichen. Ein gestörtes Diffusionsgleichgewicht ist mit Transporten gekoppelt. Gehen wir in der Homosphäre von der Diffusionsgeschwindigkeit in einer isothermalen Atmosphäre $W_i = K\left(\frac{1}{H_i} - \frac{1}{H}\right)$ aus, wobei H_i der Dichteskalenhöhe des Spurenstoffes n_i entspricht, dann folgt für die Zeit, um einen Weg der Größe der Atmosphärenskalenhöhe H zurückzulegen,

$$H/|W_i| = \left|\frac{H}{K}\left(\frac{1}{H_i} - \frac{1}{H}\right)^{-1}\right|. \tag{3.75}$$

Wird die Größe

$$\tau_K(n_i) = \frac{H}{K}\left(\left|\frac{H \cdot H_i}{H - H_i}\right|\right) \tag{3.76}$$

definiert, so stimmt die Struktur dieser Gleichung mit (3.74) für $H_i = \infty$ überein, d. h., wenn der Minorkonstituent eine von der Höhe unabhängige Verteilung besitzt. Dieser Zustand kann real nur im relativ engen Intervall um die Extremwerte in der Dichteverteilung auftreten, wie z. B. für das Ozon im Maximum der Stratosphäre oder das relative Minimum bzw. Maximum im Mesopausenbereich. Für $H = H_i$ wird die Diffusionszeit unendlich, es findet kein diffusiver Transport statt.

Die nach (3.74) berechneten Werte betragen von unten nach oben in der mittleren Atmosphäre 10^7—10^5 s. In der Thermosphäre nehmen die Zeiten aufgrund der exponentiellen Zunahme von D_{12} sehr schnell ab. Insbesondere ist der Bereich der unteren Thermosphäre und Mesopause durch Unsicherheiten in der Kenntnis von K gekennzeichnet.

Analog könnte die charakteristische Zeit des vertikalen Windes über

$$\tau_V(n_i) = \left|\frac{H_i \cdot H}{H_i - H} \Big/ w_Z\right|, \tag{3.77}$$

das im Grenzfall für $H_i \to \infty$ in

$$\tau_v = \left| \frac{H}{W_Z} \right| \tag{3.78}$$

übergeht, definiert werden. In der mittleren Atmosphäre liegen die Vertikalwinde in der Größenordnung von Millimetern bis Zentimetern pro Sekunde, und die Skalenhöhen betragen einige Kilometer. Entsprechend ergeben sich für die charakteristischen Zeiten für den Vertikaltransport etwa 10^5—10^6 s. Im Vergleich mit den charakteristischen Diffusionszeiten wird erkennbar, daß dem Transport durch Vertikalwinde eine erhebliche Bedeutung zukommt.

Der Horizontaltransport sollte entsprechend die horizontale Dichteskala in der φ- oder ϑ-Koordinate (zonal oder meridional) und die entsprechenden Komponenten des Windvektors einschließen.

$$\tau_{\vartheta/\varphi}(n_i) = \left| \frac{H_{i\vartheta/\varphi}}{W_{\vartheta/\varphi}} \right| . \tag{3.79}$$

Einen ausgeprägten meridionalen Gradienten besitzt in hohen bis mittleren Breiten der Hochatmosphäre NO. Beträgt z. B. $H_{NO\vartheta} = 1000$ km und $w_\vartheta = 50$ m/s, so ergibt sich eine charakteristische Zeit von $\tau_\vartheta(NO) = 2 \times 10^4$ s.

Im allgemeinen hat die mittlere zonale Komponente nicht einen so bedeutenden Einfluß. Doch können sich insbesondere um den Sonnenaufgang und -untergang ausgeprägte zonale Gradienten einiger variabler Minorkonstituenten in bestimmten Höhen ausbilden, die durchaus durch Zonalwinde beeinflußt werden. Wie die Grenzen der Winteranomalie der D-Schicht zeigen, tragen Windfelder auch zu zonalen Gradienten bei, die nicht aus der Photochemie folgen.

Der Vergleich von photochemischen Zeiten mit den Transportzeiten mit der Absicht, Transporte zu vernachlässigen, muß von dem zuvor vorgestellten Konzept der Familienzeiten ausgehen. Wir werden an späterer Stelle auf dieses Problem zurückkommen.

Bei der photochemischen Modellierung werden im Vorfeld der Problemanalyse diese Fragen geklärt. Die charakteristischen Zeiten unter Beachtung ihrer Variabilität fixieren die Struktur des Modells, die Integrationsschrittweiten und das Abarbeitungsregime.

Ein- oder mehrdimensionale Modelle, die Transporte mit einschließen, verlangen die Festlegung von Randwerten. Der Diffusionsterm enthält die zweite Ableitung nach dem Ort. Entsprechend müssen an den Rändern Konzentrationen und Flußwerte vorgegeben werden. Es soll nicht im einzelnen auf die hiermit verbundenen Probleme eingegangen werden, sondern auf eine Arbeit von Fichtelmann (1987) und Literaturzitate in dieser Arbeit verwiesen werden.

4. Ozonmeßmöglichkeiten

4.1. Das Dobson-Photometer und der Begriff des Gesamtozons

Das Dobson-Photo- oder -Spektrometer (Dobson 1931) stellt das klassische Instrument der Ozonforschung und der Überwachung des Gesamtozons dar, mit dessen Hilfe jahrzehntelang wertvolle Ergebnisse erzielt wurden. Die wesentlichen saisonalen, latitudinalen meterorologischen Variationen wurden dabei in den ersten Beobachtungsjahren entdeckt. Es beruht auf dem differentiellen Absorptionseffekt.

Das Gesamtozon repräsentiert die Anzahl der Ozonmoleküle in einer Säule von 1 cm^2 (oder 1 m^2) Grundfläche, erstreckt von der Erdoberfläche bis in den freien Weltraum. Man bezeichnete es auch als Säulendichte oder besser Säuleninhalt. Das Gesamtozon wird in Dobson-Einheiten DU (Dobson units) angegeben. 1 DU entspricht einem Säuleninhalt von 10^{-3} atm-cm oder $2{,}7 \times 10^{16}$ Ozonteilchen pro cm^2 (siehe S. 12).

Das Dobson-Spektrometer ist ein Doppelmonochromator. Es wird die solare Strahlung in mehreren Wellenlängenpaaren um 300 bis 340 nm (ursprünglich bei 311 und 326,5 nm) gemessen, in denen sich der Absorptionsquerschnitt von Ozon deutlich unterscheidet (Flanke der Huggins-Banden). Andererseits liegen die Wellenlängen hinreichend eng beieinander, so daß Streueinflüsse als linear von der Wellenlänge abhängig und die Absorption anderer atmosphärischer Gase als etwa gleich angenommen werden. Die Solarstrahlung wird gleichfalls als zeitlich konstant vorausgesetzt. Aus der Differenz der Absorption bei bekannter solarer Strahlung und bekanntem Absorptionsquerschnitt kann auf die Gesamt-Ozonkonzentration geschlossen werden. Die Berechnung verläuft ähnlich, wie sie bei der Dialtechnik (siehe Lidartechnik) noch vorgestellt wird. Zur Fehlerminimierung wird zur Ableitung des Gesamtozons ein Doppelpaar verwendet. Der Forderung nach quasi monochromatischer Strahlung kann durch den Einsatz von Monochromatfiltern (z. B. Interferenz- oder Polarisationsfiltern) oder lichtstarken (Quarz-) Doppelmonochromatoren hoher Auflösung entsprochen werden. Als Detektoren dienen Photozellen oder Sekundärelektronenvervielfacher SEVs (Photomultiplier).

Der technische Trick besteht darin, daß über eine rotierende Blende ein pulsierender Photostrom erzeugt wird, der verstärkt und durch einen Kommutator, der wiederum mit der rotierenden Lochblende verbunden ist, gleichgerichtet wird. Der gleichgerichtete Strom wird darauf einem empfindlichen Nullpunktgalvanometer zugeleitet. Nur bei Intensitätsgleichheit bleibt das Galvanometer stromlos. Dies wird erreicht, indem ein geeichter optischer Keil in dem Strahlengang eines Wellenlängenbereichs verschoben wird.

4.2. Umkehrmessungen

Die vertikale Ozonverteilung kann vom Boden aus mit Hilfe des durch Götz (1931) entdeckten Umkehreffektes grob bestimmt werden. Der Vorteil bestand lange in der für die Routinebeobachtung wenig aufwendigen bodengebundenen aktinometrischen Meßmethode. (Vor allem im deutschsprachigen Schrifttum wird in der meteorologischen Strahlungsforschnung der Begriff der Aktinometrie für Strahlungsmessung verwendet.) Wie mit dem Dobson-Spektrometer wird in den Wellenlängenbereichen um 310 und 330 nm die in diesem Fall diffuse Himmelsstrahlung registriert. Das Intensitätsverhältnis nimmt mit sinkender Zenitdistanz zur Sonne zunächst ab und erreicht bei $\zeta = 85°$ bis $88°$ ein Minimum, um darauf wieder leicht anzusteigen (umzukehren). Aus dem genauen zeitlichen Verlauf kann unter der Kenntnis des Absorptionsquerschnittes auf die vertikale Ozonverteilung geschlossen werden (Götz 1931, Regener und Regener 1934). Götz (1938) verwendete auch während eines Ballonaufstieges die Grenzwellenlänge in verschiedenen Höhen, die mit einer definierten Empfindlichkeit gerade noch zu erfassen ist. Hieraus wurde der Ozonsäuleninhalt über dieser Höhe und aus der Differenzenbildung die vertikale Ozonverteilung abgeleitet.

Der Umkehreffekt selbst erklärt sich daraus, daß die Streustrahlung in der Hauptsache aus Bereichen unterhalb der Ozonschicht stammt. Die Primärstrahlung durchläuft mit zunehmender Schräge die Ozonschicht, und damit wird die kurzwelligere Strahlung aufgrund des höheren Absorptionsquerschnittes stärker absorbiert. Nach dem Beer-Lambertschen Gesetz vermindert sich das Intensitätsverhältnis nach der Beziehung $\frac{I_1}{I_2} = \frac{I_{\infty 1}}{I_{\infty 2}} \exp(-\Delta N_{O_3}(\sigma_1 - \sigma_2))$, wenn der durchstrahlte Ozonsäuleninhalt ΔN_{O_3} zunimmt ($\sigma_1 > \sigma_2$).

Ein geringer Anteil der Streustrahlung rührt jedoch aus der Streuung von Strahlung aus den Höhenbereichen oberhalb und aus der Ozonschicht selbst her. Das Intensitätsverhältnis dieses Beitrages ist weitgehend von der Ozonschicht unabhängig und wird erst beim Durchsetzen dieser von ihr beeinflußt.

Da diese Ration jedoch im Durchschnitt die Ozonschicht steiler durchdringt, hängt sie nur wenig von der Zenitdistanz ab. Für $\zeta \gtrsim 85°$ überwiegt schließlich dieser Strahlungsanteil. Aus der genauen Lage und Form des Minimums unter der Annahme, daß die Ozonschicht bei 48 km aus mehreren Lagen gleicher Konzentration besteht (heute werden standardmäßig 9 Schichten verwendet), läßt sich die vertikale Ozonverteilung berechnen.

Die vertikale Auflösung ist nach modernen Maßstäben gewertet nicht gut, ein Genauigkeitsproblem verbindet sich mit der Aerosolkorrektur, doch haben beide klassischen Verfahren unsere Kenntnis über die Ozonosphäre beträchtlich erweitert. Noch heute kann auf DOBSON-Messungen im weltweiten Meßnetz der DOBSON-Stationen nicht verzichtet werden. Ihr Vorteil besteht in der Homogenität auf der Basis des gleichen Gerätetyps. Ursprünglich wurden die Geräte durch DOBSON in Oxford standardisiert und in mehrere Meßprogramme einbezogen global zum Einsatz gebracht.

4.3. Chemische Ozonsonden

Die erste verwendbare chemische Trockensonde, mittels Stärke und Kaliumjodid enthaltender Papierstreifen bei einer willkürlichen Farbskala (ähnlich dem Lackmuspapier) Ozon nachzuweisen, geht auf SCHÖNBEIN und auf HOUZEAU (1858) zurück. PANETH und GLÜCKAUF (1941) entwickelten eine chemische Naßsonde. Die Reaktionszeit von 10 s erlaubte Auflösung von Details. Von CAUER stammt ein Verfahren, das verbessert seit 1952 im Meßnetz des Meteorologischen Dienstes der DDR genutzt wurde, aus einer Kaliumjodidlösung durch Ozon Jod freizusetzen und dieses durch Leitfähigkeitstitration zu bestimmen (WARMBT 1964). Den Effekt der Chemilumineszenz zur Ozonbestimmung zu nutzen, gelang erstmalig BERONOSE und RENE (1959). Organische Farbstoffe auf Papier gebracht (wie Rhodamin-B und -C, Euchrysin, Riboflavin, Luminol), zeigen bei Kontakt mit Ozon Chemilumineszenz (auch häufig als Chemolumineszenz bezeichnet). Aus nichtlinearen Reaktionen ergeben sich aber auch Instabilitäten, die eine Kalibrierung erschwerten. Die Farbstoffe reagieren auch mit solchen natürlichen Komponenten wie atomarem Sauerstoff, NO_2, SO_2, H_2O_2, H_2O, NO usw. Besondere synergetische Effekte treten bei Kontakten mit Wasserdampf oder Ammoniak NH_3 auf. Der Vorteil gegenüber den solaren Absorptionsmessungen bestand darin, daß auch Nachtmessungen möglich waren.

REGENER (1960, 1964) entwickelte auf der Grundlage dieser Ergebnisse eine Ozonsonde. Die Sonde basiert gleichfalls auf der Reaktion des atmosphärischen Ozons mit dem Farbstoff Rhodamin-B. Durch eine Pumpe wird äußere Luft in den Reaktionsraum gefördert. Die Nachteile dieser Sonde bestanden ebenfalls darin, daß die Kalibrierung des Gerätes schwierig, die Stabilität nicht gewährleistet und die Einsatzvorbereitung aufwendig war. Trotzdem wurde sie (solange nichts Besseres entwickelt worden war) für einige Jahre routinemäßig durch den United States Weather Service benutzt.

Brewer und Milford (1960) berichteten über den Einsatz einer feucht-chemischen Sonde zur Ozonbestimmung (Brewer-Ozonsonde oder auch Brewer-Mast-Sonde, benannt nach der die Sonde produzierenden Firma Mast). Das Grundprinzip der Methode beruht ebenfalls auf der Fähigkeit des Ozon, Jod in einer Kaliumjodidlösung (potassium iodide) entsprechend der Reaktion $2KJ + O_3 + H_2O \rightarrow 2KOH + J_2 + O_2$ freizusetzen.

Zwei Elektroden tauchen in eine elektrolytische Lösung ein. Nach dem Anlegen einer Spannung erfolgt die Reaktion $J_2 + 2e \rightarrow 2J^-$ und $2J^- \rightarrow J_2 + 2e$, die einen ständigen Stromfluß zur Folge hat. Der eigentliche Ionentransport findet in der Modifikation J_3^- statt. Die Kathode besteht aus Platin und die Anode aus Silber. An der Anode wird das Jod sofort in wasserunlösliches AgJ überführt. Damit kann nur dann ein Strom fließen, wenn durch Ozon Jod gebildet wird. Der Stromfluß läßt sich damit als Maß für die Ozonkonzentration nutzen.

Komhyr (1967, 1969) entwickelte die ECC-Sonde (electrochemical concentration cells), die sich als die bislang genaueste Ozonsonde erwies. In der Grundreaktion wird ebenfalls aus Kaliumjodid Jod freigesetzt. Der technische Aufbau und die Funktionsweise unterscheiden sich jedoch von der Brewer-Sonde.

Das Zellensystem setzt sich aus einem Anoden- und Kathodenbehälter und einem großen Reservoir für die Kathodenflüssigkeit zusammen. Kathode und Anode bestehen aus Platin. Die Kathode taucht in eine verdünnte gepufferte Kaliumjodidlösung ($p_H = 7$) ein. Durch eine katalytische Brücke aus dichtgepackten Asbestfasern sind der Anodenbehälter und die Kathode miteinander verbunden. Die Brücke erlaubt einen Ionenaustausch, verhindert aber den Massenfluß. Das Anodengefäß enthält konzentrierte Kaliumjodidlösung.

Im Kathodencontainer wird das aus dem Kaliumjodid infolge der Reaktion mit Ozon erzeugte J_2 durch Elektronenaufnahme (Reduktion) in $2J^-$ überführt, die Oxydation im Anodenbereich geschieht nach der Reaktion

$$3J^- \rightarrow J_3^- + 2e.$$

Die Einzelheiten der ablaufenden Prozeßschritte sind jedoch noch nicht genau bekannt (McElroy 1985).

Die ECC-Sonde besitzt ein konstantes Dunkelsignal, das in Abzug gebracht werden muß. Beim Vergleich der über die Höhe integrierten Meßwerte der ECC-Sonde (ebenso der Brewer-Mast-Sonde) mit den Dobson-Messungen müssen diese um einen bestimmten Faktor korrigiert werden. Hier erweist sich die ECC-Sonde gegenüber der Brewer-Mast-Sonde als genauer (McElroy 1985).

Nach Messungen am Meteorologischen Observatorium Hohenpeissenberg unterscheiden sich die Korrekturfaktoren jedoch praktisch nicht, so daß derzeit diese Frage noch offen ist.

Ein Nachteil jodometrischer Meßverfahren besteht darin, daß sie nicht allein auf Ozon, sondern auch auf andere reduzierende Gase wie SO_2 reagieren (Mrose und Warmbt 1974). Zur Beseitigung der Störkomponenten wurden Chromtrioxidfilter nach Saltzman und Wartburg (1965) am Observatorium Wahnsdorf bei Dresden zum Einsatz gebracht.

4.4. Dasibi-Ozonmeßinstrument

Das simple Grundprinzip dieses von der Firma Dasibi kommerziell bereitgestellten Gerätes besteht in der Absorptionsmessung der Radianz einer geeichten Strahlungsquelle. Als einfachste technische Lösung verwendet man eine Quecksilberlampe, deren Linienstrahlung bei 253,7 nm im Maximum der Hartley-Banden liegt. Dieser Wellenlängenbereich bietet zwei Vorteile. Zum einen ist mit etwa 10^{-17} cm^2 der Wirkungsquerschnitt sehr hoch, so daß nur relativ geringe Transmissionswege erforderlich sind, zum anderen findet keine effektive Absorption durch andere atmosphärische Konstituenten statt.

Die Eichung des Gerätes erfolgt über die Ermittlung des Nullsignals. Zu diesem Zweck leitet man ozonfreie Luft, die zuvor durch ein ozonzerstörendes Filter aus Mangandioxid geströmt war, in eine Küvette vorgegebener Länge. Die Stabilität der Lampe muß durch einen zweiten Detektor, der die Absolutintensität mißt, überprüft werden.

Das u. a. auch auf den Interkosmossatelliten 11 und 16 eingesetzte Quarz-UV- (QUV-) Photometer leitet seinen Namen aus der relativen schmalbandigen selektiven Durchlässigkeit eines Quarzfensters für Strahlung um 260 nm ab. Abbildung 4.1 zeigt die Fensterfunktion (Kammercharakteristik) der Quanteneffektivität. Für das QUV-Photometer wird ein Kopplungsinterferenzfilter 42 68 25 : 007.24 mit einer maximalen Durchlässigkeit um 260 nm in Verbindung mit einer Cadmium-Photozelle verwendet. Die Cadmiumphotozelle ist dabei für Strahlung oberhalb 300 nm nahezu unempfindlich. Die Durchlaßstelle 2. Ordnung bei 220 nm des Interferenzfilters wird durch aufgekittetes Farbglas unterdrückt. Die Faltung der Interferenzfilterdurchlaßkurve mit jener des Farbglasfilters und der Kurve der spektralen Empfindlichkeitsverteilung der Cd-Photozelle ergeben die Kurve der Quanteneffektivität. Als natürliche Strahlungsquellen dienen die Sonne, der Mond oder lichtstarke Sterne. (Weitere Diskussion siehe Okkultationstechnik.)

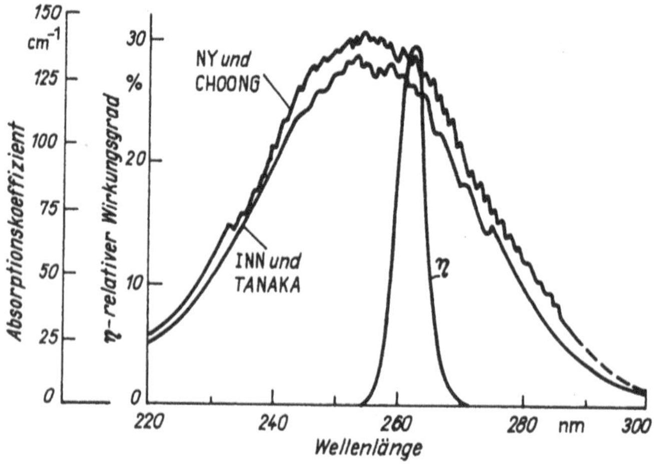

Abb. 4.1. Funktion der Quanteneffektivität η der QUV-Ionisationskammer in Beziehung zum O_3-Absorptionskoeffizienten der HARTLEY-Banden

4.5. Die Technik der Fernsondierung

Für die Fernsondierung (remote sensing, remote monitoring) von atmosphärischen Spurenstoffen eignen sich spektroskopische Verfahren am besten. Es wird zwischen passiven und aktiven Verfahren unterschieden. Die passiven Verfahren verwenden Sonne, Mond oder Sterne als Strahlungsquelle bzw. nutzen die Eigenstrahlung der atmosphärischen Gaskomponenten in ausgewählten Wellenlängenbereichen. Im ersten Fall handelt es sich um absorptionsspektroskopische Verfahren (siehe vorhergehenden Abschnitt und Okkultationstechnik). Die Verminderung des Meßsignals im Vergleich zum ungeschwächten Signal oder einem Referenzsignal eines anderen Wellenbereiches bzw. das mit der Höhe veränderliche differentielle Signal gestatten die Berechnung der Konzentration der absorbierenden Spezies.

Im zweiten Fall kann die Emissionsstrahlung in bestimmten elektronischen Schwingungsrotations- oder Rotationsübergängen angeregter Moleküle (bzw. für elektronische Übergänge auch Atome) gemessen werden. Die registrierte Bestrahlungsstärke ist ein Maß für die Emittentendichte. Elektronische Übergänge bzw. auch energiereiche Schwingungsrotationsübergänge (airglow) erfolgen erst nach photochemischen Prozessen infolge der Wirkung der Solarstrahlung. Diese photochemischen Vorgänge sind bei der Analyse mit ins Kalkül zu ziehen.

Im thermodynamischen Gleichgewicht gehorcht die thermische Eigenstrahlung der Luft einer PLANCK-Verteilung. FOURIER-Spektrometer registrieren diese

Eigenstrahlung. Aus der Analyse der Spektren folgen neben Temperaturprofilen auch Aussagen über die Absorberdichte bestimmter Schwingungsrotationsbanden.

Nachfolgend seien einige Geräte passiver Verfahren aufgezählt: DOBSON-Spektrometer,
Filter-Photometer,
FABRY-PEROT-Interferometer,
Mikrowellen Spektrometer – Microwave Spectrometer,
Infra-Red Heterodyne Spectrometer,
Gitterspektrometer – Grating (Grid) Spectrometer SISAM,
MICHELSON-Interferometer,
FOURIER-Transform Spectrometer,
Quarz-UV-Photometer.
Bei aktiven Sondierungsverfahren wird ein Lichtsignal ausgesendet. Man unterscheidet mono- und bistatische Anordnungen (single-ended- und double-ended-systems). Erste aktive monostatische Messungen wurden bereits seit 1930 mittels Scheinwerfern zur Abschätzung der Luftdichte und des Staubgehalts unternommen (HULBERT 1937, JOHNSON et al. 1939). Jedoch brachte erst der Einsatz von Impulslasern im Zusammenspiel mit einer hochentwickelten Empfangstechnik, bestehend z. B. aus einem NEWTON-Teleskop, Echelle-Spektrometer, Photomultiplier- und Mikrorechentechnik, eine entscheidende Wende. Bei bistatischer Anordnung existiert ein Sender und in fester Entfernung ein Empfänger. Sender und Empfänger können am gleichen Ort sein (monostatisch), wenn mit einem künstlichen oder natürlichen Reflektor gearbeitet wird. Als natürliche Reflektoren werden Hindernisse wie Berge, Wälder, Gebäude oder Wolken gewählt. Die Reflektivität von natürlichen topographischen Reflektoren ist jedoch nur gering ausgeprägt. Als Sender reicht es aus, einen Strichlaser einzusetzen. Dieser kann bei fester Wellenlänge arbeiten, oder es können auch durchstimmbare Laser (z. B. CO_2-Laser für den IR-Bereich) eingesetzt werden.

Im Infrarotgebiet liegen eine Vielzahl von Rotationsschwingungsbanden verschiedener atmosphärischer Spurenstoffe und Hauptkonstituenten wie O_3, CO, SO_2, NO_2, H_2O usw. Es können entweder ganze Banden (O_2, O_3, H_2O, CO_2) vermessen werden, wenn die einzelnen Absorptionslinien durch die Druckverbreiterung stark ineinanderfließen, oder auch nur isolierte Linien. Komplikationen treten dadurch auf, daß die Bandenstruktur leider oft sehr kompliziert und zudem durch andere Spurenstoffe überlagert ist (Interferenz), so daß eine Zuordnung der gemessenen Absorptionssignale zu konkreten Linien Schwierigkeiten bereitet.

Auch in der bistatischen Anordnung kann bei Kenntnis der absoluten Laserleistung die Absorberdichte aus Messung in einem Wellenlängenbereich bestimmt werden, oder sie läßt sich bei durchstimmbaren Lasern aus dem relativen

Signal, einmal in der Absorptionslinie und zum anderen außerhalb dieser, ableiten.

Der Nachteil der bistatischen Anordnung besteht vor allem darin, daß lediglich über einen festen Transmissionsweg integrale Aussagen über die Absorberdichte möglich sind.

4.6. Die Lidartechnik

Lidar ist das Akronym für die englischsprache Bezeichnung **L**ight **d**etection **a**nd **r**anging (ähnlich dem Radar – Radio detection and ranging). Weil es auf dem Radarprinzip beruht, wird es bisweilen auch nicht ganz korrekt als Lichtradar bezeichnet.

Die Verwendung von Laserlicht bietet verschiedene Vorteile, sie ist jedoch nicht unabdingbare Voraussetzung für das Lidar. Diese Vorteile verbinden sich mit der spektralen Reinheit, der geringen Linienbreite, der Amplituden- und Frequenzstabilität, der geringen Divergenz, der Durchstimmbarkeit und der hohen Energiedichte in Impulsen der Dauer von 10^{-6}–10^{-12} s. Das Lichtbündel besteht aus kohärenter Strahlung und besitzt einen definierten Polarisationszustand. Die heute entwickelten und kommerziell vertriebenen Systeme sind in mobilen Kleinbussen untergebracht und werden im Umweltschutz zur Schadstoffsondierung eingesetzt. Darüber hinaus setzt man Lidarsysteme auf Flugzeugen und Satelliten ein. Eine Unmenge von Labormustern arbeiten weltweit.

Es sei statt einer Aufzählung der Arbeiten einzelner Gruppen auf zwei Standardwerke verwiesen: „Laser Monitoring of the Atmosphere", herausgegeben von Hinkley (1976) und Optical and Laser „Remote Sensing", herausgegeben von Killinger und Mooradian (1983). Eine Zusammenfassung von Einzelarbeiten findet sich auch im Middle Atmosphere Program Handbook Nr. 13, herausgegeben von Vincent (1984).

Die physikalische Grundlage der Lidartechnik besteht in der Rückstreuung von Photonen an atmosphärischen Luftmolekülen und Aerosolen. Mathematisch werden diese Streuprozesse durch den Formalismus der Rayleigh- und der Mie-Streuung beschrieben. Die Zeit zwischen Impulsabgabe durch den Laser und Registrierung des rückgestreuten Signals durch das Empfangssytem bestimmt die Empfangstiefe. Da das Licht den Weg zweimal durchlaufen muß, folgt für den Ort: $R = c \cdot t/2$ mit c – Lichtgeschwindigkeit in Luft.

Obwohl insbesondere die Mie-Streuung für reale Aerosole sehr schwierig zu beschreiben ist, kann in erster Näherung das $\lambda^{-1,3}$ -Gesetz (Gesetz von Ångström) verwendet werden. Auch die Rayleigh-Streuung wird nicht exakt durch das λ^{-4}-Gesetz wiedergegeben, trotzdem erfüllt es hinreichend gut die Forderung der Lidartechnik.

Als Lidargleichung wird der Ausdruck

$$P(R) = P_O \left(\frac{c \cdot \tau}{2}\right) \beta(R) \cdot K \frac{A}{R^2} \exp\left(-2 \int_0^R \alpha(r)\mathrm{d}r\right) \tag{4.1}$$

bezeichnet. Hierin bedeuten $P(R)$ die vom Ort R empfangene Leistung zur Zeit t, P_O die Ausgangsleistung des Laserimpulses zur Zeit $t = 0$. A stellt die effektive Empfängerfläche (des CASSEGRAIN- oder NEWTON-Teleskops) dar, die im Verhältnis zur Gesamtoberfläche $4\pi R^2$ der Streukugel gesehen werden muß. In K gehen sowohl $1/4\pi$ als auch der optische Wirkungsgrad des Empfängersystems ein. Mit $\beta(R)$ wurde der Volumenrückstreukoeffizient bezeichnet und mit $\alpha(r)$ der Extinktionskoeffizient in cm^{-1} für die Laserwellenlänge. Der Exponentialanteil entspricht dem BEER-LAMBERTschen Gesetz, und der Faktor 2 steht für Hin- und Rückweg der Photonen des Laserlichtes.

τ repräsentiert die Impulsdauer eines Laserschusses, entsprechend $c \cdot \tau$ die Impulslänge, wobei der Faktor 1/2 aufgrund der Fortbewegung des Lichtimpulses eingeführt werden muß. Abb. 4.2 zeigt schematisch das Lidarmeßprinzip. Die effektive Länge ΔR der Entfernungsauflösung wird beschrieben durch die Beziehung

$$\Delta R = \frac{c \cdot \tau'}{2} = \frac{c}{2}(\tau + \tau_S + \tau_D). \tag{4.2}$$

τ_S, die Reaktionszeit der optischen Wechselwirkung, ist im Normalfall sehr klein und kann vernachlässigt werden. Im praktischen Fall bestimmt τ_D, die Zeitkonstante des Empfängersystems, die Tiefenauflösung. Man wählt für die Laserimpulsdauer gewöhnlich einige 10 ns (10 ns entsprechen 3 m Laserimpulslänge), wogegen τ_D bei 0,1 bis 1 µs (30 bis 300 m) liegt. Im praktischen Beispiel $\tau = 10\,\mathrm{ns}$, $\tau_S = 1\,\mathrm{ns}$, $\tau_D = 1$ µs folgte eine Tiefenauflösung von $\Delta R = (1{,}5 + 0{,}15 + 150)\,\mathrm{m}$.

Das Signal/Rauschverhältnis (S-zu-N-Verhältnis, signal to noise ratio) bestimmt sich aus

$$n_S\tau'/(n_S\tau' + n_N\tau')^{1/2}, \tag{4.3}$$

wobei mit n die Anzahl der gezählten Photoelektronen bezeichnet wird. Die Gesamtausbeute beläuft sich in der Praxis auf einen Wert um 10%, d.h., jedes 10. Photon löst im Durchschnitt ein Photoelektron aus, das im Photomultiplier zu einem registrierten Stromimpuls vervielfacht wird. Es werden damit Einzelphotoelektronen gezählt, womit es möglich ist, auch noch ein extrem schwaches Signal (aufgrund der Abnahme mit $1/R^2$) zu empfangen. Die sehr schmalbandige Herausfilterung der Laserwellenlänge verbessert das S-zu-N-Verhältnis. Damit

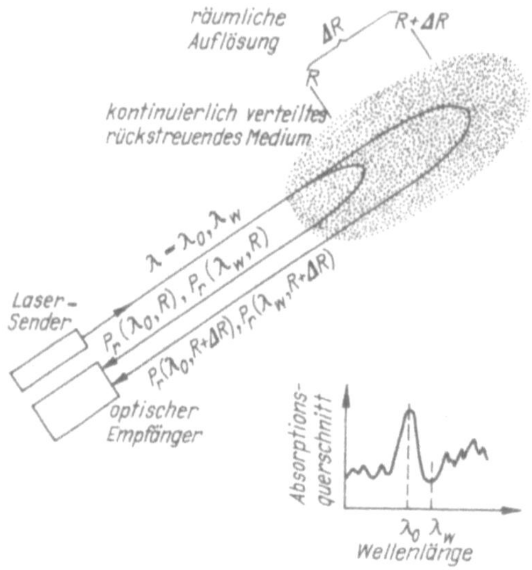

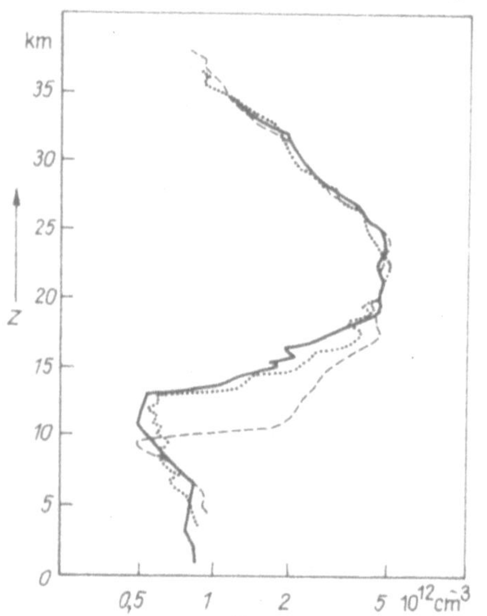

Abb. 4.2. Lidarmeßprinzip a) und abgeleitete Ozonprofile b) der Troposphäre und Stratosphäre (1. und 2. Dezember 1981, 00 UT, gestrichelte und gepunktete Kurve) sowie eine Messung mittels Brewer-Sonde (30. November 1981, 13 UT, volle Kurve) in Biscarrosse (nach PELON und MEGIE 1982)

ist in der Praxis auch eine Messung gegen das Rauschen des hellen Tageshintergrundes in der freien Atmosphäre möglich.

Das rückgestreute Signal enthält über $\beta(R)$ und $\alpha(r)$ Informationen der stofflichen Beschaffenheit des vom Laserlicht durchsetzten Mediums. Den größten Einfluß auf die Stärke des rückgestreuten Signals übt $\beta(R)$ aus, womit insbesondere die atmosphärische Aerosoldichte bestimmt werden kann.

4.7. Das Dialverfahren

Das Ziel der Fernsondierung mittels Laser besteht in der Messung der Konzentration einzelner interessierender Spurenstoffe. Diese kann man jedoch im Beitrag zur RAYLEIGH-Streuung vernachlässigen. Sie zeichnen sich aber in den Absorptionslinien ihrer Banden durch hohe Absorptionsquerschnitte aus, die in der Lidargleichung in den Extinktionskoeffizienten eingehen. SCHOTLAND (1964) schlug ein neues Verfahren für die aktive Fernsondierung vor, das seitdem eine breite Anwendung gefunden hat. Es handelt sich um das später so bezeichnete Dialverfahren, das Akronym für **Di**fferential **a**bsorption **l**idar.

Es nutzt die bereits für das DOBSON-Photometer entwickelten Grundgedanken. Gemessen wird in zwei engbenachbarten Wellenlängenbereichen einer Bande, die allgemein als On- und Off-Wellenlänge bezeichnet werden. Diese Wellenlängen werden so gewählt, daß sie einmal im Maximum einer Absorptionslinie oder -bande und zum anderen im Minimum zwischen zwei Linien oder Banden lokalisiert sind. Als wesentliche Voraussetzung für die Durchführbarkeit der Messung erscheint eine hinreichend große Differenz zwischen beiden Absorptionsquerschnitten und eine meßbare Absorption in der On-Wellenlänge.

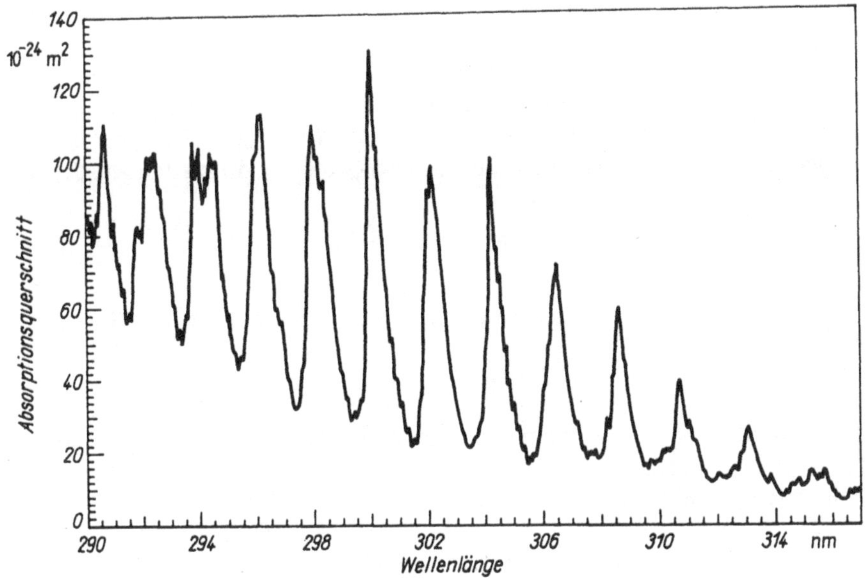

Abb. 4.3. Verlauf des Wirkungsquerschnittes für SO_2 um 300 nm

Für zwei in der praktischen Feldmessung häufig sondierte Schadstoffe (SO_2 und NO_2) stellen Abb. 4.3 und 4.4 die Wellenlängenabhängigkeit ihrer Wirkungsquerschnitte dar. Die Ozonbestimmung erfolgt wie beim DOBSON-Photometer an der Flanke der HUGGINS-Banden bei 303 und 310 nm. (Ozon besitzt im UV-Bereich keine isolierten Absorptionslinien.)

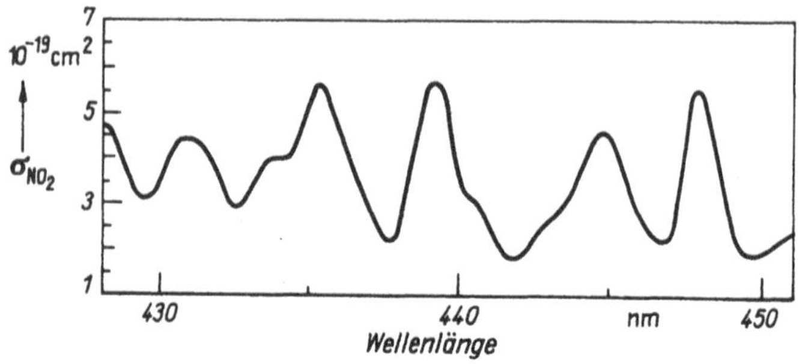

Abb. 4.4. NO_2-Wirkungsquerschnitt zwischen 430 und 450 nm zur Verwendung in Lidarmessungen (nach MOUNT et al. 1983)

Wie bei der Vorstellung der Lidargleichung angesprochen, folgt auch im Dialverfahren das empfangene Signal aus der Streuung an Aerosolen und Luftmolekülen. Damit ist mit dieser Technik eine dreidimensionale (3D) Sondierung der Atmosphäre realisierbar. Die Aerosole ermöglichen, aber begrenzen auch gleichzeitig die Tiefenmeßbarkeit durch eine nur beschränkte Sichtbarkeit. Die Sichtbarkeit V wird in der Meteorologie über den Kontrastunterschied gegen den Hintergrund definiert (KOSCHMIEDER 1925). In Abhängigkeit von der Sichtbarkeit kann der Extinktionskoeffizient für MIE-Streuung durch den Ausdruck

$$\alpha_M = 3{,}91\ V^{-1}\ (550/\lambda)^q \qquad (4.4)$$

mit

$$q = 0{,}0585\ V^{1/3} \qquad (4.5)$$

und für Bodenniveau mit N_2 und O_2 als Streuteilchen die RAYLEIGH-Streuung durch

$$\alpha_R = 1{,}1 \times 10^6 \lambda^{-4} \qquad (4.6)$$

dargestellt werden, V in m, λ in nm α_M, α_R in m^{-1}. Die Approximation der MIE-Streuung über die meteorologische Sichtbarkeit stellt jedoch nur eine sehr grobe und mit vielen subjektiven Fehlern behaftete Näherung dar.

Die Gesamtextinktion der Streuung ergibt sich aus der Summe $\alpha = \alpha_M + \alpha_R$, während die Richtungsabhängigkeit der Streuung durch den Rückstreukoeffizienten β beschrieben wird. Für die Lidargleichung interessiert speziell der Anteil, der zum Teleskop hin gestreut wird. Als Näherung kann für den RAYLEIGH-Streuanteil

$$\beta_R = 1{,}5\,\alpha_R/4\pi \text{ m}^{-1} \text{ sr}^{-1} \tag{4.7}$$

gesetzt werden. Die MIE-Streuung erweist sich als ein komplizierter Vorgang und hängt von der Form und Größenverteilung der Aerosolpartikel ab. Als Näherung wird vielfach

$$\beta_M = 0{,}5\,\alpha_M/4\pi \text{ m}^{-1} \text{ sr}^{-1} \tag{4.8}$$

angenommen. Nach FENN (1966) variiert jedoch das Verhältnis von β_M und α_M zwischen 0,01 und 0,1 sr^{-1}, so daß in der genauen Relation zwischen Rückstreuung und Extinktion eines der methodischen Grundprobleme der Lidartechnik zu sehen ist. Die Inversion der Lidargleichung zur Bestimmung der räumlichen Verteilung der Aerosoldichte und die Korrektur der Dial-Messungen hängen von der konkreten Beziehung zwischen β_M und α_M ab. Ein etwas allgemeinerer Ansatz geht von einem Potenzgesetz $\beta_M = c\alpha_M^k$ aus.

Zur Gesamtextinktion trägt schließlich die Absorption der Gase bei. Ihr Absorptionsquerschnitt besitzt die Dimension einer Fläche. Das Produkt des Absorptionsquerschnittes mit der Absorberkonzentration ergibt den Absorptionskoeffizienten in cm^{-1}, m^{-1}

$$\alpha_A = \sum_i \sigma_i n_i, \tag{4.9}$$

summiert wird über alle wesentlichen Absorber.

Damit gilt für den Gesamtextinktionskoeffizienten

$$\alpha = \alpha_M + \alpha_R + \alpha_A \tag{4.10}$$

und für den Rückstreukoeffizienten

$$\beta = \beta_R + \beta_M. \tag{4.11}$$

In der Dialtechnik wird vorausgesetzt, daß sich außer dem Absorptionsquerschnitt des zu bestimmenden Konstituenten die anderen Parameter für die On- und Off-Wellenlänge nicht wesentlich unterscheiden. Die Lidargleichung (4.1), unter dieser Voraussetzung für die beiden Wellenlängen aufgestellt und anschließend durcheinander dividiert, darauf logarithmiert, ergibt nach Differentiaton, wenn der Ausdruck nach der Absorberdichte aufgelöst wird:

$$n(R) = \frac{1}{2(\sigma_{\text{On}} - \sigma_{\text{Off}})} \frac{\mathrm{d}}{\mathrm{d}R}\left(\ln\left(\frac{P_{\text{Off}}(R)}{P_{\text{On}}(R)}\right)\right). \tag{4.12}$$

Das zurückgestreute Signal wird mit einer Abtastfolge von τ_D Sekunden registriert. Bei Verwendung von zwei aufeinanderfolgenden Abtastungen kann aus der Differentialgleichung (4.12) eine Differenzengleichung näherungsweise abgeleitet werden.

$$n(R) \approx \frac{1}{2(\sigma_{\mathrm{On}} - \sigma_{\mathrm{Off}})} \ln \left(\frac{P_{\mathrm{Off}}(R + \Delta R)\, P_{\mathrm{On}}(R)}{P_{\mathrm{On}}(R + \Delta R)\, P_{\mathrm{Off}}(R)} \right). \tag{4.13}$$

Mittels der Dialmethode können praktisch NO_2 bis zu einer Konzentration von 10 ppb und SO_2 bis zu 15 ppb sondiert werden. Ozon liefert Meßwerte, die mit anderen In-situ-Messungen innerhalb 10 ppb übereinstimmen. Das unbelastete Hintergrundsignal läßt sich erfassen. Für NO_2 und SO_2 liegt die Meßempfindlichkeit unterhalb der gesetzlichen MIK-Werte (MIK-Wert - maximale Immissionskonzentration). Bei Messungen in der A-Bande des Sauerstoffs bei 770 nm kann wegen der starken Temperaturabhängigkeit des Absorptionsquerschnittes auch die Temperatur abgeleitet werden.

Die technische Realisierung der Erzeugung der benachbarten On- und Off-Wellenlänge wird häufig über einen durchstimmbaren gepumpten Farbstofflaser (Dyelaser) gegeben, der abwechselnd auf der On- und der Off-Wellenlänge arbeitet.

4.8. Weitere Lidarvarianten

Nach einer Pantentanmeldung von Menzies und Thomas (1974) wird die Resonanzstreuung zur Sondierung fluoreszierender Konstituenten verwendet. Bowman et al. benutzten bereits 1969 die Resonanzfluoreszenz zur Bestimmung der Dichte des atomaren Natriums in der oberen Atmosphäre. Insbesondere eignen sich Metalldämpfe mit ihren einfachen elektronischen Übergängen hervorragend für diese Methode. Die angeregten Atome oder Moleküle senden nach einer bestimmten Relaxationszeit wieder Photonen der gleichen oder niederen Energie aus. Ein Teil der angeregten Teilchen wird allerdings durch Stöße thermalisiert, bzw. die Energie verteilt sich auf verschiedene Rotationszustände, deren Deaktivierung wiederum zu einer stoffspezifischen Strahlung führt. In der niederen Atmosphäre existieren nur wenige Konstituenten, die über durch Laser angeregte Fluoreszenz oder Resonanzfluoreszenz gemessen werden können. Hierzu zählen SO_2, NO_2, NO, J_2 und OH. Ihre Messung verlangt eine hohe Laserleistung und gute atmosphärische Transparenz. Gelbwachs et al. (1972) und Tucker et al. (1973) bestimmten so mit einer Empfindlichkeit von einigen ppb die Dichte des NO_X (NO und NO_2). Die Leistung des Argonlasers, der bei $\lambda = 488$ nm arbeitete, war mit einigen hundert mW ausgesprochen hoch. Mittels eines Farbstofflasers konnten Wang und Davis (1974) die Dichte des wichtigen OH-Radikals in der umgebenden Luft ableiten. Hier verfälschen allerdings zu hohe Laserleistungen die Messungen.

Die RAMAN-Streuung stellt im Gegensatz zur MIE- und RAYLEIGH-Streuung eine unelastische Streuung dar. Bei der Streuung wird entsprechend dem RAMAN-Effekt die einfallende Strahlung durch das streuende Molekül in charakteristischer Weise verschoben. Das RAMAN-Lidar setzt eine hohe Konzentration der zu bestimmenden Konstituenten voraus und ist damit ein relativ unempfindliches Verfahren. Man kann es zur Fernsondierung von lokalisierten Quellen einsetzen. Solche Quellen wären z. B. durch Abgaswolken aus Schornsteinen oder Wasserdampf in der Grenzschicht gegeben.

Durch SONNEMANN et al. (1987) wurde ein Verfahren vorgeschlagen, welches die Tatsache ausnutzt, daß nach der Dissoziation spezieller Konstituenten durch den Laserstrahl die Dissoziationsprodukte im angeregten Zustand vorliegen. Das Verfahren wurde mit LIAG – **L**aser **i**nduced **a**fterglow – bezeichnet. Der angeregte Zustand wird zum größten Teil durch Stöße deaktiviert, es kann auch ein „Anregungsaustausch" stattfinden. Zu einem geringen Teil senden die angeregten Moleküle oder Atome eine charakteristische Strahlung aus, die gemessen werden kann und deren Radianz ein Maß für die Dichte des dissoziierten Stoffes darstellt.

Die Laserstimulation von chemischen Reaktionen, aus denen zur Chemilumineszenz befähigte Moleküle hervorgehoben, ist prinzipiell möglich, die Ausbeute in der freien Atmosphäre jedoch relativ unbedeutend.

Dieses Verfahren kann zur Ozonbestimmung benutzt werden, wobei sich prinzipiell für dissoziierende Strahlung unter 300 nm 3 metastabile Spaltprodukte des O_3 anbieten. Diese sind $O_2(^1\Sigma_g^+)$, $O_2(^1_a\Delta_g)$ und $O(^1D)$, wobei das $O_2(^1\Sigma_g^+)$ bei geringer Stoßdeaktivierung eine lange Nachleuchtzeit besitzt und daraus eine schlechte Tiefenauflösung resultiert, während es für $O(^1D)$ genau umgekehrt ist.

Ein Nachteil der LIAG-Methode verbindet sich auch mit dem hohen tageszeitlichen Hintergrundsignal, da gerade die durch den Laser induzierten Prozesse natürlicherweise durch die Solarstrahlung angeregt in der Atmosphäre ablaufen. Die Methode ist damit besonders für Nachtsondierungen und Messungen in verdunkelten Räumen geeignet.

Auf dieser Grundvorstellung beruht ein In-situ-Verfahren (SONNEMANN et al. 1987). In einem innen verspiegelten birnenförmigen Reaktionsraum befindet sich eine Quecksilberlampe, die bei einer Leistung von 15 W Strahlung der Wellenlänge von 253,652 nm aussendet (15 W entsprechen $1{,}9 \times 10^{19}$ Photonen s^{-1}). Eine Linie bei 184,957 nm ist in diesem Zusammenhang von sekundärem Interesse und kann herausgefiltert werden. Das Analysegas wird über eine Saugpumpe ins Innere befördert und bestrahlt, wobei die zuvor angedeuteten Dissoziations- und Emissionsprozesse ablaufen.

Der Vorteil der Methode besteht darin, daß die Emissionsstrahlung wesentlich langwelliger als die Anregungsstrahlung ist, somit das Meßsignal nicht gestört wird. Die Verwendung der reinen Linie bei 253,652 nm verhindert, daß sich durch Dissoziation von O_2 Ozon im Meßprozeß bildet.

Durch eine spezielle Lidartechnik bestimmten KIRCHHOFF et al. (1981) aus Nightglowmessungen die mesosphärische Ozonkonzentration in der Natriumschicht zwischen 76 und 106 km. Als Nightglow (oder allgemeiner mit dem Dayglow als Airglow zusammengefaßt) wird das durch die Emission diskreter Linien photochemisch angeregter Atome und Moleküle hervorgerufene nächtliche diffuse Leuchten der Atmosphäre bezeichnet. Die Natriumatome werden durch den Laserstrahl elektronisch angeregt. Aus dem reflektierten Signal kann zunächst die Na-Dichte bestimmt werden. Der Basisprozeß verläuft über

$$Na + O_3 \rightarrow NaO + O_2 \qquad (4.14)$$

mit einem Reaktionskoeffizienten von $l_1 = 3{,}3 \times 10^{-10}$ cm^3 s^{-1}. Eine rückführende Reaktion erzeugt in

$$NaO + O \rightarrow Na^* + O_2 \qquad (4.15)$$

mit $l_2 = 1{,}6 \times 10^{-10}$ cm^3 s^{-1} angeregtes Natrium. Natrium baut Ozon und atomaren Sauerstoff katalytisch ab. Aus dem Bilanzgleichungssystem folgt

$$l_1[Na]\,[O_3] = l_2[NaO]\,[O] = p(Na^*), \qquad (4.16)$$

der Produktionsterm für angeregtes Natrium. Die Höhenintegration von $p(Na^*)$ stellt die empfangene Nightglowintensität dar:

$$I = l_1 \int [Na]\,[O_3]\,dz.$$

Unter einschränkenden Bedingungen kann hieraus $[O_3]$ abgeleitet werden.

4.9. Die Okkultationstechnik

Die Methode der Absorptionsspektroskopie oder Okkulationstechnik (occultation technique) besitzt eine lange Tradition in der atmosphärischen Fernsondierung. Sie ist eine passive Methode der Fernsondierung und verwendet die Strahlung der Sonne, des Mondes oder der Sterne, angefangen bei der Röntgenstrahlung bis hin zum Mikrowellenbereich. Sondiert werden können alle Stoffe, die zu einem meßbaren Absorptionssignal beitragen, wenn die Strahlung die Erdatmosphäre durchdringt. Bei sehr geringen Absorberdichten versagt die Methode, verbunden mit der Schwierigkeit, ein sehr kleines Absorptionssignal auf einem großen Grundsignal zu messen.

Okkultationsmessungen des Ozons wurden bei Verwendung von UV-Photometern mittels Ballonen unternommen. Erste erfolgreiche Raketenmessungen stammen von JOHNSON et al. (1952) mittels eines sogenannten Side-looking-UV-Photometers. Dieses Gerätesystem besteht u. a. aus einem Photodetektor (Photomultiplier) und einem Dispersionsfilter. Das seitwärts blickende Photometer überstreicht mit seinem Gesichtsfeld im Spin der Rakete die Sonnenscheibe. Eine Diffuserplatte zerstreut zur Elimination der Wellenlängenabhängigkeit vom Einfallswinkel der Solarstrahlung bei der Raketenrotation das auftretende Licht. Mit dem Cosinus des Einfallswinkels variiert die Bestrahlungsstärke. Die sondierbare Höhe hängt von der Wellenlängenwahl ab, d. h. von dem Absorptionsquerschnitt für O_3. Im Maximum der HARTLEY-Banden um 255 nm erfolgt die höchste Messung bis zur Mesopause, die untere Stratosphäre kann mit Wellenlängen um 300 nm sondiert werden. Die Genauigkeit der Side-looking-Photometer liegt bei 6–10%.

Als die genauesten Geräte erwiesen sich jedoch die UV-flux-Photometer mit einem Fehler von etwa 3%. Diese Instrumente werden wie auch die Chemilumineszenzsonden (6% Fehler) mit einer Rakete ins Apogäum befördert und führen nach dem Ausklinken an einem Fallschirm schwebend die Messungen aus. Entwickelt wurde ein Four-band-filter-wheel-Photometer (Filterradphotometer für 4 Wellenlängenbereiche), welches den vertikalen Fluß in Abhängigkeit von der Höhe mißt. Die Unabhängigkeit von der Orientierung wird durch einen sphärischen Transmissionsdefuser erreicht. Eine Sondierung der gesamten mittleren Atmosphäre läßt sich hiermit realisieren.

Auf den Interkosmossatelliten 11 und 16 wurden 1974 und 1976 erstmalig auf Satelliten Quarz-UV-Photometer zur Bestimmung der mesosphärischen Ozondichte aus Solarokkultationsmessungen eingesetzt (Übersicht siehe STARK 1984, SONNEMANN 1984). Die Orientierung des Satelliten erlaubte nur Messungen zum Sonnenuntergang (sun set measurements). In Abb. 4.5 wurde die Geometrie der Solarokkultationsmessungen dargestellt. Im allgemeinen treten bei der Berechnung der Dichte aus den gemessenen Intensitäten drei Probleme auf, die hier nur äußerst kurz angetippt werden können (siehe SONNEMANN 1976, 1977). Bei der Dateninversion besteht das Problem, aus einem sogenannten gemessenen Intensitäts-Höhenprofil ein berechnetes Dichte-Höhenprofil zu gewinnen. Die Variation des Wirkungsquerschnittes über ein endliches Wellenlängenintervall zwingt zur Einführung eines effektiven Wirkungsquerschnittes. (Hiermit zusammenhängende Probleme siehe auch SONNEMANN 1983.) Für die Ozonbestimmung in den HARTLEY-Banden erweist sich dieses Problem als unbedeutend.

Anders steht die Sachlage bei den beiden übrigen Schwerpunkten. Von den gebräuchlichen Satellitenflughöhen aeronomischer Satelliten aus gesehen, besitzt der virtuelle Durchmesser der Sonne auf Grund des endlichen Öffnungswinkels von etwa 0,5° in der tangentialen Höhe (grazing heigh – kürzeste Entfernung zwischen Erdoberfläche und Transmissionsstrahl Sonne–Satellit) eine Ausdehnung von mehr als 20 km (bei IK-16 etwa 21 km). Die Ozondichte variiert vom

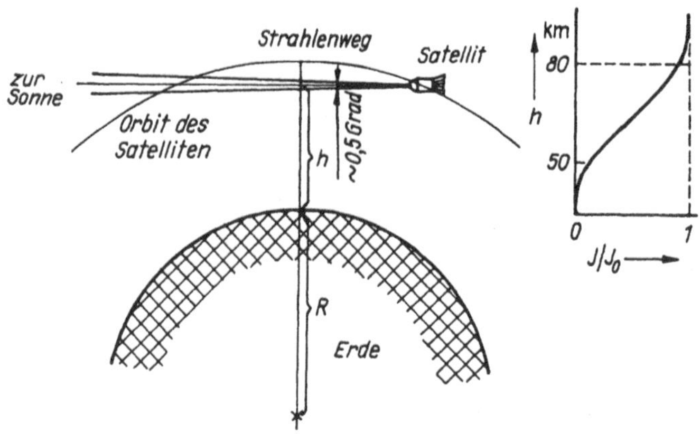

Abb. 4.5. Geometrie bei solaren Okkultationsmessungen. *h* symbolisiert die tangentiale Höhe und J/J_0 die relative Transmission (nach SONNEMANN 1976)

virtualen Sonnenoberrand zum -unterrand um 1 bis 2 Größenordnungen. Die berechnete Ozondichte muß trotz dieses umfassenden integralen Signals einer Bezugshöhe (z. B. Sonnenmittelpunktsstrahl) in der tangentialen Höhe zugeordnet werden. Die Korrektur der endlichen Sonne stellt damit ein entscheidendes methodisches Problem dar. Bei Raketen- und Sternokkultationsmessungen tritt dagegen diese Schwierigkeit nicht auf.

Schließlich findet eine Absorption entlang des gesamten Transmissionsweges durch die Atmosphäre statt. Gemessen wird jedoch nur die integrale Absorption, verglichen mit der Messung des Strahlungsflusses außerhalb des Absorptionsschattens von Ozon. Bestimmt werden kann primär also nur der Säuleninhalt des Ozons. Die Berechnung der Ozondichte in der tangentialen Höhe erfordert die Einbeziehung der speziellen Meßgeometrie und die Kenntnis der Dichteskalenhöhe von Ozon entlang des Transmissionsweges. Diese wird bei Auflösung des Systems von oben nach unten iterativ von Modellannahmen ausgehend berechnet.

Die numerisch aufwendigen Berechnungen erbrachten gute Ergebnisse. Im Mesopausenbereich jedoch unterliegen die Aussagen einigen prinzipiellen Restriktionen.

Sternokkultationsmessungen zur Ozondichtebestimmung wurden zuerst durch HAYS und ROBLE (1973) realisiert. Spätere Experimente stammen von RIEGLER et al. (1976a, b). Von der meßtechnischen Seite her interessant war, daß ein Ultraviolett-Teleskop der Universität Princeton (Princeton University Ultraviolet Telescope-Spectrometer 255 nm bis 342,8 nm) auf dem NASA Orbiting Astronomical Observatory (OAO-3) Copernicus verwendet wurde, das im wesentlichen astronomische Aufgaben zu erfüllen hatte. Der hochfliegende Satellit (745 km) erlaubte lange Okkultationszeiten (200–300 s gegenüber 30 s der IK-Satelliten), womit die statistische Genauigkeit der sonst wegen der Lichtschwachheit stark rauschenden Sternokkultationsmessungen verbessert wurde.

Das nächtliche Ozon oberhalb der Mesopause wird durch das Verhältnis O/H bestimmt und läßt bei Variation beider Konstituenten, wie Abb. 4.6 anhand von Messungen des atomaren Sauerstoffs durch OFFERMANN (1978) illustriert, einen großen Spielraum zu. Die unabhängige Messung der Konzentration des atomaren Sauerstoffs erlaubt somit auch Rückschlüsse auf die des Wasserstoffs, der anders nur sehr schwierig meßtechnisch zu erfassen ist.

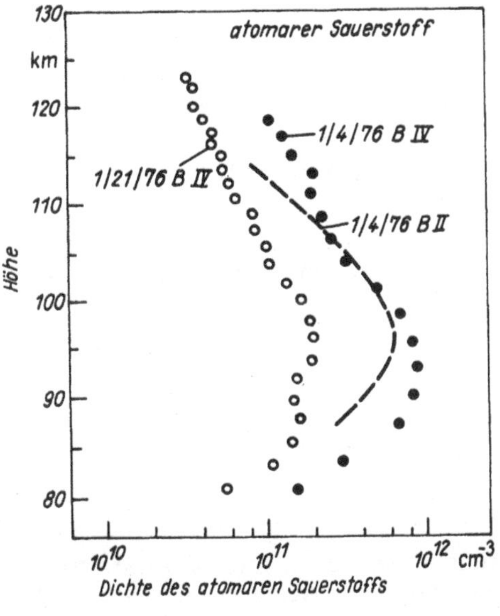

Abb. 4.6. Durch Offermann (1978) aus Massenspektrometermessungen abgeleitete extreme Profile des atomaren Sauerstoffs (gestricheltes Profil zum Vergleich)

4.10. Airglowmessungen

Hervorragende Ergebnisse wurden mit der Messung des 1,27 µm(0–0)-Bandes des angeregten $O_2(^1\Delta_g)$ im Mesopausenbereich erzielt. Mesosphärische Registrierungen bedürfen der Glättung. Das angeregte $O_2(^1\Delta_g)$ entsteht bei der Dissoziation von O_3. Die Dissoziationsratenkonstante $J_{O_3-O_2(\Delta)}$ kann aus der Kenntnis des Solarspektrums berechnet werden. Sie bestimmt wesentlich die Fehlersicherheit des Verfahrens. Wie zuvor erwähnt, verläuft der Hauptverlust von $O_2(^1\Delta_g)$ über Stoßdeaktivierung durch O_2 und N_2. Ein geringer Teil wird mit dem EINSTEIN-Koeffizienten für spontane Emission A_Δ beim (0–0)-Übergang deaktiviert. Die radiative Lebenszeit beträgt $2{,}7 \times 10^3$ s. Der (0–1)-Übergang hat eine weniger stark ausgeprägte Emission bei 1,58 μm zur Folge.

Die O_3-Dichte berechnet sich aus der Gleichung

$$[O_3] = \frac{1 + \bar{\gamma}_\Delta [M]/A_\Delta}{J_{O_3-O_2(\Delta)}} \frac{dI(1{,}27\,\mu m)}{dz}. \tag{4.17}$$

I repräsentiert die Säulenemissionsrate, d. h. den Anteil der Emission, der aus einer Säule von $F = 1\,cm^2$ Grundfläche in den Detektor gelangt. Zu kleineren Höhen hin wächst die Stoßdeaktivierung an. Gleichzeitig vergrößert sich aber auch die Ozonkonzentration. Die untere Grenze der Sondierungshöhe folgt schließlich aus der Absorption der Dissoziationsstrahlung durch Ozon der übergelagerten Schichten. KRUEGER (1986) gibt für $O_2(^1\Delta_g)$-Airglowmessungen einen Fehler von 10–20% an.

Sowohl Tag- als auch Nachtmessungen mittels Raketen (dayglow, nightglow, nightime airglow) wurden u. a. durch EVANS et al. (1968, 1972) vorgenommen, Abendmessungen (twilight) durch LLEWELLYN und WITT (1977). Insbesondere erbrachten die Messungen auf dem Solar Mesosphere Explorer Satellite (SME) mittels des Limb-scanning near infrared spectrometer (THOMAS et al. 1983) globale Ozonmessungen über eine synoptische Zeitskala. (Weitere Messungen siehe FREDERICK 1980, EVANS 1969, 1970.)

4.11. Ozonsondierung mittels Infrarot- und Mikrowellenmessungen

Insonderheit auf den Satelliten der Nimbus-Serie wurden Infrarotspektrometer mit großem Erfolg eingesetzt. Bei der Darstellung der wissenschaftlichen Ergebnisse vom Nimbus IV wird hierauf noch speziell eingegangen. HANEL et al. (1970) entwickelten für Nimbus IV das Infrarotspektrometer IRIS – infared interferometer spectrometer. Die Meßorientierung der Instrumente war zum Nadir (Fußpunkt) gerichtet.

Mittels eines FOURIER-Spektrometers SI-1 (spektrometer interferometer) an Bord der Satelliten METEOR 28 und 29 bestimmte FEISTER (1980, 1982, 1986) aus Infrarotstrahlungsmessungen zwischen 6,25 μm und 25 μm aus der 9,6-μm-Bande die Gesamtozonkonzentration. Hieraus konnte auch die vertikale Ozonverteilung berechnet werden (FEISTER 1983).

Aus der 9,6-μm-Ozonbande wurde durch PRABHAKARA et al. (1976, 1980) aus Messungen von Nimbus IV die Gesamtozondichte abgeleitet. Diese Bande eignet sich hervorragend für die Bestimmung des Gesamtozons. Die Ozonschicht wird als sogenannte CHAPMAN-Schicht aufgefaßt:

$$[O_3(Z)] = [O_3(Z_m)]\exp\left[1 - \frac{Z - Z_m}{H_{1/2}} - \exp\left(-\frac{Z - Z_m}{H_{1/2}}\right)\right]. \tag{4.18}$$

Sie verwendeten dabei unterschiedliche Ozondichteskalenhöhen für den Bereich oberhalb und unterhalb des Maximums der Ozonschicht.

Die genaue Bestrahlungsstärke I der thermischen Emissionsstrahlung ergibt sich aus der Strahlungstransportgleichung

$$I = B(T_0) \cdot \tau_0 + \int_{\tau_0}^{I} B(T_z)\, \mathrm{d}\tau(Z) \tag{4.19}$$

mit B als PLANCK-Strahlung, τ als atmosphärischer Transmission in der Ozonbande an der Oberfläche (Index 0) und einer Höhe z. T entspricht schließlich der Temperatur. Die Dateninversion hängt damit empfindlich von dem Temperaturprofil ab. Der große Vorteil der IR-Emissionsmessungen besteht in der Tatsache, daß die Sonne als Bestrahlungsquelle wie bei den UVB-Messungen (siehe 4.12) nicht erforderlich ist, damit auch Messungen des Gesamtozons im Polarnachtgebiet möglich wurden.

Gerätesysteme für den Einsatz im Weltraum können z. T. kommerziell erworben werden. GILLE et al. (1980) benutzten ein Infrarotradiometer einer solchen Fabrikation (Honey well Electro-Optical Center, Lexington, Massachusetts) für den Einsatz in Blickrichtung zum Erdrand (Limbblickrichtung).

Das Limb-radiance-inversion-radiometer LRIR kann bei einer vorgegebenen Skandierung die Ozondichte und Temperatur der Stratosphäre und Mesosphäre messen. Im thermischen Spektralbereich besitzt jeder Körper bei Zimmertemperatur ein starkes „Eigenleuchten". Aus diesem Grund müssen die Empfangsdetektoren gekühlt werden. In diesem Fall wurden die Quecksilber-Kadmium-Tellurid-Detektoren auf 63 K abgekühlt.

Die Strahlungskanäle entsprachen den Banden mit stärkster atmosphärischer Emission. Für die Temperatur wurde die 15-µm-CO_2-Fundamentalbande und für Ozon wiederum die 9,6-µm-O_3-Bande verwendet. Durch einen Blick in den kalten Weltraum im Verhältnis zu der 320-K-Schwarzkörperstrahlung im Innern des Satelliten wurde das Gerät im Flug alle 32 Sekunden kalibriert.

Der Vorteil bei Messung im Mikrowellenbereich folgt aus der Tatsache, daß die Rotationslinien der molekularen Konstituenten sehr aus dem Strahlungshintergrund hervortreten. Ein weiterer Vorzug ist mit der hervorragenden Transparenz der Atmosphäre für diese Strahlung verbunden. Die Identifizierung von einigen Dutzend von Molekülen im intergalaktischen Raum gab Anlaß, auch atmosphärische Spurenstoffe mittels Mikrowellentechnik zu bestimmen.

Frühe Ozonmessungen im Millimeterwellenlängenbereich (GHz-Bereich) stammen von CATON et al. (1968), SHIMABUKURO und WILSON (1973) und SCHIMABUKURO et al. (1975). Sie litten noch unter einem schlechten Signal/Rausch-Verhältnis. Bessere Ergebnisse erhielten 1976 PENFIELD et al. Es wurden Ozondichte und Säuleninhalt über den Tag in der Mesosphäre aus bodengebundenen Messungen der O_3-Rotationslinie bei 110,836 GHz mittels eines 5-m-Parabolspiegels bestimmt.

Zum Zwecke des Einsatzes auf einem Space Shuttle konzipierte LONGBOTHUM (1976) in einer Studie ein Mikrowellenexperiment (Limbsounder). Für die Messung von ClO setzten WATERS et al. (1979) einen Mikrowellen-Limbsounder von Flugzeugen aus ein. Als Weiterentwicklung dieses Gerätes wurde ein ballongetragener Limbsounder (balloon-borne microwave limb sounder BLMS) für die Bestimmung der ClO-, H_2O_2- und O_3-Dichte durch WATERS et al. (1981) verwendet.

4.12. Ultraviolettrückstreumessungen, Ozonmeßkampagnen

Ein sehr erfolgreiches Instrument bei der globalen Erkundung des Gesamtozons wurde mit dem Backscatter ultraviolet spectrometer (BUV) (HEATH 1973) auf Nimbus IV eingesetzt. Dieses Instrument mißt die aus der Atmosphäre zurückgestreute Strahlung in 12 Kanälen von 250 nm bis 340 nm. Im kurzwelligen Bereich (HARTLEY-Banden) von 250 nm bis 290 nm wird diese Strahlung stark durch das Ozon der Stratosphäre absorbiert. Die rückgestreuten Photonen werden im allgemeinen nur einmal gestreut (single scattering). Für die tiefereindringende längerwellige Strahlung erfolgt auch Mehrfachstreuung (multiple scattering). Das Ziel der Messung besteht in der Ableitung des Gesamtozons.

Die Dateninversionsmethode für die kurzwellige Streustrahlung wurde durch KRUEGER et al. (1973) entwickelt und auf die Messungen angewendet. Durch die gleiche Gruppe (MATEER et al. 1971) wurde die Inversion für den Fall der multiplen Streuung vorgenommen. Wie aus vorhergehenden Studien folgte, sind die längerwelligen BUV-Messungen für Zenitwinkel $\chi > 75°$ unempfindlich gegenüber Schwankungen im vertikalen Höhenprofil des Ozons.

Die gegenwärtigen Fragen der möglichen anthropogenen Beeinflussung der Ozonschicht verlangen, um Trends von 1% oder weniger aus den Messungen ableiten zu können, eine hohe Genauigkeit und Vergleichbarkeit der unterschiedlichen Ozonmessungen. Die Abweichungen zu den DOBSON-Messungen lagen im Bereich von 6%. Die Meßgenauigkeit erweist sich als ein Grundproblem, auf das in den nachfolgenden Kapiteln noch wiederholt einzugehen sein wird.

Aussagen über das Ozon besitzen solange nur einen beschränkten Wert, wie sie lediglich in sich selbst konsistent sind und nicht mit anderen Messungen verglichen werden können. Diesem Mißstand abzuhelfen, dienten eine Reihe von Interkalibrierungskampagnen. Es kann hier nur beispielhaft für viele die Balloon Ozone Intercomparison Campaigne BOIC (1983) (siehe auch HILSENRATH et al. 1986 oder die Raketenkampagne von WEEKS et al. 1978), wo sehr unterschiedliche Instrumente zur Ozondichtebestimmung eingesetzt wurden, genannt werden. Bei der Raketenkampagne im Zusammenhang mit dem Forschungsprogramm Aladin 74 stand die Aufgabe, die vertikale Ozonverteilung von der Stratosphäre angefangen bis hinauf zur unteren Thermosphäre zu erforschen.

Die Sensitivität der Ozonmeßgeräte versagt mit Ausnahme von Massenspektrometern für Ozondichten unterhalb 10^7 cm^{-3}. Mittels Massenspektrometern konnte auch die Ozondichte der unteren Thermosphäre im Höhenbereich 90 bis 110 km bestimmt werden (z. B. TRINKS 1975, WEEKS et al. 1978).

Eine große Anzahl internationaler Forschungsprogramme, -kampagnen oder abgestimmter -aufgaben befassen sich mit der komplexeren Erforschung des Ozons. Die Ozonproblematik ist eingebunden in das System der Untersuchung der Wechselwirkung zwischen meteorologischen, photochemischen, geophysikalischen, biologischen und anderen Erscheinungen.

Im IGBP, dem Internationalen Geosphären-Biosphären-Programm, das in den kommenden Jahren anläuft, wurde besonders diesen Fragen der Wechselwirkung und der globalen Veränderung durch die menschlichen Aktivitäten breiter Raum eingeräumt. Der Diskussion der komplizierten und vielschichtigen Zusammenhänge dienen die nachfolgenden Kapitel.

5. Zur Photochemie des hochatmosphärischen Ozons

5.1. Das Ozon der Thermosphäre

Das Ozon der Thermosphäre stellt den oberen Zipfel der Ozonosphäre dar und trägt zum Säuleninhalt vernachlässigbar wenig bei. Die photochemischen Hauptprozesse sind hier am einfachsten. Die Produktion von Ozon erfolgt wie überall über die Reaktion von molekularem mit atomarem Sauerstoff. Dieser entsteht primär aus der Photodissoziation von O_2. Die Rückbildung des atomaren Sauerstoffs zu molekularem läuft im wesentlichen über eine Dreikörperreaktion (ab $Z > 90$ km). Diese ist jedoch oberhalb der Turbopause uneffektiv und erlangt erst unterhalb der Turbopause einen zunehmenden Einfluß. Der atomare Sauerstoff wird oberhalb der Turbopause im wesentlichen durch die Diffusion determiniert. Photochemisch bedingte Abweichungen zum Diffusionsgleichgewicht, so wie durch ORAN und STROBEL (1977) diskutiert, modifizieren lediglich diese Aussage.

Der atomare Sauerstoff besitzt in etwa 95–100 km Höhe eine maximale Konzentration von $\lesssim 10^{12}$ cm^{-3}. Nach der mittleren internationalen Referenzatmosphäre der COSPAR-Organisation von 1972 (mean CIRA 72) wird bei 103 km die maximale Konzentration von $4{,}7 \times 10^{11}$ cm^{-3} angegeben. Insbesondere im Zusammenhang mit der Winteranomalie der Elektronenkonzentration der D-Schicht wurde von ungewöhnlicher Variabilität der O-Dichte berichtet (u. a. OFFERMANN (1978), Abb. 5.6).

Die Turbopause ist eine dynamisch aktive Region. Die charakteristischen Diffusionszeiten erreichen Werte von einigen Tagen. Dies beeinflußt auch die Verteilung des atomaren Sauerstoffs, der generell wie auch der atomare Wasserstoff aus der Thermosphäre diffusiv abwärts transportiert wird, hier direkt oder über die Zwischenstufen Ozon oder HO_2 rekombiniert.

Unterhalb der Mesopause werden die charakteristischen chemischen Zeiten im Verhältnis zur Diffusionszeit zu kurz, als daß die Konzentration des atomaren Sauerstoffs durch Diffusion effektiv bestimmt würde. Vielmehr resultiert in der Mesosphäre der primäre atomare Sauerstoff aus der unmittelbaren Photodissoziation von O_2 im Wellenlängenbereich der SCHUMANN-RUNGE-Banden und des HERZBERG-Kontinuums, z. T. aus der LYMAN-α-Strahlung und der harten Röntgenstrahlung. Der sekundäre atomare Sauerstoff entsteht aus der Photodissoziation von Ozon. Er trägt jedoch nicht zur Oddoxygenproduktion bei.

Die sekundäre O-Quelle ist unterhalb von 70 km derart dominant, daß sie die Gleichgewichtskonzentration des atomaren Sauerstoffs bestimmt

$$[O]_{Equ} = \frac{J_{O_3}[O_3]}{\bar{k}_{10}[M][O_2]} \qquad \bar{k}_{10} = \frac{k_9[O_2] + k_{10}[N_2] + k_{11}[Ar]}{[O_2] + [N_2] + [Ar]}. \tag{5.1}$$

Es zeigt sich, unter tageszeitlichen Gleichgewichtsbedingungen einer bestimmten Lokalzeit variiert die O-Konzentration in der Mesosphäre nur wenig zwischen etwa 5×10^9 und 10^{10} cm^{-3}. Daraus kann man schlußfolgern, daß $[O_3]$ im wesentlichen proportional $[M][O_2] \sim [M]^2$ ist und deshalb, ohne die konkreten Verlustprozesse zu betrachten, die Ozondichte mit etwa halber Luftskalenhöhe nach unten stark zunimmt.

Das thermosphärische Ozon unterliegt vor allem den Verlusten über die Dissoziation und der chemischen Reaktion mit dem atomaren Wasserstoff. Diese ist durch

$$O_3 + H \rightarrow O_2 + OH, \qquad l_{87} = 10^{-10} \exp\left(-\frac{516}{T}\right) \mathrm{cm^3 s^{-1}} \tag{5.2}$$

gegeben und besitzt eine hohe Ratenkonstante. Für ein großes Verhältnis von $[O]/[H] > 10^4$ spielt der Verlust über O gemäß (3.79) eine Rolle. Dieses muß in der Höhe um den Peak der O-Konzentration beachtet werden. $J_{O_3}(\infty)$ besitzt einen Wert von etwa $(7{,}5—8{,}0) \times 10^{-3}$ s^{-1}. Die Wasserstoffkonzentration erreicht in Turbopausenhöhe Dichten von $10^7—10^8$ cm^{-3}. Unter Verwendung von l_{87} ergeben sich hiermit charakteristische chemische Zeiten von $10^3—10^4$ s, die gegenüber $\tau_{J_{O_3}} \approx 10^2$ s groß sind. Am Tage dominiert somit der Verlust über die Photodissoziation, und nachts verbleibt der Abbau über die Reaktion mit dem atomaren Wasserstoff. Diffusionsgleichgewicht von Ozon, analog dem des atomaren Sauerstoffs, kann in der unteren und mittleren Thermosphäre nicht erreicht werden. Die Gleichgewichtskonzentration von O_3 ergibt sich aus

$$[O_3]_{Tag} = \frac{\bar{k}_1[O_2][M][O]}{J_{O_3} + l_{87}[H] + l_{12}[O]}.$$

Der Zähler nimmt mit der Höhe mit der dritten Potenz der diffusiv bestimmten Hauptkonstituenten ab, der Nenner ist am Tage höhenunabhängig. Somit verringert sich die Ozondichte grob mit der drittel Neutralgasskalenhöhe.

Nachts bestimmt die H-Konzentration im Nenner den Trend. Nach Sonnenuntergang wachsen die Ozondichten stark an. Um die Turbopause kann sich, wie die Sternokkultationsmessungen von RIEGLER et al. (1976) (Abb. 5.1) zeigen, ein relatives Maximum ausbilden.

Die Ozondichten in 95 km Höhe betragen, legt man Modellwerte zugrunde, etwa $2{,}5 \times 10^6\,cm^{-3}$. Bisweilen angegebene Absorptionseffekte bei Sonnenuntergangsmessungen, die auf Ozondichten von $2 \times 10^7\,cm^{-3}$ schließen lassen, setzten erhebliche Konzentrationen des atomaren Sauerstoffs als einzig effektiv variierende Größe von $> 10^{12}\,cm^{-3}$ voraus.

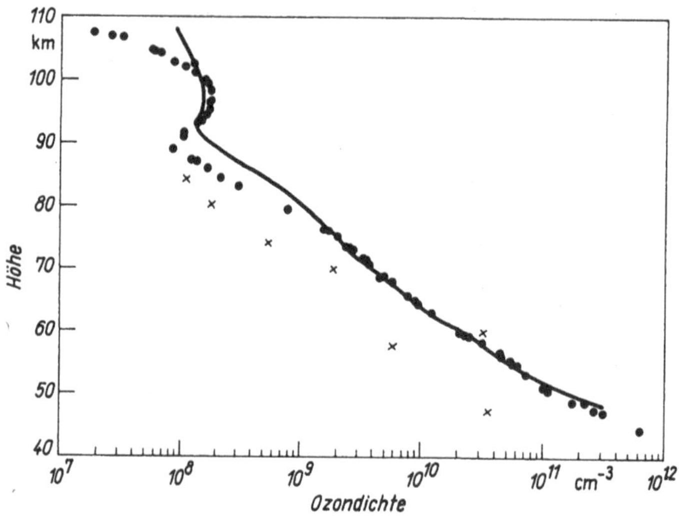

Abb. 5.1. Ozonprofile abgeleitet aus stellaren Okkultationsmessungen (nach RIEGLER et al. 1976)

5.2. Die Photochemie des mesosphärischen Ozons

Die ursprüngliche CHAPMAN-Theorie der Ozonosphäre war die einer reinen Sauerstoffchemie. Die Ratenkonstante der Reaktion $O + O_3 \rightarrow 2O_2$ beträgt nach (3.49) bei einer angenommenen mesosphärischen Temperatur von $T = 228\,K$ $9{,}08 \times 10^{-16}\,cm^3\,s^{-1}$. Nach (5.2) folgt für die Reaktion $O_3 + H \rightarrow O_2 + OH$ bei gleicher Temperatur eine Ratenkonstante von $1{,}04 \times 10^{-11}\,cm^3\,s^{-1}$. Der Vergleich beider zeigt, daß eine um 4 Größenordnungen geringere H-Dichte gegenüber dem atomaren Sauerstoff etwa den gleichen O_3-Verlust erzeugt wie über Reaktionen mit O. Ein O- zu H-Verhältnis von 10^4 wird um die Turbopause herum erreicht, ansonsten ist es in der Thermosphäre kleiner. Insbesondere die Reaktion (3.49) hängt empfindlich von der Temperatur ab. Temperaturabnahme vergrößert das Verhältnis für gleichen O_3-Verlust. Das über (5.2) erzeugte OH kann nun seinerseits O_3 vernichten. Die Reaktion lautet

$$O_3 + OH \rightarrow O_2 + HO_2, \qquad l_{89} = 1{,}6 \times 10^{-12} \exp\left(-\frac{940}{T}\right) \text{cm}^3\text{s}^{-1}. \tag{5.3}$$

Mit $T = 228$ K ergibt sich ein Wert von $2{,}59 \times 10^{-14}$ cm^{-3} s^{-1}. In der Mesosphäre erreichen die OH-Konzentrationen aufgrund der Photodissoziation von H_2O und geringer Nettoverluste für OH Werte bis zur Größenordnung von 10^7 cm^{-3}. (5.3) wiederum mit (3.49) verglichen zeigt, daß diese Reaktion am Tage ein gleichrangiger Prozeß ist, nachts hingegen den wesentlichen Verlust bedingt.

Alternativ zu (5.2) existiert die Reaktion

$$O_3 + H \rightarrow O + HO_2, \qquad l_{88} = 1{,}5 \times 10^{-11} T^{1/2} \exp\left(-\frac{2000}{T}\right) \text{cm}^3\text{s}^{-1}, \tag{5.4}$$

l_{88} $(T = 228\ \text{K}) = 3{,}51 \times 10^{-14}$ cm^3 s^{-1}. Wie der Vergleich der Reaktionsraten verdeutlicht, ist diese Reaktion gegenüber (5.2) weniger effektiv. Eine weitere O_3-Verlustreaktion über die Wasserstoffradikale liegt mit

$$O_3 + HO_2 \rightarrow 2O_2 + OH, \qquad l_{90} = 1{,}1 \times 10^{-14} \exp\left(-\frac{580}{T}\right) \text{cm}^3\text{s}^{-1}, \tag{5.5}$$

l_{90} $(T = 280\ \text{K}) = 8{,}64 \times 10^{-16}$ cm^3 s^{-1} vor. Auch diese Reaktion ist bei Beachtung der HO_2-Konzentration, die die gleiche Größenordnung wie die OH-Dichte besitzt, wenig ergiebig.

Unmittelbare Reaktionen von O_3 mit Kohlenstoffverbindungen besitzen in der Mesosphäre keine Bedeutung, so die Oxydation von CO in

$$CO + O_3 \rightarrow O_2 + CO_2 \tag{5.6}$$

oder

$$CH_3 + O_3 \rightarrow O_2 + \text{Produkte}, \tag{5.7}$$

$$CH_4 + O_3 \rightarrow \text{Produkte}. \tag{5.8}$$

Beachtet werden muß jedoch vor allem die Reaktion von O_3 mit NO.

$$O_3 + NO \rightarrow O_2 + NO_2, \qquad l_{85} = 2{,}3 \times 10^{-12} \exp\left(-\frac{1450}{T}\right) \text{cm}^3\text{s}^{-1}, \tag{5.9}$$

l_{85} $(T = 228\ \text{K}) = 3{,}98 \times 10^{-15}$ cm^3 s^{-1}. Der Vergleich z. B. mit (5.3) läßt erkennen, daß NO-Konzentrationen um weniger als eine Größenrechnung höher als die von OH gleich wirksam Ozon abbauen. Während der Winteranomalie der

D-Schicht werden z. T. exzessiv erhöhte NO-Dichten beobachtet, so daß es zu dominanten Einflüssen kommen kann. Analoge Reaktionen wie bei den Wasserstoffradikalen existieren bezüglich der Stickstoffradikale mit

$$O_3 + N \rightarrow O_2 + NO, \quad l_{84} = 2\times 10^{-12} T^{1/2} \exp\left(-\frac{1200}{T}\right) \text{cm}^3\text{s}^{-1} \tag{5.10}$$

(l_{84} (T = 228 K) = 1,56 × 10^{-13} cm^3 s^{-1}) sowie mit den moderaten Reaktionen

$$O_3 + NO_2 \rightarrow 2O_2 + NO \quad \text{bzw.}$$

$$O_3 + NO_2 \rightarrow O_2 + NO_3 .$$

Essentiell für das Verständnis der Photochemie ist es, die Veränderung der Oddoxygenkonzentration zu untersuchen. Das über (5.9) gebildete NO_2 unterliegt einer ausgeprägten Photodissoziation durch Wellenlängen bis zum sichtbaren Licht (3.26). Das hierbei freigesetzte O bildet O_3 zurück. In 3.5 wurden die Reaktionen diskutiert, die losgelöst von anderen auf ein Gleichgewicht zwischen O_3, NO und NO_2 hinausliefen. Ist ein solches Gleichgewicht erreicht worden, tritt kein O_3-Nettoverlust mehr auf. Nachts erfolgt ein forcierter Abbau von O_3, das in den Oddoxygenspeicher NO_2 überführt wird, und morgens nach beginnender Photodissoziation bildet es eine Quelle für Ozon. Als Voraussetzung stand in 3.3 der Fakt, daß bei Normaldruck die Konzentration des atomaren Sauerstoffs durch eine schnelle Überführung in O_3 sehr klein blieb.

Es wurden nun Reaktionen gefunden, die zu einem Nettoverlust der Oddoxygene beitragen.

Als wichtigste für die Mesosphäre erwies sich die Reaktion

$$O + HO_2 \rightarrow O_2 + OH, \quad l_{28} = 3{,}5\times 10^{-11} \text{cm}^3\text{s}^{-1}. \tag{5.11}$$

Eine analoge Reaktion läuft über NO_2 ab.

$$O + NO_2 \rightarrow O_2 + NO, \quad l_{20} = 9{,}3\times 10^{-12} \text{cm}^3\text{s}^{-1}. \tag{5.12}$$

Mittels dieser Reaktionen erfolgt mit (5.3) bzw. (5.9) ein katalytischer Abbau der Oddoxygene

$$\begin{array}{ll} & O_3 + OH \rightarrow O_2 + HO_2 \\ & \underline{O + HO_2 \rightarrow O_2 + OH} \\ \text{Netto:} & O_3 + O \rightarrow 2O_2 \end{array} \tag{5.13}$$

und ebenso

$$\begin{array}{ll} & O_3 + NO \rightarrow O_2 + NO_2 \\ & \underline{O + NO_2 \rightarrow O_2 + NO} \\ \text{Netto:} & O_3 + O \rightarrow 2O_2 \end{array} \tag{5.14}$$

HO_2 unterliegt bei weitem nicht in dem Maße der Photodissoziation wie NO_2, seine mesosphärischen Konzentrationen liegen entsprechend um Größenordnungen über denen von NO_2. Zieht man zusätzlich die etwas geringere Ratenkonstante ins Kalkül, dann ergibt sich für die Mesosphäre ein Vorherrschen des Verlustes der Oddoxygene durch den katalytischen Abbau über die Oddhydrogene.

Die Wasserstoffradikale stellen den Schlüssel zum Verständnis der mesosphärischen Photochemie dar. Somit interessieren ihre Quellen. Der Abwärtstransport von atomarem Wasserstoff bildet besonders für die untere Thermosphäre eine solche. Die Dreikörperreaktionen

$$O_2 + H + N_2 \rightarrow HO_2 + N_2, \quad l_{63} \tag{5.15}$$

$$O_2 + H + Ar \rightarrow HO_2 + Ar, \quad l_{64} \tag{5.16}$$

mit relativ hohen Ratenkoeffizienten von

$$l_{63} = 5{,}5 \times 10^{-32} \left(\frac{300}{T}\right)^{1,4} \mathrm{cm^6 s^{-1}} \quad \text{und} \quad l_{64} = 5{,}8 \times 10^{-30}\, T^{-1}\, \mathrm{cm^6 s^{-1}}$$

führen zur HO_2-Bildung. Die eigentliche Quelle mesosphärischer Wasserstoffradikale resultiert jedoch aus der Dissoziation des Wasserdampfs vornehmlich durch die Lyman-α-Strahlung. Wasserdampf unterliegt der Photodissoziation für Wellenlängen

$$\lambda \leqq 242{,}5\,\mathrm{nm} \text{ in } H_2O + h\nu \rightarrow OH + H \tag{5.17}$$

und für $\lambda < 256{,}5$ nm in

$$H_2O + h\nu \rightarrow H_2 + O^* \tag{5.18}$$

(Engleman 1965). Photodissoziation um die Lyman-α-Linie erfolgt hauptsächlich nach $H_2O + h\nu(\lambda = 121{,}6\,\mathrm{nm}) \rightarrow H(^2S) + OH(^2\Sigma)_{v' \leq 2}$ (siehe hierzu 5.4 und 6.1). Dies führt zu einer Fluoreszenzstrahlung von OH bei 306,4 nm. Durch die Oddoxygene können die Oddhydrogene nicht abgebaut, sondern nur ineinander umgewandelt werden. Der Verlust der Radikale verläuft im wesentlichen über Reaktionen untereinander, die der permanenten Erzeugung die Waage halten.

$$OH + OH \rightarrow O + H_2O, \qquad l_{155} = 10^{-11} \exp\left(-\frac{500}{T}\right) \mathrm{cm^3 s^{-1}}, \tag{5.20}$$

$$OH + OH + N_2 \rightarrow H_2O_2 + N_2, \; l_{156} = 2{,}5 \times 10^{-31} \left(\frac{300}{T}\right)^{0,8} \mathrm{cm^6 s^{-1}}, \tag{5.21}$$

$$HO_2 + HO_2 \rightarrow O_2 + H_2O_2, \qquad l_{163} = 2{,}5 \times 10^{-12}\, \mathrm{cm^3 s^{-1}} \text{ (unsicher)}, \tag{5.22}$$

$$H + HO_2 \rightarrow O_2 + H_2, \qquad l_{141} = 1{,}36 \times 10^{-11}\,\mathrm{cm^3 s^{-1}}, \tag{5.23}$$

$$H + HO_2 \rightarrow O + H_2O, \qquad l_{140} = 9{,}40 \times 10^{-13}\,\mathrm{cm^3 s^{-1}}, \tag{5.24}$$

$$OH + HO_2 \rightarrow O_2 + H_2O, \qquad l_{157} = 8 \times 10^{-11}\,\mathrm{cm^3 s^{-1}}. \tag{5.25}$$

(Die Ratenkonstante ist noch umstritten.)

H_2O_2, das Wasserstoffperoxyd, unterliegt der Photodissoziation in 2OH. Die chemisch relativ inerten Konstituenten H_2O, H_2 und H_2O_2 müssen optisch oder durch Oxydation durch $O(^1D)$ aktiviert werden, sie greifen unmittelbar nicht oder nur unwesentlich in die Oddoxygenchemie ein. Mit hohen Ratenkontanten erfolgt die Oxydation durch $O(^1D)$

$$H_2 + O(^1D) \rightarrow H + OH, \qquad l_{51} = 9{,}9 \times 10^{-11}\,\mathrm{cm^3 s^{-1}} \quad \text{(unsicher)}, \tag{5.26}$$

$$H_2O + O(^1D) \rightarrow 2OH, \qquad l_{52} = 2{,}3 \times 10^{-10}\,\mathrm{cm^3 s^{-1}}, \tag{5.27}$$

$$H_2O_2 + O(^1D) \rightarrow OH + HO_2, \qquad l_{53} = 2{,}6 \times 10^{-10}\,\mathrm{cm^3 s^{-1}}. \tag{5.28}$$

Die entsprechenden Reaktionen mit $O(^3P)$ verlaufen dagegen außerordentlich träge und rechtfertigen obige Aussage.

$$O + H_2 \rightarrow H + OH, \qquad l_{25} = 3 \times 10^{-14} \exp\left(-\frac{4480}{T}\right)\,\mathrm{cm^3 s^{-1}}, \tag{5.29}$$

$$O + H_2O \rightarrow 2OH, \qquad l_{29} = 1{,}1 \times 10^{-10} \exp\left(-\frac{9240}{T}\right)\,\mathrm{cm^3 s^{-1}}, \tag{5.30}$$

$$O + H_2O_2 \rightarrow OH + HO_2, \, l_{31} = 2{,}8 \times 10^{-12} \exp\left(-\frac{2125}{T}\right)\,\mathrm{cm^3 s^{-1}}, \tag{5.31}$$

$$l_{25}(T = 250\,\mathrm{K}) = 1{,}24 \times 10^{-19}\,\mathrm{cm^3 s^{-1}},$$
$$l_{29}(T = 250\,\mathrm{K}) = 9{,}77 \times 10^{-27}\,\mathrm{cm^3 s^{-1}},$$
$$l_{31}(T = 250\,\mathrm{K}) = 5{,}70 \times 10^{-16}\,\mathrm{cm^3 s^{-1}}.$$

Die Verhältnisse der Reaktionsraten von $O(^1D)$ zu $O(^3P)$ haben die Werte

$$\frac{l_{52}}{l_{29}} = 2{,}35 \times 10^{16}, \quad \frac{l_{51}}{l_{25}} = 8{,}0 \times 10^{8} \quad \text{und} \quad \frac{l_{53}}{l_{31}} = 4{,}56 \times 10^{7}.$$

Somit besitzen bereits geringste $O(^1D)$-Konzentrationen ein erhebliches Gewicht, was besonders für die Stratosphäre von eminenter Wichtigkeit wird, da die LYMAN-α-Strahlung nicht so tief vordringt. Wie l_{25} ausweist, wird selbst das

„brennbare" H_2 kaum durch atomaren Sauerstoff oxydiert. Der Grund besteht in der hohen Aktivierungsenergie der festen H_2-Bindung.

5.3. Besonderheiten der Ozonchemie des Mesopausenbereichs

Die Mesopause stellt in vielem eine Grenzregion dar. Oberhalb der Mesosphäre dominieren Einflüsse der solaren Aktivität, unterhalb der Mesopause ist die Atmosphäre weitgehend meteorologisch determiniert. Die Dissipation von Wellen und die starken Temperaturvariationen schaffen eine dynamisch aktive Region, die auch in aeronomischer Hinsicht außerordentlich variabel in Erscheinung tritt. Insbesondere gilt dies für das Ozon, welches örtlich wie zeitlich große Schwankungen aufweist.

Die charakteristischen Zeiten der Einzelkomponenten sind mit Ausnahme der von O und des nächtlichen Ozons kurz und sehr kurz. τ_0 wird wesentlich durch die Reaktion (5.11) ($O + HO_2$) bestimmt, für geringere Höhen der oberen Mesosphäre wird schließlich die Reaktion $O + O_2 + M$ dominant. Atomarer Sauerstoff besitzt in der Mesopause charakteristische Zeiten von 10^3 und 10^4 s, die sich bis zur Turbopause auf Wochen und Monate vergrößern, so daß dort O diffusionsbestimmt ist. In der Stratosphäre erreichen die charakteristischen Zeiten von O nur noch Sekunden und Bruchteile von Sekunden.

$$\tau_0(30) = 4{,}4 \times 10^{-2}\,\mathrm{s}.$$

Das Ozon zeigt im Gegensatz zum atomaren Sauerstoff bezüglich der charakteristischen Zeit ein entgegengesetztes Verhalten. In der Stratosphäre ist es stabiler. Es besitzt in der oberen Mesosphäre durch J_{O_3} bedingt charakteristische Zeiten um 100 s. In der Nacht determinieren die chemischen Reaktionen mit Einschluß der Wasserstoffradikale τ_{O_3}. Die charakteristischen Nettozeiten der Familien variieren über den Tag. Ein tägliches Mittel nach der Beziehung

$$\bar{\tau}_{\mathrm{ODD}}^{-1} = \frac{1}{24} \int_0^{24\mathrm{h}} \tau_{\mathrm{ODD}}^{-1}(t)\, \mathrm{d}t \tag{5.32}$$

(SONNEMANN und FICHTELMANN 1987) läßt jedoch erkennen, daß für die Odd-hydrogene im Mesopausenbereich dieser Wert die Größenordnung von 1 Tag annimmt. Das bedeutet, daß Tagesgänge zu erwarten sind, die sich von einem einfachen Umschaltverhalten von stationären Tageswerten auf stationäre Nachtwerte mit kurzer sprunghafter Übergangsphase deutlich unterscheiden. Es kommen hier nichtlineare Rückkopplungen zum Tragen, die Anlaß zu besonderen Effekten sind (SONNEMANN und FICHTELMANN 1985, FICHTELMANN und SONNEMANN 1987, siehe dazu Kap. 9).

Das prinzipielle Bild eines Ozontagesganges im Mesopausenbereich sieht dabei folgendermaßen aus: Von nächtlich stationären Ozonwerten ausgehend bricht kurz nach Sonnenaufgang, durch starke Photodissoziation hervorgerufen, die Ozondichte ein. Verzögert setzt danach erst über J_{O_2} die Ozonbildung ein, wenn der atomare Sauerstoff, der während der Nacht auf einen verschwindenden Wert abgesunken ist (z. T. in O_3 überführt worden ist), wieder neugebildet wurde. In Abhängigkeit von der Höhe und den konkreten aeronomischen Bedingungen bildet sich ein tageszeitliches Maximum heraus, nachdem über J_{H_2O} genügend ozonabbauende Wasserstoffradikale H und OH entstanden sind. In tieferen Schichten kann nach dem Durchlaufen dieses Maximums annähernd ein tageszeitlich stationäres Gleichgewicht erreicht werden.

Bei Sonnenuntergang wird $J_{O_3} = 0$, und damit entfällt der Hauptverlust für O_3. Das über den Tag aufgefüllte O-Reservoir wird z. T. in O_3 überführt und läßt die Ozondichte sprunghaft anwachsen. Sie strebt auf das Maximum des ganzen Tages zu. Das tageszeitlich aufgefüllte H-Reservoir wird gleichzeitig auf Kosten von O_3 abgebaut, dabei bildet sich OH, dessen Konzentration gleichfalls einem absoluten nächtlichen Maximum entgegenstrebt, worauf sich dieses Reservoir bei weiterer Ozonreduzierung wieder abbaut und damit verzögert ein HO_2-Reservoir ausbildet. Mit der Entleerung des O-Reservoirs wird der katalytische Ozonabbau (5.13) unterbrochen. Der HO_2-Verlust verläuft darauf bis Sonnenaufgang mit verzögertem Tempo über (5.5) und (5.22) ($O_3 + HO_2$ und $HO_2 + HO_2$) ab.

Abb. 5.2 zeigt die Tagesgänge der Ozondichte (mittlere Breiten 50°, Herbstäquinoktium, ruhige solare Bedingungen, 2 ppm H_2O-Dichte) zwischen 30 und 105 km Höhe ohne Berücksichtigung der Diffusion. Generell ist zu erkennen, daß die Tag/Nachtunterschiede zu größeren Höhen hin zunehmen. Der Mesopausenbereich hebt sich aus dieser gleichförmigen Tendenz heraus. Es bilden sich zwischen den einzelnen Höhen Disproportionalitäten in den Tagesgängen aus, die besonders in den Morgenstunden am ausgeprägtesten sind und zu festgehaltener Tageszeit in den Höhenprofilen der Konstituenten Strukturen erzeugen. Auch in den Tagesgängen des atomaren Sauerstoffs und des atomaren Wasserstoffs finden sich diese Störungen in der geordneten Reihenfolge der Tagesgänge für diskrete Höhenstufen (Störungen im monotonen Verlauf des Höhenprofils), während sie für OH besonders kraß während der Nacht wirksam werden (Abb. 5.3 und 5.4).

Die Hinzunahme der Diffusion zeitigt in den Modellrechnungen besonders in der unteren Thermosphäre und dem Mesopausenbereich die größten Effekte. Hierbei prägt der diffusive Abwärtstransport von O aus der Thermosphäre das sekundäre Ozonmaximum um 85 km (Abb. 5.5) stärker aus.

Die Variabilität des mesosphärischen Ozons rührt von unterschiedlichen Einflußparametern her. Die Variation der solaren Strahlung stellt eine Ursache dar.

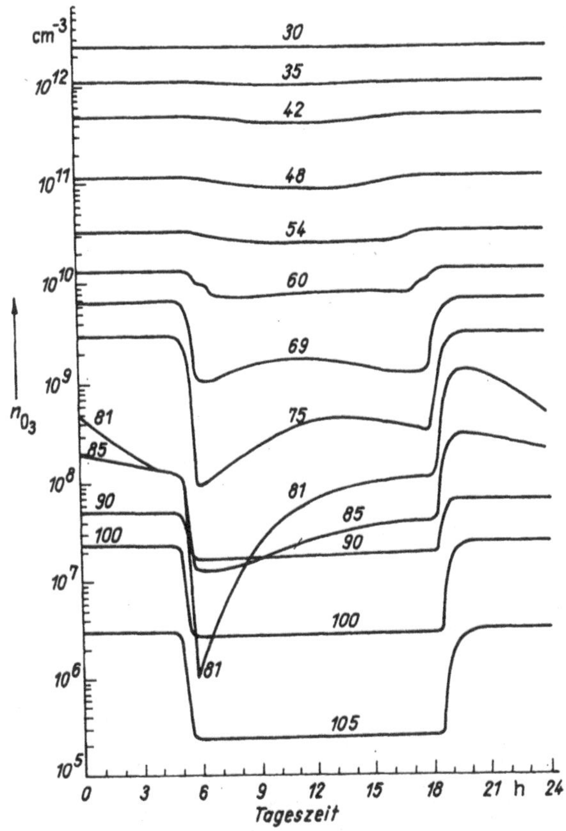

Abb. 5.2. Tagesgänge der Ozondichte ohne Berücksichtigung der Diffusion in 50°, Herbstäquinoktium, ruhige solare Bedingungen, 2 ppm H_2O, Parameter ist die Höhe in km.

J_{O_3} ändert sich nur wenig mit der solaren Aktivität. Etwas ähnliches gilt für J_{O_2}, für das der stärker variable Anteil der O_2 dissoziierenden EUV-Strahlung bereits in größeren Höhen absorbiert wird. Die solare LYMAN-α-Strahlung bestimmt dagegen wesentlich J_{H_2O}, welche sowohl mit der 27tägigen Sonnenrotation als auch mit dem 11jährigen Sonnenfleckezyklus variiert. Umstritten sind noch die genauen Variationsgrenzen. Ein Faktor 2 mag hier als grobe Abschätzung genügen.

Die H_2O-Konzentration des Mesopausenbereichs erweist sich als wichtigster Einflußfaktor. Als seriös anzusehende Messungen erbrachten eine außergewöhnlich große Variationsbreite von 0,5 bis 15 ppm, vielleicht realer zwischen 1 und 10 ppm. Werte um 2 ppm können als normal angesehen werden. Extrem

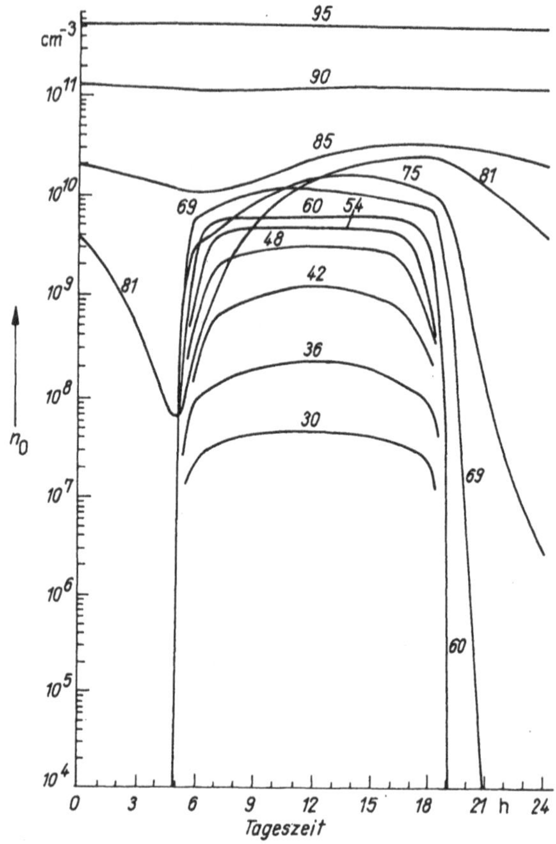

Abb. 5.3. Tagesgänge des atomaren Sauerstoffs (Bedingungen wie in Abb. 5.2)

hohe Werte von 15 ppm wurden z. B. durch Radford et al. (1977) angegeben. In der gesamten mittleren Atmosphäre stellt die genaue Bestimmung der Wasserdampfkonzentration ein Problem dar, das nur annähernd gelöst wurde. Dichten in der Größenordnung zwischen 1 und 7 ppm kennzeichnen die mittlere Atmosphäre als trocken. Trotzdem können hier bei extrem tiefen Temperaturen Wolken auftreten. Im Sommer erscheinen im Mesopausenbereich der mittleren und hohen Breiten die leuchtenden Nachtwolken. In der Stratosphäre werden bisweilen die Perlmuttwolken beobachtet, und in der antarktischen niederen Stratosphäre haben erst jüngst im Zusammenhang mit der heterogenen Chemie und dem Ozonloch die Frühjahrswolken (PSC's – polar stratospheric clouds) das Interesse erweckt.

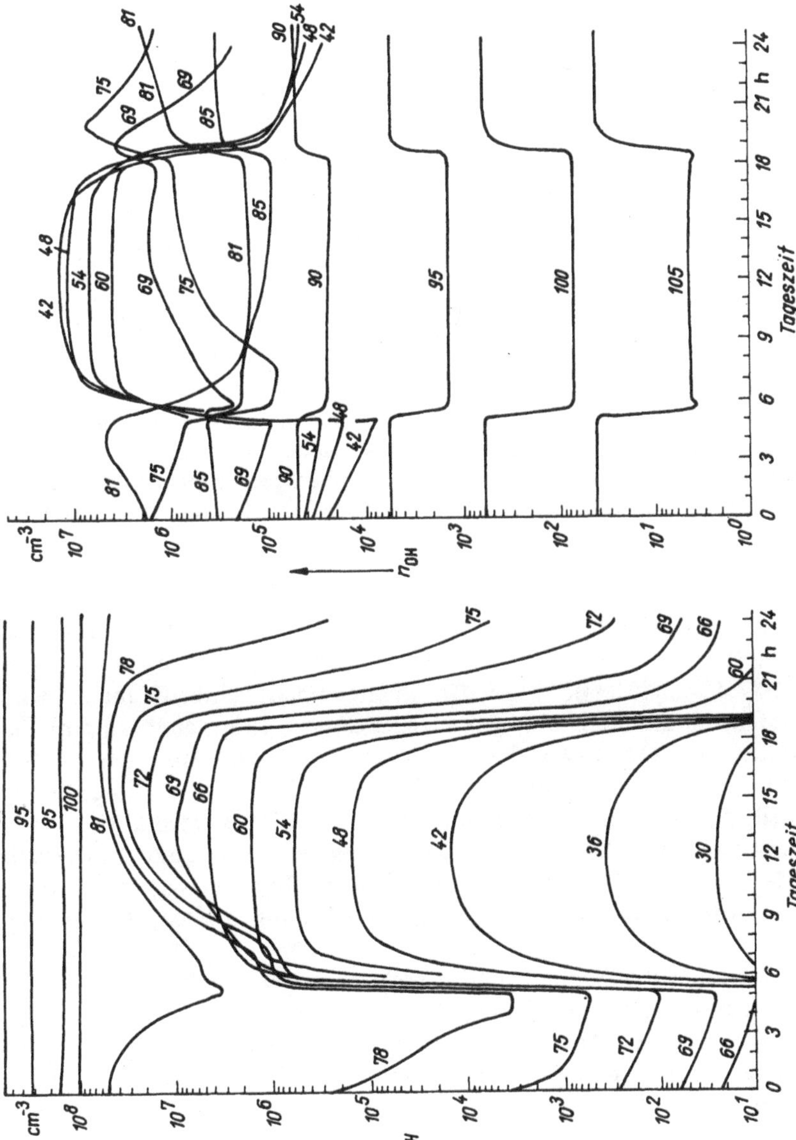

Abb. 5.4. Tagesgänge des atomaren Wasserstoffs und des OH-Radikals (Bedingungen wie in Abb. 5.2)

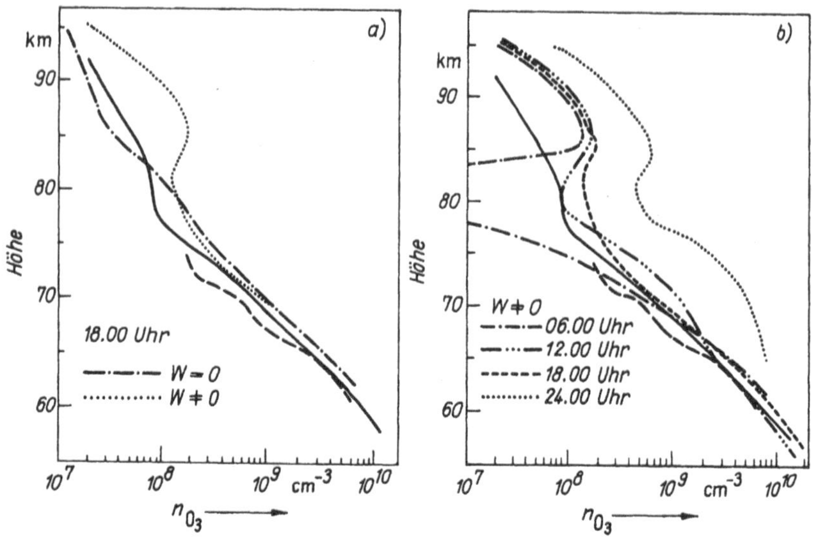

Abb. 5.5. a) Vergleich der Modellrechnungen für Ozon mit und ohne Berücksichtigung der Diffusion mit dem empirischen Modell von KRUEGER und MINZNER (- - -) und dem von OHLE, SONNEMANN und FICHTELMANN (—), b) Ozonprofile mit Berücksichtigung der Diffusion zu unterschiedlichen Lokalzeiten im Vergleich mit den empirischen Modellen

Das H_2O hat hohe chemische Lebenszeiten inne und ist damit wesentlich transportbestimmt. Selbst bei senkrechter Einstrahlung (overhead sun) beträgt $J_{H2O} \approx 10^{-5}\,s^{-1}$ und damit $\tau_{H2O} \approx 10^5$ s. Unter Polarnachtbedingungen wirkt einzig die Chemie mit ihren sehr trägen Umsetzungen, die gegenüber strahlungsbeeinflußten Gebieten H_2O aufbaut, welches meridional transportiert werden kann und damit zur Variabilität seiner Konzentration beiträgt. Eine wichtige H_2O-Quelle der mittleren Atmosphäre ist durch die Methanoxydation gegeben.

Für die mesosphärische Ozonchemie muß beachtet werden, daß die Dissoziationsratenkonstante von H_2O und deren Dichte als Produkt J_{H_2O} (Ly-α) [H_2O] im Modell auftreten. Ihre Variationen können sich kompensieren, aber auch verstärken.

In der unteren Thermosphäre und im Mesopausenbereich beeinflußt die veränderliche Eddydiffusion die Ozonvariabilität. Schließlich wirken sich Temperaturveränderungen nicht unerheblich auf die Ozonchemie aus. Die Korrelation zwischen der Ozondichte und der Temperatur ist negativ. Ein maximaler Einfluß wird um 60 km Höhe erwartet, die Variationen sind aber im Mesopausenbereich noch modellmäßig nachweisbar, wie Abb. 5.6 verdeutlicht.

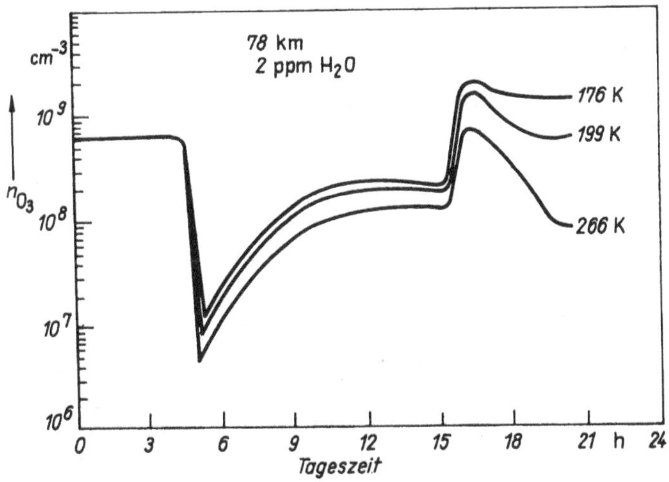

Abb. 5.6. Entwicklung eines Ozontagesganges in 78 km Höhe für unterschiedliche Temperaturen, ausgehend von gleichen Startbedingungen

Der Abwärtstransport von atomarem Sauerstoff aus der Thermosphäre wird nicht allein durch Diffusion und vertikale Winde bestimmt, sondern selbstverständlich von den Randbedingungen an der oberen Grenze. Die Berechnung der thermosphärischen Verteilung von O kann nur als globales Problem gelöst werden. Generell findet ein Transport von der Sommerhemisphäre in die Winterhemisphäre statt. Überlagert wird diese Grundtendenz jedoch durch verschiedene Einflüsse. Diese sind z. B. der unterschiedlich stark ausgeprägte thermosphärische Aurorahochdruckgürtel, der durch die geomagnetische Aktivität gesteuert wird. Solare Variationen im EUV-Bereich regieren wesentlich die Exosphärentemperatur und damit die thermische Struktur der Thermosphäre. In der unteren Thermosphäre zumindest wirken noch dissipierende Wellen. Planetare Wellenphänomene lassen sich hier nachweisen. Die Meteorologie der unteren Thermosphäre ist gewiß komplizierter, als theoretische Modelle es bislang ausweisen.

Die Region um 85–90 km stellt die Übergangsregion dar, in der O von der diffusionsbestimmten Spezies zur chemischbestimmten übergeht. Die Diffusion variiert saisonal wie auch meridional (lokal allgemein). Meridionale Strukturen von schwachem und starkem (diffusionsbestimmtem) Abwärtstransport wurden durch WASSER und DONAHUE (1979) um 90 km gefunden.

Die Messung des atomaren Sauerstoffs birgt einige Ungenauigkeiten in sich, vor allem unterhalb des Höhenbereichs von 90 km. Der größte Teil der Sondierungen erfolgte photochemisch über die Messung der grünen Linie (557,7 nm aus dem CHAPMAN-Mechanismus bereits 1967 durch HURUHATA et al. verwendet). Durch HENDERSON (1971) wurde O mittels der Oxydation eines Silberfilms bestimmt. GOLOMB und GOOD (1972) leiteten es mittels der Stickstoffoxid-Releasemethode ab. ZALPURY und OGAWA (1979) nutzten Ionenmessungen von O_2^+, um auf O zu schließen. Gekühlte Massenspektrometer wurden u. a. durch TRINKS (1975) verwendet.

Nach (5.3) bestimmt die unbekannte Sauerstoffkonzentration die tageszeitliche Ozondichte. Im Nenner ist J_{O_3} der dominierende Term. Seine Größe ist bekannt. Die unbekannte H-Dichte stellt einen Korrekturterm dar, der über H-Modelle erfaßt wird. Aus Sonnenuntergangsmessungen von IK-16 der Ozondichte, die statistisch für geringes Absorptionssignal ausgewertet wurden, kann nach SONNEMANN et al. (1987) umgekehrt aus der Messung der Ozondichte auf die atomare Sauerstoffkonzentration geschlossen werden.

Eine letzte Variationsmöglichkeit des Ozons der Mesopause sei an dieser Stelle vorweggenommen (siehe Kapitel 9). SONNEMANN und FICHTELMANN (1985, 1987) und FICHTELMANN und SONNEMANN (1987) fanden unter aeronomischen Bedingungen ähnlich denen im Mesopausenbereich ein Verhalten, geprägt durch Subharmonische der Ozontagesgänge, die in einen chaotischen Attraktor ausarten können. Obwohl gleiche Bedingungen herrschten, unterschieden sich aufeinanderfolgende Tage wesentlich voneinander. Voraussetzung hierbei war, daß die täglich periodische Anregung durch die Solarstrahlung und die internen chemischen Reaktionszeiten die gleiche Größenordnung besaßen. Diese sogenannten „Strange Attractors" könnten unter realen Bedingungen der Ozonchemie der Mesopause eine zusätzliche intern verursachte Variabilität verleihen.

5.4. Probleme der theoretischen Modellbildung des hochatmosphärischen Ozons

Modellrechnungen auf photochemischer Basis wurden in der Vergangenheit durch viele Gruppen ausgeführt. Die einzelnen Modelle in ihrem historischen Ablauf unterscheiden sich durch berichtigte Ratenkonstanten, Hinzunahme neuer Reaktionen, Konkretisierung des geophysikalischen Bedingungsfeldes (Temperatur, Strahlung, Feuchte, Diffusion, andere Spurenstoffe), Präzisierung der Wirkungsquerschnitte zur Berechnung der Dissoziationsratenkonstanten, höhere Dimension und damit Einbeziehung von hydrodynamischen Transporten, veränderte Randbedingungen insbesondere bezüglich der Flüsse. Sie differieren in bezug auf numerische Besonderheiten im Zusammenhang mit Integrationsschrittweiten, Verwendung von Zeitmitteln für einzelne Konstituenten oder der Annahme von photochemischen Gleichgewichten.

Frühe Modelle gehen auf SHIMAZAKI und LAIRD (1970), THOMAS und BOWMAN (1972), PARK und LONDON (1974) zurück. Die Modelle divergieren noch stark (insbesondere im Mesopausenbereich) und zeigen auch zu dem empirischen Ozonmodell von KRUEGER und MINZNER (1976) erhebliche Differenzen (Abb. 5.7). Die Photochemie der Mesosphäre wird im wesentlichen durch ein Oxygen-Hydrogen-System beschrieben. O_2, H_2O, H_2, und $M = O_2, N_2$, Ar stellen die chemisch trägen Komponenten dar, O_3, O, H, OH, HO_2, $O(^1D)$ mit Einschränkung H_2O_2 sind die reaktiven Konstituenten. Für genaue Rechnungen muß jedoch die Stickstoffchemie mit eingeschlossen werden.

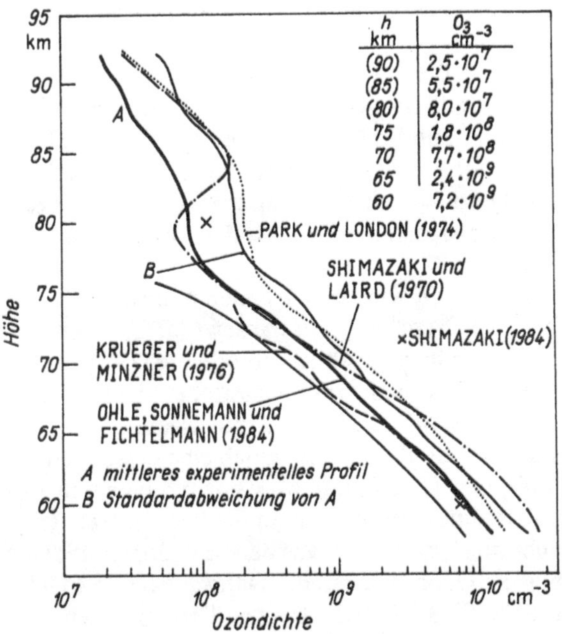

Abb. 5.7. Vergleich unterschiedlicher theoretischer und empirischer Modelle. Links unten stehen die Zahlenwerte des Modells von OHLE, SONNEMANN und FICHTELMANN. Klammerwerte sind unsicher.

In der Vergangenheit wurde als Hauptprozeß der Photolyse des H_2O durch die LYMAN-α-Strahlung die Reaktion $H_2O + h\nu$ (Ly-α) $\rightarrow$ OH + H angegeben. FREDERICK und HUDSON (1980) publizierten jedoch eine Verzweigungsrate von 0,25 für den Prozeß $H_2O + h\nu$ (Ly-α) $\rightarrow H_2 + O(^1D)$. Hiermit wird die Dissoziation des Wasserdampfes sogar zu einer partiellen Ozonquelle.

Der Vergleich realer Messungen mit Modellen schließt in den meisten Fällen den Nachteil ein, daß die eingehenden Modellparameter nicht gleichzeitig und komplex ermittelt wurden. Im SME-Experiment (Solar Mesosphere Explorer) konnten durch Solomon et al. (1983) im Vergleich von Theorie und Beobachtung simultan gemessene Flußdaten verwendet werden. Allen et al. (1984) diskutieren Modellrechnungen im Zusammenhang mit den Aladdin-74-Raketenmessungen zwischen 50 und 95 km.

Die Rate der Sauerstoffphotolyse in den Schumann-Runge-Banden erfordert detailierte Berechnungen unter Beachtung des komplizierten Verlaufs des Wirkungsquerschnittes. Arbeiten von Nicolet und Peetermans (1980) sowie Frederick und Hudson (1980) gingen von einer wesentlich verbesserten O_2-Absorptionsberechnung aus, wobei die Druck- und Temperaturabhängigkeit mit berücksichtigt wurden.

Die H_2O-Konzentration, deren meßtechnische Bestimmung ein überaus schwieriges Problem ist, weshalb simultane Meßwerte bei der theoretischen Analyse von Ozonsondierungen nicht zur Verfügung stehen, läßt sich bislang nicht modellieren, so daß auf begründete Annahmen über ihre Höhe zurückgegriffen werden muß. Es erscheint eher umgekehrt von Nutzen zu sein, aus tageszeitlichen Ozonmessungen über ein photochemisches Modell auf den Wasserdampfgehalt zu schließen (Vaughan 1982).

Die Verlustrate $OH + HO_2 \rightarrow H_2O + O_2$ wurde nach neueren Messungen auf den beachtlich hohen Wert von 1×10^{-10} cm^3 s^{-1} heraufgesetzt (JPL, Chemical kinetic and photochemical data for use in stratospheric modeling (1982)).

Für die Reaktion $H + HO_2 \rightarrow OH + O_2$ benutzten Solomon et al. (1983) mit 7×10^{-11} cm^3 s^{-1} einen doppelt so hohen Wert, wie den Modellrechnungen hier im Buch verschiedentlich zugrunde liegen. Sie finden jedoch eine bessere Übereinstimmung in der O_2-Dichte zwischen Theorie und Messung mit einem niederen Wert von 4×10^{-11} cm^3 s^{-1}. Allerdings stimmen dann die berechneten Temperatur-Dichte-Beziehungen nicht mehr, so wie sie aus den Messungen anderer Autoren folgen (der Logarithmus der Ozondichte in der Nähe der 1-hPa-Fläche verhält sich wie $1\,250/T$ anstatt $967/T$ bis $1\,067/T$). Bei den Diskrepanzen zwischen Modell und Beobachtung wird auf mögliche Ungenauigkeiten in der Oddoxygenproduktion verwiesen. Als eine interessante Möglichkeit wird die Erzeugung von O aus angeregten Spezies angesprochen.

Die Wirkungsquerschnitte in der Nähe von 200 nm im Herzberg-Kontinuum müssen nach Herman und Mentall (1982) und Frederick und Mentall (1982) möglicherweise korrigiert werden. Nach Ballonmessungen sind diese geringer, als sie aus Labormessungen folgen, womit in dem 1-hPa-Niveau eine geringere Produktionsrate für O und damit für O_3 vorliegt.

In großer Anzahl existieren auch theoretische Ozonmodelle der Stratosphäre. Es soll auf sie im konkreten Bezug zu den einzelnen in den nachfolgenden Kapiteln diskutierten Problemen eingegangen werden. Eine letzte Bemerkung bezieht sich auf die Dimensionierung. Durch Cunnold et al. (1974) wurde ein dynamisches 3D-Modell des atmosphärischen Ozons aufgestellt, das bereits typische Ozonverteilungen der Stratosphäre wiedergibt. Im allgemeinen, wenn nicht ausgesprochen leistungsstarke Computer mit großer Speicherkapazität für lange Rechenzeiten zur Verfügung stehen, ging die Erhöhung der Dimension auf Kosten der Reaktionskinetik. Die Photochemie war mit 9 Reaktionen (NO_x und Oddhydrogene nach McConnell und McElroy) entsprechend simpel. Doch sind damit lediglich historische und keine prinzipiellen Restriktionen gegeben. 2D-Modelle wurden u. a. von Garcia und Solomon (1983) und Brasseur et al. (1983) entwickelt. Gegenwärtig wurde durch verschiedene Gruppen (u. a. auch in Zusammenarbeit mit der Kölner Gruppe um A. Ebel und unserer Gruppe für die Mesosphäre) mit einer 3D-Modellierung begonnen, so daß in absehbarer Zeit allgemein ein beachtlicher Modellierungsfortschritt zu erwarten ist.

5.5. Empirische Modelle und die Variabilität des Ozons der Hochatmosphäre

Sonnenokkultationsmessungen mittels Raketen erbrachten die ersten Informationen über das mesosphärische Ozon. Krueger und Minzner (1976) erstellten hieraus das US-Standardmodell des Ozons. Es gilt für Tageszeit, 45° N, ohne jahreszeitliche Spezifikation und konkrete solare Aktivität. Das Krueger-Minzner-Modell galt bis gegenwärtig noch als Standard. 1987 wurde durch Keating et al. das Ozonreferenzmodell der CIRA vorgestellt. Miller und Ryder (1973) (58 °N, September) und Lewellyn und Witt (1977) (68 °N, März) leiteten aus Sonnenuntergangsmessungen mesosphärische Ozonprofile ab. Sonnemann (1977) und Lippert et al. (1977) nutzten ebenfalls Sonnenuntergangsmessungen des Satelliten IK-11 zur Ozonbestimmung. Der Nachteil der Solarokkultationsmethode mittels Satelliten besteht in der Beschränkung auf die Zeiten des Sonnenaufgangs und -untergangs. Raketen können über den Tag messen, liefern jedoch aus Höhen der Mesopause nur unsichere Ozondaten. Das Krueger-Minzner-Modell endet deshalb auch bei 75 km.

Nachtmessungen wurden durch Stern- oder Mondokkultationsmessungen möglich, wie sie erstmals durch Hays und Roble (1973) ausgeführt worden sind. Hierbei erhöht sich allerdings aufgrund des schwachen Signals das Rauschen der Meßwerte. Vaughan (1982) verglich Raketenmessungen mit theoretischen Tagesgängen und schloß hierbei auf eine Feuchte in der oberen Mesosphäre von 2—3 ppm (Abb. 5.8).

Für geringe solare Aktivität, August bis Oktober 1976, wurde durch Ohle et al. (1984) und Sonnemann et al. (1984) aus Quarz-UV-Messungen des Satelliten IK-16 ein globales empirisches Ozonmodell erstellt. Der Vergleich mit dem US-Standardmodell zeigt im oberen Profilbereich (66—75 km) Abweichungen

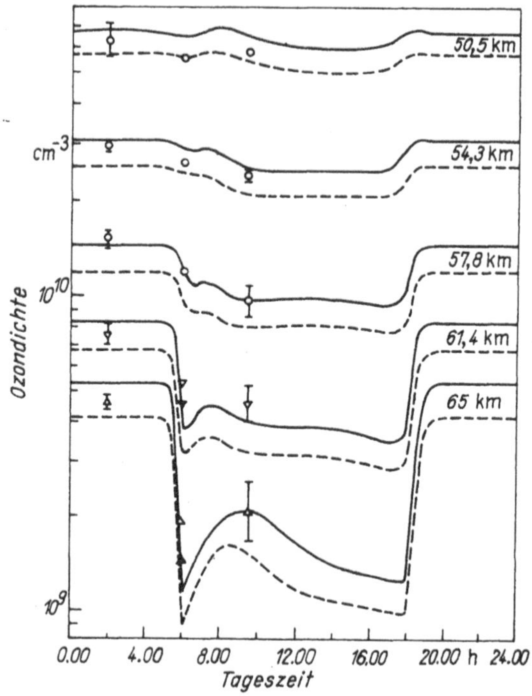

Abb. 5.8. Vergleich zwischen Raketenmessungen mit Modellrechnungen. Ausgezogene Kurven wurden mit 2 ppm und gestrichelte mit 4 ppm H_2O-Konzentration berechnet. Die unterschiedlichen Symbole kennzeichnen Raketenmessungen. (Nach VAUGHAN 1982)

etwa um den Faktor 2 zu größeren Werten hin. Diese Abweichungen wurden prinzipiell durch THOMAS (persönliche Mitteilung) auf der Grundlage des Solar Mesosphere Explorer (SME)-Satelliten bestätigt. Oberhalb 77 km ergaben sich jedoch noch systematische Differenzen, die in der Auswertemethode bei den Okkultationsmessungen begründet liegen kann. Eine neuerliche Analyse verminderte diese Abweichungen bei Erhöhung der Ozondichte im Mesopausenbereich (FICHTELMANN und SONNEMANN 1989).

Die Okkultationsmethode wird an den Grenzen großer und kleiner Extinktion ungenau. Das integrale Signal aus einem Höhenintervall von 20 km umfaßt für diese Höhen den gesamten Mesopausenbereich und glättet Strukturen. Diese können lediglich aus der Absorptionsdifferenz beim Sonnenuntergang abgeleitet werden. Um ein zu starkes Rauschen der Rechenwerte zu vermeiden, wurde beim Profil in Abb. 5.9 die Iteration nur für den ersten Näherungsschritt ausgeführt, was unterhalb von etwa 75 km ohne großen Belang ist. Methodische

Probleme treten jedoch bei allen Sondierungsverfahren auf, da die Ozondichten erst aus der mathematischen Inversion von für das Ozon indikativen Meßwerten resultieren.

Beim SME-Experiment wurde aus der 1,27-µm-Airglowstrahlung (day glow) die Ozondichte abgeleitet. Im Unterschied zur Absorptionsmessung entspricht hier einem kleinen Meßsignal auch eine kleine Ozondichte. Ein weiterer Vorteil besteht in der guten Höhenauflösung von 3,5 km. Messungen sind am Tage zwischen 50 und 90 km möglich. Nachts wird das Signal-Rauschverhältnis zu schlecht. Das empfangene Signal ist proportional zum Wegintegral aus Volumenemissionsrate und Transmissionsfunktion entsprechend der Absorption der Strahlung durch O_2.

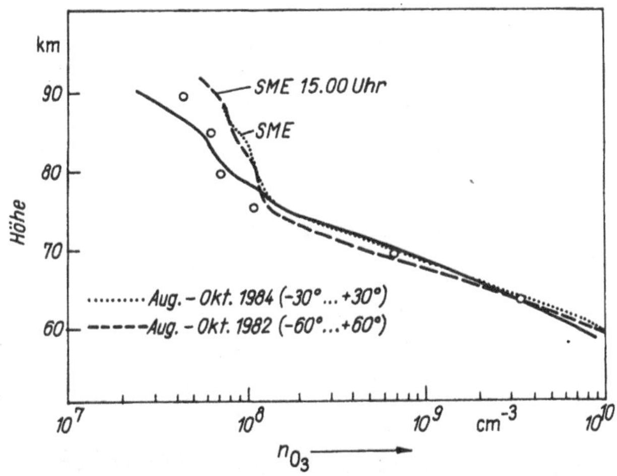

Abb. 5.9. Vergleich zwischen SME-Profilen und Profilen aus der Dateninversion von IK-16-Messungen (globales mittleres Okkultationsprofil, 1. (—) und 2. (○) Iterationsschritt. Oberhalb 75 km werden die Aussagen unsicher.

Auf die Ozondichte kann aufgrund der relativ einfachen photochemischen Beziehung geschlossen werden. $O_2({}^1_a\Delta_g)$ entsteht direkt aus der Photodissoziation von $O_3 + h\nu$ $(210 < \lambda < 310\,\text{nm}) \rightarrow O_2({}^1_a\Delta_g) + O({}^1D)$ mit einer Verzweigungsrate V_Δ von 0,9 (Fairchild et al. 1978). Die Photodissoziationsratenkonstante wurde $J_{O_3}(210 < \lambda < 310) = 8 \times 10^{-3}\,s^{-1}$ gesetzt (Thomas et al. 1983). Andere Wellenlängen liefern auch einen geringfügigen Beitrag, der O_3-Wirkungsquerschnitt ist jedoch außerhalb des obigen Intervalls klein. Die partielle Dissoziationsratenkonstante unterscheidet sich dabei nur unwesentlich von der totalen, da in diesem Wellenlängenbereich trotz des gegenüber dem längerwelligen Bereich geringeren solaren Strahlungsflusses der sehr hohe Wirkungsquerschnitt in den HARTLEY- und HUGGINS-Banden seinen Einfluß überkompensiert.

Ein weiterer Beitrag folgt aus dem Anregungsaustausch $O(^1D)$ mit O_2, wobei zunächst $O_2(^1\Sigma_g^+)$ entsteht, das durch Stoß in $O_2(^1_a\Delta_g)$ überführt werden kann.

J_{O_3} wurde durch THOMAS et al. (1983) auf der Grundlage der temperaturabhängigen Wirkungsquerschnitte von BASS und PAUR (1982) (dort personal comm.) und der solaren Flußdaten von MOUNT und ROTTMAN (1983) berechnet. (Siehe auch THOMAS et al. 1984.) Die Photochemie der angeregten Spezies wird nach THOMAS et al. (1983) durch nachfolgende Reaktionen beschrieben (siehe 3.6).

$$O(^1D) + O_2 \rightarrow O(^3P) + O_2(^1\Sigma_g^+) \qquad \gamma_{O_2} = 2{,}9 \times 10^{-11} \exp\left(-\frac{67}{T}\right) \text{cm}^3\text{s}^{-1}$$

$$O(^1D) + N_2 \rightarrow O(^3P) + N_2 \qquad \gamma_{N_2} = 2{,}0 \times 10^{-11} \exp\left(-\frac{107}{T}\right) \text{cm}^3\text{s}^{-1}$$

(STREIT et al. 1976)

und anschließend

$$O_2(^1\Sigma_g^+) + M \rightarrow O_2(^1_a\Delta_g) + M \qquad \gamma_M = 2 \times 10^{-15} \text{cm}^3\text{s}^{-1}$$

(BECKER et al. 1971).

$O_2(^1_a\Delta_g)$ wird vornehmlich durch O_2 stoßdeaktiviert

$$O_2(^1_a\Delta_g) + O_2 \rightarrow 2O_2 \qquad \gamma_{\Delta-O_2} = 2{,}22 \times 10^{-18} \left(\frac{T}{300}\right)^{0{,}78} \text{cm}^3\text{s}^{-1}$$

(FINDLAY und SNELLING 1971).

Die spontanen Emissionen haben die Einsteinkoeffizienten

$$O_2(^1_a\Delta_g) \rightarrow O_2 + h\nu(\lambda = 1{,}27\,\mu\text{m}) \qquad A_\Delta = 2{,}58 \times 10^{-4}\text{s}^{-1}$$

(BADGER et al. 1965),

$$O_2(^1\Sigma_g^+) \rightarrow O_2 + h\nu(\lambda = 761{,}9) \qquad A_\Sigma = 0{,}085\,\text{s}^{-1}$$

(WALLACE und HUNTEN 1968).

30% trägt $O_2(^1\Sigma_g^+)$ zur $O_2(^1_a\Delta_g)$-Produktion bei. $O_2(^1\Sigma_g^+)$ folgt weiterhin aus der Resonanzabsorption J_Σ von O_2 bei 761,9 nm (WALLACE und HUNTEN 1968) und zum Teil auch aus der Photodissoziation von O_3 in bestimmten Wellenlängenbereichen, wobei die Verzweigungsraten in der Literatur noch unterschiedlich angegeben werden. THOMAS et al. (1983) vernachlässigt diese Quelle. Die Ratenkonstanten sind zumeist temperaturabhängig, womit eine simultane Temperaturmessung erforderlich ist.

Stoßdeaktivierung von $O_2(^1_a\Delta_g)$ erfolgt auch über N_2 mit einer Ratenkonstanten von etwa $\gamma_{\Delta-N_2} = 1{,}4\times10^{-19}\,cm^3\,s^{-1}$ und durch O_3 bei chemischer Umwandlung $O_2(^1_a\Delta_g) + O_3 \rightarrow 2O_2 + O(^3P)$ $\gamma_{\Delta-O_3} = 5{,}2\times10^{-11}\exp\left(-\frac{2800}{T}\right)\,cm^3\,s^{-1}$ sowie in Reaktion mit $O(^3P)$ $\gamma_{\Delta-O} = 1{,}3\times10^{-16}\,cm^3\,s^{-1}$. (Diese Reaktionen wurden ebenfalls nicht berücksichtigt.) Das photochemische System befindet sich im Gleichgewicht. Damit folgt für die Volumenemissionsrate

$$\varepsilon = \frac{V_\Delta J_{O_3}[O_3] + \gamma_M[O_2(\Sigma)][M]}{A_\Delta + \gamma_{\Delta-O_2}[O_2] + (\text{weitere Terme})} A_\Delta, \tag{5.33}$$

$$[O_2(\Sigma)] = \frac{\gamma_{O_2}[O_2][O(^1D)] + J_\Sigma[O_2] + (\text{weitere Terme})}{\gamma_M[M] + A_\Sigma}, \tag{5.34}$$

$$[O(^1D)] = \frac{V_{1_D} J_{O_3}[O_3] + (\text{weitere Terme})}{\gamma_{N_2}[N_2] + \gamma_{O_2}[O_2] + (\text{weitere Terme})}, \tag{5.35}$$

„weitere Terme" symbolisiert hier vernachlässigte kleinere Glieder. V_{1_D} entspricht der Verzweigungsrate für die Erzeugung von $O(^1D)$.

Die Dateninversion zur Bestimmung der Ozondichte aus den gemessenen Emissionswerten ergab unterhalb von 70 km gute Übereinstimmung mit dem Krueger-Minzner-Modell. Abweichungen liegen im Bereich natürlicher Variationen, z. B. bei Veränderung der Temperatur. Um 75—80 km Höhe zeigt sich häufig ein relatives Minimum und im Bereich 85—90 km ein relatives Maximum. Die Tag-zu-Tag-Variabilität der Höhenprofile nimmt hier zu.

Zeitliche Variationen von mittlerer Skala (kleiner als 1 Monat) lassen sich im gleitenden Mittel in konstanter Höhe erkennen. Die Einzelwerte fluktuieren dabei durch longitudinale Versetzung des Meßpunktes nach jedem Satellitenumlauf, durch das Rauschen der Meßwerte und durch natürliche Variationen. In 60 km Höhe umfaßt die Schwankungsbreite immerhin noch den Faktor 2 (Abb. 5.10). Die jahreszeitliche Variation weist markante Strukturen besonders für höheren Luftdruck (0,8—1 hPa) auf (Abb. 5.11).

Jahreszeitliche Trends untersuchten auch Cunnold et al. (1980) und McPeters (1980). Durch Thomas et al. (1984) wurden im 80-km-Niveau aus den SME-Messungen jahreszeitliche Variationen um den Faktor 3 vom Solstitium zum Äquinoktium abgeleitet. Als Ursache werden dynamische Einflüsse, insbesondere dissipierende Schwerewellen, angenommen. Die Wiederholungstendenz erwies sich für die betrachteten zwei Jahre als ausgezeichnet. Wie Abb. 5.12 zeigt, sind die Frühlingswerte auf der Nordhalbkugel am stärksten ausgeprägt.

Sowohl vom experimentell-phänomenologischen als auch theoretischen

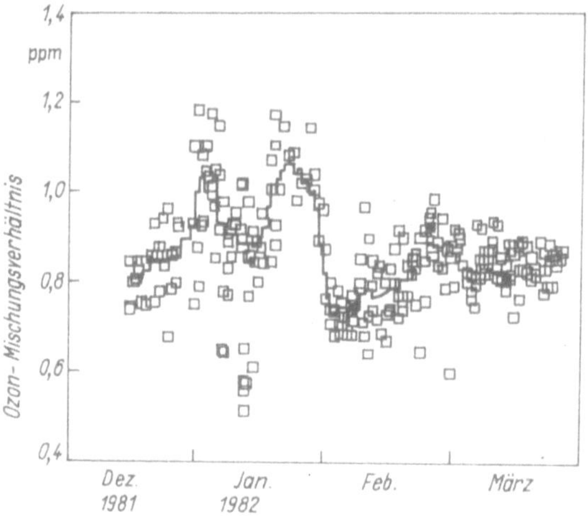

Abb. 5.10. Ozonmischungsverhältnis über die Zeit in 40 °N um 60 km Höhe (0,159 hPa). Jedes Quadrat entspricht einem Orbit, während die durchgezogene Linie das 5tägig gleitende Mittel darstellt. (Nach THOMAS et al. 1984)

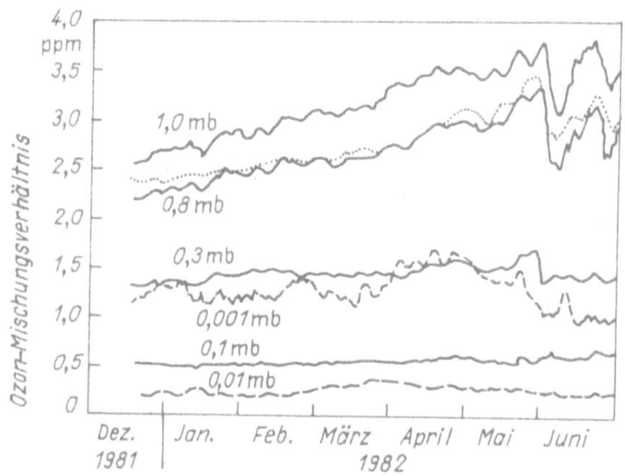

Abb. 5.11. Ozonkonzentration in 40 °S unterschiedlicher Druckniveaus im 5tägig gleitenden Mittel (nach THOMAS et al. 1983)

Standpunkt aus wurde in der Literatur die Kopplung der niederen zur hohen Atmosphäre mittels Wellen breit diskutiert. Die Ausbreitung der Wellen wird vom meteorologischen Zustand der mittleren Atmosphäre bestimmt. Das Windfeld spielt die entscheidende Rolle. Der Anteil der Schwerewellen mit westlicher oder östlicher Phasengeschwindigkeit wird durch ein westliches oder östliches Windfeld stark absorbiert. Im umgekehrten Fall kann sich die Welle ausbreiten, bis sie

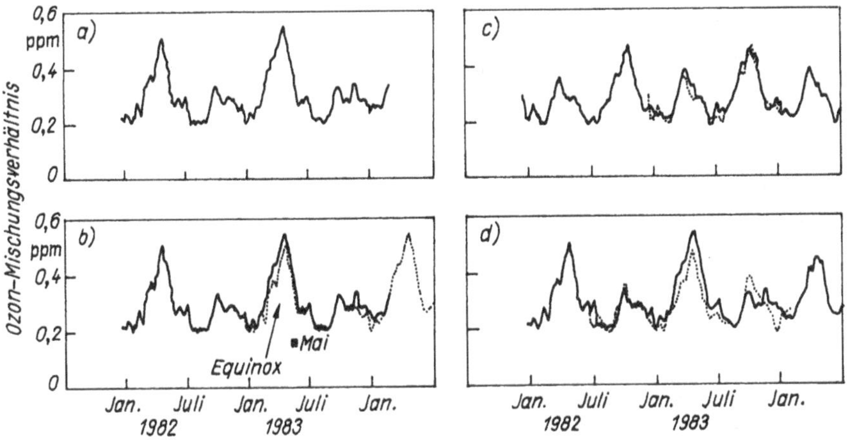

Abb. 5.12. Ozonmischungsverhältnis im 0,01-hPa-Niveau. Die Werte sind 11tägig-gleitend geglättet. Dichtepeaks erscheinen am 22. April und 29. September, a) in 45 °N, b) 45 °S, das Jahr 1982 dem Jahr 1983 überlagert, c) das gleiche wie (b) für 45 °S, d) 45 °N (ausgezogene Kurve) 45 °S (punktierte Kurve) bei Zeitverschiebung von 6 Monaten überlagert (nach THOMAS, BARTH und SOLOMON 1984)

konvektiv instabil wird und kleinmaßstäbliche Eddies erzeugt (HOLTON 1982, 1983).

Die Interpretation der jahreszeitlichen Variation des Ozons sollte jedoch die Ursache etwas konkreter nennen können. Die über Schwerewellen erzeugte erhöhte Turbulenz kann zu einem verstärkten O-Abwärtstransport beitragen. Dann sollte sich der Effekt auch in den über der Mesopause gelagerten Schichten zeigen.

Eine beachtenswerte Einflußgröße stellt die Feuchtigkeit dar. Übereinstimmung zur Beobachtung herrschte, wenn im Ozonmaximum die H_2O-Konzentrationen abnähmen bzw. im Minimum zunähmen. Wie Abb. 5.13 nach Bodenmessungen von BEVILACQUA et al. (1985) verdeutlicht, vergrößert sich in 75 km Höhe die aus der 22,2-GHz-Wasserdampfrotationslinie für 1984 abgeleitete Wasserdampfkonzentration vom April bis Juni um den Faktor 2. Übereinstimmende Aussagen folgen aus theoretischen Berechnungen von GARCIA und SOLOMON (1985). Die H_2O-Konzentration scheint im Mesopausenbereich einen doppelten Jahresgang zu besitzen mit Maxima im Winter und Sommer.

Die saisonale O_3-Variation stellt ein komplexes Phänomen dar, das u. a. zusätzlich die jahreszeitlichen Temperaturgänge und die Vertikalwinde mit in die Betrachtung einschließen muß.

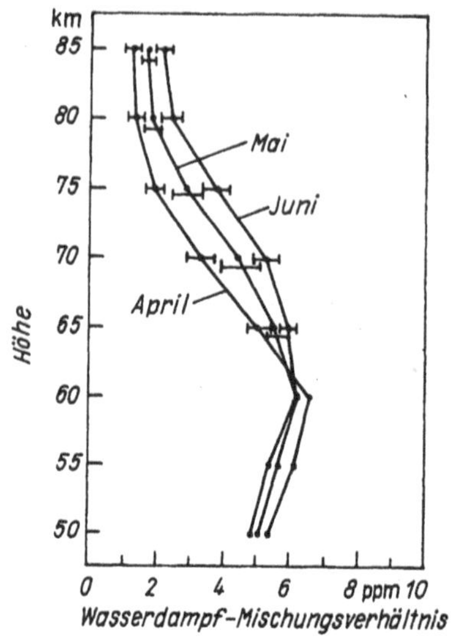

Abb. 5.13. Monatlich mittlere Wasserdampfprofile. Der Unsicherheitsbereich entspricht der Standardabweichung (nach BEVILACQUA et al. 1985).

6. Die Ozonosphäre

6.1. Die Photochemie des stratosphärischen Oxygen-Hydrogen-Systems

Wenn man von der Ozonschicht spricht, dann ist schlechthin das stratosphärische Ozon gemeint. Seine Photochemie ist wesentlich komplexer als die der Mesosphäre. Obwohl hier nirgendwo photochemisches Gleichgewicht herrscht und seine lokale Verteilung wesentlich durch Transporte bestimmt wird, stellt die Photochemie im globalen Maßstab den Spiritus rector der Ozonosphäre dar. Alle anthropogenen Einflüsse bleiben ohne sie unverständlich, ein Großteil natürlicher Faktoren wirkt über die Photochemie. Bei der anschließenden isolierten Betrachtung der Photochemie sollte jedoch nicht die in der Kontinuitätsgleichung zum Ausdruck kommende Einheit zwischen Reaktionskinetik und Transportprozessen aus dem Auge verloren werden. Die charakteristischen chemischen Zeiten der Oddoxygenfamilie werden in der unteren und mittleren Stratosphäre derart groß gegenüber den charakteristischen Transportzeiten, daß besonders hier ohne Einbeziehung der Transporte die geographische Ozonverteilung völlig unverständlich bliebe.

Der Ozonproduktionsterm unterscheidet sich nicht von dem in anderen Höhen:
$O + O_2 + M \xrightarrow{k_{10}} O_3 + M + 5{,}7\,\text{kJ}$. Mit die wichtigste Oddoxygenverlustreaktion entspricht mit $O + O_3 \xrightarrow{l_{12}} 2O_2 + 22{,}4\,\text{kJ}$ noch der klassischen CHAPMANschen Theorie. Für beide Reaktionen sind die Ratenkonstanten temperaturabhängig, die Korrelation zur Ozondichte ist negativ. Das Verhältnis beider Ratenkonstanten beträgt nach NICOLET (1975) $10^{-23} \times \exp(2660/T)$. Der atomare Sauerstoff rührt primär aus der Photodissoziation von O_2 her. Dieser kommt augenblicklich ins photochemische Gleichgewicht. Mithin läßt sich die Bilanz des Oddoxygens in diesem vereinfachten Modell etwa als

$$\frac{d[O_{ODD}]}{dt} + \frac{2l_{12}J_{O_3}}{k_{10}[M][O_2]}[O_3]^2 = 2J_{O_2}[O_2] \qquad (6.1)$$

schreiben mit

$$[O_3]_s = \left(\frac{J_{O_2}\bar{k}_{10}}{J_{O_3}l_{12}}[O_2]^2[M]\right)^{1/2} \sim [M]^{3/2}$$

als Gleichgewichtswert für das Ozon.

$$\tau_{ODD} \approx \frac{\bar{k}_{10}[M][O_2]}{2l_{12}J_{O_3}[O_3]} \tag{6.2}$$

nimmt nach unten stark zu, da sowohl $[M]$ und $[O_2]$ exponentiell anwachsen als auch J_{O_3} mit fallender Höhe abnimmt. Die $[O_3]$-Dichte im Nenner verlangsamt oberhalb des Maximums den Trend, unterhalb verstärkt sie ihn. Im Ozonmaximum beträgt die Lebenszeit nach (6.2) bereits einige Jahre (2–3a), während in Höhe der Stratopause lediglich Stunden erreicht werden. Mit einer Ozonabnahme in konstanter Höhe wüchse seine Lebenszeit.

Die hohe charakteristische Familienzeit zeigt an, daß Tag-zu-Tag-Variationen im Gesamtozon, dem sogenannten Säuleninhalt (siehe 4.1), ausschließlich durch Transporte bestimmt werden. Die charakteristische chemische Lebenszeit von Ozon selbst wird vornehmlich durch $(J_{O_3})^{-1}$ bestimmt und beträgt z. B. in 20 km Höhe etwa $3{,}8 \times 10^3$ s. Damit wird hier der Oddoxygenzyklus 10^4–10^5mal durchlaufen.

Die Abweichungen zwischen berechneter und gemessener Ozonverteilung führten Bates und Nicolet (1950 a, b) zu der Überzeugung, daß weitere Verlustprozesse existieren müßten. Ein solcher wurde mit den Oddhydrogenen angegeben. Im Vergleich zur Mesosphäre verschieben sich in der Stratosphäre die Einflußschwerpunkte einiger Reaktionen.

So ist die Reaktion $H + O_3 \xrightarrow{l_{87}} O_2 + OH_{V\leq 9} + 18{,}4$ kJ insbesondere in der oberen Stratosphäre nicht vernachlässigbar, in der unteren Stratosphäre jedoch weniger bedeutsam.

Die Dreikörperreaktion

$$H + O_2 + M \xrightarrow{\bar{k}_{63}} HO_2 + M + 11\,\text{kJ} \tag{6.3}$$

mit der hohen Ratenkonstanten $\bar{k}_{63} = 2{,}1 \times 10^{-32} \exp(290/T)\,\text{cm}^6\,\text{s}^{-1}$ (Kurylo 1972, Wong und Davis 1974) wirkt in der niederen Stratosphäre aufgrund der hohen Dichten von O_2 und M wesentlich effektiver als in der Mesosphäre. Als unbedeutend erweist sich dagegen die Dreikörperreaktion

$$OH + O + M \xrightarrow{\bar{k}_{27}} HO_2 + M + 15\,\text{kJ}, \tag{6.4}$$

da zwei Reaktionspartner zu den Spurenstoffen zählen.

Vernachlässigbar wegen der geringen H-Dichte und der gegenüber der alternativen Reaktion wesentlich kleineren Ratenkonstanten ist der Prozeß $H + O_3$

$\xrightarrow{l_{88}}$ O + HO_2. Große Bedeutung jedoch wie in der Mesosphäre besitzt die Reaktion $OH + O_3 \xrightarrow{l_{89}} HO_2 + O_2 + 9{,}3\,kJ$. Von Wichtigkeit für die obere Stratosphäre ist auch die H-erzeugende Reaktion

$$OH + O \xrightarrow{l_{26}} H + O_2 + 4{,}1\,kJ \tag{6.5}$$

mit dem hohen Reaktionskoeffizienten von $l_{26} = (4 \pm 2) \times 10^{-11}\,cm^3\,s^{-1}$. Eine besondere Stellung nimmt der Prozeß $HO_2 + O_3 \xrightarrow{l_{90}} OH + 2O_2 + 7{,}4\,kJ$ ein, denn im Zusammenspiel mit (5.3) sind diese Reaktionen fähig, auch unter Abwesenheit von O, d. h. unter Fehlen von O erzeugender dissoziierender Strahlung wie im Polarnachtgebiet, Ozon katalytisch zu zersetzen.

$$\begin{array}{ll} & HO_2 + O_3 \rightarrow OH + 2O_2 \\ & \underline{OH + O_3 \rightarrow HO_2 + O_2} \\ \text{Netto:} & 2O_3 \rightarrow 3O_2 \end{array} \tag{6.6}$$

Die Reaktionsratenkoeffizienten (besonders der ersten Reaktion) sind allerdings nicht sehr hoch und betragen für T = 200–300 K $l_{90} = 7{,}3 \times 10^{-14} \times \exp(-1\,275/T)\,cm^3\,s^{-1}$ und $l_{26} = 1{,}6 \times 10^{-12} \exp(-940/T)\,cm^3\,s^{-1}$.

Die Photodissoziation von OH erweist sich generell als klein und vernachlässigbar. Groß ist dagegen die von H_2O_2, und auch HO_2 unterliegt einer beachtenswerten Photodissoziation. Die Photodissoziationsraten wurden von Moreels et al. (1977) abgeschätzt.

Unmittelbare Dissoziation von H_2O vornehmlich durch die Lyman-α-Strahlung erfolgt in der Mesosphäre, jedoch nur unbedeutend in der Stratosphäre. Hierbei wurde anfänglich der Dissoziationszweig $H_2O + h\nu \rightarrow H_2 + O(^1D)$ unterschätzt (siehe z. B. Banks und Kockarts 1973). Das $O(^1D)$ nimmt in der Stratosphärenchemie wegen seiner starken Oxydationsfähigkeit eine zentrale Stellung ein. Die Reaktion $O(^1D) + H_2O \xrightarrow{l_{52}} OH + OH_{V \leq 2} + 6{,}9\,kJ$ bildet die bedeutendste Quelle des stratosphärischen Hydroxyls, wobei $O(^1D)$ selbst hauptsächlich aus der Photodissoziation von Ozon stammt.

Die Verlustprozesse der Oddhydrogene sind schließlich

$$H + OH + M \xrightarrow{k_{137}} H_2O + 28{,}2\,kJ \quad \text{(wenig effektiv)}, \tag{6.7}$$

$$OH + OH \xrightarrow{l_{155}} H_2O + O\ 4{,}1\,kJ.$$

Die Dreikörperreaktion

$$OH + OH + M \xrightarrow{k_{156}} H_2O_2 + M \tag{6.8}$$

besitzt mit $k_{156} = 2{,}5 \times 10^{-31}\,\mathrm{cm}^6\,\mathrm{s}^{-1}$ einen hohen Ratenkoeffizienten. Die wichtigste H_2O-Rückbildungsreaktion $OH + HO_2 \rightarrow H_2O + O_2 + 17{,}2\,\mathrm{kJ}$ ist bezüglich ihrer Effektivität umstritten. Laboratoriumsmessungen der Ratenkoeffizienten von HOCHANADEL et al. (1972) führten auf die extrem hohen Werte von $2 \times 10^{-10}\,\mathrm{cm}^3\,\mathrm{s}^{-1}$. In HAMPSON und GARVIN (1978) werden Werte von verschiedenen Autoren bis zu $3 \times 10^{-11}\,\mathrm{cm}^3\,\mathrm{s}^{-1}$ aufgelistet. Sie geben noch zu einiger Unsicherheit Anlaß. Nicht immer sind hierbei die zuletzt veröffentlichten Werte auch die mit dem geringsten Fehler.

Eine hohe Aktivierungsenergie erfordert die H_2-Verlustreaktion

$$H_2 + OH \xrightarrow{l_{149}} H_2O + H + 3{,}6\,\mathrm{kJ} \tag{6.9}$$

mit $l_{149} = 1{,}8 \times 10^{-11}\,\exp(-2320/T)\,\mathrm{cm}^3\,\mathrm{s}^{-1}$. In der Troposphäre stellt H_2 mit einer Konzentration von 0,5 ppm einen beachtlichen Konstituenten dar. Auch in der Stratosphäre spielt er neben dem H_2O und CH_4 als Quelle der Wasserstoffradikale eine Rolle. Eine Rückbildung kann über $H + HO_2 \xrightarrow{l_{141}} H_2 + O_2$ erfolgen. Die Oxidation durch $O(^1D)$ verläuft mit hoher, aber noch unsicherer Reaktionsratenkonstanten zwischen 3×10^{-10} bis $9{,}9 \times 10^{-11}\,\mathrm{cm}^3\,\mathrm{s}^{-1}$. Bedeutungslos ist dagegen seine Photolyse.

Das Wasserstoffperoxyd ist kein primärer Konstituent, es wird erst aus den Oddhydrogenen gebildet. Nach der Radikalarithmetik der ungeraden Elektronenanzahl zählt es aber nicht zu den Radikalen. Die wichtigste Bildungsreaktion ist mit $HO_2 + HO_2 \xrightarrow{l_{163}} H_2O_2 + O_2 + 10\,\mathrm{kJ}$ gegeben. Auch hier gilt, daß die Ratenkonstante noch umstritten ist. Werte zwischen $1{,}7 \times 10^{-11}\,\exp(-500/T)$ und $2{,}5 \times 10^{-12}\,\mathrm{cm}^3\,\mathrm{s}^{-1}$, nach HOCHANADEL et al. (1972) $(9{,}5 \pm 0{,}8) \times 10^{-12}\,\mathrm{cm}^3\,\mathrm{s}^{-1}$, kennzeichnen die Unsicherheit. Die Photodissoziation von H_2O_2 erweist sich als wichtiger Verlustprozeß. Insofern ist die H_2O_2-Bildung ein trivialer Radikalverlust. In Abhängigkeit von der Höhe und dem solaren Zenitwinkel bewegt sich die Dissoziationsratenkonstante zwischen $J_{H_2O_2} = 10^{-5}$ und $10^{-6}\,\mathrm{s}^{-1}$. Der Wirkungsquerschnitt für $\lambda > 200\,\mathrm{nm}$ variiert von $48{,}3 \times 10^{-20}\,\mathrm{cm}^2$ bei $\lambda = 200\,\mathrm{nm}$ bis $0{,}04 \times 10^{-20}\,\mathrm{cm}^2$ bei $\lambda = 350\,\mathrm{nm}$. Als weitere wichtige Verlustreaktion tritt

$$OH + H_2O_2 \rightarrow H_2O + HO_2 \tag{6.10}$$

in Erscheinung. Die Ratenkonstante besitzt einen Wert in der Größenordnung von $10^{-12}\,\mathrm{cm}^3\,\mathrm{s}^{-1}$.

Reaktionen wie

$$O + H_2O_2 \xrightarrow{l_{30}} H_2O + O_2 + 20{,}5\,\mathrm{kJ} \tag{6.11}$$

und

$$O + H_2O_2 \xrightarrow{l_{31}} OH + HO_2 + 3{,}6\,\mathrm{kJ} \tag{6.12}$$

sind möglich. Die Ratenkonstanten haben den geringen Wert von etwa $10^{-16}\,cm^3\,s^{-1}$. In $O(^1D) + H_2O_2 \xrightarrow{l_{53}} OH + HO_2 + 14{,}3$ kcal liegen zwar hohe Ratenkonstanten in der Größenordnung von $10^{-10}\,cm^3\,s^{-1}$ vor, dafür ist die $O(^1D)$-Dichte gegenüber der $O(^3P)$-Dichte wesentlich kleiner. Besonders in der Troposphäre, aber auch in der unteren Stratosphäre muß die Reaktion

$$OH + CO \xrightarrow{l_{159}} CO_2 + H + 5{,}7\,kJ \tag{6.13}$$

im OH-Gleichgewicht und bei der Erzeugung des Wasserstoffradikals beachtet werden. Der Ratenkoeffizient hat einen Wert über $10^{-13}\,cm^3\,s^{-1}$. Die Rückreaktion ist zwar möglich, jedoch wegen der hohen Aktivierungsenergie uneffektiv.

In der Bilanz der Oddhydrogene spielen die Oddnitrogene eine wichtige Rolle. Die Reaktion

$$NO + HO_2 \xrightarrow{l_{115}} OH + NO_2 \tag{6.14}$$

muß auf jeden Fall mit eingeschlossen werden. Sie besitzt mit $l_{115} = (8{,}1 \pm 1{,}5) \times 10^{-12}$ ($T = 230$ K) oder $l_{115} = 2 \times 10^{-11} \exp(-1\,200/T)\,cm^3\,s^{-1}$ einen relativ hohen Ratenkoeffizienten.

Für die Wasserstoffbilanz der mittleren Atmosphäre ist auf jeden Fall das Methan mit in Betracht zu ziehen. In der troposphärischen Smogchemie nimmt es neben dem CO eine zentrale Stellung ein. Die troposphärischen Konzentrationen belaufen sich auf Werte von 1,5–1,6 ppm. Nach RASMUSSEN und KHALIL (1981) steigt CH_4 anthropogen mit einer jährlichen Zuwachsrate von 1,9 ± 0,5%. In der Mesosphäre wird Methan dissoziiert und in der Stratosphäre oxydiert. Die Oxydation durch $O(^3P)$ ist prinzipiell möglich

$$O(^3P) + CH_4 \xrightarrow{l_{35}} CH_3 + OH - 0{,}48\,kJ\,. \tag{6.15}$$

Sie verlangt eine sehr hohe Aktivierungsenergie. $l_{35} = 3{,}5 \times 10^{-11} \times \exp(-4\,550/T)\,cm^3\,s^{-1}$.

Die Oxydation über $O(^1D)$ verläuft dagegen sehr rapide. Zwei Prozesse gelten alternativ als möglich:

$$O(^1D) + CH_4 \xrightarrow{l_{56}} CH_3 + OH + 10{,}5\,kJ \tag{6.16}$$

und

$$O(^1D) + CH_4 \xrightarrow{l_{57}} H_2 + H_2CO \tag{6.17}$$

mit einer totalen Ratenkonstanten von $l_{56} + l_{57} = (1{,}4\text{–}3{,}1) \times 10^{-10}\,cm^3\,s^{-1}$. Die erste Reaktion erweist sich dabei als etwa zehnfach effizienter. Das Methylradikal CH_3 bildet sich auch in der Reaktion von Methan mit dem Hydroxylradikal:

$$OH + CH_4 \xrightarrow{l_{62}} CH_3 + H_2O + 3{,}6\,kJ\,. \tag{6.18}$$

In diesem Fall ist die Aktivierungsenergie entsprechend der Ratenkonstanten $l_{162} = 3{,}5 \times 10^{-12} \exp(-1\,800/T)\,cm^3\,s^{-1}$ mäßig hoch.

Das Methylradikal kann mit hohem Ratenkoeffizienten zu Formaldehyd oxydiert werden, wobei ein Wasserstoffradikal freigesetzt wird:

$$CH_3 + O \xrightarrow{l_{34}} H + H_2CO + 16\,kJ \tag{6.19}$$

$l_{34} = 1{,}5 \times 10^{-10}\,cm^3\,s^{-1}$.

Für die tieferen Atmosphärenschichten wird die Dreikörperreaktion

$$CH_3 + O_2 + M \xrightarrow{k_{67} l_{67}} CH_3O_2 + M + 6{,}2\,kJ \tag{6.20}$$

wichtig. Für $M = N_2$ beträgt $k_{67} = (1{,}9\text{–}2{,}6) \times 10^{-31}\,cm^6\,s^{-1}$. Der Grenzwert l_{67} hoher M-Dichten strebt dabei auf einen Wert zwischen $4{,}3 \times 10^{-13}$ bis $2{,}2 \times 10^{-12}\,cm^3\,s^{-1}$ zu.

Die Zweikörperreaktion zwischen CH_3 und O_2 führt zum Formaldehyd.

$$CH_3 + O_2 \xrightarrow{l_{66}} H_2CO + OH. \tag{6.21}$$

Die Reaktionskonstante l_{66} hat einen Wert von $3 \times 10^{-16}\,cm^3\,s^{-1}$ und wird auch mit $6{,}5 \times 10^{-13}\,\exp(-1\,090/T)$ bzw. $2{,}9 \times 10^{-13}\,\exp(-940/T)\,cm^3\,s^{-1}$ angegeben. Das Methylradikal kann auch mit Ozon zu Formaldehyd reagieren

$$CH_3 + O_3 \xrightarrow{l_{92}} O_2 + H_2CO + H. \tag{6.22}$$

Wegen der im Verhältnis zu O_2 wesentlich geringeren Ozondichte bleibt trotz einer höheren Ratenkonstanten und geringeren Aktivierungsenergie, $l_{92} = 5{,}4 \times 10^{-12}\,\exp(-525/T)\,cm^3\,s^{-1}$, die Reaktion mit dem molekularen Sauerstoff die wichtigere. Formaldehyd photodissoziiert in Kohlenstoffmonoxid oder Formyl HCO.

$$H_2CO + h\nu \rightarrow HCO + H \tag{6.23}$$

oder

$$H_2CO + h\nu \rightarrow CO + H_2. \tag{6.24}$$

Effektiv verläuft die Reaktion mit OH und O.

$$OH + H_2CO \xrightarrow{l_{227}} HCO + H_2O, \tag{6.25}$$

$$O + H_2CO \xrightarrow{l_{228}} OH + HCO. \tag{6.26}$$

Die Reaktionsratenkonstanten besitzen Werte über $10^{-11}\,cm^3\,s^{-1}$. Weniger ergiebig ist die Reaktion mit atomarem Wasserstoff.

$$H + H_2CO \xrightarrow{l_{229}} H_2 + HCO \tag{6.27}$$

mit $l_{229} > 10^{-13}\,cm^3\,s^{-1}$.

Die Formylradikale sind ihrerseits einer starken Photodissoziation unterworfen.

$$HCO + h\nu \rightarrow CO + H. \tag{6.28}$$

Reaktionen mit O führen zur Bildung von CO + OH oder CO_2 + H und mit O_2 zu CO + HO_2 mit hohen Ratenkonstanten, wobei wieder wegen der herrschenden O_2-Dichte die Reaktion

$$HCO + O_2 \xrightarrow{l_{230}} CO + HO_2 \tag{6.29}$$

mit $l_{230} = 5{,}7 \times 10^{-12}\ cm^3\ s^{-1}$ die entscheidende ist.

Die vollständige Photochemie des Methans schlösse Reaktionen von Methylperoxyradikalen CH_3O_2 und weitere Reaktionen mit Stickstoffoxiden oder dem CH_3O_2H mit ein. Es kann in diesem Zusammenhang nur noch einmal auf die bereits zitierten Zusammenstellungen der Reaktionen bzw. der sogenannten second-order reactions hingewiesen werden. Die konkrete Arbeit mit photochemischen Modellen setzt eine kritische Analyse des Einflusses der einzelnen weniger bedeutsamen Reaktionen voraus.

Methan wird in der Endkonsequenz in der Atmosphäre schrittweise vollständig oxydiert. Der geringe zusätzliche CO_2-Anteil beeinflußt nicht dessen Bilanz. Für die Ozonchemie von Relevanz ist jedoch vor allem die zusätzliche Quelle der Wasserstoffradikale H, OH und HO_2.

6.2. Der Einfluß der Stickstoffoxide auf die stratosphärische Ozonchemie

Widersprüche zwischen Messung und Modellrechnung leiteten zu der Erkenntnis, daß Stickstoffoxide in der Ozonbilanz eine wichtige Rolle spielen müssen. Crutzen (1971) bezog als erster den bereits bekannten katalytischen NO_x-Zyklus in die Ozonchemie ein. Daß Stickstoffmonoxid in der oberen Mesosphäre und Thermosphäre von großer aeronomischer Bedeutung ist, war hinlänglich seit den Arbeiten von Nicolet (1945), Bates (1952), Bates und Witherspoon (1952), Nicolet (1955, 1965), Bates und Hays (1967) bekannt. Die D-Schicht verdankt ihre Existenz der Ionisation von NO (nitric oxide) durch in bezug auf die Ionisation relativ langwellige solare Strahlung bis 135 nm.

Die Produktion in der Thermosphäre setzt atomaren Stickstoff voraus, welcher über verschiedene Prozesse gebildet werden kann. Insbesondere der elektronisch angeregte ^2D-Zustand führt über Reaktion mit molekularem Sauerstoff zur NO-Bildung (Norton und Barth 1970, Strobel et al. 1970, Nicolet 1970, Strobel 1971). Die Oxydation von N_2O (nitrous oxide) durch $O(^1D)$ wurde für die Stratosphäre als wichtige Quelle der Oddnitrogene erkannt (Nicolet 1971, Crutzen 1971, McElroy und McConnell 1971). McConnell bezog Ammoniak NH_3 als mögliche Stickstoffoxidquelle in die Betrachtungen mit ein.

Andere Quellen der Oddnitrogene verbinden sich mit einem breiten Spektrum von natürlichen und anthropogenen Einflüssen. Diese sind gegeben durch Gewitter, solare Protonenausbrüche (Protonenevents), kosmische Strahlung, Vulkaneruptionen, einfallende Meteore, Waldbrände, Einsatz von Kunstdünger, stratosphärische Flüge von SST's (super sonic transporter), Verkehr, industrielle Verbrennungsanlagen und in der Vergangenheit durch Atombombentests. In den nachfolgenden Abschnitten und Kapiteln wird ihr Gewicht im Zusammenhang vor allem mit der anthropogenen Ozonproblematik noch im einzelnen analysiert werden.

Während in der Hochatmosphäre der atomare Stickstoff im Grundzustand ^4S überwiegend zur NO-Zerstörung beiträgt

$$NO + N(^4S) \xrightarrow{l_{98}} N_2 + O, \tag{6.30}$$

$l_{98} = 8{,}2 \times 10^{-11} \exp(-410/T)\ cm^3\,s^{-1}$, und eine Zweikörperreaktion zur Bildung von NO

$$O_2 + N(^4S) \xrightarrow{l_{58}} NO + O, \tag{6.31}$$

wegen der hohen Aktivierungsenergie, $l_{58} = 5{,}5 \times 10^{-12} \exp(-3\,200/T)\ cm^3\,s^{-1}$, vergleichsweise uneffektiv abläuft, muß unter den hohen Thermosphärentemperaturen dieser Prozeß berücksichtigt werden. Eine alternative Bildungsreaktion für NO liegt mit

$$N + O + M \xrightarrow{k_{13}} NO + M + 35{,}8\ kJ \tag{6.32}$$

vor, die in der unteren Thermosphäre zu beachten ist. Die Ratenkonstante hat einen Wert von $k_{13} = 9{,}1 \times 10^{-33} \left(\frac{300}{T}\right)^{3/2} cm^6\,s^{-1}$.

Die bereits erwähnte Reaktion

$$N(^2D) + O_2 \xrightarrow{l_{59}} NO + O + 20{,}8\ kJ \tag{6.33}$$

zeichnet sich durch eine hohe Ratenkonstante von $l_{59} = 7 \times 10^{-12}\ cm^3\,s^{-1}$ aus. Möglich, aber in der Stratosphäre wenig bedeutsam, ist die NO-Zerstörung durch $N(^2D)$

$$NO + N(^2D) \xrightarrow{l_{104}} N_2 + O. \tag{6.34}$$

Für die Stratosphäre als relevanteste NO-Quelle erwies sich die Oxydation von Lachgas N_2O durch $O(^1D)$

$$N_2O + O(^1D) \xrightarrow{l_{49}} 2NO, \tag{6.35}$$

$l_{49} \approx 10^{-10}\ cm^3\,s^{-1}$. Der alternative Prozeß

$$N_2O + O(^1D) \xrightarrow{l_{50}} N_2 + O \tag{6.36}$$

besitzt etwa die gleiche Ratenkonstante. Der Hauptverlust von N_2O erfolgt über Photodissoziation in N_2 und O.

Atomarer Sauerstoff kann im Dreikörperstoß NO weiter zu NO_2 oxydieren

$$O + NO + M \xrightarrow{k_{18}} NO_2 + M + 17{,}2\ kJ. \tag{6.37}$$

Die Ratenkonstante beträgt $\bar{k}_{18} = 1{,}55 \times 10^{-32} \exp(584/T)\,\mathrm{cm^6\,s^{-1}}$ bzw. auch mit $3 \times 10^{-33} \exp(940/T)\,\mathrm{cm^6\,s^{-1}}$ angegeben. Die entsprechenden Zweikörperreaktion ist mit (6.37) verglichen unergiebig

$$\mathrm{O} + \mathrm{NO} \xrightarrow{l_{16}} \mathrm{NO_2} + h\nu, \tag{6.38}$$

l_{16} bei $T = 300\,\mathrm{K}$ $4{,}2 \times 10^{-18}\,\mathrm{cm^3\,s^{-1}}$. Zwei wichtige Reaktionen tragen in der mittleren Atmosphäre zum katalytischen Oddoxygenabbau bei. Diese wurden bereits in Kap. 5.2 und 3.3 vorgestellt. (5.9) $NO + O_3 \rightarrow NO_2 + O_2$ und (5.12) $NO_2 + O \rightarrow NO + O_2$ führten in der Nettoreaktion zu (5.14) $O + O_3 \rightarrow 2O_2$.

Eine überaus wesentliche Reaktion stellt im Zusammenhang mit der Smogchemie in der Troposphäre und unteren Stratosphäre die Photolyse von NO_2 dar.

$$\mathrm{NO_2} + h\nu\,(\lambda \lesssim 398\,\mathrm{nm}) \rightarrow \mathrm{NO} + \mathrm{O}. \tag{6.39}$$

Das Ungefährzeichen resultiert aus der Tatsache, daß die Dissoziationswellenlänge aufgrund der Tatsache der Rotations-Schwingungsanregung der NO_2-Moleküle nicht punktförmig definiert ist, sondern einen bis über 400 nm reichenden Übergangsbereich umfaßt (Gardner et al. 1987). Da in wenigen Minuten (100–200 s) photochemisches Gleichgewicht erreicht wird, bestimmt die Ozonkonzentration, solange keine Chlorverbindungen einwirken, das Verhältnis der beiden NO-Komponenten zueinander.

$$\frac{[\mathrm{NO_2}]}{[\mathrm{NO}]} = \frac{l_{85}}{J_{\mathrm{NO_2}}}[\mathrm{O_3}]$$

(siehe (3.34), (l_{85} nach Kap. 5.2)).

Der Oddoxygenverlust verläuft hauptsächlich über (5.12), da (5.9) mit (6.39) und der Ozonrückbildung aus O einen Nullsummenzyklus darstellt. NO_2 kann deshalb zusätzlich zu den Oddoxygenen gezählt werden.

Wird die sehr vereinfachte Bilanz der Oddoxygene gebildet, so folgt ohne Einschluß der Chlorspezies

$$\frac{\mathrm{d}[\mathrm{O_3}]}{\mathrm{d}t} + \frac{\mathrm{d}[\mathrm{O}]}{\mathrm{d}t} + \frac{\mathrm{d}[\mathrm{NO_2}]}{\mathrm{d}t} = 2J_{\mathrm{O_2}}[\mathrm{O_2}] - 2[\mathrm{O}]\,(l_{12}[\mathrm{O_3}] + l_{20}[\mathrm{NO_2}])\,.$$

Das Verhältnis l_{20}/l_{12} beträgt für $T = 228\,\mathrm{K}$ etwa 10^4. Mithin ist der Einfluß der Oddnitrogene dort größer als über den Chapman-Prozeß, wo die Ozondichte um weniger als etwa 4 Größenordnungen größer ist als die NO_2-Dichte. Hierbei sind die tageszeitlichen Dichten entscheidend. Mit ansteigender Temperatur verringert sich die Bedeutung des Chapman-Prozesses. Unterhalb des Ozonmaximums gewinnt der Verlust über die Oddnitrogene wegen der stärkeren Verminderung der Ozonkonzentration gegenüber der von NO_2 die Oberhand. Im und oberhalb des Ozonmaximums stellen beide Verluste etwa gleichrangige Prozesse dar, wobei auch hier dem NO_2 die größere Bedeutung zukommt. Tageszeitliche NO_2-Dichten von $10^9\,cm^{-3}$ und größer werden im Ozonmaximum gemessen, während die Ozonpeakkonzentrationen bei $5\times10^{12}\,cm^{-3}$ liegen. Sie belegen die Relevanz des stratosphärischen NO_2.

Die Photodissoziation von NO für Wellenlängen $\lambda < 191$ nm spielt in der unteren und mittleren Stratosphäre keine besondere Rolle. Zu berücksichtigen wäre sie eventuell noch in der unteren Mesosphäre und in der oberen Stratosphäre.

In der Bilanz der Stickstoffoxide müssen das Stickstofftrioxid NO_3 und das Distickstoffpentoxid N_2O_5 einbezogen werden. Ozon oxydiert das Stickstoffdioxid

$$O_3 + NO_2 \xrightarrow{l_{86}} NO_3 + O_2 + 6{,}2\,\mathrm{kJ}\,. \qquad (6.40)$$

Es bedarf jedoch einer hohen Aktivierungsenergie. $l_{86} = 1{,}3\times10^{-13} \times \exp(-2\,450/T)\,cm^3\,s^{-1}$. Die Dreikörperreaktion

$$O + NO_2 + M \xrightarrow{\bar{k}_{21}, l_{21}} NO_3 + M + 11{,}9\,\mathrm{kJ} \qquad (6.41)$$

verläuft mit einer höheren Reaktionsratenkonstanten $\bar{k}_{21} = 8\times10^{-32}\,cm^6\,s^{-1}$ und strebt für hohe M-Dichten auf den Wert $l_{21} = 2\times10^{-11}\,cm^3\,s^{-1}$ zu. Als wesentlicher Verlustprozeß für NO_3 steht die Reaktion

$$NO_3 + NO \xrightarrow{l_{240}} 2NO_2 + 5{,}3\,\mathrm{kJ} \qquad (6.42)$$

mit $l_{240} = 8{,}7\times10^{-12}\,cm^3\,s^{-1}$. Gleichfalls erfolgt Photodissoziation von NO_3 in NO_2 oder auch NO, wobei die Dissoziation in NO_2 vorherrscht (Nicolet 1975). Die Reaktion

$$NO_2 + NO_3 + M \xrightarrow{\bar{k}_{210}} N_2O_5 + M + 5{,}3\,\mathrm{kJ} \qquad (6.43)$$

kann in die Betrachtung mit eingeschlossen werden. Ebenfalls hat unter Nachtbedingungen bei niedrigen Temperaturen der Prozeß

$$NO_2 + NO_2 + M \xrightarrow{\bar{k}_{123}} N_2O_4 + M + 3{,}3\,\mathrm{kJ} \qquad (6.44)$$

($\bar{k}_{123}$ $6\times10^{-34}\,cm^6\,s^{-1}$) eine gewisse Bedeutung.
Die Ratenkonstante hängt mit $\bar{k}_{123} = 3\times10^{-35}\exp(1\,040/T)\,cm^6\,s^{-1}$ für $M = N_2$ invers von der Temperatur ab. Die Rückreaktion ist mit $4{,}2\times10^{-7} \times\exp(-5\,550/T)$, bzw. auch mit $3{,}3\times10^{-7}\exp(-5\,540/T)$ nach Hampson und Garvin (1978) angegeben, noch entscheidender temperaturabhängig, so daß sich das Gleichgewicht zwischen NO_2 und N_2O_4 bei tiefen Temperaturen zum N_2O_4 hin verschiebt.

Eine große Anzahl anderer möglicher Reaktionen ist photochemisch ohne Belang. Der Hauptverlust von N_2O_5 verbindet sich mit der Photodissoziation für $\lambda < 380$ nm. Ebenfalls erfolgt eine wirksame Stoßdissoziation, wobei in beiden Fällen das Distickstoffpentoxid wieder in seine Ausgangsprodukte zerfällt. Sehr träge verläuft eine Salpetersäure bildende Reaktion mit Wasserdampf.

6.3. Das Zusammenwirken der Oddnitrogene mit den Oddhydrogenen

Die Bilanzen stratosphärischer Stickstoffverbindungen wurden in der Vergangenheit eingehend untersucht. Der Austausch zwischen Troposphäre und Stratosphäre beherrscht im großen und ganzen das Geschehen. Immerhin werden innerhalb eines Jahres 70% der totalen stratosphärischen Masse mit der Troposphäre ausgetauscht (BANKS et al. 1978). Die Bildung von Salpetersäure mit nachfolgender Auswaschung kann dabei als dominierender Prozeß angesehen werden. (Korrekterweise wird aus diesen Verbindungen erst in einer wässerigen Lösung durch dissoziative Freisetzung von positiven Wasserstoffionen eine Säure.) Diese Prozesse berühren die Wechselwirkung zwischen Nitrogen- und Hydrogenradikalen.

Von grundsätzlicher Bedeutung ist die Dreikörperreaktion

$$OH + NO + M \xrightarrow{\bar{k}_{114}, l_{114}} HNO_2 + M + 14{,}3\,\text{kJ}, \tag{6.45}$$

die zur Bildung von salpetriger Säure führt. Die Reaktionsrate wurde mit $\bar{k}_{114} = 3{,}25 \times 10^{-32} \exp[850/T]$ bzw. $2{,}2 \times 10^{-32} \exp[1\,110/T]\ \text{cm}^6\,\text{s}^{-1}$ bestimmt. Für große M strebt l_{114} auf einen Wert von $1{,}2 \times 10^{-11}\ \text{cm}^3\,\text{s}^{-1}$ zu.

Von gleicher Wichtigkeit erweist sich die Reaktion mit dem NO_2, die Salpetersäure erzeugt.

$$OH + NO_2 + M \xrightarrow{\bar{k}_{125}, l_{125}} HNO_3 + M + 12{,}6\,\text{kJ} \tag{6.46}$$

mit $\bar{k}_{125} = 1{,}1 \times 10^{-31} \exp(900/T)\ \text{cm}^6\,\text{s}^{-1}$ bzw. $l_{125} = 1 \times 10^{-11}\ \text{cm}^3\,\text{s}^{-1}$ für $M \to \infty$.

Von geringerem Einfluß sind wegen der niederen H-Konzentration dagegen Reaktionen mit dem Wasserstoffradikal.

$$H + NO_2 + M \rightarrow HNO_2 + M + 19\,\text{kJ} \tag{6.47}$$

ist zu vernachlässigen. Etwas mehr Gewicht besitzt

$$H + NO_2 \xrightarrow{l_{124}} OH + NO + 6{,}9\,\text{kJ}. \tag{6.48}$$

Die Ratenkonstante beläuft sich immerhin auf den sehr hohen Wert von $l_{124} = 4{,}9 \times 10^{-10} \exp(-410/T)\ \text{cm}^3\,\text{s}^{-1}$, oder auch mit $7{,}1 \times 10^{-10} \exp(-550 \pm 84/T)\ \text{cm}^3\,\text{s}^{-1}$ angegeben.

Für die Stratosphärenchemie dominiert der Einfluß der Hydroxylradikale. Zwei weitere Reaktionen mit dem OH-Radikal müssen mit ins Kalkül gezogen werden.

$$OH + HNO_3 \xrightarrow{l_{244}} H_2O + NO_3 + 3{,}6\,kJ \tag{6.49}$$

und

$$OH + HNO_2 \xrightarrow{l_{245}} H_2O + NO_2 + 5{,}5\,kJ \tag{6.50}$$

mit $l_{244} = 0{,}9 \times 10^{-13}\,cm^3\,s^{-1}$ und $l_{245} = 2{,}2 \times 10^{-12}\,cm^3\,s^{-1}$.
Wichtige Reaktionen laufen über das HO_2 ab.

Wie bereits in Kap. 6.1, Gleichung (6.14), für die Mesosphärenchemie erwähnt, besitzt $HO_2 + NO \rightarrow OH + NO_2$ einen fundamentalen Einfluß. Sie ist eine der Schlüsselreaktionen in der Smogchemie. Salpetrige Säure entsteht auch aus der Verbindung von HO_2 mit NO_2

$$HO_2 + NO_2 \xrightarrow{l_{127}} HNO_2 + O_2 + 8{,}1\,kJ,\; l_{127} = 1{,}2 \times 10^{-13}\,cm^3\,s^{-1}. \tag{6.51}$$

Als Haupteffekt der Wechselwirkung zwischen Stickstoff- und Wasserstoffradikalen kann ihre gegenseitige Radikalneutralisation und damit ihr Unwirksamwerden in bezug auf die Oddoxygene hervorgehoben werden. Beide Stickstoffsäuren sind trivialerweise wasserlöslich und können deshalb nach dem Transport von der Stratosphäre in die Troposphäre ausgewaschen, d. h. mit dem Niederschlag im Erdboden feucht deponiert werden. Die atmosphärischen Verluste besitzen keine derart entscheidende Bedeutung. Die Stickstoffsäuren unterliegen der Photodissoziation, so in den Prozessen

$$HNO_2 + h\nu(\lambda < 585\,nm) \rightarrow OH + NO, \tag{6.52}$$

$$HNO_2 + h\nu(\lambda < 366\,nm) \rightarrow H + NO_2 \tag{6.53}$$

und

$$HNO_3 + h\nu(\lambda < 320\,nm) \rightarrow OH + NO_2. \tag{6.54}$$

Über (6.54) verläuft der Hauptverlust von HNO_3.

Probleme bei der Beschreibung der Photochemie der Stratosphäre erwachsen auch gegenwärtig noch aus der geringen Präzision der Ratenkonstanten. Dies gilt insbesondere für ihre Temperatur- und Druckabhängigkeit. Die heterogene Chemie ist nur in den Anfängen entwickelt. Gleichfalls bedürfen die advektiven Austauschprozesse einer vertieften Erforschung. Die Gesamtmenge $[NO_y]$ der Stickstoffverbindungen (mit Ausnahme von N_2 und N_2O) ist dabei wenig sensitiv gegenüber Transport.

6.4. Der Einfluß der Halogene auf die stratosphärische Ozonchemie

Als dritte große Gruppe katalytisch Ozon abbauender Familien erscheinen die Halogenverbindungen und unter diesen besonders die Chlorverbindungen. Weniger bedeutsam, aber nicht unbedeutend, sind die Bromverbindungen.

1974 führten STOLARSKI und CICERONE, WOFSY und MCELROY und CRUTZEN die Chlorverbindungen Cl_y als Verlustterm in die Ozonchemie ein. Besonders durch die anthropogene Anreicherung der Fluorchlorkohlenwasserstoffe FCKW erlangte dieses Problem eine neue Dimension (MOLINA und ROWLAND 1974a, b). Neben den antropogenen Verbindungen wie $CFCl_3$, CF_2Cl_2, dem sowohl anthropogenen wie natürlichen CCl_4 sind die natürlichen Konstituenten Chlormethan CH_3Cl und Chlorwasserstoff HCl von Interesse. (Für HCl, die sogenannte Salzsäure, gilt die gleiche Bemerkung wie für die Stickstoffsäuren.)

Die Chlorverbindungen werden in der höheren Atmosphäre photochemisch aktiviert. Das geschieht vornehmlich unter der Einwirkung der solaren UV-Strahlung. Die Basisdissoziationsprozesse sind hierbei die folgenden:

$$Cl_2 + h\nu(\lambda < 483\,\text{nm}) \rightarrow 2Cl, \tag{6.55}$$

$$HCl + h\nu(\lambda < 220\,\text{nm}) \rightarrow H + Cl, \tag{6.56}$$

$$ClO + h\nu(\lambda < 263\,\text{nm}) \rightarrow Cl + O, \tag{6.57}$$

$$CFCl_3 + h\nu(\lambda < 226\,\text{nm}) \rightarrow CFCl_2 + Cl, \tag{6.58}$$

$$CF_2Cl_2 + h\nu(\lambda < 215\,\text{nm}) \rightarrow CF_2Cl + Cl \tag{6.59}$$

und schließlich

$$CCl_4 + h\nu \rightarrow CCl_2 + Cl_2 \tag{6.60}$$

bzw. bei höherem Druck

$$CCl_4 + h\nu \rightarrow CCl_3 + Cl\ (\lambda < 240\,\text{nm}). \tag{6.61}$$

Der Eingriff von Cl in die Ozonchemie erfolgt mit hoher Reaktionsrate.

$$Cl + O_3 \xrightarrow{l_{247}} ClO + O_2 + 9{,}3\,\text{kJ}. \tag{6.62}$$

Die Größenordnung liegt bei $10^{-11}\,\text{cm}^3\,\text{s}^{-1}$. Werte von $l_{247} = 3{,}6 \times 10^{-11} \times \exp(-318/T)$ und $5{,}18 \times 10^{-11} \exp(-418/T)$ wurden neben anderen ermittelt. Die Rückführung von ClO zu Cl geschieht durch die Reaktion

$$ClO + O \xrightarrow{l_{248}} Cl + O_2 + 13{,}1\,\text{kJ} \tag{6.63}$$

mit noch größerer Ratenkonstante von $l_{248} = 5{,}3 \times 10^{-11}\,\text{cm}^3\,\text{s}^{-1}$. Als Nettoreaktion beider Prozesse folgt wiederum $O_3 + O \rightarrow 2O_2$.

Nach (6.57) unterliegt ClO (wie NO_2) der Photodissoziation. Dies ist jedoch bedeutungslos, da u. a. die Strahlung für $\lambda < 263$ nm oberhalb des Maximums der Ozondichte durch Ozon stark absorbiert wird. Wechselwirkungen zwischen den katalytischen Ketten finden auch mit den Chlorverbindungen statt und haben allergrößte Bedeutung, wenn es um die Einschätzung des Einflusses anthropogener Belastungen geht. Eine Radikalumwandlung läuft über

$$ClO + NO \xrightarrow{l_{249}} Cl + NO_2 + 2{,}1\ kJ, \tag{6.64}$$

$l_{249} = 1{,}7 \times 10^{-11}\ cm^3\ s^{-1}$, ab. die Reaktion entspricht der Gleichung (6.14). Als prinzipieller Chlorradikalverlustprozeß muß die Bildung von HCl angesehen werden, welches nach dem stratosphärisch-troposphärischen Gasaustausch schließlich ausgewaschen werden kann. Im wesentlichen greifen hierbei Wasserstoffverbindungen wie CH_4, H_2, HO_2, H_2O_2 und HNO_3 in das Geschehen ein. Mit hoher Ratenkonstante verläuft die Reaktion

$$HO_2 + Cl \xrightarrow{l_{250}} HCl + O_2 + 11\ kJ, \tag{6.65}$$

$$l_{250} = 3 \times 10^{-11}\ cm^3\ s^{-1}.$$

Eine analoge Reaktion existiert für Brom

$$HO_2 + Br \xrightarrow{l_{251}} HBr + O_2, \tag{6.66}$$

$$l_{251} = 5 \times 10^{-12}\ cm^3\ s^{-1}.$$

Chlorwasserstoff kann bei hoher Aktivierungsenergie in

$$H_2 + Cl \xrightarrow{l_{252}} HCl + H - 0{,}24\ kJ, \tag{6.67}$$

$$l_{252} = (2{,}66 \pm 0{,}42) \times 10^{-11} \exp(-2\,230 \pm 60)/T)\ cm^3\ s^{-1}$$

(bzw. auch mit $(5{,}5 \pm 0{,}5) \times 10^{-11} \exp(-(2\,375 \pm 100)/T)\ cm^3\ s^{-1}$ angegeben) entstehen.

Weitere HCl-bildende Reaktionen sind durch

$$CH_4 + Cl \xrightarrow{l_{253}} HCl + CH_3, \tag{6.68}$$

$$l_{253} = (5 \pm 0{,}5) \times 10^{-12} \exp(-(1\,114 \pm 38)/T)\ cm^3\ s^{-1},$$

$$H_2O_2 + Cl \xrightarrow{l_{254}} HCl + H_2O + 3{,}8\ kJ, \tag{6.69}$$

$$l_{254} = 1{,}7 \times 10^{-12} \exp(-384/T)\ cm^3\ s^{-1},$$

$$HNO_3 + Cl \xrightarrow{l_{255}} HCl + NO_3 + 0{,}48\ kJ, \tag{6.70}$$

$$l_{255} = (6{,}8 \pm 3{,}4) \times 10^{-15}\ cm^3\ s^{-1} \text{ bei } T = 295\ K$$

$$\text{oder } l_{255} = 1 \times 10^{-11} \exp(-2\,170/T)\ cm^3\ s^{-1}$$

gegeben. (6.68) stellt den Hauptweg der HCl-Bildung dar.

Eine Rückbildung von Radikalen aus HCl erfolgt durch die Prozesse

$$HCl + O \xrightarrow{l_{256}} Cl + OH - 0{,}24\,kJ, \tag{6.71}$$

$$l_{256} = 1{,}14 \times 10^{-11} \exp(-3\,370/T)\,cm^3\,s^{-1},$$

$$HCl + OH \xrightarrow{l_{257}} Cl + H_2O + 3{,}8\,kJ, \tag{6.72}$$

$$l_{257} = 3 \times 10^{-12} \exp(-425/T)\,cm^3\,s^{-1},$$

und andere weniger wichtige Reaktionen. Diese Rückreaktionen (besonders (6.72)) begrenzen die Wirksamkeit von (6.68). Eine Vielzahl von Reaktionen zweiter Ordnung (second-order-reactions) existieren, die zur Bildung von Chloroxidradikalen, wie dem Chlorperoxid ClO_2, führen. Die Oxydation der Chlorfluormethane durch $O(^1D)$ kann berücksichtigt werden, so in

$$O(^1D) + CFCl_3 \xrightarrow{l_{258}} CFCl_2 + ClO \tag{6.73}$$

oder

$$O(^1D) + CCl_4 \xrightarrow{l_{259}} CCl_3 + ClO. \tag{6.74}$$

Die Reaktionsraten sind auch hierbei ad valorem mit $(3 \pm 1) \times 10^{-10}\,cm^3\,s^{-1}$ ausgesprochen groß.

Unter Polarnachtbedingungen beanspruchen katalytisch Ozon abbauende Reaktionen ohne Einschluß des atomaren Sauerstoffs Aufmerksamkeit.

$$ClO + O_3 \rightarrow ClO_2 + O_2. \tag{6.75}$$

Über Stoßdissoziation entsteht freies Cl

$$ClO_2 + M \rightarrow Cl + O_2 + M, \tag{6.76}$$

$$Cl + O_3 \rightarrow ClO + O_2,$$

$$\text{Netto:} \quad 2O_3 \rightarrow 3O_2.$$

ClO_2 besitzt die beiden Modifikationen (Isomere) OClO und ClOO. Der Reaktionskoeffizient hat jeweils einen Wert von $10^{-12} \exp(-4\,000/T)\,cm^3\,s^{-1}$ oder $< 5 \times 10^{-15}\,cm^3\,s^{-1}$. Bei der Stoßdissoziation, ein exothermer Prozeß mit 12,6 kJ, werden für (6.76) Werte zwischen $10^{-15}\,cm^3\,s^{-1}$ und $2 \times 10^{-17}\,cm^3\,s^{-1}$ von der oberen bis zur unteren Stratosphäre gefunden.

Zahlreiche Reaktionen der Chlorverbindungen mit dem Hydroxylradikal ergänzen die stratosphärische Photochemie.

Als Familienkonzentration $[Cl_y]$ wird vielfach die Summe der Einzelkonzentration der reaktiven Chlorverbindungen bezeichnet.

$$[Cl_y] = [Cl] + [ClO] + [ClNO_3] + [HOCl] + [HCl] + [ClO_2]. \tag{6.77}$$

In analoger Weise wird die Familienkonzentration von $[NO_y]$ definiert, in die mit Ausschluß von N_2O in der Reihenfolge ihrer stratosphärischen Konzentration die Konstituenten HNO_3, NO_2, NO, N_2O_5 und weitere Spezies geringerer

Dichte wie NO_3, HNO_2 usw. eingehen. Sie umfaßt im erweiterten Sinne die bereits eingeführte Definition $[NO_x]$ als Summe von $[NO_2]$ und $[NO]$, wie unter $[Cl_x]$ die Summe von $[Cl] + [ClO] + [ClO_2]$ verstanden wird.

In der Wechselbeziehung zwischen NO und Cl spielt die Reaktion

$$ClO + NO_2 + M \xrightarrow{k_{214}} ClNO_3 + M \tag{6.78}$$

eine Schlüsselrolle. Durch sie werden die beiden Oxidanzien (auch Oxidantien geschrieben) ClO und NO_2 in ihrer Wirkung neutralisiert. Erst, wenn die eine Familienkonzentration (z. B. durch anthropogene Anreicherung von Cl_y) die andere wesentlich übersteigt, kann der Ozon zerstörende Einfluß durchgreifen. Die Reaktion von ClO mit H_2O bei Bildung von $HOCl + O_2$ muß mit der folgenden Dissoziation von $HOCl + h\nu \rightarrow OH + Cl$ unbedingt beachtet werden. Ein katalytischer Zyklus der Art

$$\begin{aligned} &ClNO_3 + h\nu \rightarrow Cl + NO_3, \\ &Cl + O_3 \rightarrow ClO + O_2, \\ &NO_3 + h\nu \rightarrow NO + O_2, \\ &NO + O_3 \rightarrow NO_2 + O_2, \\ &Cl + NO_2 + M \rightarrow ClNO_3 + M, \\ \text{Netto: } &2O_3 \rightarrow 3O_2 \end{aligned} \tag{6.79}$$

ist zwar möglich, jedoch wirkt er nicht effektiv genug.

Eventuell besitzen die Reaktionen

$$\begin{aligned} &HCl + ClNO_3 \rightarrow HNO_3 + Cl_2, \\ &Cl_2 + h\nu \rightarrow 2Cl \end{aligned} \tag{6.80}$$

bei der Aktivierung von inaktiven Chlorverbindungen größeres Gewicht (Prather et al. 1984).

Widersprechende Ansichten gibt es auch zur Bedeutung der Photolyse (6.79). Nach Chang et al. (1979) erfolgt die Spaltung des Isomers $ClONO_2$ bis 270 nm nach (6.79). Jedoch tritt nach Smith et al. (1977) bis 302,5 nm auch die Dreierdissoziation

$$ClONO_2 + h\nu \rightarrow Cl + O + NO_2 \tag{6.81}$$

in Erscheinung. (Siehe hierzu Miller et al. 1981.) Der Unterschied im Ozonabbau soll sich jedoch lediglich auf 5% zum Gesamtverlust belaufen.

Die Ozonabnahme als die entscheidende Größe, der unsere Aufmerksamkeit gilt, ist chemisch gekoppelt mit anderen Oxidanzien, die allgemein als *R*O geschrieben werden können. *R* stellt dabei einen molekularen oder atomaren Rest (der im Fall des atomaren Sauerstoffs auch die Zahl 1 sein kann) dar. Das Reaktionsschema hat das Aussehen

$$R_1O + R_2O \rightarrow R_3 + O_2 \quad \text{oder}$$
$$\rightarrow R_1 + R_2 + O_2. \tag{6.82}$$

Beispiele hierfür sind

$$O + O_3 \rightarrow O_2 + O_2,$$
$$HO_2 + O_3 \rightarrow OH + O_2 + O_2,$$
$$NO_2 + O \rightarrow NO + O_2,$$
$$ClO + O \rightarrow Cl + O_2,$$
$$ClO + HO_2 \rightarrow HOCl + O_2, \tag{6.83}$$
$$ClO + BrO \rightarrow Cl + Br + O_2, \tag{6.84}$$
$$BrO + O \rightarrow Br + O_2. \tag{6.85}$$

Mit OH, NŌ, Cl, Br werden dabei Radikale freigesetzt, die ihrerseits direkt Ozon unter eigener Reoxydation abbauen. Die einzelnen katalytischen Ketten (oder Zyklen genannt) greifen in mannigfacher Weise ineinander ein und beeinflussen sich gegenseitig. Einerseits entstehen dabei neue katalytische Ketten, die auch ohne den atomaren Sauerstoff ablaufen, andererseits können sich hierbei inaktive (Neutralisation der Radikale) oder weniger aktive (gekennzeichnet durch kleinere Reaktionskoeffizienten oder durch das Einwirken auf atomaren Sauerstoff anstatt auf Ozon) Komponenten bilden. Aus der Gesamtheit der miteinander verstrickten katalytischen Ketten entsteht bildhaft gesprochen ein katalytisches Netz. In der Diskussion um die photochemische Wirksamkeit bestimmter Einflüsse läßt sich oft nur sehr schwer die Bedeutung der einzelnen Reaktionen einschätzen. Erst die Durchrechnung komplexer Modelle erlaubt definitive Aussagen, ohne daß man hierbei die prinzipiellen Probleme der Modellrechnungen aus dem Auge verlieren sollte.

6.5. Das Gesamtozon - seine globale und jahreszeitliche Variation

In den ersten Jahrzehnten seit der Entwicklung der Dobson-Spektrometer und der Entdeckung der Umkehrtechnik gab es nur vereinzelte Stationen vornehmlich (heute 80%) auf dem Festland der mittleren Breiten der Nordhalbkugel. Dies führt zum geographischen Fehler (geographical bias). Außerhalb dieser Breiten gehen Messungen mit einem zu großen Gewicht ein. Die Stationen lagen zudem in den entwickelten Ländern in der Nähe industrialisierter Gebiete. Von den etwa 200 Observatorien, die irgendwann einmal das Gesamtozon bestimmten, führten nur etwa die Hälfte Routinemessungen über mehrere Jahre durch.

Das Gesamtozon, d. h. die über einem Quadratzentimeter befindliche Gesamtteilchenzahl an Ozonmolekülen, wurde zunächst vor allem als Indikator (tracer) stratosphärischer Zirkulation angesehen. Erst später erkannte man die fundamentale Bedeutung des Ozons für die gesamte Atmosphäre. Mit der Entdeckung einer möglichen anthropogenen Beeinflussung rückten Fragestellungen wie die Reduzierung der Schutzschildwirkung gegen die gefährliche UV-Strahlung und klimatische Änderungen in den Blickpunkt der Forschung.

1974 faßte DÜTSCH die Hauptergebnisse, abgeleitet aus Bodenbeobachtungen des Gesamtozons, zusammen. Bereits 1931 und später 1949 zeichnete GÖTZ eine Isoplethenkarte der Ozonverteilung in Abhängigkeit von der geographischen Breite und registrierte am Äquator den geringsten und in 70°—80° Breite den höchsten Ozongehalt. Aus späteren Analysen folgte ein Maximum auf der Nordhalbkugel bei 65°—70° und auf der Südhalbkugel bei 60°-65°. Die Schwankungen am Äquator erwiesen sich als sehr gering. Im hohen Norden fand GÖTZ jedoch einen ausgeprägten Jahresgang mit Minima im Dezember/Januar (0,15 cm = 150 DU) und einem kurz darauf folgenden Maximum im Februar/März (0,34 cm). Diese geringe Ozonkonzentration im Winter konnte bereits 1953 durch NORMAND nicht bestätigt werden. Nach seiner Analyse lag sie über 0,2 cm, das Maximum bildete sich im März aus.

Eine erste globale Zusammenschau aller verfügbaren Daten des monatlichen Mittels des Gesamtozons für den Zeitraum von 1957 bis 1967 (einen Sonnenfleckenzyklus) wurde durch LONDON et al. (1976) vorgenommen. Mit Ausnahme der Südhalbkugel (wegen der zu geringen Meßnetzdichte) konnten hieraus interannuelle Variationen abgeleitet werden. Dieser Ozonatlas wurde generell durch spätere Messungen des Satelliten Nimbus 4 bestätigt. Im Detail ergaben sich jedoch wesentlich erweiterte und neue Aussagen.

Globale Ozontrends wurden speziell von ANGELL und KORSHOVER (1978) untersucht. Ebenso analysierten 1978 PENNER und CHANG die Ozonvariation in Verbindung zum 11jährigen Sonnenfleckenzyklus. Eine der großen auch heute noch nicht beseitigten Schwierigkeiten tat sich mit der ungenügenden Interkalibrierung der Messungen der einzelnen DOBSON-Stationen auf. 3-5% Fehler wurden abgeschätzt. Wolken, verbunden mit Tiefdruckgebieten, beeinträchtigen die Messungen, sie erzeugen Vielfachstreuung, die einen Ozonanstieg vortäuscht. Der Fortfall der Messungen produzierte andererseits einen systematischen Fehler, da die typischen Tiefdrucksituationen nicht erfaßt werden (meteorological bias).

Mit der Satellitentechnik brach für die Erforschung des Gesamtozons eine neue Ära an. Nimbus 4 wurde am 8. 4. 1970 gestartet und hatte u. a. das BUV-Spektrometer sowie das Infrarotspektrometer IRIS zur Messung des Gesamtozons an Bord (BUV-backscattered ultraviolett, rückgestreutes UV). Der Satellit arbeitete bis zum 17. Oktober 1977.

Die Nimbus-Messungen erlaubten, langfristige Trends auf einheitlicher meßtechnischer Basis zu erfassen. Sie gaben überhaupt die Möglichkeit, den etwas dubiosen Begriff des „globalen Ozons" als Gesamtzahl der atmosphärischen Ozonmoleküle genauer zu quantifizieren. Untersuchungen der globalen Ozondynamik mit mittlerer Zeitskala im Zusammenhang mit der stratosphärischen Zirkulation und Phänomenen wie den stratosphärischen Erwärmungen wurden durch sie erst ermöglicht. Abbildung 6.1 läßt z. B. trotz einer monatlichen Mittelung im Oktober 1970 wellenartige Strukturen um 60 °S, wie sie auch von London et al. (1976) abgeleitet wurden, erkennen. Nicht zuletzt konnten die globalen Modelle verifiziert werden (Krueger 1974, Ghazi et al. 1976, Hilsenrath et al. 1979 u. a.).

Die Vergleichbarkeit der BUV-Daten mit den Dobson-Messungen wurde durch Miller et al. (1978) und Fleig et al. (1978) hergestellt. Hier bleibt nach Fleig (1986) eine nicht vollkommen geklärte Drift zwischen den BUV- und

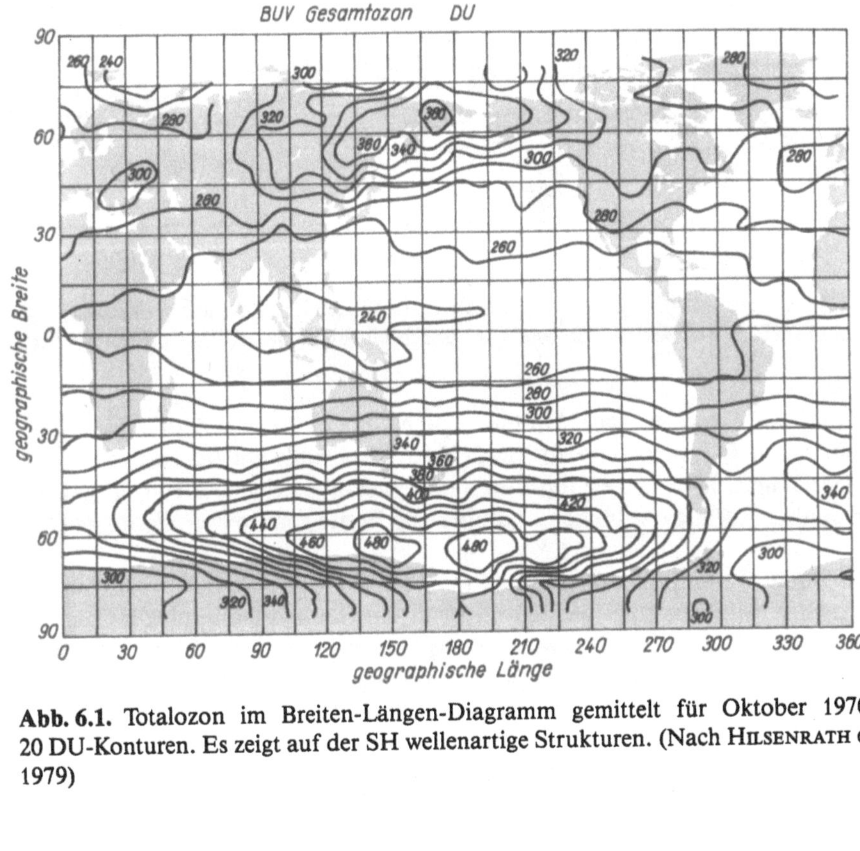

Abb. 6.1. Totalozon im Breiten-Längen-Diagramm gemittelt für Oktober 1970 in 20 DU-Konturen. Es zeigt auf der SH wellenartige Strukturen. (Nach Hilsenrath et al. 1979)

Dobson-Messungen von 0,38% ± 0,13% a^{-1}, die entweder den Satelliteninstrumenten oder der zunehmenden Luftverschmutzung um die Dobson-Stationen bzw. der Anreicherung troposphärischen Ozons zuzuschreiben ist.

Die IRIS-Daten analysierten u. a. Prabhakara et al. (1976) und Prior und Oza (1978). Unter Einbeziehung stratosphärischer Temperaturregistrierungen wurden IRIS-Messungen mit BUV-Daten und Dobson-Sondierungen verglichen. Die generellen Muster der Ozonverteilung finden sich auch in den IRIS-Daten wieder. Nach einer Korrektur waren die Werte untereinander nahezu identisch.

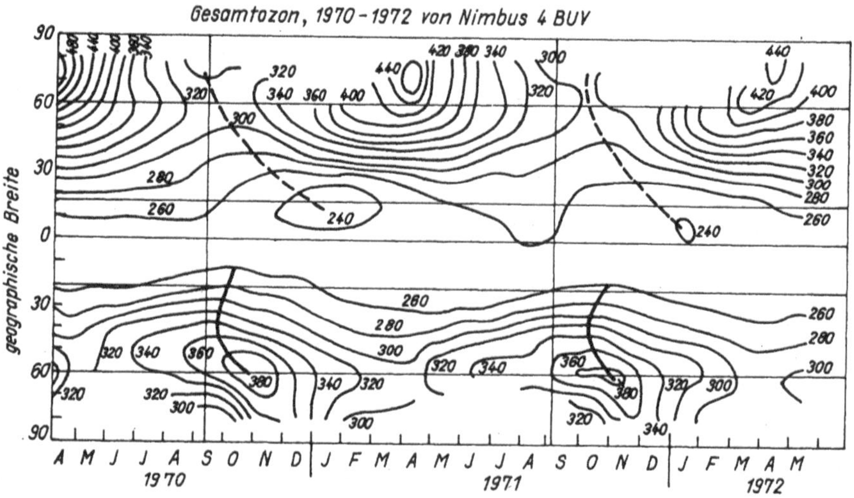

Abb. 6.2. Breiten-Zeit-Diagramm des Gesamtozons in 20 DU-Konturen, abgeleitet aus dem Nimbus 4 BUV-Experiment, geglättet durch ein binomiales Filter (Nach Hilsenrath et al. 1979)

Abbildung 6.2 zeigt nach Hilsenrath et al. (1979) das Zeit-Breiten-Diagramm in 20 DU Schrittweite für eine 26-Monatsperiode mit Ausnahme der Polarnachtgebiete. Die Darstellung wurde mit einer speziellen Glättungsprozedur (binomiale Filterung der täglich und über 10° Breite gemittelten Werte) gewonnen.

Maximale Gesamtozonwerte treten in der Nähe der Pole auf. Vornehmlich über dem Nordpolargebiet werden im Frühjahr Säuleninhalte bis 500 DU für 1970 erreicht. Allgemein findet man am Äquator mit 240–260 DU die geringsten Werte. Eine Nord-Südasymmetrie ist zu erkennen, speziell treten auf der Südhalbkugel die höchsten Beträge um —60° auf. Das sogenannte „Ozonloch" über der Antarktis deutet sich an, war jedoch als besonderes Phänomen (u. a. wegen der Glättungsprozedur) nicht erkennbar. Die Ozonkonzentrationen der

Südhalbkugel haben durchgängig niedrigere Werte als auf der anderen Hemisphäre. Mit Ausnahme der hohen südlichen Breiten erscheinen die Ozonmaxima im Frühling (April Nordhalbkugel, Oktober/November Südhemisphäre) und die Minima im Herbst (September im Norden, März/April im Süden).

Die minimalen Werte im globalen Ozon werden im Oktober/November beobachtet (die jährliche Amplitude beträgt etwa 20 DU), wobei das nördliche Minimum diesen Trend dominiert. Es erscheint zeitlich nach dem südlichen Maximum und vor der Etablierung des nördlich winterlich hohen Gesamtozons.

Während der 26 Monate ist ein deutlicher Trend der Ozonabnahme erkennbar. Die gleiche Aussage leiten ANGELL und KORSHOVER (1978) aus der Analyse von DOBSON-Messungen ab. Dieses drückt sich u. a. darin aus, daß das Äquatorband des geringen Ozons sich verbreitert und die Amplituden der jahreszeitlichen Maxima abnehmen.

Zur Deutung der Differenzen zwischen den Hemisphären können Unterschiede in der Zirkulation der oberen Troposphäre und unteren Stratosphäre verantwortlich gemacht werden. Die nördliche Hemisphäre ist durch intensiven Wirbeltransport in Verbindung mit planetaren Wellen gekennzeichnet. Dieser bringt

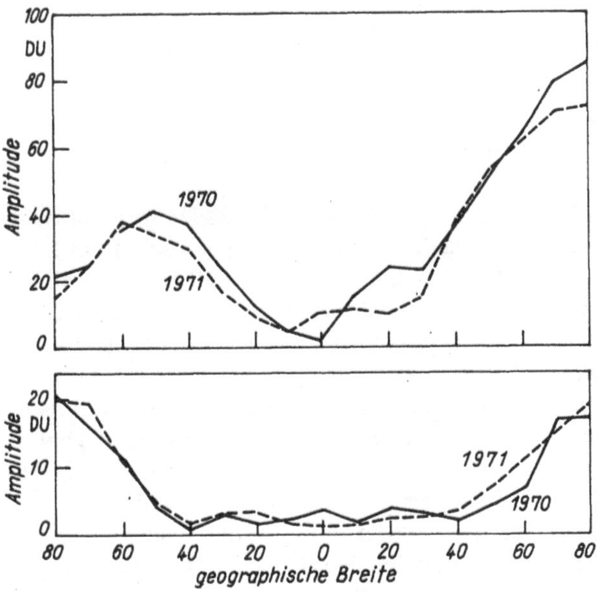

Abb. 6.3. Jährliche und halbjährliche Amplituden des Gesamtozons im zonalen Mittel (nach HILSENRATH et al. 1979)

Ozon von den mittleren in hohe Breiten (der stärkste Ozongradient steht in Verbindung mit Wellen synoptischer Skala und dem Strahlstrom (jet stream). In der südlichen Hemisphäre erfolgt stärker ein zonaler Transport, und der Wirbeltransport ist eher aus den hohen Breiten fortgerichtet (Newell et al. 1974). Als typisch für die südlichen hohen Breiten kann die geringere Intensität der stratosphärischen Erwärmungen gelten. Der Polarwirbel (polar vortex) bricht zu einem späteren Zeitpunkt zusammen. Verschiebungen im Erscheinen des Ozonmaximums zum späteren Zeitpunkt gegenüber dem der Nordhalbkugel könnten hiermit in Verbindung stehen.

Abbildung 6.3 stellt die Amplitude der jährlichen und halbjährlichen Variation in einer zonalen Mitteilung nach BUV-Messungen von Nimbus 4 dar. Insbesondere wird in der ganzjährigen Welle die Nord-Süd-Asymmetrie ersichtlich, während die halbjährige Variation wenig ausgeprägt und weitgehend symmetrisch in Erscheinung tritt.

Die Ozonvariation in Höhe der Stratopause (1 hPa) untersucht McPeters (1980). Die Inversion der BUV-Radianzwerte bei 287,6 nm wurde mittels Laplace-Transformation vorgenommen. Er findet ein Wintermaximum und ein Sommerminimum zum jeweiligen Solstitium. Für Breiten kleiner als 30° erweist sich auch in dieser Höhe die Ozonkonzentration als nahezu konstant. Die Variabilität ist im Winter am größten und im Sommer und Herbst am geringsten. Ausgeprägte Maxima werden dabei in hohen winterlichen Breiten erreicht.

6.6. Die vertikale Ozonverteilung in der Stratosphäre

Das prinzipielle Bild der vertikalen Ozonverteilung der Stratosphäre entspricht dem einer Chapman-Schicht. Abbildung 4.2 zeigte einen Vertikalschnitt auf der Basis von Lidarmessungen. Es werden Maximalwerte um 5×10^{12} cm^{-3} erreicht. Die Abbildung belegt auch, daß das stratosphärische Ozon die dominierende Menge des Gesamtozons ausmacht. Variationen im Gesamtozon gehen mit einer Veränderung der vertikalen Verteilung einher.

Von einiger Wichtigkeit ist die Tatsache, daß das Maximum der relativen Ozonkonzentration (z. B. in ppm gemessen) über jenem der absoluten Dichte liegen muß. Abbildung 6.4 präsentiert nach Khrgian (1975) vier Beispiele der vertikalen Ozonverteilung unterschiedlicher geographischer Bereiche. Etwa in einer Breitenregion von 30–35° beidseitig zum Äquator befindet sich der tropische Ozongürtel. Er ist, wie im vorhergehenden Abschnitt erwähnt, durch niedrige Werte des Gesamtozons um 260 DU und größte Höhe des Ozonmaximums von 24–27 km gekennzeichnet. Die Absolutdichten erreichen Werte bis 5×10^{12} cm^{-3}, die Relativwerte sind trotz des geringen Gesamtozons mit Maxi-

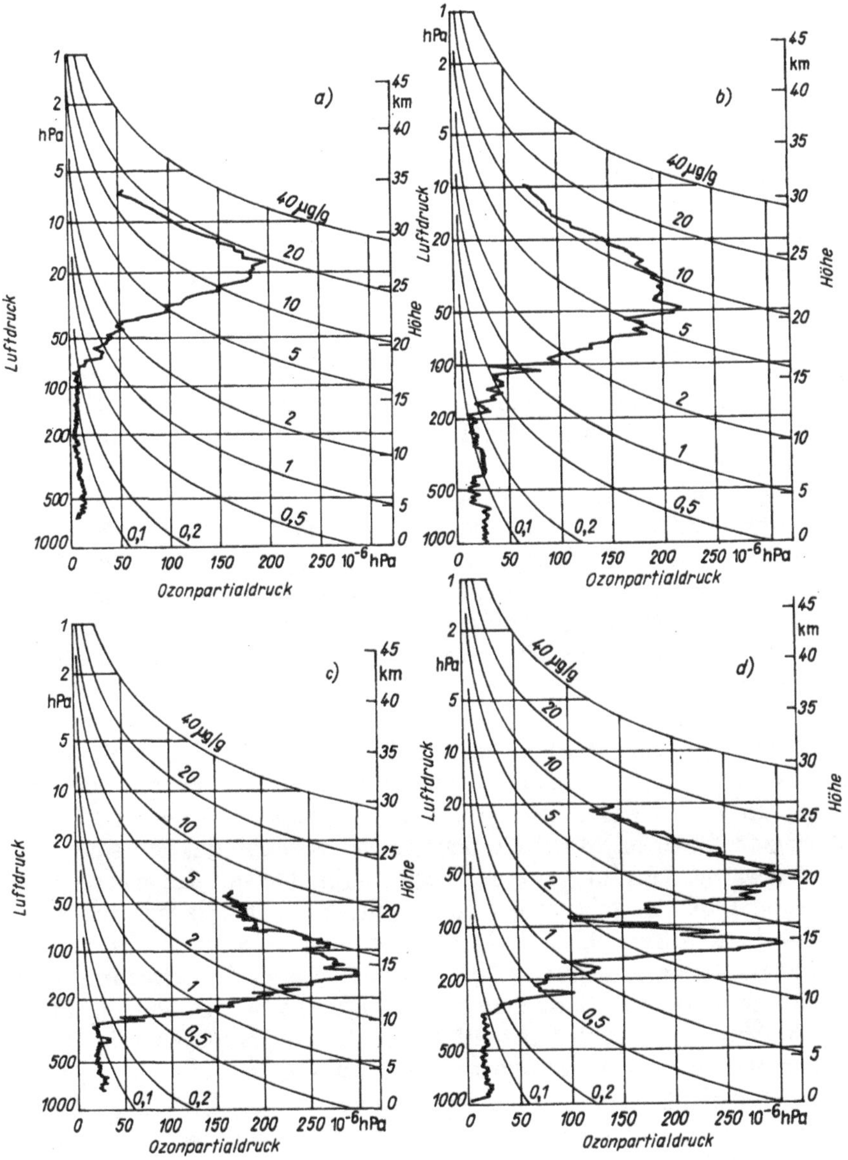

Abb. 6.4. Typen der vertikalen Ozonverteilung
a) tropischer Typ, La Paz, 10. März 1965 b) mittlere Breiten, Sterling, 15. Juni 1965
c) polarer Typ, Bird, 19. November 1963 d) gemischter Typ, Fairbanks, 2. März 1965
(nach KHRGIAN 1973)

malwerten von mehr als 10 ppm in Höhen um 30–35 km am größten. Der geringe Wert des Gesamtozons resultiert vornehmlich aus der geringen Schichtdicke, die durch ihre Halbwertsbreite charakterisiert werden kann. Diese hat lediglich einen Wert von grob 6–9 km, während sie in mittleren Breiten bei 10–12 km liegt.

In mittleren Breiten befindet sich das Maximum der Teilchendichte, zwischen etwa 19–21 km. Die Absolutkonzentration erweist sich nur geringfügig höher als jene in den Tropen, während das Gesamtozon mit Werten von 340 DU im Mittel wesentlich größer ist. Das Maximum der relativen Teilchendichte erreicht dagegen lediglich Beträge von 6–8 ppm und ist unterhalb von dem in den Tropen gelegen.

Die absolut niedrigsten Schichthöhen treten im Polargebiet mit 13–15 km auf. Die Maximalwerte der relativen Konzentration betragen nur 3–4 ppm und liegen global am tiefsten. Die Absolutwerte der Teilchendichte können dabei sehr groß werden und 8×10^{12} cm^{-3} übertreffen. Ebenfalls werden mit Werten um 400 DU im subpolaren Bereich höchste Säuleninhalte erreicht.

Diese sehr grobe Charakterisierung einzelner geographischer Typen wird durch regionale und temporäre Besonderheiten modifiziert. So treten Mischtypen infolge von globalen Transporten auf, alle Vertikalprofile besitzen eine Feinstruktur mit gelegentlich unterschiedlich stark ausgeprägten sekundären Maxima und Minima. Markante saisonale Variationen werden registriert, die sich insbesondere in den gemäßigten und polaren Breiten bemerkbar machen. Hemisphärische Unterschiede wurden ebenfalls nicht in der Betrachtung berücksichtigt.

Der extrem langen chemischen Lebenszeit des Ozons in der unteren bis mittleren Stratosphäre ist es zu verdanken, daß die unterschiedliche geographische Verteilung des Ozons wesentlich aus globalen Transporten resultiert. In der Äquatorregion findet im Mittel die höchste Nettoozonproduktion statt. Die dort stark erwärmte Luft führt zu einem aufwärtsgerichteten Vertikalwind, worauf meridional HADLEY-zellenartig Ozon in mittlere Breiten transportiert wird und hier absinkt. Von den mittleren in die hohen Breiten ist für den Ozontransport vor allem der an planetare Wellenaktivitäten gekoppelte Wirbeltransport verantwortlich. Jahreszeitlich ist dieser Ozontransport sehr unterschiedlich ausgeprägt. Im Sommer steigt auch in mittleren Breiten die photochemische Ozonproduktion stark an, dafür reduzieren sich die Transporte.

Die aus niederen Breiten stammenden Luftmassen enthalten „eingefroren" eine hohe relative Ozonkonzentration, die absinkend in mittleren und polaren Breiten bei Abnahme der Schichthöhe die Absolutdichte erhöht, wobei selbstverständlich auf den Transportweg bereits Ozonabbauprozesse einsetzen. Wie im Kapitel 8 erläutert wird, bestehen transportbedingte Ozonverluste vor allem im Abwärtstransport in die Troposphäre, aber auch im Aufwärtstransport in Höhenbereiche geringerer chemischer Lebenszeit des Ozons.

Das Gesamtozon der mittleren und hohen Breiten besitzt eine hohe Variabilität. So kann durch Einfließen polarer Luft aus der Höhe des polaren Ozonmaximums und damit unterhalb des Maximums in mittleren Breiten ein drastischer Anstieg des Gesamtozons hervorgerufen werden, andererseits wird durch Einbruch subtropischer Luftmassen in dieser Höhe der Säuleninhalt reduziert.

In den vergangenen Jahren der Ozonbeobachtung konnten demzufolge extreme Variationen verzeichnet werden. Mit 760 DU wurden am 14.–20. Oktober 1967 auf den Kerguelen-Inseln (44 °S) Rekordwerte gemessen. Am 23. März 1968 wurden ebenfalls dort 749 DU registriert. Die hohe Tag-zu-Tag-Variabilität belegen die Werte des Vor- und Nachtages mit 583 DU und 283 DU. Höchstwerte anderer Stationen zur Illustration wären Hayes Island 17. Mai 1958 mit 640 DU, Irkutsk 17. März 1965 mit 655 DU, Dikson 17. April 1969 mit 673 DU.

Andererseits wurden auch außerhalb des antarktischen Ozonlochs extrem geringe Werte beobachtet. Kaum vorstellbar niedrige Gesamtozonwerte bis 120 DU im Sommer 1950 über Afghanistan in der Nähe von Kabul publizierten Khalek und Vassy (1954). Dieses asiatische „Sommerozonloch" über Zentralasien wurde auch durch andere Autoren (Kulkarni et al. 1960, Kuznetsov 1961 a, b) in der Tendenz bestätigt, allerdings nie wieder mit derart geringen Werten. Hier handelt es sich offensichtlich um ein lokales Phänomen, das eventuell mit dem extrem heißen Untergrund des Inneren des Kontinents zusammenhängt. Sehr niedrige Werte von 160 DU beobachtete auch Vassy (Khrgian 1975) in Ifrane (Marokko, 34 °N), und mit 205 DU im Jahresdurchschnitt wurde im Observatorium Tamarasset (Sahara, 3 °N) ein Rekordtief registriert.

57% der Erdoberfläche befinden sich zwischen 35 °N und 35 °S. Mit durchschnittlichen Werten von 264 DU enthält dieser Bereich etwa 50% des globalen Ozons. Dieses Ozon ist sowohl in seinem Gesamtbetrag als auch in seiner vertikalen Schichtung sehr stabil und keinen großen saisonalen und lokalen Schwankungen unterworfen. Das sehr veränderliche Ozon der mittleren Breiten zeigt dagegen Variationen mit unterschiedlicher Zeit- und Raumskala. Diese natürlichen Variationen spiegeln Änderungen des stratosphärischen Wetters und Klimas wider.

In dem Bestreben, große zeitliche und räumliche Mittel zu bilden, besteht die Gefahr, bestimmte Wirkzusammenhänge in diesen Veränderungen nicht zu erkennen. Die kleinskalige Analyse von Ozondaten zeigt dagegen häufig überraschende Einsichten, die sich bei großskaliger Betrachtung nicht finden. So lassen sich z. B. klimatische Ozontrends für den Winter isolieren, die sich im Sommer nicht bestätigen. Bisweilen treten gegenläufige Ozonvariationen in unterschiedlichen geographischen Sektoren auf (z. B. zwischen nordamerikanischem und europäischem Sektor), die eingedenk der großen Lebenszeit des Ozons Ausdruck der Tatsache sind, daß globale Umverteilungen stattgefunden haben.

Die vertikalen Austauschprozesse beeinflussen nicht unerheblich das Gesamtozon. Korrelationen des Gesamtozons mit Wetterabläufen in der Troposphäre wurden breit untersucht und belegen diese Kopplung. Klimatische Variationen der Troposphäre finden somit auch ihren Niederschlag im Gesamtozon und damit letztlich im globalen Ozon.

Variationen über die synoptische Skala hinaus wurden entdeckt. RAMANATHAN (1963) fand im Ozon die QBO-Periode von etwa 26 Monaten (QBO-quasi biennial oscillation). Die quasi zweijährige Periode im Wind der tropischen Stratosphäre, die durch ein Umschalten von Ostwind- auf Westwindregime und umgekehrt gekennzeichnet ist, hat erst jüngst durch Arbeiten von LABITZKE im Zusammenhang mit der Beziehung zwischen Wetter und solarer Aktivität an überraschender Aktualität gewonnen. Hierauf wird in Kap. 7 eingegangen werden, wie gleichfalls auf die durch die solare Aktivität modulierte quasi 11jährige Periode.

RIMA (1961, 1965) publizierte aus Messungen in Arosa u. a. über eine mit der BRÜCKNER-Klimaperiode vergleichbare Ozonvariation von 35 Jahren. Extrem lange Perioden im Ozon können zwar erwartet werden, lassen sich aber gegenwärtig nicht belegen.

Im anschließenden Abschnitt soll sehr kurz auf die Kopplungsproblematik unterschiedlicher Schichten und geographischer Bereiche eingegangen werden, die durch die planetare Wellenaktivität hervorgebracht wird. Planetare Wellen spielen für das Verständnis des globalen Ozons und seiner natürlichen Variation eine eminent wichtige Rolle. Nur bruchstückhaft kann auf die diversen Ergebnisse eingegangen werden. Wesentlich ist, auf die enge Kopplung zwischen der Chemie und der Dynamik hinzuweisen.

6.7. Ozon und planetare Wellen

Bereits 1928 beobachteten DOBSON et al., daß das Gesamtozon mit einer Zeitskala von einigen Tagen beim Durchzug von Bodentiefdruckgebieten stark anstieg. In einem anderen Beispiel analysierten ENTZIAN und GRASNICK (1976) den Zusammenhang zwischen Gesamtozon und Radiowellenabsorption bei 2,6 MHz um 100 km Höhe sowie die Abweichung der Temperatur um 10 hPa vom saisonalen Trend für die Winter 1964/65 bis 1973/74. Sie fanden eine enge Beziehung zwischen Gesamtozon und Radiowellenabsorption als Anzeiger für den dynamischen Zusammenhang zwischen Stratosphäre und unterer Thermosphäre und vermuteten als Ursache die Ausbreitung planetarer Wellen. Die Radiowellenabsorption in der E-Schicht ist ein guter Indikator für Neutralgasdichtevariationen. In der 30-hPa-Höhe (60 °N) wird eine Antikorrelation zwischen

Gesamtozon und Temperatur gefunden. Dagegen wird in 1 und 10 hPa (50 °N, 10 °O) eine positive Korrelation zwischen diesen Parametern angegeben. Offensichtlich kann dies nur eine Folge der Dynamik sein (Abb. 6.5).

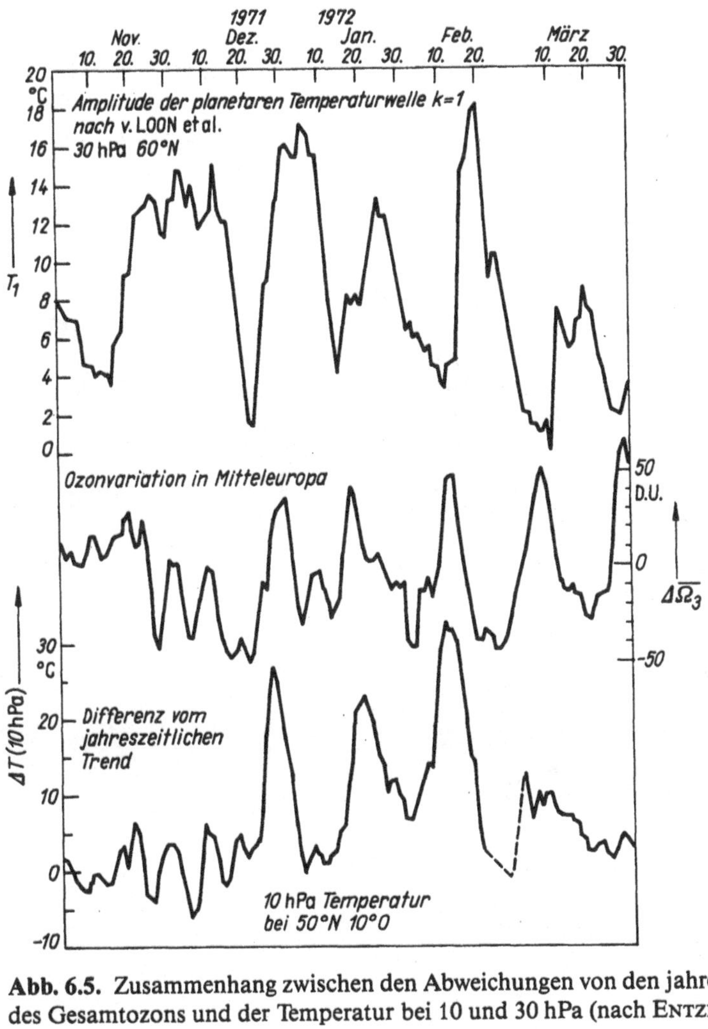

Abb. 6.5. Zusammenhang zwischen den Abweichungen von den jahreszeitlichen Trends des Gesamtozons und der Temperatur bei 10 und 30 hPa (nach ENTZIAN und GRASNICK 1976)

Wie diese Befunde ausweisen, spiegeln sich im Ozon die dynamischen Zusammenhänge zwischen sehr unterschiedlichen Atmosphärenschichten wider und belegen die Kopplung zwischen niederer und hoher Atmosphäre. Pulsartige Störungen können, wie zuvor an Beispielen belegt, zu drastischen Veränderungen im Gesamtozon führen. Globale Ozonfelder aus Satellitenmessungen zeigen eine starke Korrelation zwischen der Zirkulation der oberen Troposphäre und dem Gesamtozon (KRUEGER et al. 1981).

Für die Südhemisphäre folgt aus einem Modell der allgemeinen Zirkulation (GCM) von CARIOLLE und DEQUE (1986), daß die beobachtete Ozonvariabilität sehr gut durch Wellen des mittleren Maßstabsbereiches der Wellenzahl 4, 5 und 6 erklärt werden können. Eine bedeutende Rolle spielen transiente durch barokline Instabilitäten in der unteren Troposphäre erzeugte Wellen, die sich mit einer entsprechenden barotropen Struktur in die Stratosphäre ausbreiten. Maximale Amplituden im Ozon treten hiernach um 100 hPa (zwischen 50 und 200 hPa) auf.

Die Auswirkung quasi stationärer planetarer Wellen der Nordhemisphäre wurde durch ROOD und SCHOEBERL (1983) untersucht. MAHLMAN et al. (1980), SCHLESINGER und MINTZ (1979) gebrauchten zur Analyse des großräumigen horizontalen Ozontransports generelle Zirkulationsmodelle. Eine große Anzahl von theoretischen Modellen sind in der Vergangenheit entwickelt worden, um den planetaren Wellentransport von Ozon und anderen Spurenstoffen zu berechnen. (Siehe hierzu MAP Handbook 2 (1981) und die historische und allgemeine Übersicht von MAHLMAN et al. 1981.)

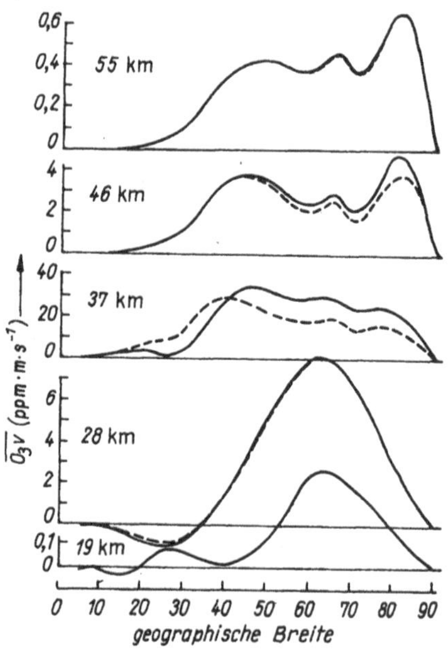

Abb. 6.6. Ozonfluß als Funktion der geographischen Breite.
Parameter ist die Höhe, ... ohne photochemische Kopplung, — mit photochemischer Kopplung (nach ROGERS und PYLE 1981)

Abbildung 6.6 zeigt nach Rechnungen von ROGERS und PYLE (1981) den Ozonfluß als Funktion der Breite und Höhe. Die photochemische Kopplung zwischen NO_x und O_3 ist im allgemeinen gering und nur dort wichtig, wo die Chemie selbst dominant wird.

In der Stratosphäre herrscht etwa Balance zwischen Ozonerwärmung und CO_2-Kühlung. Die Ozonkonzentration hängt invers von der Temperatur ab. Temperaturstörungen verursachen Ozonstörungen. Aufgrund der nach oben abnehmenden Lebenszeit von Ozon (Oddoxygen) sind in der unteren Stratosphäre Temperatur- und Ozonstörung in Phase und in der oberen um π phasenverschoben (HARTMANN 1981). Dies hat für die untere Stratosphäre eine Temperaturrelaxationsrate kleiner, aber für die obere Stratosphäre größer als die IR-Kühlungsrate zur Folge.

Die Konzentration des Ozons sowie sein Transport können stark durch die Wechselwirkung zwischen dem Bewegungsfeld mit den photochemischen Quellen und Senken beeinflußt werden. In dem Höhenbereich, in welchem die Zeitskala für den dynamischen Transport und die Photochemie vergleichbar sind, erzeugt die Wechselwirkung unter Anwesenheit von planetaren Wellen einen großen Wirbeltransport von Ozon. Dieser Wirbeltransport wird durch die mittlere zonale Ozonerzeugung bilanziert (HARTMANN und GARCIA 1979).

Bei einem starken meridionalen Gradienten der photochemischen charakteristischen Zeitskala resultiert aus dem meridionalen Wirbeltransport eine Nettozunahme der Gesamtozonkonzentration, wobei Ozon von den Tropen zu polaren Regionen befördert wird.

Im folgenden Kapitel werden detailliert anthropogene Einflüsse auf die Ozonschicht vorgestellt. Die Geringfügigkeit des zunächst zu erwartenden Trends der Ozonabnahme wirft vor allem die Frage nach den ersten anthropogenen Signalen, den sogenannten Fingerabdrücken, auf. Als notwendige Voraussetzung für einen im Sinne der Kriminalistik zu führenden Indizienbeweis steht, die anthropogenen Veränderungen von den natürlichen Variationen zu separieren. Es sollten deshalb, nachdem im ersten Teil des Kapitels auf anthropogene Probleme eingegangen wurde, die natürlichen Einflüsse diskutiert werden. Der letzte Abschnitt befaßt sich dann mit dem heiß debattierten Ozonloch über der Antarktis, an dem die Brisanz, aber auch die Unsicherheit bei der wissenschaftlichen Interpretation von Befunden deutlich wird.

7. Das Gesamtozon – seine anthropogene Beeinflussung und natürliche Variation

7.1. Die Hautkrebsgefahr

1970 berichtete McDonald vor einem Ausschuß des US-Ministeriums für Transport über den möglichen Effekt von SST-Flügen (supersonic transport planes – Überschalltransportflugzeugen) auf den Hautkrebs (skin cancer). McDonald schätzte ab, daß 1% Ozonreduktion zu 7000 ((5–10)×10³) neuen Hautkrebserkrankungen pro Jahr in den USA führen sollten. Ein neues Reizwort – die Skin-cancer-scare – wurde kreiert. Alle nachfolgenden Diskussionen um natürliche Ozonvariationen und mögliche anthropogene Beeinflussung sind vor diesem Hintergrund zu sehen. Nach der Veröffentlichung des Buches „The ozone war doubleday" durch Dotto und Schiff (1978) bekam die ganze Ozonproblematik durch die gedachte Möglichkeit der Ozonschichtvernichtung für kriegerische Zwecke eine zusätzliche makabre Dimension.

Die berechneten Zahlen stützen sich auf die Verdoppelungsdistanz für UV-Erythema und/oder Hautkrebsfälle im Nord-Südgefälle des Ozons in mittleren Breiten. Die Entfernung beträgt etwa 600 Meilen (960 km). In vertikaler Richtung ergibt sich ein Wert von 15000 Fuß (4,5 km) (NAS 1975). Eine Ozonabnahme, durch z. B. anthropogene Einflüsse, kann in mittleren Breiten als meridionale Wohnortverschiebung aufgefaßt werden (Ellsaesser 1982). Eine einprozentige Ozonreduktion hat eine Hautkrebszunahme um 2% zur Folge, was einer äquatorwärtsgerichteten Ortsverschiebung um 19,2 km oder einer Höhenzunahme um 90 m entspricht.

Aus einer Untersuchung des US-National Research Council aus dem Jahre 1982 folgt für 1% Ozonverminderung sogar 2–5% Erhöhung des Basalzellkarzinoms und fast 5 bis 10% Zunahme des Schuppenzellkarzinoms unter der hellhäutigen Bevölkerung.

Im Mittel erzeugt 1% Ozonabnahme eine UV-B-Strahlendosiserhöhung (besonders im Bereich 290–320 nm, weshalb hierfür die Bezeichnung DUV (damaging UV), BHUV (biologically harmful UV), UV-Bee (erythemally effective UV) oder UV-Be bzw. UV-B(BE) (biological effective UV) geprägt wurde) um 2% am Boden. Dieser Wert kann nur als grobe Näherung angesehen werden. Er hängt vom Ort und der Saison ab, die spektrale Verteilung ist von Interesse, und letztlich ändert sich dieser Amplifikationsfaktor AF mit der Ozonschichtreduzierung X. $AF(X\%) = AF(1\%)\,(1/(1-X\%/100))$ wurde als Näherungsformel für $X < 20\%$ und eine geographische Breite < 50 °N angegeben. Ansonsten existieren spezielle Tabellen. Für eine Ozonschichtreduzierung von 15% wurde z. B. ein Wert einer UV-B-Erhöhung von 44% berechnet (NACHTWEY und RUNDEL 1982). Diese einprozentige Ozonabnahme – für viele Forscher die minimale Grenze eines feststellbaren anthropogenen Signals – entspricht also keinem größeren Hautkrebsrisiko, als wenn ein Berliner von Pankow nach Schönefeld zöge.

UV-Strahlung in hohen Dosen führt zweifellos zu Hautkrebs. Im allgemeinen sind die durch UV-Strahlung bedingten Karzinome weniger bösartig als andere Hautkrebstypen. Das wichtigste Argument für den Zusammenhang zwischen UV-Strahlungsbelastung und Hautkrebs resultiert aus epidemologischen Untersuchungen an hellhäutigen Menschen in Abhängigkeit vom Abstand ihres Wohnortes zum Äquator.

Ohne irgendwelche Risiken zu verniedlichen, sollte man sich, wie das Beispiel des Umzugs von Nord- nach Südberlin zeigt, über die Größenordnung der Effekte eine bildhafte Vorstellung verschaffen. JONES (1975) führte beispielsweise aus, daß die UV-Intensität in Colorado einigemale größer als sonstwo in den USA ist (im Mittel 2,1 km über dem Meeresspiegel). In Colorado gibt es jedoch eine der geringsten Hautkrebsraten von 1,9 pro 100000 Einwohner und Jahr, wogegen im nationalen Mittel 2,4 erreicht wird. Die einfache Erklärung hierfür besteht in einer angepaßten Kleidung, einem breitrandigen Hut, und einem gemäßen Verhalten, sich mittags der Sonne fernzuhalten.

SCORER berichtet, daß in den vergangenen 30 Jahren in einigen Teilen der USA und Europas die Hautkrebsrate um 1200% für den Typ, der aus der UV-Strahlung folgt, angewachsen ist. Dieses steht selbstverständlich in einem eklatanten Verhältnis zu der Veränderung der natürlichen UV-Belastung, die in urbanbeeinflußten Gebieten eher abgenommen hat. Die Hauptursache ist in der veränderten Lebensgewohnheit und dem gewandelten Schönheitsideal zu suchen. Knusprig braun möchte man aus dem Urlaub zurückkommen und nicht wie weiland Schneewittchen eine Haut wie Milch und Blut haben. Allein hierfür hat sich im Sprachgebrauch ein neues Wort herausgebildet, das die ganze Mißachtung gegenüber der Blässe beinhaltet, nämlich das „käsige" Aussehen. Sonnenstudios schossen wie Pilze aus der Erde.

Eine Unmenge von Umwelteinflüssen steht im Verdacht, krebsfördernd zu wirken. Bei allen vermeintlichen Risiken gilt es, die Relationen zu wahren. Den zweifellos gefährlichsten krebsfördernden Faktoren ist der Einzelmensch nicht hilflos ausgeliefert, sondern er nimmt sie über Nahrung, Getränke oder Inhalation bewußt oder aus mangelnder Information zu sich. Hierzu zählen an erster Stelle das aktive Rauchen. Aber selbst das passive Rauchen birgt eine wesentlich höhere Gefahr in sich als jede zu erwartende Ozonschichtreduzierung. Zu fette Nahrung fördert Dickdarmkrebs. Jegliche verschimmelte Nahrung (vor deren Verzehr man sich aus Unkenntnis dessen, was man bisweilen zu sich nimmt, nicht immer schützen kann) könnte kanzerogen wirken.

Sicherlich nutzt es dem gesundheitsbewußt lebenden Menschen wenig, daß seine Mitbürger leichtfertig größere Risiken auf sich nehmen, wenn er anderen Einflüssen schutzlos gegenübersteht. Hierzu zählen Asbeststaub, radioaktive Substanzen in der Umwelt, Nitrosamine, kanzerogene Immissionen unterschiedlicher Art an bestimmten Arbeitsplätzen, verschiedenste Abgase, Emanationen aus Industrieprodukten, wie möglicherweise Formaldehyd usw. Wen ein persönliches Schicksal ereilt, dem ist es weitgehend gleich, ob er nur ein vernachlässigbarer Einzelfall einer umfassenden Krebsstatistik ist oder sein Leid mit vielen anderen teilt. Die Achtung vor dem Leben gebietet es, jegliches Risiko zu minimieren. Beim UV-bedingten Hautkrebs hat es jeder Mensch selbst in der Hand, sein Risiko zu reduzieren.

Eine der Streitfragen in der Kanzerogenese besteht in der Schwellenwertproblematik. Zwei disjunktive Standpunkte sind möglich. Das Krebsrisiko wächst monoton mit der Dosis, oder es existieren bestimmte Schwellenwerte, unterhalb derer kein Krebs entsteht. Nach eigenen Rechnungen mittels eines idealisierten immunologischen Modells gibt es solche individuellen Schwellenwerte, die von Individuum zu Individuum sehr unterschiedlich sein können und somit bei der Betrachtung einer statistischen Gesamtheit zu dem Schluß führen (was auch sinnvoll ist, da keiner seinen Schwellenwert kennt), daß das Krebsrisiko gleichmäßig mit der Belastung zunimmt.

Obwohl die Skin-cancer-scare zum Reizwort für die gesamte anthropogene Ozonproblematik wurde, scheinen doch die ernsthafteren Argumente mit anderen Einflüssen verbunden zu sein, sobald es sich um dramatische Ozonschichtzerstörungen handelt, weit außerhalb der natürlichen Schwankungen.

Die Auswirkungen auf die Biosphäre sind kaum in ihrem Umfang und ihrer Komplexität kalkulierbar und müssen als das ernstere Problem bewertet werden. So befürchtet Worrest (1982) (in: Ewe 1986) eine mögliche Abnahme des Planktons der Weltmeere mit all seinen katastrophalen Folgen als Basis der ozeanischen Nahrungskette. Nicht nur die äquatorialen Breiten mit ihrer ohnehin geringsten Ozonschichtausprägung wären gefährdet, sondern auch die hohen Breiten, da dort die prozentuale UV-B-Erhöhung am größten ist. Wer weiß schon, wie z. B. eine drastisch erhöhte UV-Strahlung auf die Augen der Tiere wirkt? Schattensuchende Tiere wollen UV-B vermeiden. Sie orientieren sich nach der Helligkeit und nicht nach dem UV-B-Niveau.

Es sind mittlerweile eine Vielzahl von Arbeiten zu diesem Problemkreis erschienen, größer sind jedoch noch die Unsicherheiten. Informationen stammen u. a. vom 18monatigen CIAP-Climatic Impact Assessment Program, dem BA-

CER-Biological and Climatic Effect Research Program und von SIRA-Stratospheric Impact Research and Assessment. 100 Spezies wurden bezüglich ihrer UV-B-Sensitivität getestet. Es gibt prinzipielle experimentelle und methodische Schwierigkeiten hierbei. Um die Wirkung richtig beurteilen zu können, müßten Millionen Spezies unter variablen Bedingungen wie Temperatur, Feuchte, Licht, pH-Wert usw. getestet werden. Ergebnisse mit UV-C-Licht im Labor erzielt, sind nicht übertragbar auf UV-B unter natürlichen Bedingungen. Die Tests zeigen positive (20%) Auswirkungen einer Wachstumsstimulation, neutrale und negative Reaktion. Offensichtlich können sich durch Wettbewerbsverzerrungen Ökosysteme in ihrem Charakter verändern. 60 untersuchte aquatische Mikroorganismen zeigten UV-B-Sensitivität. Der Anchovis lebt an der Toleranzgrenze für UV-B. Ökologische Verschiebungen wären auch hier zu erwarten.

Die tolerierbare Dosis orientiert sich an der natürlichen UV-B-Variation. Offensichtlich existieren Quasischwellenwerte in der Natur.

Das eigentliche Targetmolekül auf zellulärer Ebene ist die DNS (DNA). Es enthält die genetische Information und spezifiziert die Struktur der RNS (RNA) und über diese die Struktur der Proteine. Die Sätze von DNS-Molekülen sind nur in ein oder zwei Kopien vorhanden, während die anderen redundant vorliegen. Es gibt drei enzymatische Reparaturmechanismen, die dafür sorgen, daß beschädigte DNS wiederhergestellt werden. Diese Reparatur erfolgt auch bei geringen Dosen nicht 100prozentig. Nach 1 Tag waren bei einer Strahlungsbelastung von 5 J/m^2 mit 254 nm Strahlung etwa 50% der Schäden behoben und nach 3 Tagen alle mit Ausnahme einiger abgestorbener Zellen. Eine doppelt so hohe Belastung führte jedoch zum Absterben von 90% der Zellen, die Quasischwelle wurde überschritten. Zelltod, Zellteilungsverschiebung, Mutation sind die Schadwirkungen. Die charakteristische Reparaturzeit gibt das Zeitmaß an, innerhalb dessen mit gemittelten Dosen gerechnet werden kann.

Obwohl die Troposphäre wenig sensibel auf Temperaturänderungen in der Stratosphäre reagiert, wie Klimamodellrechnungen gezeigt haben, kann dieser Problemkreis nicht außer acht gelassen werden.

All diese Gefahren müssen gesehen werden, wenn es nachfolgend um die konkrete Diskussion anthropogener Einflüsse auf die Ozonschicht geht. Die Geringfügigkeit des zunächst zu erwartenden anthropogenen Signals erfordert auch eine Diskussion der natürlichen Variationen.

7.2. Das SST-Problem und die Atombombentestserien

Bei einer Anhörung vor dem US-amerikanischen Kongreß im Jahre 1971 wurde verlautbart, daß ein vielzahliger Einsatz von kommerziell genutzten Großraumtransportflugzeugen in der Stratosphäre ein Umweltproblem darstellen könnte.

Hierbei galt die Aufmerksamkeit dem Wasserdampfeintrag in die Stratosphäre durch die Abgase (exhaust emission) der SST's. Der NO_x-Eintrag wurde noch 1970 als ungefährlich eingeschätzt. Auf dem Zusammenhang zwischen Ozonschichtreduktion, Erhöhung der UV-Strahlung und Hautkrebsrisiko für hellhäutige Menschen wurde hingewiesen. Ein zweiter Aspekt stand zur Debatte: Die hohen Wolken könnten über Albedoveränderungen das Klima beeinflussen (SUNDARAMAN et al. 1979). Nicht ohne Interesse sollte dabei registriert werden, daß kommerzielle Fragen, nämlich die Konkurrenz des französischen SST Concorde, im Hintergrund standen (GRIBBIN 1979).

Im März 1971 stimmte der Kongreß für die Einstellung der Zuwendungen für das SST-Entwicklungsprogramm. Finanzpolitische Zwänge waren der eigentliche Auslöser, die Umweltprobleme wurden als vordergründiges Argument benutzt (BRODERICK und OLIVER 1982). Das US-Ministerium für Transport wurde beauftragt zu veranlassen, daß die Umweltfolgen (so auch der Umweltlärm) von SST-Flügen genauer untersucht werden. Ein darauf anlaufendes Forschungsprogramm wurde Climatic Impact Assessment Program (CIAP 1974) genannt und 1975 mit einem „Bericht über die Befunde" abgeschlossen. Besondere Aufmerksamkeit galt dem SO_2, seiner Oxydation und anschließenden Aerosolbildung sowie der Abschätzung der daraus folgenden Veränderung der globalen mittleren Temperatur.

In Konkurrenz zu diesem Programm wurde eine unabhängige Studie durch das Climatic Impact Committee of the National Research Council (NRC 1975) angefertigt. Parallele Studien entstanden auch in Großbritannien (COMESA 1975) und Frankreich (COVOS 1976). Während dieser Zeit wurde offenkundig, daß Stickstoffoxide NO_x einen wesentlich stärkeren Einfluß auf die Ozonschicht haben könnten (JOHNSTON 1971: 10fach höher als H_2O-Injektion). Die CIAP- und NRC-Studie empfehlen deshalb die Entwicklung von SST-Antriebsmaschinen mit geringer NO_x-Emission.

Um die Dringlichkeit der gezogenen Schlüsse zu verifizieren, initiierte die Federal Aviation Administration das High Altitude Pollution Program (HAPP 1975). Hierbei ging es vor allem darum, die Unsicherheiten der Voraussage des Einflusses auf die Ozonschicht und auf das Klima zu reduzieren. In Verbindung mit der Environmental Protection Agency (EPA) und der International Civil Aviation Organization (ICAO) sollten Maßnahmen ergriffen werden, die Umweltschäden zu vermeiden.

Mutmaßungen, daß durch anthropogene Wirkung die Ozonschicht der Stratosphäre beeinflußt werden könnte, wurden bereits im Zusammenhang mit atmosphärischen Wasserstoffbombenversuchen geäußert. Auch hierbei sollte dem Erkenntnisstand entsprechend der Wasserdampfeintrag zur Gefahrenquelle werden. Die Befürchtungen hatten sich nicht bestätigt. Mit den Überlegungen von JOHNSTON und gleichfalls von WESTENBERG in Hinblick auf den ab 1990 geplanten vielzahligen Einsatz von SST's verschob sich der Diskussionsschwerpunkt auf den katalytischen Ozonabbau durch NO_x. Bereits 1934 diskutierte CHAPMAN die Möglichkeit, durch katalytische Reduktion ein Loch in der Ozonschicht zu erzeugen, um bis dahin unzugängliche Wellenlängenbereiche für astronomische Beobachtungen zu erschließen.

Die Flughöhe der SST's wie der Concorde, der TU 144 oder der Boing 747 SP beträgt etwa 10–20 km. Neben den normalen volloxydierten Verbrennungsprodukten von Kohlenwasserstoffen CO_2 und H_2O enthalten die Flugzeugabgase beträchtliche Mengen an CO, NO_x, SO_2, Ruß-Partikeln und unverbrannten Kohlenwasserstoffen. Für einen GE-4-Motor eines SST wurden nach Angaben des Herstellers folgende Emissionswerte gemessen:

CO_2	103 500	$1\,bh^{-1}$	1 lb = 455,5900 g
H_2O	41 400		
CO	1 400		
NO	1 400		
SO_2	33		
Rußpartikel	5		
unverbrannte Kohlenwasserstoffe	16,5.		

Hierbei muß noch beachtet werden, daß der NO_x-Ausstoß teilweise um den Faktor 2–6 unterschätzt wurde.

Der Zuwachs der Emission betrug vor 1975 9,4% a^{-1}. Nach 1975, von einer Abschätzung durch BAUER (1978) ausgehend, liegt er zwischen 8,8% a^{-1} bis 12,2% a^{-1}. Die Verweilzeit der Partikel ist aufgrund des positiven stratosphärischen Temperaturgradienten und demzufolge der statischen Stabilität der Stratosphäre sehr groß und beträgt einige Jahre (z. T. auch geringer angegeben).

Der Einfluß der Partikelkontamination stellt ein ernsthaftes Problem dar. Aus vulkanischen Eruptionen wie der des Krakatoa (1883), Hekla (1947), Agung (1963) oder El Chichon (1982) ergaben sich deutliche Temperatureffekte mit einer Temperaturerhöhung in der Stratosphäre und Abnahme an der Erdoberfläche. (Der Temperatureffekt der Aerosole ist gegenwärtig noch sehr umstritten. Eine Erwärmung durch Absorption von Strahlung hängt von einem kritischen Wert des Imaginärteils des komplexen Brechungsindexes der Aerosole ab. Dieser kritische Wert variiert mit der Aerosolpopulation. Speziell ändert sich für vulkanische Aerosole der Stratosphäre mit dem Alter die Größenverteilung der Population und damit auch der unmittelbare Einfluß auf die Temperatur in der Aerosolschicht.)

Das SO_2 wird durch die Oddoxygene zu SO_3 oxydiert und anschließend zu H_2SO_4 hydriert. Während seiner Residenzzeit von 1–2 Jahren wachsen H_2SO_4-Submikronpartikel durch Koagulation zu größeren Aerosolen heran. Natürliches SO_2 und H_2S bilden die Ausgangssubstanz für die permanente

Aerosolschicht (Junge-Schicht) in etwa der Höhe der SST-Flüge (75% des Aerosols bestehen aus Schwefelsäure). Abschätzungen auf der Grundlage von 500 SST-Flügen, 7 h pro Tag im Einsatz, ergeben, daß ihr Einfluß die Größenordnung der natürlichen Aerosole ohne Berücksichtigung der vulkanischen Eruptionen erlangt. Ihre globale Wirkung ist jedoch gemessen an Vulkaneruptionen gering. Der Ausbruch von Agung z. B. hatte eine äquatoriale Temperaturerhöhung der Stratosphäre von 6–7 K zur Folge.

Über Oxydation durch $O(^1D)$ erhöht der Eintrag von Wasserdampf die OH-Konzentration. Das stratosphärische Ozon mit Ausnahme des Ozons der oberen Stratosphäre erwies sich jedoch als relativ stabil gegenüber dem H_2O. Ein Grund besteht in der Umwandlung von $OH + NO_2$ zu wasserlöslichem HNO_3.

Das Hauptproblem der SST's folgt aus der Emission von Stickstoffoxiden. Auch gegenwärtig ist die natürliche Konzentration und Variation von NO_2 nur ungenau bekannt. Die Oxydation von biosphärischem Lachgas N_2O und der Abwärtstransport von mesosphärischem NO gelten als die wesentlichsten Quellen.

Stratosphärisches NO erreicht Konzentrationen von einigen ppb, in der unteren Mesosphäre sogar von einigen hundert ppb. Die Dichte von NO_2 kann eventuell einige zehn ppb erreichen. Nach Ackerman und Frimout (1969) wurden für eine Höhe von 15 km noch bis zu 30 ppb publiziert. Spätere Messungen (Ackerman et al. 1975) ergaben in 20 km Höhe für NO_x lediglich 1,3 ppb, einen Wert, der mit anderen Messungen korrespondiert. Salpetersäure HNO_3 als potentieller Stickstoffoxidträger besitzt nach Tried und Weinman (1970) Dichten von 8 ppb.

Diese älteren Messungen mögen an dieser Stelle zunächst als Richtwert genommen werden. Im folgenden Abschnitt wird hierauf detailierter eingegangen. Aus der Injektion von NO_x durch 500 SST's, für 7 h pro Tag eingesetzt, resultiert immerhin eine Zunahme der Konzentration um 6,8 ppb und in den Flugkorridoren sogar um eine Größenordnung mehr.

Die Diskussion um den NO_x-Einfluß war in der Vergangenheit durch ein ständiges Auf und Nieder gekennzeichnet. Die Modellgüte bestimmte die Aussagen. Nicht selten wurde mit täglichen Mittelwerten gerechnet, um eine hinreichend große Integrationsschrittweite zu gewährleisten. Da nachts der atomare Sauerstoff verschwindet, wird auch die katalytische Ozonreduktion unterbrochen. Gleichfalls zeigen NO und NO_2 einen bedeutenden Tag-Nacht-Unterschied. Am Tag reduziert sich NO_2, das mit dem atomaren Sauerstoff reagieren kann. Folglich sollten aus Mittelwerten berechnete Ozonabnahmen zu groß sein. In der Tat folgte aus den ersten Berechnungen von Johnston (1971) eine Ozonreduktion von 3–50%. Berechnungen von Ashby et al. (1972) auf der Basis der exakten Kontinuitätsgleichung bei korrekter Integration über den Tag ergaben lediglich Werte von 0,5%.

Dieses Ergebnis wird scheinbar insofern gestützt, wie FOLEY und RUDERMAN (1973) argumentieren, daß während der Atombombentestserien riesige NO-Mengen in die Stratosphäre gelangten, jedoch im weltweiten Netzwerk der DOBSON-Stationen sich keine signifikanten Auswirkungen zeigten, obwohl der Eintrag (6×10^{34} Moleküle während der letzten Testserien) dreimal so hoch als bei den angenommenen 500 SST-Flügen war. Theoretisch wurde jedoch 10% Abnahme geschätzt. Generell wird der hohe NO-Eintrag in die Atmosphäre durch HOLDSWORTH (1986) abgeleitet aus Nitrationsmessungen in Eiskernen, bestätigt.

Diese Aussage muß jedoch relativiert werden. Die gesamte Chlorproblematik war in den frühen siebziger Jahren noch nicht erkannt. Die Wechselwirkung ist derart, daß O_3 bei einem hohen Cl_x-Niveau mit der NO_x-Injektion anwächst. Reaktionen wie $NO_2 + ClO + M \rightarrow ClNO_3 + M$, $NO_2 + OH + M \rightarrow HNO_3 + M$, $Cl + HO_2 \rightarrow HCl + O_2$ neutralisieren Oddoxygen abbauende Spezies, in $HCl + OH \rightarrow Cl + H_2O$, $NO + HO_2 \rightarrow NO_2 + OH$, $NO + ClO \rightarrow NO_2 + Cl$ wandeln sich diese Konstituenten um.

Messungen des Ozons und der NO-Konzentration in einer nuklearen Wolke 7 Tage nach der chinesischen Kernexplosion vom 24. November 1976 zeigten keine meßbaren Veränderungen dieser Konstituenten (MCGHAN et al. 1981). Vorhergehende Arbeiten gingen von weltweiten NO-Erhöhungen von 50% aus. BAUER und GILMORE (1975), CHRISTIE (1976) diskutierten in diesem Zusammenhang Ozonmessungen, ihre Aussagen sind aber nicht eindeutig. JOHNSTON (1977) schätzte eine 15fache NO-Erhöhung in der umgebenden Luft und 5% O_3-Erhöhung nach 8 Tagen für eine 2-Mt-Explosion in der Atmosphäre ab. Nach den theoretischen Berechnungen von MCGHAN et al. (1981) sollte sich im Gegensatz zur Beobachtung NO sogar um den Faktor 80 erhöhen und O_3 um 20% reduzieren. Offensichtlich klafft diesbezüglich zwischen Theorie und Wirklichkeit noch eine erhebliche Lücke.

Die Analyse der Atombombenentestserie von 1961–62 wurde u. a. vorgenommen, weil man davon ausging, daß durch sie so viel NO_x in die Stratosphäre gebracht worden war wie durch 1 Jahr geplanter SST-Flüge. Die Beobachtungen des Gesamtozons zeigen in den sechziger Jahren bis 1970 eine globale Zunahme. JOHNSTON et al. (1973) argumentierten, daß es sich hierbei um das Wiedererreichen normaler Werte des Niveaus vor der Störung handele (Abb. 7.1). Eine Abnahme 1–6% sei möglich gewesen. Dagegen fanden GOLDSMITH et al. (1973) und BRASSEUR (1978) keinen entdeckbaren Effekt. Auch ANGELL und KORSHOVER (1973, 1976) zweifelten die Modellvoraussagen an und finden in ihren globalen Analysen im Höchstfall Größenordnungen von 1–2%. CHANG und DUEWER (1973) und CHANG et al. (1979) sprechen dagegen von Übereinstimmung zwischen Theorie und Befund. Eine 4prozentige Reduktion wurde aus der Analyse von JOHNSTON et al. (1973) und ANGELL und KORSHOVER (1978) abgeleitet.

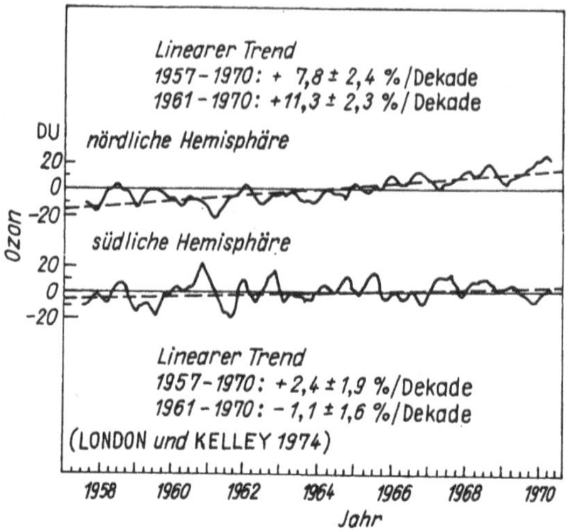

Abb. 7.1. Analyse der nord- und südhemisphärischen Ozondaten durch London und Kelly (1974)

Die angeführten Zitate zeigen etwas von dem Dilemma. Die natürlichen Variationen liegen in der Größenordnung von einigen Prozent und maskieren damit ein vermutetes anthropogenes Signal. Ein Mangel einiger Modelle bestand in der Beschränkung der relevanten chemischen Reaktionen. So kann die Ozonreduzierung durch NO_x nicht isoliert von der durch Cl_x betrachtet werden. Transporte bestimmen wesentlich die Verluste der katalytisch aktiven Konstituenten im Austausch Stratosphäre – Troposphäre.

Alle Trendvoraussagen resultieren aus Computermodellen. Auf deren Beschränkungen und Unzulänglichkeiten wurde bereits verschiedentlich eingegangen. So sollte bei 120 Flügen eines concordeähnlichen Typs von täglich 4,4 h (2000 NO-Moleküle s^{-1} cm^{-3} in eine 1 km dicke Lage der Flugtrasse eingebracht) nach Rechnungen von CIAP (1975) eine Ozonverminderung um 0,5% auftreten. Kalkulationen durch das National Research Council auf der gleichen Datenbasis ergaben eine Reduktion um 0,9%.

Bezeichnend für die Situation war die Veränderung der vorausgesagten Reduzierung der Ozonschicht im Laufe der Jahre durch die Neubestimmung der chemischen Reaktionskoeffizienten. Insbesondere die Einführung der Laser-Magnetik-Resonanzspektroskopie (LMR) im Jahre 1977 (Howard und Evenson) veränderte einige wesentliche Ratenkonstanten erheblich.

Die einschneidendste Korrektur erfuhr der Reaktionskoeffizient der Reaktion $NO + HO_2 \xrightarrow{l} NO_2 + OH$, der als 20mal größer gefunden wurde. $l_{alt} = 3 \times 10^{-13}\ cm^3\ s^{-1}$ für $T = 300$ K nach Payne et al. (1973). $l_{neu} = (8{,}1 \pm 1{,}5) \times 10^{-12}\ cm^3\ s^{-1}$ für $T = 290$ K nach Howard und Evenson (1977). Durch diese

Reaktion wird effektiv die HNO_3-Bildung gefördert. Eine Folge hiervon ist zunächst eine verstärkte Ozondestruktion durch Cl_x. Höhere OH-Kozentrationen führen aber nicht allein zur forcierten Cl-Bildung, sondern tragen zur Erzeugung von NO_3 in $HNO_3 + OH \rightarrow H_2O + NO_3$ bei. Dieses kann nacheinander photodissoziiert werden

$NO_3 + h\nu$ (sichtbares Licht) $\rightarrow NO_2 + O$ und

$NO_2 + h\nu$ (nahes UV) $\rightarrow NO + O$, wobei der atomare Sauerstoff Ozon bildet.

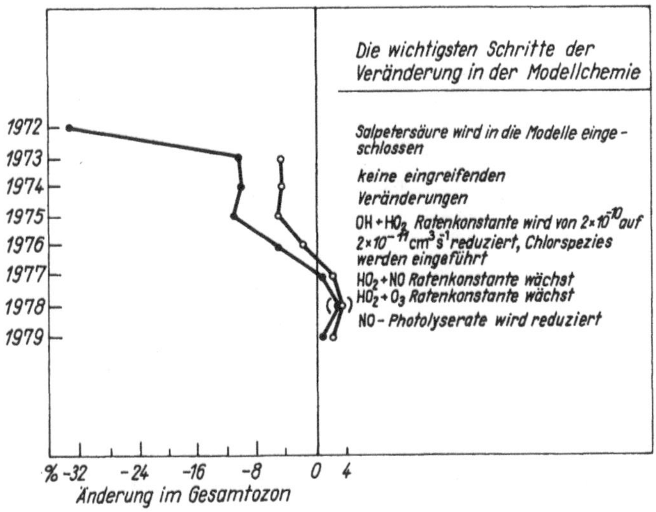

Abb. 7.2. Die historische Entwicklung einer typischen Modellrechnung (Lawrence Livermore 1-D-Modell) der Veränderung des Gesamtozons bei einer NO_x-Injektion von 2000 Molekülen $cm^{-3}\ s^{-1}$ über einer 1 km dicken Schicht um 17 km (offene Kreise) oder 20 km (volle Kreise) (nach SUNDERAMAN et al. 1979)

Abbildung 7.2 veranschaulicht etwa das Auf und Nieder der vorausgesagten Ozonschichtveränderung in seinem historischen Werdegang. Das überraschende Ergebnis bestand darin, daß trotz erheblicher NO_x-Injektion das Ozon zunehmen könnte. Der angenommene NO_x-Eintrag war dabei mit 2245 concordeähnlichen Flügen unrealistisch hoch (FABIAN 1978). Die Verunsicherung auch unter den Fachleuten stieg an (SCHIFF 1983, ELLSAESSER 1982, PENNER 1982).

Der Einfluß der Chlorverbindungen ist auch gegenwärtig noch nicht in allen Einzelheiten durchschaut. Minimal 150 Reaktionen von 50 chemischen Spezies sind zu beachten. 1980 wurden die Ratenkonstanten von OH mit HNO_3, HNO_2, H_2O_2 und HO_2 erhöht. Abbildung 7.3 zeigt die Entwicklung der Vorhersage bis 1982 (SCHIFF 1983).

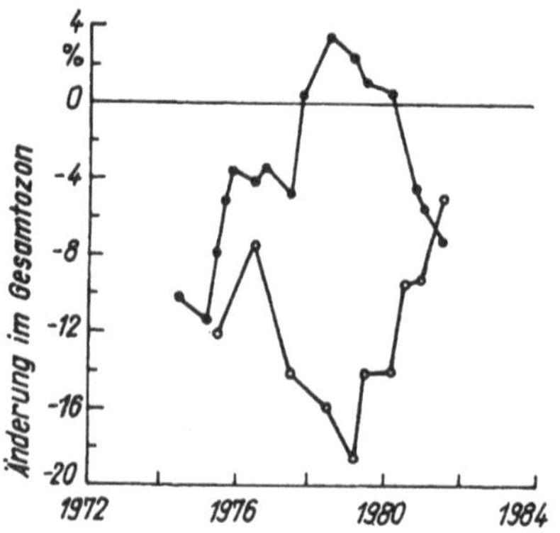

Abb. 7.3. Erwartete Änderung im Gesamtozon durch Eintrag von Chlorfluorkarbonen (○) und von NO_x in 20 km Höhe (●) (aus SCHIFF 1983)

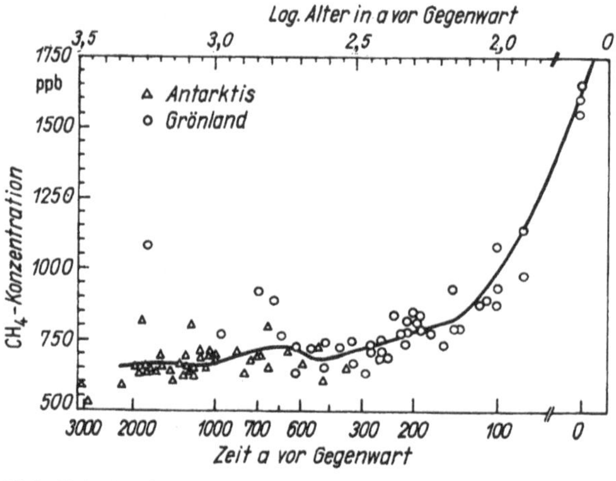

Abb. 7.4. Anthropogenbedingter Anstieg der Methankonzentration seit etwa 150 Jahren abgeleitet aus der Gasbläschenanalyse von Gletschereiskernen der Antarktis (Dreiecke) und Grönlands (Kreise) (nach RASMUSSEN und KHALIL 1983)

Einen weiteren Fortschritt brachte die Einführung der Methanchemie mit sich. Die Methankonzentration stieg seit dem vergangenen Jahrhundert rapide an (Abb. 7.4). Während in der oberen Stratosphäre der O_3-Verlust durch das Methan dominiert, kann es in der unteren Stratosphäre und Troposphäre zur O_3-Erzeugung beitragen. Als Nettoeffekt steigt das Gesamtozon an.

Abbildung 7.5 zeigt den historischen Verlauf der vorausgesagten Veränderung des Gesamtozons bei Einbeziehung aller Stoffklassen bis zum Jahre 1984. Wir werden auf das Methanproblem im Zusammenhang mit der Smogchemie noch näher eingehen. Zunächst sollen jedoch die Stickstoffoxide weiter betrachtet werden.

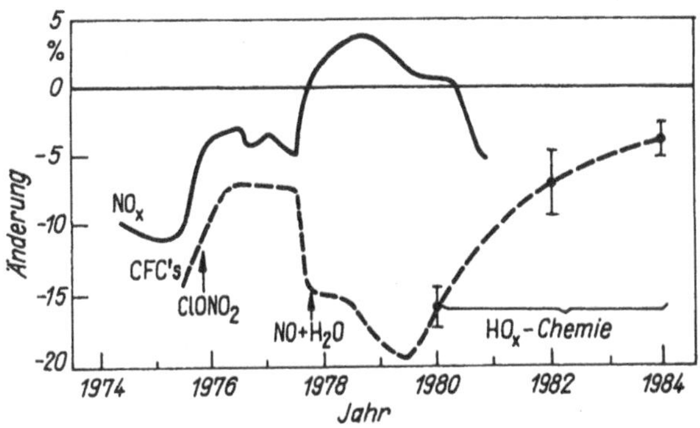

Abb. 7.5. Veränderung der vorausgesagten Gesamtozonabnahme im Laufe der Jahre 1979 bis 1984 (nach Upper Atmospheric Programs Bulletin 84-1)

7.3. Stickstoffoxide in der mittleren Atmosphäre

Die Hauptquelle des stratosphärischen NO_x ist wie erwähnt die Oxydation des N_2O. Crutzen machte auf einen Zusammenhang zwischen dem Einsatz von Kunstdünger und möglicher Ozonschichtreduzierung aufmerksam. Der steigende Gebrauch von Stickstoffdünger läßt eine Verdopplung der atmosphärischen Lachgaskonzentration im Bereich des Möglichen erscheinen. 1950 kamen $3{,}5 \times 10^6$ t Nitratdünger zum Einsatz, 1974 bereits 4×10^7 t, und für 2000 schätzt man $1{,}7 \times 10^8$ t. Der zukünftige Anstieg ist eng gekoppelt mit der anwachsenden Weltbevölkerung.

N_2O besitzt gegenwärtig eine Konzentration von etwa 330 ppb und nimmt mit der Höhe kontinuierlich ab, so daß um 40 km nur noch um 10 ppb oder weniger (in Abhängigkeit von der Breite) vorhanden sind. Die Anstiegsraten sind leider noch nicht angebbar und extrapolierbar (ungenaue Quellterme, Senken und Lebenszeit, die zwischen 8–70 Jahre geschätzt wird, nach photochemischen Rechnungen sogar 175 Jahre beträgt). Abgeschätzte N_2O-Wachstumsraten liegen bei 0,2% a^{-1} oder 0,6 ppb a^{-1} (Weiss 1981).

Eine N_2O-Verdopplung hat nach Rechnungen (Whitten et al. 1983) eine Netto-Ozonreduktion zur Folge, wie Abb. 7.6 am Beispiel des Gesamtozons zeigt. In der Höhe zwischen 20 und 25 km wird die Hauptwirkung erwartet.

Nach Angaben von Johnston (1982) erhöht sich dagegen um 20 km die Ozondichte und nimmt um 30 km drastisch ab, so daß gleichfalls eine Nettoreduktion zu verzeichnen ist. Die Rechnungen können jedoch nicht ohne Einbeziehung der Chlorchemie erfolgen, deren Konstituentendichten ebenfalls anwachsen. Für die Rechnungen wurde für die totale Fluorchlorkohlenwasser-

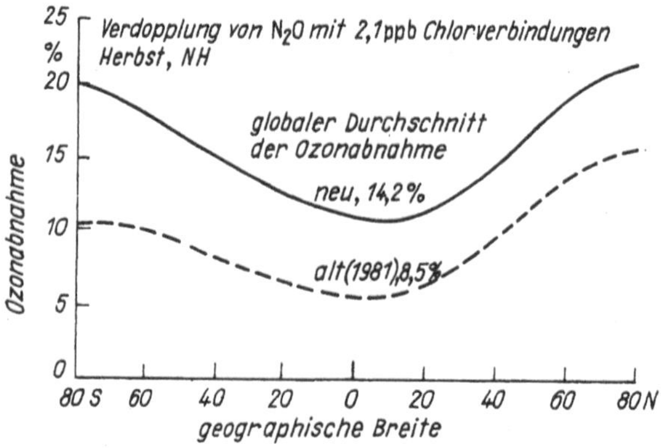

Abb. 7.6. Relative Abnahme des Gesamtozons als Funktion der Breite bei einer Verdopplung der atmosphärischen N_2O-Konzentration (Herbst, NH). Die CL_x-Dichte betrug 2,1 ppb in 60 km Höhe (nach WHITTEN et al. 1983)

stoffdichte ein Betrag von 2,1 ppb angenommen. Eine Erhöhung um 0,85 ppb, den abgeschätzten Zuwachs der frühen Neunziger Jahre, reduzierte die Ozonabnahme um die Hälfte.

Auch bezüglich der Auswirkungen einer anthropogenen N_2O-Anreicherung auf das Gesamtozon stellt sich das gleiche Bild wie bei dem geplanten vielzahligen SST-Einsatz dar. Wie kompliziert dabei die Bewertung des Einflusses selbst einer Schadstoffklasse ist, zeigt ein Beispiel der Neubestimmung nur eines Reaktionsratenkoeffizienten. Die Reaktion

$$OH + HO_2NO_2 \xrightarrow{l} H_2O + O_2 + NO_2, \qquad (7.1)$$

$$l = 1{,}3 \times 10^{-12} \exp(380/T)\ cm^3\ s^{-1}$$

wurde als wesentlich wirksamer erkannt. WHITTEN et al. (1983) mußten daraufhin ihre 2-D-Modellaussagen erheblich revidieren. Zuvor galten die Reaktionen $OH + HO_2 \rightarrow H_2O + O_2$ und $OH + HNO_3 \rightarrow H_2O + NO_3$ als Hauptverlustprozesse für HO_x. Die OH-Konzentration nimmt durch (7.1) ab. Eine Folge zeigt sich in der geringeren Erzeugung von HNO_3 durch die Reaktion $OH + NO_2 + M \rightarrow HNO_3 + M$, aber auch in der geringeren Aktivierung von HCl in $OH + HCl \rightarrow H_2O + Cl$.

Bezeichnend ist, daß (7.1) zuvor in den Rechnungen total vernachlässigt worden war. Mit der neuen Ratenkonstanten jedoch besitzt sie die gleiche Effektivität wie die anderen beiden Hauptprozesse.

Nach theoretischen Berechnungen und verschiedenen Messungen besitzt die NO_x-Konzentration der mittleren Atmosphäre einen beträchtlichen Jahresgang, der in der oberen Mesosphäre am größten ist. Beachtliche jahreszeitliche

Variationen wurden auch in der oberen Stratosphäre mit Maxima im Winter mit dem Faktor 2 über Sommerwerten mittels eines Chemilumineszenzsensors gefunden (HORVATH und FREDERICK 1985). Scharfe vertikale Gradienten mit einem Abwärtstransport aus der Thermosphäre wurden registriert. Systematische Beobachtungen fehlen jedoch bislang.

Einzelne Messungen liegen verschiedentlich vor (BREWER et al. 1973, MURCRAY et al. 1974, ACKERMAN et al. 1975, KERR und MCELROY 1976, COFFEY et al. 1981, SYED und HARRISON 1981, MCKENZIE und JOHNSTON 1982, MOUNT et al. 1984).

Aus Messungen von Nimbus 7 mit Hilfe des „limb infrared monitor of the stratosphere" (LIMS) konnten O_3-, NO_2-, HNO_3- und H_2O-Dichten abgeleitet werden, und mittels des „mesospheric and stratospheric sounder" (SAMS) wurde die CH_4-, N_2O-, H_2O-, NO- und CO-Konzentration bestimmt.

Über photochemische Beziehungen berechneten PYLE et al. (1983) aus NO_2- und HNO_3-Messungen die Konzentration des OH-Radikals. Im photochemischen Gleichgewicht folgte bei Berücksichtigung nur der 3 Reaktionen $NO_2 + OH + M \xrightarrow{k} HNO_3 + M$, $HNO_3 + OH \xrightarrow{l} NO + H_2O$ und $HNO_3 + h\nu \xrightarrow{J} NO_2 + OH$ aus der Bilanzgleichung für HNO_3: $\frac{[NO_2]}{[HNO_3]} = \frac{J + l[OH]}{k[OH][M]}$.

Mit Hilfe eines Infrarotspektrometers auf dem Space Shuttle wurde durch LAURANT et al. (1985) NO, NO_2 und HNO_3 in der Stratosphäre und NO der Mesosphäre bestimmt. Die NO_2-Peakkonzentration in der Höhe unterhalb 25 km betrug $3 \times 10^9 \cdot cm^{-3}$ und etwas über $10^9\ cm^{-3}$ um 30 km für NO, was einigen ppb entspricht. In der Stratosphäre werden hiernach Mischungsverhältnisse von 1–10 ppb für beide Konstituenten gefunden.

Nach HORVATH und MASON (1978) ist NO in 35–40 km Höhe indikativ für NO_x und erreicht Konzentrationen von 15 ppb. Theoretische Abschätzungen ergaben 15–25 ppb. ACKERMAN et al. (1975) bestimmten aus Infrarotabsorptionsmessungen der Sonnenstrahlung in der 5,2-µm-Bande des NO und der 6,2-µm-Bande des NO_2 beide Konstituenten gleichzeitig. NO_x-Maxima wurden bei 26 km mit $(4{,}2 \pm 1)\,10^9\ cm^{-3}$ beobachtet. Die Mischungsverhältnisse lagen bei 1,3 ppb in 20 km und bei 13 ppb in 34 km Höhe. Aus Okkultationsmessungen fanden FISCHER et al. (1985) maximale Mischungsverhältnisse von NO_2 zwischen 30 und 35 km mit Konzentrationen um 10 ppb.

Die saisonalen Variationen von NO_2 sind für niedere Höhen relativ klein, ebenso die Tagesgänge. Beide Parameter wachsen mit der Höhe an. Tägliche NO-Variationen wurden mittels eines Fourierinterferometers aus solaren Infrarotabsorptionsmessungen vom Boden durch RINSLAND et al. (1984) abgeleitet und diese mit Modellrechnungen verglichen. In den Morgenstunden zeigt sich ein Anwachsen von NO, dessen Konzentration am späten Nachmittag um 40% höher ist. Ein Absinken der Dichten beginnt vor Sonnenuntergang.

Obwohl die Hauptquelle des mittelatmosphärischen NO_x mit der Oxydation von N_2O aus mikrobiologischer Tätigkeit verbunden ist (Bates und Hays 1967, Nicolet und Petermans 1972), spielen andere Quellen gerade bezüglich der natürlichen Variation von NO_x und damit von der des O_3 eine beachtliche Rolle. Der Abwärtstransport von NO aus der Thermosphäre wird mit 10–36%, bezogen auf die N_2O-Quelle, abgeschätzt (Jackman et al. 1980) Dieser Anteil übersteigt damit die anderen natürlichen Quellen wie die der galaktischen und solaren kosmischen Strahlung, den Einfluß relativistischer Elektronenpräzipitation, den Eintrag aus troposphärischen Gewittern und durchschnittlichen Meteorniedergängen. Diese Quellen werden in späteren Abschnitten noch diskutiert werden.

Eine erhöhte thermosphärische NO-Produktion besonders in den auroralen Breiten kann als gesichert betrachtet werden. Sie steht im Zusammenhang mit der geomagnetischen Aktivität und beeinflußt die Winteranomalie der D-Schicht. Allein der NO-Transport in der niederen Thermosphäre und der oberen Mesosphäre stellt ein Problem dar, das seit einer Wissenschaftlergeneration durch zahlreiche Gruppen untersucht wurde und dessen dynamisches Verhalten noch immer viele Fragen offen läßt.

Die globale thermosphärische Zirkulation ist vom Sommer- zum Winterpol gerichtet. NO reichert sich dort an, es unterliegt am Winterpol einer geringeren Photodissoziation. Durch planetare Wellenaktionen kann es in mittleren Breiten befördert werden (Sonnemann et al. 1983, Garcia et al. 1986). NO scheint während der Phase der exzessiven Elektronendichteerhöhung vorwiegend horizontal transportiert zu werden, da Abwärtsdiffusion einen sehr großen vertikalen Diffusionskoeffizienten von etwa $10^7\ cm^2\ s^{-1}$ verlangt. Kawahira (1984) geht jedoch von einem durch planetare Wellen beeinflußten niedergerichteten Transport aus. Die genaue Abschätzung der Menge des in Abhängigkeit von der Sonnenaktivität abwärtstransportierten NO besitzt für die Berechnung der natürlichen Ozonvariation große Bedeutung.

In hohen Breiten wurde durch Noxon (1979) ein scharfer stratosphärischer NO_2-Breitengradient, „cliff" genannt, gefunden, der an der Grenze des polaren Wirbels auftritt. NO_2 unterliegt großräumigen Bewegungen insbesondere unter Bedingungen von stratosphärischen Erwärmungen. Hohe NO_2-Dichten gibt es im Sommer von mittleren zu hohen Breiten. Es existiert ein äquatoriales Minimum. Während des Winters schwanken die NO_2-Dichten in hohen Breiten stark (Noxon et al. 1983). Nach Solomon und Garcia (1983 a) ist die Photodissoziation von N_2O_5 eine wesentliche Quelle von NO_2 in hohen Breiten. Die NO_2-Klippe führen sie auf asymmetrischen zonalen Luftmassentransport zurück.

7.4. Der Einfluß von Fluorkohlenwasserstoffen und anderen Chlorverbindungen auf die Ozonschicht

Die Ozonschicht wurde sehr lange als robust gegenüber Störungen betrachtet. Immerhin hat sie das Landleben wenigstens in den vergangenen 400 Millionen Jahren vor der gefährlichen UV-Strahlung geschützt. Einen Grund sah man in dem Selbstheilungseffekt. Zwar gab es Stimmen, die Einwirkungen auf das irdische Leben durch singuläre exotische Ereignisse wie die Explosion einer nahen Supernova oder den Einschlag eines Riesenmeteoriten oder kleinen Planetoiden vermuteten und das berühmte Sauriersterben damit in Verbindung brachten, doch ist es zweifelhaft, ob diese wirklich innerhalb eines oder weniger Jahre ausstarben oder lediglich in einer geologisch kurzen Zeit verschwanden.

Mit der Möglichkeit einer anthropogenen Ozonschichtreduzierung wurde publizistisch ein „Ozondrama" oder „ozonedoomsday" heraufbeschworen. Von allen anthropogenen Einflüssen schälten sich die Chlorverbindungen als die gefährlichsten heraus. Nachdem Stolarski und Cicerone, Wofsy und McElroy und Crutzen 1974 die prinzipielle Bedeutung des katalytischen Ozonabbaus erkannt hatten, waren es Molina und Rowland im gleichen Jahr, die auf die anthropogene Beeinflussung durch individuelle Chlorverbindungen hinwiesen. Alsbald kamen die Treibgase der Spraydosen in Verruf, und eine weltweite Kontroverse um deren Gebrauch setzte ein.

Die Treibgase (propellants) der Spraydosen bestanden und bestehen auch heute noch in den meisten Ländern aus den Fluorchlorkohlenwasserstoffen FCKW. Sie werden auch als Halokarbone oder Chlorfluormethane mit Abkürzungen wie CFC oder CFM bezeichnet bzw. organische Halogene und chlorierte Kohlenwasserstoffe genannt. Ein häufig verwendeter Name nach einer industriellen Markenbezeichnung ist Freone, die gebräuchlichsten sind F11 und F12. Überdies werden die FCKW in der Kältetechnik wegen ihres niederen Siedepunktes von —81° bis +48°C und ihrer leichten Verflüssigbarkeit unter geringem Druck als Kühlmittel eingesetzt und werden dort mit dem Buchstaben R für Refrigerant (auch kommerziell Frigene)-Kältemittel gekennzeichnet.

Ein breites Einsatzfeld eröffnete sich den FCKW in der Kunststoffindustrie. Wegen der schlechten Wärmeleitfähigkeit wurde speziell das F11 als Schaummittel (PUR-Schäume) genutzt. In Hartschäumen, wie für das Bauwesen die Polyurethanschaumdämmung, sind F11 und F12 zur Zeit kaum substituierbar. Die FCKW als Zellgas verbleiben in diesen Stoffen Jahrzehnte lang eingeschlossen.

Als Feuerlöschmittel wurden die Halone (engl. halogeneted hydrocarbon), welche auch Brom im Molekülverband enthalten, verwendet. Schließlich finden

FCKW ihren Einsatz zunehmend als Lösungsmittel zur Präzisionsreinigung in der Elektronik und bei der Chipherstellung.

Auf den Einsatz in Spraydosen entfällt der Löwenanteil von 51,5%. In der Kältetechnik werden 10,6%, zur Schaumkunststoffherstellung 32,6% und für die restlichen Anwendungen 5,3% verwendet. Die eingesetzten FCKW sind grundsätzlich unbedenklich, nicht feuergefährlich und chemisch träge - eine hervorragende Substanz, gäbe es nicht die Vorbehalte des Umweltschutzes.

Ihr inertes chemisches Verhalten garantiert aber auch einen großen kumulativen Effekt in der Atmosphäre. Das sich bis in die Hochatmosphäre ausbreitende Gas kommt erst hier unter den Einfluß der UV-Strahlung, welche, wie in 6.4 diskutiert, Cl aus diesen Verbindungen herauslöst. Ein freigesetztes Chloratom kann, bevor es z. B. in HCl gebunden im Gasaustausch Stratosphäre-Troposphäre letztlich mit dem Niederschlag ausfällt, etwa 10000mal einen katalytischen Kreislauf durcheilen.

Die Situation zu Ende der siebziger Jahre war dadurch gekennzeichnert, daß nach Jahren exponentiellen Wachstums die Produktionszahlen der FCKW in den Jahren der Weltwirtschaftskrise stagnierten. Abbildung 7.7 zeigt den häufig dargestellten Verlauf von F12 und F11.

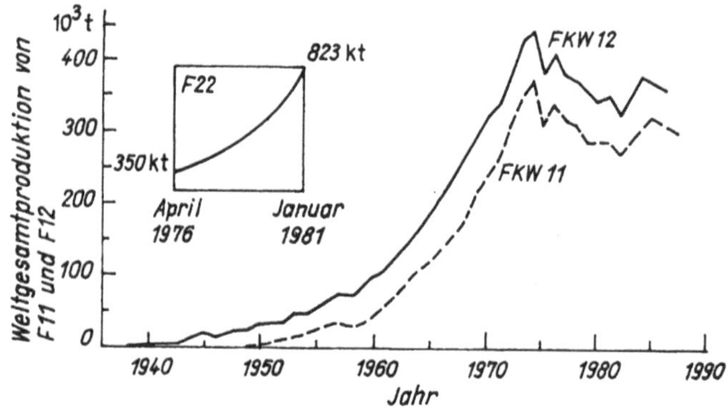

Abb. 7.7. Zeitlicher Verlauf der Weltproduktion von F 11 und F 12 nach Angaben der Hersteller und Menge des atmosphärischen F 22 (nach GRIBBIN 1981)

Die Folge von nicht nachweisbaren anthropogenen Einflüssen führte zur „Entwarnung" (GRIBBIN 1979). Die Sachlage war in dieser Zeit auch insofern kompliziert, wie mit den üblichen kommerziellen Chromatographen mit Kalibrierungsungenauigkeiten von 100% (GRIBBIN 1978) die Meßwerte einigen Zweifeln unterlagen. Noch 1984 schrieb PFLEIDERER: „Die wissenschaftliche Beurteilung des CFKW-Ozon-Problems aus heutiger Sicht rechtfertigt keine weiteren Anwendungsbeschränkungen für diese Substanzklasse" (CFKW-Chlor-Fluor-Kohlenwasserstoffe). Es wurden weder signifikante Änderungen im Gesamtozon noch Auswirkungen auf das Klima erwartet. Dieser Tenor herrschte auch in dem Sachbuch von SONNEMANN (1986) „Ist unsere Atmosphäre noch im Gleichgewicht?" vor.

Neue Nahrung bekam die Diskussion durch die Entdeckung des antarktischen „Ozonlochs". Unterdessen wurden die photochemischen Modelle und die Meßmethoden verbessert, die Produktionszahlen der FCKW sind wieder im Steigen begriffen, und erste nachweisbare anthropogene Effekte in der oberen Stratosphäre, wo das Ozon in 40 km Höhe mit etwa 1/2% pro Jahr abnimmt, entfachten eine neuerliche und konsequentere Diskussion.

Die Verminderung des Ozons in der oberen Stratosphäre bleibt nicht ohne Auswirkung auf die unteren Schichten, obwohl das Gesamtozon davon noch weitgehend unberührt geblieben ist. Im Temperaturmaximum in der Stratopause sinkt die Temperatur. Die tiefer eindringende UV-Strahlung erwärmt diese Schichten, greift in die Photochemie ein und bedingt eine höhere $O(^1D)$-Produktion. Besonders die Äquatortropopause mit der thermisch bedingten Aufwindzone und den häufigen Tropopausendurchbrüchen spielt im Transport der Spurenkonstituenten wie im besonderen auch der FCKW eine entscheidende Rolle. Ihre thermische Beeinflussung kann insbesondere die H_2O-Sperre durchlässiger machen und damit verstärkt H_2O mittels $O(^1D)$ zu OH umformen.

Bei der Gefahrenbewertung durch Cl_x nimmt die Verlustreaktion $NO_2 + ClO + M \rightarrow ClNO_3 + M$ (6.78) (Chlornitrat) eine zentrale Stellung ein. Solange ausreichende Mengen an NO_2 in der Atmosphäre vorhanden sind, wird auch der Cl_x-Kreislauf ständig geschwächt. Bei kritischen Grenzgrößen von Cl_y vermindert dieser Mechanismus auf Grund der Verarmung an NO_2 seine Effizienz, so daß ein nichtlinearer Ozonabbau mit der Cl_y-Belastung erfolgt. Unterhalb etwa der gegenwärtigen Belastung von 2,5 ppb Chlorverbindungen kann sogar Ozon mit ansteigendem Cl_y zunehmen. Über 3 ppb zeigen fast alle Modelle jedoch eine Ozonreduktion (CICERONE et al. 1983).

Zwischen 1973 und 1982 nahm die Produktion der FCKW um durchschnittlich 5% a^{-1} zu. Nach der Stagnationsphase ist seit 1983 wieder ein deutlicher Anstieg der Zuwachsraten zu verzeichnen. 1985 wurde durch RAMANATHAN et al. als vermutliche Zuwachsrate 3% angegeben. Die Extrapolation von Zuwachsraten hat sich, wie die Wachstumsraten während der Rezession zeigten, als abhängig von allgemein sozial-ökonomischen Entwicklungstendenzen erwiesen, die in ihrem genauen Gang nicht vorhersagbar sind. Insofern ist es Usus, verschiedene Szenarien durchzuspielen. In Abhängigkeit vom Modell ergeben sich trotz allem bei gleichem Szenario sehr unterschiedliche Voraussagen.

PRATHER et al. (1984) berechneten bei 3% Zuwachs eine 15%ige Abnahme des Gesamtozons in der Mitte des kommenden Jahrhunderts (1-D, 30 °N, Äquinoktien, CH_4-, N_2O-, Br_y-Zuwachs berücksichtigt). Nach Rechnungen von BRÜHL (siehe EWE 1986) kommt ein 4%-Szenario in diese Relationen (20% Abnahme, integriertes Modell mit berücksichtigtem Zuwachs anderer Komponenten wie CO_2, CH_4 usw.). 2% Zuwachs führen dagegen lediglich auf eine 4%-Reduktion und bei 0%, d. h. einer eingefrorenen Produktion, wächst das Gesamtozon um 6% an. Drastische Abnahmen werden in allen Fällen in der oberen Stratosphäre verzeichnet (in 40 km Höhe etwa 70, 50 und 30% entsprechend den 3 Szenarien).

Allgemein zeigen die Modelle einen beachtenswerten Effekt nicht vor dem kommenden Jahrhundert. Hohe Ozonabnahmen (größer 10%) werden dabei z. T. erst ab 18 ppb erwartet. Die Störung im Gesamtozon wächst danach lawinenartig an. Die gegenwärtige Konzentration der Chlorverbindungen beträgt um 2,5 ppb. CICERONE et al. (1983) geben 2,5 ppb an, PRATHER et al. publizierten 2,6 ppb bei 1 ppb abgeschätztem natürlichem Niveau und extrapolieren bis 1989 auf 3 ppb. SOLOMON et al. (1984) finden aus ihren ClO-Messungen im Millimeterwellenlängenbereich (278 GHz) über Hawaii nur Cl_y-Dichten von 1,7 ppb anstatt der 2,1–2,6 ppb für die Südhemisphäre angenommenen Werte.

Die atmosphärische Verteilung Anfang der achtziger Jahre zwischen den einzelnen FCKW betrug nach SIMMONDS et al. (1983) F11 $CFCl_3$ (20%), F12 CF_2Cl_2 (20%), CCl_4 (20%) und CH_3CCl_3 (15%) (14% nach BORCHERS et al. 1983). Die mit diesen Konstituenten verknüpften Lebenszeiten betragen etwa 70, 130, 55 und 10 Jahre. (Siehe auch SIMMONDS et al. 1983, PRINN et al. 1983, KO und SZE 1982, OWENS et al. 1982, CUNNOLD et al. 1983.)

Die Lebenszeiten auf der Grundlage des Atmosphäreninhalts der FCKW und der historischen Eintragsdaten berechnet, ergeben nach CUNNOLD et al. (1986) für F11 und F12 68 Jahre. Da andererseits CF_2Cl_2 die stabilere Verbindung von beiden ist, gibt es einige Zweifel über die korrekte Auflistung der Ausstoßraten insbesondere bezüglich des CF_2Cl_2. Die Produktionszahlen sind nicht von allen Staaten erhältlich. PENKETT et al. (1979) leiten für F11 Lebenszeiten von 50 Jahren ab. Die Lebenszeiten anderer FCKW sind bedeutend geringer. Eine Kumulation kann damit nicht stattfinden - ein Grund, sie alternativ wie F22 ($CHFCl_2$) für die langlebigen FCKW zum Einsatz zu bringen.

CH_3Cl	0,4 a	$CHFCl_2$	0,7 a
CH_2CL_2	0,2 a	CH_3CF_2Cl	7,1 a
CCl_3H	0,2 a	C_2Cl_4	0,2 a
CH_3Br	0,5 a	CH_3Cl_3	1,4 a
CH_2F_2Cl	4,6 a	(nach LUTHER 1976)	

Durch die Chemical Manufactures Association werden jährlich für das vorhergehende Jahr abgeschätzte sogenannte „Releaseraten“ für F11, F12 u. a. veröffentlicht. Die für 1982 ermittelten Freisetzungsraten betragen z. B. 260×10^9, 420×10^9, 120×10^9 und 500×10^9 g a^{-1} für die vier wichtigsten Konstituenten $CFCl_3$, CF_2Cl_2, CCl_4 und CH_3CCl_3 (SIMMONDS et al. 1983, PRINN et al. 1983).

Selbst bei gleichbleibender Rate macht sich auf Grund der hohen Lebenszeiten der wichtigsten FCKW ein starker kumulativer Effekt bemerkbar, der auf der Basis der Raten von 1982 erst bei 10 ppb seinen Gleichgewichtszustand fände. Dieser Wert entspricht noch den Konzentrationen, bei denen die Auswirkungen auf die Ozonschicht tolerierbar wären (NASA-Report 1984).

Verantwortlich für die Cl_y-Anreicherung in der Atmosphäre sind die Industriestaaten. Allein aus den Ländern der EG stammen 50% der Weltproduktion. Nach BAUER (1979) verteilt sich der Ausstoß für den Zeitraum von 1955–1975 auf folgende Breitenzonen: Auf den Bereich der Industrieländer zwischen 30° und 50 °N entfallen 90%. 5% stammen aus der Region zwischen 50°–60 °N. Zwischen 30 °N und 30 °S werden lediglich 2% verbraucht und 3% zwischen 30°–40 °S. Diese Verteilung entspricht auch grob der anderer Schadstoffe wie SO_2 oder NO_x bzw. des anthropogenen Energieaufkommens. Nach einer Zusammenstellung von CUNNOLD et al. (1986) betragen die atmosphärischen Anteile der einzelnen Breitengürtel für $CFCl_3$

90°–30 °N	30 °N–O°	O°–30 °S	30 °S–90 °S	
78,5	16	3,1	2,4%	und für
78,9	14,1	3,8	3,2%	CF_2Cl_2

Abbildung 7.8 gibt das Jahr an, in welchem bei einer bestimmten FCKW-Wachstumsrate Cl_y die 16 ppb übersteigt und damit 15% Erosion der Ozonschicht hervorriefe.

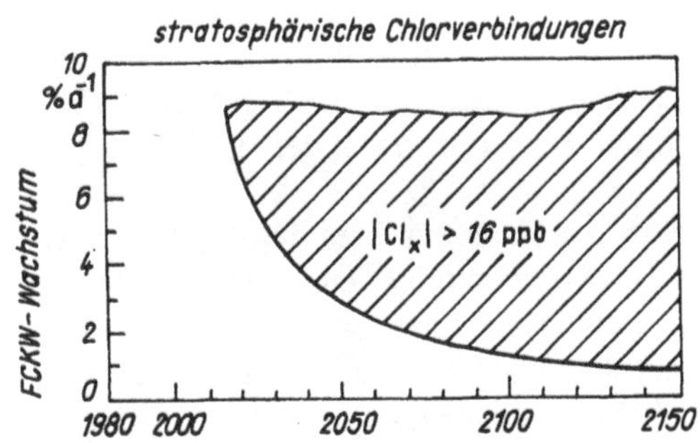

Abb. 7.8. Das Jahr zu dem bei vorgegebener Wachstumsrate der CFC's eine Konzentration von 16 ppb Cl_x in der Stratosphäre überschritten wird (nach CICERONE 1981)

Wir werden im Abschnitt 7.12 noch auf Ergebnisse der Trendvorhersage verschiedener Autorengruppen eingehen. Die hier angeführten Zahlen mögen zu einer ersten Orientierung dienen, um die mittlerweile auch auf hoher politischer Ebene ausgetragenen Meinungs- und Interessengegensätze zu verstehen. Noch während der ersten Phase der Diskussion um die FCKW bis Ende der siebziger

Jahre reagierten einige Länder auf die möglichen Gefahren durch die Treibgase mit Produktionseinschränkung und Verbot der Anwendung in Aerosolsprays. Alternativ wurden Propan und Butan eingesetzt. Hierzu zählen u. a. die USA, Schweden, Norwegen und Kanada. Noch auf der 1987 in München stattgefundenen Ozonkonferenz klafften die durch kommerzielle Interessen gestützten Gegensätze zwischen den EWG-Ländern auf der einen Seite und den USA, Schweden und Norwegen und weiteren Ländern auf der anderen Seite deutlich auseinander. Mit Beginn des Jahres 1989 trat das 1986 auf der internationalen Beratung in Montreal vereinbarte Protokoll zum Schutz der Ozonschicht in Kraft. In ihm wurde vereinbart, bis 1994 die Produktion der FCKW um 20% zu drosseln und bis 1999 um 50% zu senken. Ab 1992 soll auch die Produktion der Halone auf den Wert von 1986 reduziert werden. Nach Ansicht von FARMAN reicht dies jedoch immer noch nicht aus, um einer bevorstehenden „Katastrophe" zu entgehen. Er hält die Reduzierung auf 15% für notwendig, um auf Werte von vor 1960 zu kommen. Wichtig hierbei scheint, daß vor allem die Haupterzeuger USA, BRD und Großbritannien mit 2/3 der Weltproduktion diesen Schritt gehen.

7.5. Halogene in der Atmosphäre

Halogene (Säurebildner) sind Fluor F, Chlor Cl, Brom Br und Jod J. Ihre Quellen und Quellstärken sowie ihre Stoffkreisläufe bedürfen noch einiger Aufklärung. Für die atmosphärische Ozonschicht werden insbesondere Chlor und mit Abstrichen Brom wichtig.

Ein weiterer Forschungsaspekt tangiert das Problem ihres Beitrages zum troposphärischen Treibhauseffekt wie bei den Freonen oder dem Tetrafluormethan CF_4. Dieses nahezu inerte Gas unterliegt mit einer geschätzten Verweilzeit von 10000 Jahren einer ungewöhnlich hohen Kumulation (CICERONE 1979). Es absorbiert im 8-µm-Band IR-Strahlung. Anthropogene Quellen sind mit der elektrolytischen Reduktion von Aluminium verbunden. Der thermische Einfluß von F11 und F12 beträgt nach RECK und FREI (1978) immerhin beachtliche 0,19 K pro ppb. Andere halogenierte Kohlenwasserstoffe wie F22 $CHClF_2$, Methylchloroform CH_3CCl_3 und Methylenchlorid CH_2Cl_2 besitzen nur einen geringen Einfluß von 0,04, 0,02 und 0,01 K pro ppb (HUMMEL und RECK 1981).

Ein Problem besonderer Art zeigt sich mit dem HCl und seinem Anteil am regionalen Säureeintrag. Mit anderen Säuren wie H_2SO_4 und HNO_3 entsteht ein aggressives Gemisch, das selbst das Gold der Kuppeln historischer Bauwerke angreifen kann.

Große Aufmerksamkeit beanspruchen Umweltgifte wie Dioxin oder DDT,2,4,5-T. Es interessieren weiter chemische Wechselwirkungen zu anderen Stoffgruppen; der Abbau von chlorierten Lösungen (wie Chloräthylen) und die Indikatoreigenschaften einzelner Substanzen im Zusammenhang mit der Erforschung der atmosphärischen und hydrosphärischen Dynamik sind Gegenstand der Untersuchung.

Erste moderne experimentelle Forschungen über Chlorverbindungen in der Atmosphäre gehen auf JUNGE (1956) zurück. Natürliche anorganische Quellen von Chlor verbinden sich mit der Seegischt (HCl, ROBBINS et al. 1959, ERIKSON 1960, DUCE 1969) und der vulkanischen Emanation von HCl, Cl_2 und zusätzlich HF. Der Säuleninhalt von HCl beträgt $6{,}8 \times 10^{15}$ bis $1{,}1 \times 10^{16}$ cm^{-2}, die Bodenkonzentration 1,2 ppm und die Skalenhöhe 3 km (FARMER et al. 1976). Die Verweilzeit von HCl beläuft sich auf 2 Tage (KRITZ und RANCHER 1980) bis weniger als 7 Tage (WOFSY 1978, STEDMAN et al. 1975).

HCl wurde durch Infrarotabsorptionsmessungen sondiert (FARMER et al. 1976, WILLIAMS et al. 1976, ACKERMAN et al. 1976, EYRE und ROSCOE 1977, FARMER et al. 1980). ANDERSON et al. (1977) konnten durch In-situ-Resonanzfluoreszenzmessungen die aktiven Spezies Cl und ClO bestimmen. Durch MENZIES (1979) wurde ein Fernsondierungsverfahren (IR-Heterodyne-Laser) für ClO in 23–38 km Höhe bei Sonnenuntergang eingesetzt. Nach diesen Messungen ergaben sich Peakkonzentrationen in 38 km Höhe von hohen 2,5 ppb. Auch ANDERSON et al. (1980) ermittelten höhere ClO-Werte als vorausgesagt. Die Ergebnisse zeigen, daß es bei der Spurengasanalyse im ppb-Bereich noch einige Unsicherheiten gibt. WATERS et al. (1981) bestimmten simultan O_3 und ClO mittels eines Mikrowellenlimbsounders. Es wurde ein starker Tagesgang des ClO gefunden mit 10fach höheren Werten vor Sonnenaufgang als mittags. Diese Ergebnisse weisen wiederum auf die Unsinnigkeit von Modellen mit tageszeitlich gemittelten Konzentrationen hin.

Die Dichte des wichtigen Konstituenten $ClNO_3$ als Folgeprodukt der Verlustreaktion für NO_2 und ClO (6.78) konnte aus IR-Absorptionsmessungen durch MURCRAY et al. (1979) ermittelt werden.

Das Anwachsen der organischen Halogene brachte auch erwartungsgemäß einen Anstieg der anorganischen Halogenverbindungen mit sich. Abbildung 7.9 zeigt nach CICERONE (1981) im Höhenprofil das vorausgesagte Zeitverhalten der Summe dieser Komponenten von 1978–1990. Die Trends beruhen auf Messungen von CF_2Cl_2, $CFCl_3$, CH_3CCl_3 und CCl_4 (hier als konstant in Rechnung gesetzt, das nach MOLINA und ROWLAND (1974), SINGH et al. (1976), GALBALLY (1976), ALTSCHULLER (1976) auch anthropogene Quellen besitzt).

Eine große Anzahl von atmosphärischen Chlorverbindungen sind in der Vergangenheit nachgewiesen worden. In Anbetracht der Wachstumsraten und ihrer gegenwärtigen Basiswerte sind neben den natürlichen Chlorverbindungen

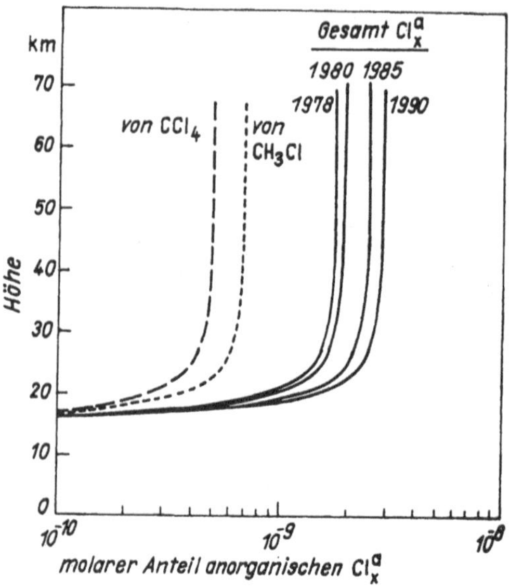

Abb. 7.9. Anstieg der anorganischen Chlorverbindungen in der Atmosphäre auf der Basis des Anwachsens organischer Chlorverbindungen wie CF_2Cl_2, $CFCl_3$, CCl_4, CH_3Cl und CH_3CCl_3. CH_3CCl_3 ist natürlichen Ursprungs und wurde wie auch CCl_4 als konstant in Rechnung gesetzt. (Nach Cicerone 1981)

CH_3Cl und CCl_4 (das, wie erwähnt, auch anthropogene Quellen besitzt) die anthropogenen Konstituenten CCl_2F_2, CCl_3F und CH_3CCl_3 von besonderem Interesse. Nach Singh et al. (1978) betrug die Menge an organischem Cl_y 2,5 ppb.

Seit etwa 1910 kommt CCl_4 industriell als Lösungs-, Trockensäuberungs-, Feuerlösch- und Korndesinfektionsmittel zum Einsatz. CH_3CCl_3 wird seit 1950 als Entfettungs- und Entölungsmittel und als Trockenreinigungsmittel verwendet.

Die hohen atmosphärischen Lebenszeiten von CCl_4 von über 50 (bis 100) Jahren sorgen für eine starke Anreicherung. Es unterliegt so gut wie keinen troposphärischen Verlusten, der größte Teil der emittierten Menge befindet sich noch in der Atmosphäre. Rasmussen und Khalil (1983) schätzen die Menge auf 2,8 bis 3,8 Mt. Obwohl 90% in der Nordhemisphäre hergestellt werden, ist in der Stratosphäre der Nordhalbkugel die Konzentration nur um 3% höher als in der südlichen Stratosphäre. Das Mischungsverhältnis wurde für 1981 mit 110 ppt bis 150 ppt veranschlagt (WMO-NASA Report 1982).

CH_3CCl_3 besitzt einen größeren oder vergleichbaren Beitrag als F11 und F12 zusammen. Der Gesamtinhalt der Atmosphäre betrug nach Rasmussen und Khalil (1983) 3,3 Mt. Die Verdoppelungszeiten liegen bei etwa 5 Jahren und sind damit außerordentlich kurz. In der Stratosphäre unterliegt es der Dissoziation durch die UV-Strahlung im Wellenlängenbereich von 175–240 nm. Es wird durch $O(^1D)$ oxydiert und kann bereits in der Troposphäre mit OH reagieren.

Seine Lebenszeit besitzt deshalb nur einen Wert, der im allgemeinen nicht über 10 Jahre veranschlagt wird (5,7 bis 10 Jahre). Oberhalb von 20 km nimmt demzufolge die Konzentration sehr schnell ab. Das gleiche gilt für CCl_4, das innerhalb von nur 5 km von 100 ppt auf 1 ppt in 23,3 km Höhe abfällt. CH_3CCl_3 vermindert sich von etwa 100 ppt in 10 km Höhe auf 0,5 ppt in 26 km Höhe. In der tropischen Stratosphäre wird der Abbau durch intensiveren Nachschub aus der Troposphäre ausgeglichen.

Bromverbindungen (techn. Halone) können gegenwärtig den Einfluß der Chlorverbindungen in Grenzen modulieren. Ihre Konzentration liegt bei etwa 25–30 ppt. Nach BERG et al. (1980) wurde für die untere Stratosphäre (etwa 20 km) für die totale Bromkonzentration (Gas und Partikel) 7–40 ppt ermittelt. Methylbromid CH_3Br hat dabei einen Anteil von 30–70%, seine Lebenszeit beträgt 3 Jahre. Andere Bromverbindungen zeichnen sich durch höhere Aufenthaltszeiten aus. Als weiteres wichtiges Halon muß Bromoform $CHBr_3$ genannt werden.

Anthropogene Quellen sind vielfach bekannt (wie Einsatz in Feuerlöschern, Verbrennung von Biomasse) und lassen vermuten, daß sich auch diese Stoffgruppe auf eine Konzentration von 100–200 ppt anreichern kann. So ist die industrielle Produktion der Halone 1211 ($CBrClF_2$) und 1301 ($CBrF_3$) stark im Anwachsen begriffen.

Immerhin betrüge der Anteil der Gesamtozonreduktion von 100 ppt Br_y nach PRATHER et al. (1984) 4%. Bei einer Konzentration von 16,4 ppb Cl_y vergrößerte sich die Ozonabnahme bei Hinzunahme der Bromverbindungen von 18% auf 23%. Spekulativ sind noch Überlegungen, daß Bromverbindungen im Zusammenhang mit der heterogenen Chemie der polaren Stratosphäre einen nicht unerheblichen Einfluß besitzen.

7.6. Temperaturabhängigkeit des Ozons

Eine große Anzahl natürlicher Einflüsse überlagern sich dem anthropogenen Ozontrend, so daß bei einem derart kleinen erwarteten anthropogenen Signal in den Beobachtungsreihen die Frage steht, ob ein abgeleiteter Trend nicht einer natürlichen Variation zuzuschreiben ist. Diese natürlichen Einwirkungen auf das mittelatmosphärische Ozon sollen in den nächsten Abschnitten vorgestellt und ihre Größenordnung abgeschätzt werden.

Als simpelste Einflußgröße ist die Temperatur anzusehen. Sie kann sich auf Grund klimatologischer Besonderheiten der mittleren Atmosphäre in großen Zeitskalen ändern. Insbesondere führen die anthropogene Anreicherung der Atmosphäre mit CO_2 und anderen hier weniger bedeutsamen Spurenstoffen langfristig zu einer Abkühlung der mittleren Atmosphäre. Es erweist sich als notwendig, die Kopplung oder Rückkopplung zur Temperatur bei der Diskussion anderer Probleme im Auge zu behalten (siehe Abschnitt 7.12.)

Die photochemischen Reaktionskoeffizienten unterliegen im unterschiedlichen Maße und in alternativer Wirkrichtung dem Einfluß der Temperatur. Von entscheidender Bedeutung sind die Koeffizienten der Dreiteilchenreaktion $O + O_2 + M \xrightarrow{k} O_3 + M$ mit $k = 6{,}2 \times 10^{-34} \left(\frac{300}{T}\right)^2 \, cm^6 \, s^{-1}$, und die Verlustreaktion $O + O_3 \xrightarrow{l} 2O_2$ mit $l = 1{,}5 \times 10^{-11} \exp(-2218/T) \, cm^3 \, s^{-1}$. Die zweite Reaktion beginnt unterhalb der 0,5-hPa-Fläche die entscheidende Rolle im Ozonabbau zu spielen (SOLOMON et al. 1983). Das Argument des Exponentialanteils weist auf eine hohe Aktivierungsenergie hin, so daß dieser Verlust in der warmen Sommerstratopause am ausgeprägtesten in Erscheinung tritt. Beide T-Abhängigkeiten wirken in die gleiche Richtung. Bei Temperaturerhöhung vermindert sich die Ozondichte und vergrößert sich im umgekehrten Fall. Die wichtigen mesosphärischen Verlustreaktionen

$$O_3 + H \rightarrow O_2 + OH \text{ mit } l = 10^{-10} \exp(-516/T) \, cm^3 \, s^{-1}$$

und

$$O_3 + OH \rightarrow O_2 + HO_2 \text{ mit } l = 1{,}6 \times 10^{-12} \exp(-940/T) \, cm^3 \, s^{-1}$$

sowie die Reaktion

$$O_3 + NO \rightarrow O_2 + NO_2 \text{ mit } l = 2{,}3 \times 10^{-12} \exp(-1450/T) \, cm^3 \, s^{-1}$$

verursachen den gleichen Trend.

Weniger temperatursensibel sind dagegen die Reaktionen mit dem atomaren Sauerstoff. Ihre Aktivierungsenergien zeichnen sich durch geringere Werte aus. Wegen

$$\exp\left(-\frac{E_A}{k(T + \Delta T)}\right) \approx \exp\left(\frac{E_A}{kT} \cdot \frac{\Delta T}{T}\right) \cdot \exp\left(-\frac{E_A}{kT}\right)$$

wächst die Temperatursensibilität mit der Aktivierungsenergie.

Die gleiche Aussage gilt für den katalytischen Ozonabbau über den Chlorzyklus.

$$O_3 + Cl \rightarrow ClO + O_2 \text{ mit } l = 5{,}18 \times 10^{-11} \exp(-418/T) \, cm^3 \, s^{-1}$$

und

$$O + ClO \rightarrow Cl + O_2 \text{ mit } l = 5{,}3 \times 10^{-11} \, cm^3 \, s^{-1},$$

auch mit $7{,}7 \times 10^{-11} \exp(-130/T)$ bzw.

$$1{,}0 \times 10^{-10} \exp(-224/T) \, cm^3 \, s^{-1}$$

angegeben.

Die wichtige Radikalverlustreaktion ClO + NO_2 + $M \rightarrow ClNO_3$ + M mit $\bar{k}$ = (3,69 ± 0,24)×10^{-33} exp(+1 150/T) $cm^6\,s^{-1}$, M = N_2 wird uneffektiver mit steigender Temperatur, was wiederum in die gleiche Richtung wirkt.

Obwohl die Vielzahl der kleineren Reaktionen in ihrer komplexen Wirkung nicht mehr so einfach zu überschauen sind, bestätigen alle theoretischen Modellkalkulationen die durch die Hauptreaktionen bestimmte Temperaturabhängigkeit (z. B. BARNETT et al. 1975, HAIGH und PYLE 1982), siehe Abb. 7.13.

Die wesentlichen Tag-zu-Tag-Variationen und saisonalen Trends der unteren Mesosphäre werden durch Temperaturgänge bestimmt (RUSCH et al. 1983, SOLOMON et al. 1983, KEATING et al. 1985, FICHTELMANN und SONNEMANN 1985, FICHTELMANN 1987).

Die Messungen durch den Solar Mesosphere Explorer erbrachten experimentelle Bestätigung dieser theoretisch offensichtlichen Voraussage. Die Ozondichte im Höhenbereich zwischen 50 und 70 km wurde mittels einer differentiellen Absorptionstechnik bei 265 und 296 nm bei Nutzung des rückgestreuten Sonnenlichtes abgeleitet (RUSCH et al. 1983). Aus der O_2 ($^1\Delta_g$)-Emission bei 1,27 µm bestimmten THOMAS et al. (1983) im Höhenbereich von 50–90 km die Ozondichte. Die temperaturbedingten Variationen der unteren Mesosphäre (64 km) betragen von Tag-zu-Tag 20% und saisonal 50% (BARTH et al. 1983). Im Stratopausenbereich (48 km) ergaben sich 10% bzw. 25%. Im Mesopausenbereich steigen die Tag-zu-Tag Variationen auf den Faktor 2 an.

Ereignisse wie Stratwarms spiegeln sich im Ozon wider. Aus den SME-Daten folgte z. B. eine Temperaturabnahme bei 48 km Höhe, während sich in 20 km eine stratosphärische Erwärmung ereignete (25. 1. 1982 bis 30. 1. 1982). Die Ozondichte stieg mit der Abkühlung simultan an. Nach CHRISTIE (1973) (siehe Abb. 7.10) sollen die sogenannten Major Stratwarms (MSW), die stratosphärischen Haupterwärmungen, mit einem Anstieg im Gesamtozon verbunden sein. Hier weichen Jahre mit MSW vom allgemeinen Trend ab. Die Stratwarms in der späten Saison haben keinen großen Einfluß auf das Gesamtozon.

FREDERICK (1981) findet, daß in festgehaltener Höhe von 60 km die Ozondichte nach einem MSW aufgrund des steigenden Luftdrucks zunimmt, während in Höhen konstanten Luftdrucks die O_3-Konzentration auf 75% fällt. FREDERICK (1980) gibt eine einfache Beziehung zwischen der relativen Temperatur und der Ozondichteveränderung an

$$\frac{\Delta[O_3]}{[O_3]} = -\left[2 + \frac{376}{T}\right]\frac{\Delta T}{T}. \tag{7.2}$$

Aus monatlichen Mittelwerten des Gesamtozons von Europa stellten ENTZIAN und GRASNICK (1981) und ENTZIAN (1988) eine Abnahme des Gesamtozons vor allem in den Wintermonaten fest, die mit einer Erwärmung der Stratosphäre in

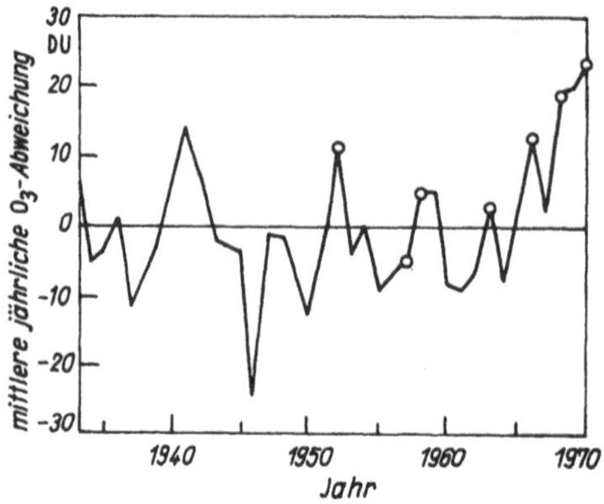

Abb. 7.10. Zeitreihe der mittleren jährlichen Ozonabweichung. Kreise repräsentieren Jahre mit stratosphärischen Haupterwärmungen (major stratwarmings). (Nach CHRISTIE 1973)

dieser Zeit gekoppelt ist, während im Sommer keine signifikanten Effekte erkennbar sind. Die Äquatorregion verhält sich genau gegenläufig, so daß ein Zusammenhang über großräumige Zirkulation vermutet wird. Beide Einflüsse, Temperatur und Dynamik, treten leider kombiniert in Erscheinung. Die Temperaturabhängigkeit des Ozons in der Nähe der Stratopause (1 hPa) während einer stratosphärischen Erwärmung wurde auch durch BARNETT et al. (1975) untersucht. Sie fanden, daß der Logarithmus der Ozondichte mit der Temperatur wie $967/T$ variiert. Bei einer ähnlichen Analyse ermittelten KRUEGER et al. (1980) einen Wert von $1\,067/T$. Theoretische Rechnungen von SOLOMON et al. (1983) ergaben die Beziehung $1\,080/T$, die in dieser Höhe hauptsächlich aus dem Verlust $O + O_3$ resultiert. Dieser Verlust ist quadratisch in den Oddoxygenen und damit im Ozon, woraus sich im Endeffekt eine Abhängigkeit von etwa 1/2 $(2\,218/T)$ ergibt. Es gilt für das Gleichgewicht vereinfacht:

$$[O] = \frac{J_{O_2}[O_2]}{l[O_3]} \quad \text{und} \quad [O_3] = \frac{\bar{k}[O_2][M][O]}{J_{O_3}} \qquad \text{(siehe 6.1—6.2)}$$

und somit

$$[O_3] = \left(\frac{J_{O_2}}{J_{O_3}}\frac{\bar{k}}{l}[O_2]^2[M]\right)^{1/2},$$

woraus

$$\ln[O_3] = \frac{1}{2}\ln\left(\frac{\bar{k}}{l}\right) + K = \frac{1109}{T} + \ln\left(\frac{300}{T}\right) + K'$$

folgt (K und K' unabhängig von T).

7.7. Der Einfluß der solaren Variation auf das Ozon

Eine breite Literatur (siehe u. a. die Reviews von KEATING 1981 und DÜTSCH 1978) befaßt sich mit diesem Gegenstand, da die globalen Trends hauptsächlich durch die solare UV-Strahlung moduliert werden. Frühe Arbeiten gehen auf HUMPHREYS (1910), WILLET (1962), Paetzold et al. (1972) CHRISTIE (1973), ANGELL und KORSHOVER (1976), NATARAJAN und NEALY (1979) zurück.

Wir klammern hier zunächst die solaren Partikeleinflüsse aus der Betrachtung aus. Am besten untersucht wurde der Einfluß des elfjährigen Sonnenfleckenzyklus auf das Ozon. Die 27tägige Sonnenrotation besitzt vor allem in der Mesosphäre Bedeutung. Kurzzeitvariationen (short-term-variations) sind gewöhnlich mit solaren Partikelausbrüchen verknüpft. Von Interesse sind letztlich Variationen mit einer Zeitskala über 11 Jahre (long-term-variations). Hierzu existiert jedoch nur ein spärliches Beobachtungsmaterial.

Über die in 2.4. angeführten Tatsachen hinausgehend ist es notwendig, die Variabilität der Solarstrahlung detailierter vorzustellen. In jüngster Zeit konnten die Variabilitätsgrenzen genauer festgelegt und einige grundsätzliche Vorstellungen zu den solaren Prozessen entwickelt werden. Die Eingrenzungen von Langzeittrends tragen dazu bei, den Zusammenhang der solaren Variabilität mit dem Klima und dem Wetter, in dem das Ozon ein Bindeglied darstellen könnte, besser zu verstehen. Andererseits sind Differenzen in den Ergebnissen einzelner Gruppen offenkundig. Grundlage dieser Betrachtungen bilden Messungen der Satelliten Nimbus 7 und des Solar Maximum Mission Satellite.

Kurzzeitreduzierungen von 0,2% der solaren Ausstrahlung in Wochen und Tagen verbinden sich mit photosphärischen Ursachen, den Sonnenfleckenverdunkelungen (sunspot darkenings oder blockings). Nach dem Modell von HOYT und EDDY (1982) sind durch diese Blockierung die Sonnenaktivität und die Solarkonstante negativ korreliert. Der entgegengesetzte Prozeß der Erhellung (oder brightening) aus solaren Fackeln (engl.: plage, lat.: faculae) wurde eindeutig bestimmt. Langzeitvariationen der Ausstrahlung von einigen Jahren mit einer Stärke von einigen Zehntel Prozent sind beobachtet worden, ihre Beziehung zum 11- oder 22jährigen bzw. längerfristigen Zyklus konnte nicht nachgewiesen werden.

Die Satelliten zeigen einen Niedergang der Solarkonstante S_O von 1980 bis 1985 von 0,02% a^{-1}. 1979 gab es ein relatives Maximum in S_O, nachdem die vorhergehenden Jahre (ab 1967) durch einen ähnlich hohen Anstieg von 0,029% a^{-1} gekennzeichnet waren (FRÖHLICH 1987).

Die exponentielle Lebenszeit des Verschwindens von einzelnen Sonnenflecken beträgt 11 Tage. Individuelle aktive Flecken gehören in der Tendenz zu aktiven Komplexen. Diese bestehen für 3 bis 6 Rotationsperioden. Die durchschnittliche heliozentrische Breite der aktiven Regionen wandert mit dem Beginn des Zyklus von hohen Breiten zum Äquator.

Die Sonnenflecken stellen Flächen maximalen magnetischen Flusses in der Photosphäre dar. Sie sind auf Grund der Tatsache, daß die magnetischen Felder ein Aufströmen der Energie aus der solaren Konvektionszone verhindern, kälter als die Umgebung. Fackeln erwiesen sich dagegen als heißer im Vergleich zu ihrer Umgebung und sind durch weniger intensive Magnetfelder gekennzeichnet, wodurch ein Aufströmen von Energie gefördert wird.

Die Fackeln stellen chromosphärische Ausdehnungen von photosphärischen Konvektionszonen dar. Ihre Lebenszeit beträgt etwa 43 Tage. Sie sind vor allem durch die erhöhte Emission der UV-Strahlung aller Wellenlängen gekennzeichnet. Der Unterschied zwischen ruhiger Sonne und Sonne mit Fackeln offenbart sich deutlich in den Emissionslinien, die in der höheren Chromosphäre und den Übergangsbereichen geformt werden. Der solare Strahlungsfluß zwischen 200–300 nm entstammt der Region der Photosphäre unterhalb des Temperaturminimums. Die kürzeren Wellenlängen werden zunehmend in größeren solaren Höhen der oberen Photosphäre ausgesendet.

Ein signifikanter Strahlungsanteil zwischen 200 und 300 km solarer Höhe wird durch die Kontinuum- und Linienabsorption neutraler Metalle geblockt (Kurucz 1979). Zwischen 207,5 und 251 nm sind wesentliche Änderungen im Spektrum durch die Grenze der Kontinuumabsorption (gebunden/frei) durch Mg I und Al I bedingt. Zu kürzeren Wellenlängen hin (auf die Al I-Absorptionskante zu) wird die UV-Strahlung bedeutend variabler. Bei 170 nm beträgt nach Lean et al. (1982) die Schwankung innerhalb eines Zyklusses bereits 50%.

UV-Langzeitmessungen können nur durch Satelliten ermöglicht werden. Die Beobachtungen überdecken gegenwärtig aber nur einen Sonnenfleckenzyklus und zeigen überdies Fehler durch Veränderungen in der Instrumentenempfindlichkeit. Nach der NOAA (National Oceanic and Atmospheric Administration) der USA von 1978 beträgt die Genauigkeit in der UV-Ausstrahlungsmessung für den Wellenlängenbereich 285–330 nm 1–2% und 5% für kürzere Wellenlängen (120–200 nm) im FUV.

Die klassische Methode der Observation von solaren Indizes vom Boden wie der Bestimmung des 10,7-cm-Flusses, des Ca II K-Indexes, der Sonnenfleckenrelativzahl R und anderer Kennzahlen reicht wesentlich weiter zurück. Sie besitzen untereinander strukturelle dynamische Gemeinsamkeiten, unterscheiden sich jedoch von Zyklus zu Zyklus. Die hellen Fackelflächen (white lights) werden mit einer Zeitskala von 45–50 Jahren moduliert, die Sonnenflecken dagegen mit 80 bis 90 Jahren. Sie resultieren aus unterschiedlichen Phänomenen von differenten aktiven Regionen, denen verschiedene physikalische Mechanismen zugrunde liegen. Damit werden auch Grenzen als Indikator für die UV-Strahlung gesetzt.

Einigermaßen gut verstanden werden die Variationen mit einer Zeitskala von 27 Tagen. Große Unstimmigkeiten bestehen noch bezüglich eines Sonnenfleckenzyklus (bei einzelnen Gruppen bis zum Faktor 2). Daten des AE-E-Satelliten für den Zyklus 21 zeigten eine FUV-Variation von 200–300%. AFGL-Raketendaten des Zyklus 20 ergaben lediglich 50% Variation, während die Bodenbeobachtungen des 10,7-cm-Flusses diese Unterschiede nicht stützen. Die AFGL-Raketenflüge (Air Force Geophysic Research Laboratory) ermittelten im Wellenlängenbereich 150–160 nm und 175–185 nm zwischen 1972 und 1980 gegenüber den Messungen von LSAP (Laboratory for Atmospheric and Space Physics at the University of Colorado) auf dem SME-Satelliten lediglich halb so große Bestrahlungsstärken (LEAN 1987). Ähnliche Diskrepanzen zeigen sich nach Abb. 7.11 im Spektralbereich des Siliziumkontinuums zwischen den Messungen von ROTTMAN (1981) und MOUNT et al. (1980) für 125–175 nm, wo sich eine Abweichung um den Faktor 2,3 ergab.

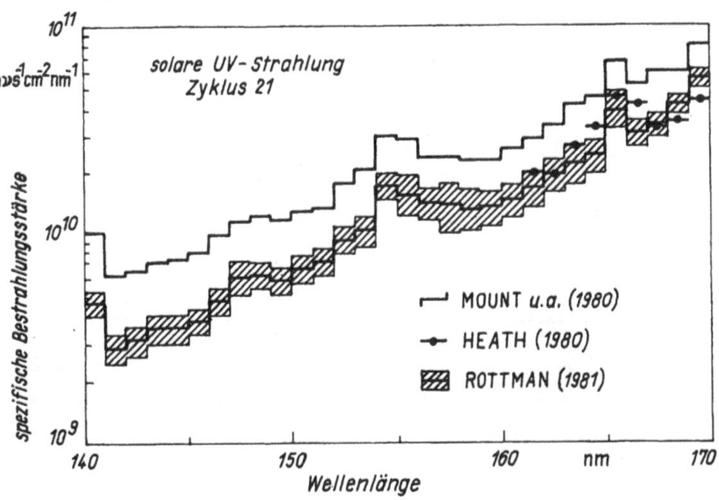

Abb. 7.11. Vergleich der solaren Irradianz integriert über 1-nm-Intervalle während des solaren Zyklus 21. Die schattierten Bereiche stellen die Standardabweichungen aus 5 Messungen dar. (Nach SIMON 1981)

Nach den SME-Daten für LYMAN-α betrug für Dezember 1985 die Bestrahlungsstärke $2{,}2 \times 10^{11}$ Protonen $cm^{-2}\,s^{-1}$. Dieser Wert mag mit dem Minimum korrespondieren. Eine Variation um den Faktor 2 bis 3 erscheint möglich zu sein, die Entscheidung darüber steht aber noch aus. VIDAL-MADJAR (1975) fand lediglich eine Variabilität von $\pm 30\%$ im solaren Zyklus und $\pm 15\%$ für die solare Rotationsperiode. Nach HINTEREGGER (1980) aus Messungen des Aeronomy

Explorers-E-Satellite ergab sich eine Langzeitvariation um den Faktor 3–4. Dieser Wert wurde später auf 2,8 korrigiert, bezogen auf die Messungen vom Juli 1976. ROTTMAN (1981) kommt mit ±40% den Messungen von VIDAL-MADJAR (1975) nahe. 3×10^{11} Photonen $cm^{-2}\,s^{-1}$ werden allgemein als Durchschnitt mit einer Genauigkeit von ±30% angenommen (2,1 – $3{,}9 \times 10^{11}$ Ph $cm^{-2}\,s^{-1}$). Nach VIDAL-MADJAR und PHISSANAY (1980) betrug die 27-Tage-Variation im solaren Maximum ±30%, und für den Zyklus ergab sich der Faktor 2. Abbildung 7.12 veranschaulicht nach SIMON (1981) die Situation. Die AE-E-Satellitenwerte des solaren Zyklus 21 heben sich exzessiv heraus.

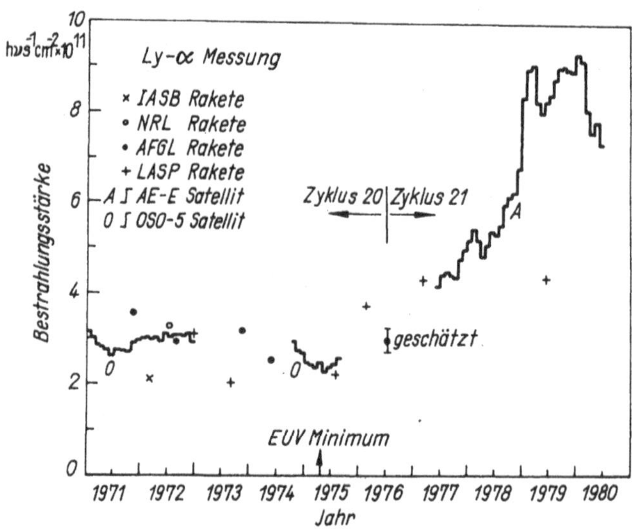

Abb. 7.12. Vergleich verschiedener Irradianzmessungen der LYMAN-α-Linie seit 1971 (nach einer Zusammenstellung von SIMON 1981)

Auch im MUV-Bereich gibt es noch keine gesicherten Erkenntnisse bezüglich der Langzeitvariation (LEAN 1987). Der angenommene Meßfehler beträgt 10–25%, die Messungen rangieren um 205 nm im Schwankungsintervall von 20%. 6% erreicht die maximale Kurzzeitvariation, und die erwarteten Langzeitänderungen belaufen sich auf weniger als 10%.

Für den Wellenlängenbereich von 290–300 nm wird die angenommene Meßungenauigkeit mit 10–20% angegeben, und die Streuung liegt bei 5%. Kurzzeitvariationen sollen kleiner als 1% sein und der erwartete Langzeittrend 1% betragen.

Mittels des SBUV-Experiments (Solar Backscatter Ultraviolet) an Bord von Nimbus 7 (HEATH et al. 1983) für den Zeitraum eines Jahres und durch den

SME-Satelliten (LONDON et al. 1984) wurden für den Zeitraum von 1,5 Jahren klare Kurzzeitvariationen im solaren UV beobachtet. Die Variation über 27 Tage betragen 1%. Für den Wellenlängenbereich von 170 bis 208 nm lagen sie in der Größenordnung von 3% und für längere Wellenlängen unterhalb 2%.

Für den Zyklus 21 können folgende Werte abgeschätzt werden: Zeitskala Tage bis Monate. Bis 300 nm kleiner als 1%, bis 250 nm 2,5%, bis 200 nm 6%, bis 150 nm 16% für die LYMAN-α-Linie 40%, die 102,6- und 30,4-nm-Linien 60%, die He I-Linie bei 58,4 nm 200%. Die Variation über 11 Jahre ist unsicher, kalkulierte Werte sind bis 300 nm 1% oder kleiner, bis 250 nm 1,5–4%, bis 200 nm 2,5–9,5%, bis 150 nm 16–100%, bei LYMAN-α 80–155% und um 100% bei der chromosphärischen EUV-Strahlung wie den Linien von 102,6 nm, 58,4 nm und 30,4 nm.

Mit dem Beginn des solaren Zyklus 22 im Jahre 1987 steht eine neue Generation von UV-Strahlungsmessern zur Verfügung, die im Flug kalibriert werden. Es ist damit auch zu erwarten, daß die noch bestehenden Unsicherheiten bezüglich der Langzeitvariation zu Ende dieses Jahrhunderts beseitigt sind.

Während O_2 für $\lambda < 242$ nm dissoziiert und nennenswerte Strahlungsvariationen auch nur unterhalb dieser Grenze auftraten, sollte das Gesamtozon mit der solaren Aktivität positiv korreliert sein. Im HERZBERG-Kontinuum dringt die Strahlung bis in die obere Stratosphäre vor. Insofern besitzt die Variation im Wellenlängenbereich 175–245 nm zur Einschätzung der solar bedingten Ozonvariation große Bedeutung.

Im Bereich der oberen Mesosphäre, bis in die die LYMAN-α-Strahlung vordringen kann und H_2O in die Hydrogenradikale dissoziiert, sollte wegen der stärkeren Variationsamplitude der LYMAN-α-Strahlung die Korrelation zum Ozon negativ sein (maximal vielleicht um 75 km Höhe).

Obwohl in dem Wellenlängenintervall zwischen 120 und 300 nm lediglich 1% der solaren Energie steckt, ist diese Strahlung für die Dynamik und Photochemie der Atmosphäre oberhalb von 30 km verantwortlich. Variationen in diesem Bereich beeinflussen damit nicht allein den Ozonproduktionsterm, sondern wirken im entscheidenden Maße auch über die Temperatur auf das dynamische Regime. Temperaturerhöhung bringt jedoch eine Ozonverminderung mit sich. Im allgemeinen bewirkt im Langzeittrend die Temperaturrückkopplung eine Phasenverschiebung (negativ) zwischen UV-Strahlung und Ozon. Der UV-Peak erzeugt dabei einen Temperaturpeak, der entsprechend der charakteristischen chemischen Reaktionszeit das Ozon moduliert, es reduziert (KEATING et al. 1987, BRASSEUR et al. 1987).

In 3 hPa beträgt die Ozonamplitude 0,5% für 1% UV-Änderung normiert auf $\lambda = 205$ nm (HOOD 1984). Die verbundenen Temperaturstörungen belaufen sich auf 0,06% oder 0,16 K. (KEATING et al. (1985) rechneten mit geringeren Werten in 2 hPa.) In 70 km Höhe beläuft sich die entsprechende Temperaturänderung auf 0,3 K. Für 1% LYMAN-α- Strahlungserhöhung reagiert das Ozon ohne wesentliche Verzögerung mit einer Abnahnme von 0,14% (siehe auch BRASSEUR et al. 1983). Eine hohe Korrelation des globalen monatlich mittleren Ozons zur LYMAN-α-Strahlung (Lα solar activity index) von 0,94 fanden BLACKSHEAR und TOLSON (1978).

Größte Temperaturänderungen mit dem solaren Aktivitätszyklus werden allgemein in der oberen Stratosphäre registriert. Abbildung 7.13 gibt nach CALLIS (1979) hierzu ein illustratives Beispiel. Die Temperaturvariationen betragen etwa 5 K.

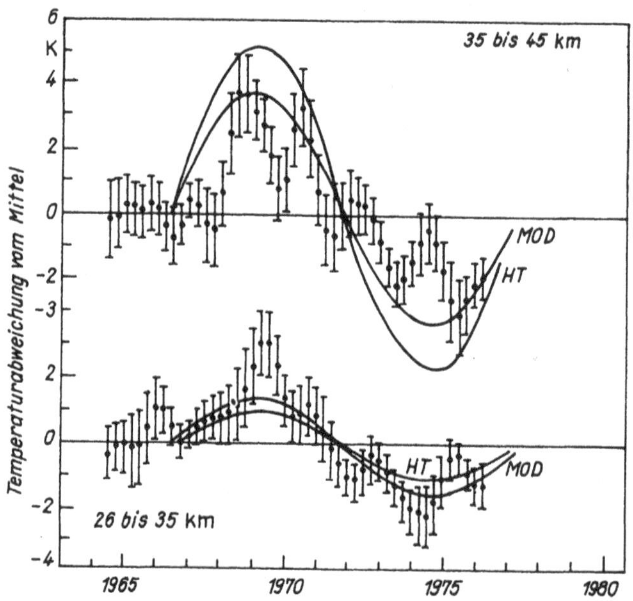

Abb. 7.13. Vergleich zwischen der Abweichung einer mittleren stratosphärischen Temperatur in zwei Höhenbändern über den Zeitraum eines Sonnenfleckenzyklus mit zwei Modellvorhersagen (MOD und HT) (nach CALLIS 1979)

GILLE et al. (1984) und HOOD (1984) untersuchten den Einfluß von Kurzzeitvariationen des UV auf das Ozon, berücksichtigten dabei aber noch keine Temperaturrückkoppelung. Diese wurde erst durch KEATING et al. (1985) einbezogen. Grundlage waren die Nimbus-7-Ozonmessungen zwischen 32 und 60 km Höhe (10—0,2 hPa) sowie Ozon- und Temperaturmessungen durch LIMS (RUSSEL III (1984)) und simultane solare Strahlungsmessungen (irradiance) des SBUV-Experiments (HEATH 1984). Die Breitenüberdeckung des LIMS-Gerätes erreichte 84 °N bis 64 °S im Zeitraum Oktober 1978 bis Mai 1979.

Bei ansteigender Temperatur verstärken sich als Nettoeffekt die ozonabbauenden Reaktionen, wodurch eine klare negative Korrelation entsteht. In Abb. 7.14 ist der korrelative Zusammenhang zwischen T und O_3 in der 2-hPa-Höhe der Stratosphäre (44 km) als 5tägig gleitendes zonales Mittel dargestellt. Der Korrelationskoeffizient erreicht —0,94. Die Reaktionszeit in der oberen Stratosphäre betrug dabei weniger als 1 Tag. KEATING et al. (1985) eliminierten diesen Temperatureffekt.

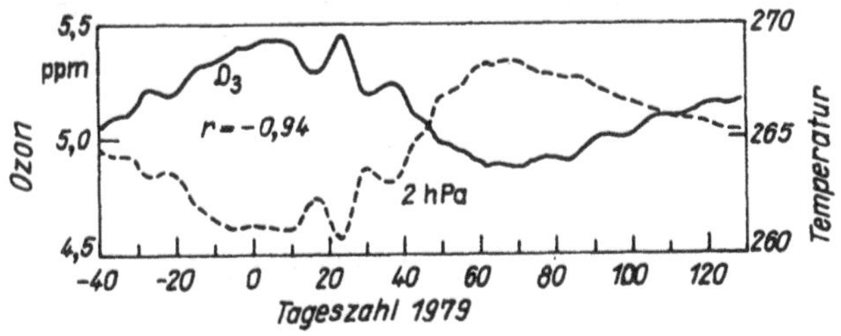

Abb. 7.14. Vergleich zwischen dem 5tägig gleitenden Mittel der relativen Ozondichte (ppmv) und der Temperatur in der 2-hPa-Höhe (nach KEATING et al. 1985)

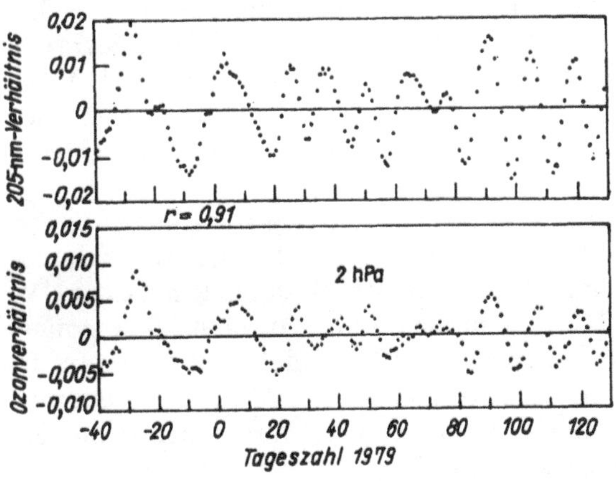

Abb. 7.15. Beziehung zwischen den relativen Variationen von temperaturkorrigiertem Ozon $(O_3' - \bar{O}_3')/\bar{O}_3'$ und der 205-nm-Solarstrahlung $(I_{205} - \bar{I}_{205})/\bar{I}_{205}$ (nach KEATING et al. 1985)

Abbildung 7.15 veranschaulicht den Zusammenhang zwischen der relativen Ozonabweichung von einem mittleren Gang und der Variation der solaren Aktivität, die 205-nm-Bestrahlungsstärke als repräsentativen solaren Index nutzend. Der Korrelationskoeffizient betrug $r = 0,91$. Eine Periodizität von 13,5 Tagen wurde auf Grund zweier damals aktiver Regionen gefunden. Für geringere Höhen verschlechterte sich die Korrelation wegen der Zunahme des Einflusses dynamischer Effekte.

Im Kurzzeittrend spielen UV-bedingte Temperaturänderungen keine Rolle. Es dominieren eindeutig die meteorologischen Temperaturvariationen. Die beobachteten Langzeitvariationen zwischen 1 und 10 hPa liegen im Bereich von 3–5%, die des Gesamtozons bei 3–4% (Abb. 7.15). 3,5% geben Brasseur und Simon (1981) aus theoretischen Analysen an. Die gleiche Größenordnung erwarten Gille et al. (1984). Angel und Korshover (1978) kommen aus Dobson-Analysen und Korrektur des Staubeintrages durch den Vulkanausbruch von Mount Agung zu einem ähnlichen Resultat. Nach neuesten Untersuchungen auf der Basis von 36 Dobson-Stationen finden Reinsel et al. (1987) für die Jahre 1970–1984 vom solaren Minimum zum Maximum einen positiven Zusammenhang von lediglich 1,18 ± 0,66%. Das ist ein sehr geringer Wert und scheint, wie ihre Abb. 3 andeutet, dem jüngsten Trend zu schulden zu sein.

Bei Berücksichtigung des Temperatureffektes finden Keating et al. (1981) 2–3%. 1978 sagte Keating aus der Datenanalyse von Nimbus 4 eine Zyklusvariation von 2,8% voraus. Die Datengrundlage bildeten dabei der 10,7-cm-Fluß und IRIS-Messungen. Theoretische Berechnungen und Vergleiche von Theorie und Satellitenmessung sowie Satelliten- und Umkehrmessungen wurden mehrfach vorgenommen (Brasseur und Simon 1981, De Beats et al. 1981, Keating et al. 1981, Reber und Huang 1982, Reinsel et al. 1983, Gille et al. 1984, Chandra 1984 u. a.). Die Satellitenmessungen zeigen leider Probleme mit der Veränderung der Instrumentensensitivität und der Interkalibrierung verschiedener Geräte.

Theoretische Modelle allein ergaben noch zu unbefriedigende Ergebnisse, um die gegenwärtigen Befunde im Detail zu erklären. So rechnen z. B. Brasseur und Simon (1981) bei Einbeziehung der Temperaturrückkopplung mit einer UV-Flußvariation bei 200 nm von 22%, die monoton bis 300 nm auf 0 abnimmt. Hinteregger (1981) gibt 15% bei 205 nm an und 20% bei 180 nm. Garcia et al. (1984) benutzen einen Wert von 16% bei 200 nm, der bei 300 nm gleichfalls monoton auf 0 abfällt, wogegen Lean (1987) nur noch von Variationen kleiner als 10% ausgeht (1984 aber auch noch 27% angab).

Systematische Temperaturmessungen zur Elimination des Langzeittemperatureffektes existieren noch in zu geringem Umfang (z. B. Quiroz 1979, Angell und Korshover 1983). Die geforderte Genauigkeit der Bestimmung der Zyklusvariation muß dabei wenige zehntel Prozent betragen.

Der Ozonanstieg in Nordamerika zwischen 1960 und 1974 läßt sich nur teilweise durch Modellrechnungen bestätigen (Callis et al. 1979). Vor 1960 ist die Übereinstimmung schlecht und ebenso noch 1971. Insbesondere die Jahre nach 1974 zeichnen sich durch hohe geomagnetische Aktivitäten mit markant sich wiederholenden Protonenstörungen aus. Der drastische Ozonanstieg in den

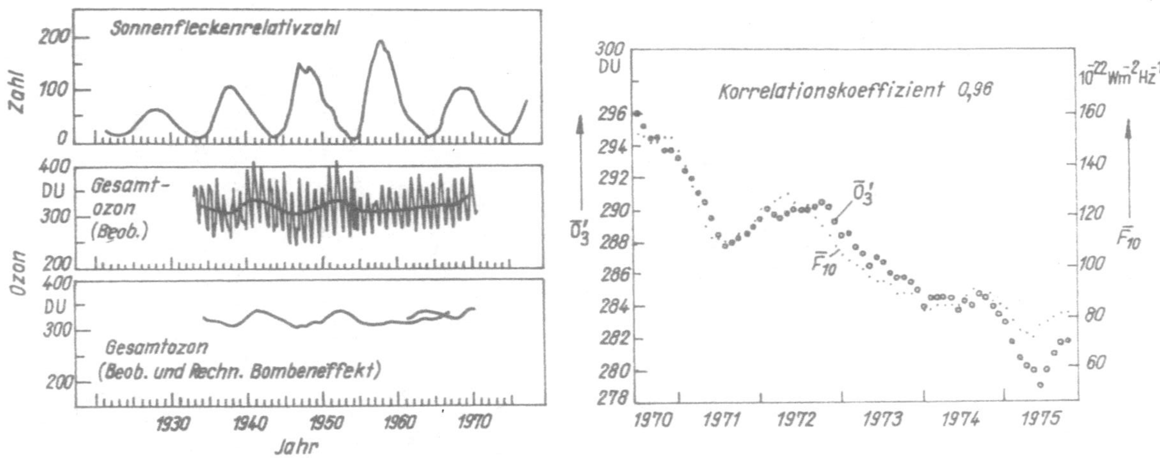

Abb. 7.16. Vergleich zwischen der solaren Aktivität (R, $F_{10,7}$) und Ozontrends.
Links: Gesamtozon nach Christie (1973). Ein vermuteter Effekt der Atombombentestserie von 1952–1962 wurde berechnet (Chang und Duewer 1973) und der globalen Kurve hinzugefügt. (Aus Ellsaesser 1982)
Rechts: Zeitlicher Verlauf des 6monatig gleitenden Mittels des globalen Ozons und des 10,7-cm-Flusses. Die semiannuale, die annuale und die quasi biennale Variation des Ozons wurden herausgefiltert. (Nach Kreating 1981)

sechziger Jahren ist mit einer generellen Änderung der Zirkulation in Verbindung gebracht worden (Komhyr et al. 1971). Eine andere mögliche Ursache wurde mit den Atomtests (Chang und Duewer 1973) genannt (Abb. 7.16).

7.8. Beziehungen zwischen Ozon und dem Wetter und Klima

Die Beziehungen zwischen der solaren Aktivität einerseits und dem Klima und den Wettererscheinungen wie Regen und Wasserständen von Seen aus geschlossenen Wassereinzugsgebieten, Trögen des 300-hPa-Luftdrucks über dem Nordpol, vorherrschenden Zirkulationsformen, Oberflächentemperatur (Abb. 7.17), elektrischer Aktivität in der Atmosphäre, Eisbedeckung, Meeresströmungen, Ernteerträgen u. a. andererseits wurden bereits seit sehr langer Zeit untersucht und mögliche Mechanismen postuliert. Für die einen ist es ein erfolgreicher Versuch der Autosuggestion, solche Beziehungen zu finden (Pittock 1978, Monin 1972), andere scheinen in einer Weise daran zu glauben, wie an den 100jährigen Kalender. Das Grundproblem verbindet sich mit der Frage, wie können kleine solare Energievariationen das Klima und die Wetterprozesse steuern. Offensichtlich bedarf es eines Verstärker- oder Triggermechanismus.

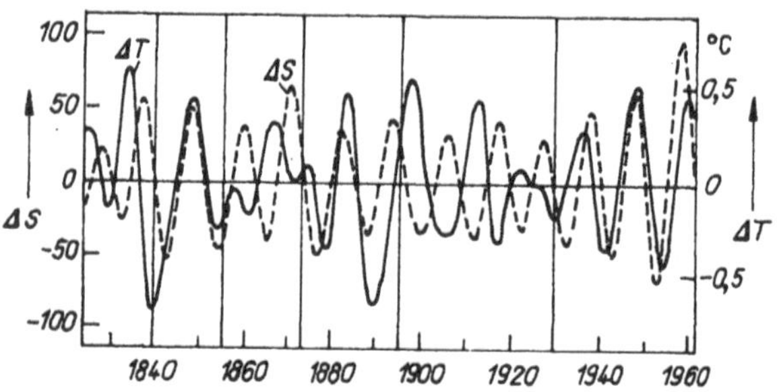

Abb. 7.17. Korrelation und Antikorrelation in verschiedenen Perioden zwischen der Temperatur in Oxford (volle Kurve) und einem beliebigen solaren Index (Daten gefiltert) (nach Carrera 1978)

Langzeitvariationen wurden in der Vergangenheit mit der Änderung der Solarkonstanten in Verbindung gebracht (Abbot 1966, Kondratyev und Nikolsky 1970). Beobachtungen im freien Weltraum aus einem Zeitraum von 20 Jahren (White 1977) ergaben hierfür keinen Hinweis. Aus Messungen des Sonnendurchmessers schlußfolgerten Sofia et al. (1979), daß die solare Ausstrahlung zwischen 1850 und 1937 weniger als 0,3% variierte. Spekulative Prognosen über eine beachtliche Sonnenschrumpfung, die seit mindestens 400 Jahren besteht, wurden dagegen durch Eddy und Boornazian aus Sonnendurchmesserregistrierungen geschlußfolgert. Sie bedürften jedoch einer Bestätigung, denn Kosters und Murcray (1979) kommen aus Ballonmessungen oberhalb 30 km auf eine Zunahme der Solarkonstanten von 0,4% bei einem Fehler von 0,1%. Der Zeitraum entspricht dem auch von Fröhlich (1987) angegebenen Intervall des Anwachsens von S_0. Variationen von S_0 im 0,2-%-Bereich über Tage und Wochen sind nach Willson et al. (1981), (siehe auch Hickey et al. 1980) möglich.

Pollack et al. (1979) zeigten, daß besonders lange Perioden mit einer Dauer größer als 11 Jahre, wie die solar-magnetische Periode oder Variationen mit einer Zeitskala um 100 Jahre, das Klima über die Wandlung der atmosphärischen Strahlungsbilanz beeinflussen könnten.

Änderungen im Ozon können ursächlich mit der Ozonproduktion über Veränderung der UV-Strahlung unterhalb 242 nm im Zusammenhang stehen oder über die Temperatur gesteuert werden. Eine erhöhte Ozonproduktion hat eine erhöhte Temperatur zur Folge, die nach Dütsch (1950) rückkoppelnd die Ozonbildung hemmt, sie etwas mindert, jedoch nicht verhindert. Eine Rückkopplung besteht auch darin, daß bei O_3-Zunahme dissoziationsbedingt die Dichte von $O(^1D)$ anwächst, welches verstärkt N_2O zu NO oxydiert.

Von Interesse ist weiterhin, inwiefern Ozonverluste durch die solare Aktivität moduliert werden. Die erhöhte NO-Produktion, insbesondere durch die galaktische kosmische Strahlung GCR's und die solare Teilchenpräzipitation bedingt, wirkt unmittelbar auf das Ozon ein, greift aber auch in die Kette anderer katalytischer ozonzerstörender Stoffe ein, so daß über die Wirkrichtung eines solchen Mechanismus nicht in einfacher Weise zu entscheiden ist. Neben anderen (siehe Abschnitt 7.10) vermuteten deshalb Ruderman und Chamberlain (1975) eine Modulation des Ozons durch NO, das durch die galaktischen kosmischen Strahlen erzeugt wird. Im Maximum der solaren Aktivität ist der Strahlungsfluß bis 30% geringer.

Sehr schwer zu erfassen sind dynamische Rückkopplungen, wie Effekte der QBO (quasi biennialen Oszillation) des stratosphärischen Windes der niederen Breiten oder des planetaren Wellentransports von Ozon. Änderungen im stratosphärischen Wind und in der statischen Stabilität können die Strukturen von stehenden planetaren Wellen verändern, die wiederum die troposphärische Zirkulation beeinflussen (Bates 1977). Oszillationen in der Stratosphäre in 10 und 50 hPa wurden durch Ebel (1981) als Sonne-Wetter-Beziehung gedeutet.

Das Hauptaugenmerk galt in diesem Zusammenhang der spektralen Variation der UV-Strahlung (Heath und Thekaekara 1977, Mentall et al. 1981, Broadfoot 1972, Simon 1978, Heath 1980, Mount et al. 1980, Mount und Rottman 1980, Arvesen et al. 1969, Delaboundiniere et al. 1978, Torr et al. 1980, Cook et al. 1980, Lean 1984, Heath et al. 1983, Donnelly et al. 1982, Gille et al. 1984 u. a.). Wie im vorhergehenden Abschnitt diskutiert, können

2–4% Ozonvariation im Zyklus als gesichert angesehen werden, obwohl es noch viele Fragezeichen gibt und besonders die frühen Ozondaten z. T. schlecht waren. (Siehe Kommentar von ANGELL (1982) zu einem Artikel von ELLSAESSER (1981).)

Klimatische Variationen würden aus den internen Rückkopplungen heraus auch ohne externe Störeinflüsse stattfinden. Sie sind einfach eine Folge des das Klima bestimmenden nichtlinearen Systems, in dem die solare Energie weitab vom thermodynamischen Gleichgewichtszustand dissipiert. LORENZ machte bereits 1963 in zwei viel zitierten Arbeiten im Zusammenhang mit der vergeblichen Suche nach Perioden im Wetterablauf auf das chaotische Verhalten der Wetterdynamik aufmerksam.

Wir haben gute Gründe, auch dem Klimaablauf ein solches Verhalten zuzubilligen. Hierbei mag es qualitativ unterschiedliche Lösungen geben. Sogenannte „kinetische Phasenübergänge" (EBELING 1976) können sprunghaft zu anderen Regimen Anlaß geben. Externe Einflüsse wären durchaus in der Lage, Klima und Wetter zu modulieren. Nur sollte beachtet werden, daß diese Einwirkung während unterschiedlicher Phasen der Eigendynamik des Klimas andere Reaktionen zeitigt.

Der Wasserstand des Viktoriasees im Gleichlauf mit der Sonnenaktivität galt nach seiner Entdeckung als Paradebeispiel für den Zusammenhang der solaren Aktivität zum Wetter (Abb. 7.18, Regen eines größeren Wassereinzugsgebietes). Nachdem dieser Gleichlauf außer Tritt geriet, wurde hieraus ein Paradigma dafür, daß solche Zusammenhänge stochastischer Natur seien. Die anfängliche Übereinstimmung scheint zu „schön" zu sein, um allein an einen Zufall zu glauben. Warum sollte sich nicht durch die klimatische Dynamik sprunghaft (kinetischer Phasenübergang) ein Regime eingestellt haben, in dem externe Einflüsse nicht signifikant zum Tragen kommen oder anders als zuvor wirken?

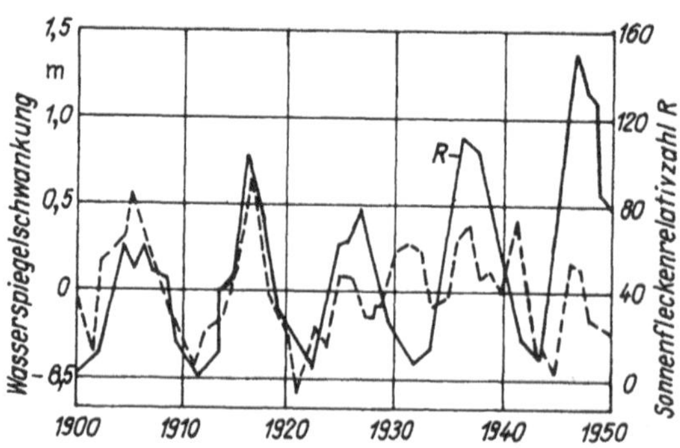

Abb. 7.18. Schwankungen des Wasserspiegels des Viktoriasees (dicke Linie) und Variation der Sonnenfleckenrelativzahl *R* (dünne Linie, rechte Skala). Erfolgte ab etwa 1925 ein kinetischer Phasenübergang?

Dieses Beispiel kennzeichnet vom Standpunkt des Phänomenologen aus das Dilemma. In einem ohnehin mit einem „strange attractor" ablaufenden Geschehen wird nach Modulationen durch externe Störeinflüsse gesucht.

Die Untersuchung dieses Problems stand deshalb auch nicht im allzuhohen wissenschaftlichen Ansehen. Erst in den letzten Jahren, nachdem wir zu ahnen beginnen, wie sensibel die Natur auf nur geringe Störungen ihres Gleichgewichts reagiert, wird auch dieser Frage größere Bedeutung beigemessen. Wie das Beispiel des Viktoriasees zeigt, kann man im allgemeinen keine einfache Korrelation erwarten. Es gilt deshalb, nach geeigneten Ordnungsparametern zu suchen.

Zu verblüffenden Ergebnissen kam, von dieser methodischen Position ausgehend, in den vergangenen Jahren LABITZKE (1987) (LABITZKE und VAN LOON 1988, LABITZKE und CHANIN 1988), die als Ordnungsparameter die Windrichtung der quasi zweijährigen Schwingung QBO benutzte. Die Unterteilung des Datenensembles nach West- und Ostwindregime führte zu hochsignifikanten Zusammenhängen zwischen Sonnenaktivität und Temperatur oder Druck in bestimmten Höhen und geographischen Bereichen, die bei einer undifferenzierten Auswertung bis auf Residuen verschwanden. Diese Entwicklung gibt zu der Hoffnung Anlaß, daß sich auch weitere Generationen von Forschern mit diesem interessanten Thema beschäftigen können.

7.9. Ozon und die SPE's

SPE's – solar proton events – sind solare Eruptionen, während derer große Mengen an Protonen (10–300 MeV) ausgestoßen werden, die als geladene Teilchen mit der Erdmagnetosphäre wechselwirken und hier geomagnetische Stürme, Auroraerscheinungen, Effekte der JOULEschen Erwärmung, exzessive Teilchenpräzipation u. a. m. verursachen. In älterer Literatur wurden die SPE's als PCA's (polar cap absorptions) wegen der Störungen der polaren D-Schicht und der hiermit verbundenen Stockung der Radiokommunikation bezeichnet. Die Störungen verharren für einige Tage. Starke Eruptionen werden selten beobachtet. Sie stellen die Ursache einer extremen impulsartigen Störung der gesamten Hochatmosphäre dar und bilden eine ausgezeichnete Grundlage, mittels dieses gigantischen natürlichen Experiments das Verhalten und die Reaktion des Systems Erdatmosphäre zu studieren.

Die an die magnetischen Feldlinien gebundenen Protonen fallen bevorzugt in die hohen Breiten in den Auroragürtel ein. Die energiereiche Komponente starker Stürme kann Breiten bis 60° beeinflussen. Über Ladungsaustausch im Ringstromgebiet können jedoch auch heiße Wasserstoffatome gebildet werden, die in alle Breiten einfallen und deren Energien auch im MeV-Bereich liegen. Schließlich beeinflussen vor allem Sekundärpartikel wie energiereiche Elektronen mit größerer Eindringtiefe die mittlere Atmosphäre.

Eine Folge der SPE's ist erhöhte NO-Produktion (HERZBERG 1960). Im Zusammenhang mit den SPE's wurde auch der Einfluß auf das Ozon diskutiert. Die direkte Ozonzerstörung spielt dabei keine Rolle. Von Bedeutung allein sind einerseits die zusätzliche NO-Produktion und andererseits die Bildung von Wasserstoffradikalen. Zusätzlich zu beachten wären thermische Einflüsse und dynamische Effekte.

Die NO-Bildung aus unterschiedlichen Ionen kann durch folgende Ladungsaustausch- und Rekombinationsprozesse eingeleitet werden:

$$N_2^+ + e \rightarrow N(^4S) + N(^2D) + 3{,}45\,\mathrm{eV}, \tag{7.3}$$

$$O^+ + N_2 \rightarrow NO^+ + N(^4S) + 1{,}1\,\mathrm{eV}, \tag{7.4}$$

$$N^+ + O_2 \rightarrow O_2^+ + N(^4S) + 2{,}46\,\mathrm{eV}, \tag{7.5}$$

$$N_2^+ + O \rightarrow NO^+ + N(^2D) + 0{,}70\,\mathrm{eV} \tag{7.6}$$

und

$$N(^2D) + O \rightarrow N(^4S) + O. \tag{7.7}$$

Auch $N(^2P)$ kann mit O_2 zu NO reagieren, doch hat diese Reaktion nur in der Thermosphäre Bedeutung. Die radiative Deaktivierung von $N(^2P)$ stellt eine Quelle für $N(^2D)$ dar.

Beim Zusammenstoß präzipitierender Elektronen mit N_2 entsteht bei der Dissoziation N im Zustand ^4S, ^2D oder ^2P.

$$N(^2P) \rightarrow N(^2D) + h\nu\ (1\,040\ \mathrm{nm}), \tag{7.8}$$

und

$$N(^2P) \rightarrow N(^4S) + h\nu\ (346{,}6\ \mathrm{nm}). \tag{7.9}$$

Emissionsverluste von $N(^2D)$ erfolgen bei 520 nm

$$N(^2D) \rightarrow N(^4S) + h\nu\ (520\ \mathrm{nm}) \tag{7.10}$$

Die Rekombination von NO^+ liefert $N(^2D)$ (78%) und $N(^4S)$ (22%) KLEY et al. (1977) fanden 75%). Im allgemeinen baut $N(^4S)$ NO gemäß $N(^4S) + NO \rightarrow N_2 + O$ ab. Energiereiches $N(^4S)$ kann jedoch NO bilden

$$N(^4S)^* + O_2 \rightarrow NO + O \tag{7.11}$$

(oberhalb der mittleren Thermosphäre).

$N(^2D)$ wird prinzipiell durch O stoßdeaktiviert, während Stöße mit O_2 zur NO-Bildung beitragen. Stoßdeaktivierung findet auch bei Kollision mit Elektronen statt.

$$NO(^2D) + e \rightarrow N(^4S) + e. \qquad (7.12)$$

Weitere Reaktionen mit Einschluß von $N(^2D)$ sind

$$N(^2D) + NO \rightarrow N_2 + O,$$

$$N(^2D) + O_2^+ \rightarrow N^+ + O_2, \qquad (7.13)$$

$$N(^2D) + O^+ \rightarrow N^+ + O. \qquad (7.14)$$

Die Protonen erreichen nicht die Stratosphäre, jedoch können Schauer energiereicher Sekundärelektronen bis dorthin vordringen und neutrale Moleküle ionisieren.

$$e^* + N_2 \rightarrow N_2^+ + 2e, \qquad (7.15)$$

$$e^* + N_2 \rightarrow N + N^+ + 2e, \qquad (7.16)$$

$$e^* + N_2 \rightarrow N + N + e, \qquad (7.17)$$

$$e^* + O_2 \rightarrow O_2^+ + 2e, \qquad (7.18)$$

$$e^* + O_2 \rightarrow O + O^+ + 2e. \qquad (7.19)$$

Die Rekombination von $N_2^+ + e \rightarrow N + N$ liefert zu 50% $N(^2D)$. Unterhalb von 50 km Höhe erfolgt die Überführung von NO in NO_2 durch O_3 sehr schnell. Der Verlust jeweils durch $N(^4S)$ ist aber über $NO_2 + N(^4S) \xrightarrow{l_1} N_2O + O$, $l_1 = 2 \times 10^{-11} \exp(-800/T)\,cm^3\,s^{-1}$ geringer als der über $NO + N(^4S) \xrightarrow{l_2} N_2 + O$, $l_2 = 8{,}2 \times 10^{-11} \exp(-410/T)\,cm^3\,s^{-1}$.

Eine Anzahl von Arbeiten befaßt sich damit, den Einfluß der SPE's auf das Ozon abzuschätzen. Insbesondere gelten theoretische Untersuchungen der Frage, wieviel NO-Moleküle (oder Oddnitrogenteilchen) pro Ionenpaar erzeugt werden. Rusch et al. (1981) kommen für den stärksten beobachteten SPE vom 4. August 1972, in der mittleren Atmosphäre auf 1,3–1,6 Oddnitrogenteilchen pro Ionenpaar (NO, $N(^4S)$, $N(^2D)$, NO_3, N_2O_5). Bauer (1979) gibt 1,3 NO-Moleküle pro Ionisation an, Fabian et al. (1979) finden 2–2,5. Dem letzten Wert wird durch Jackman et al. (1979) entschieden widersprochen, die sich unterhalb von 80 km auf etwa 1,2–1,3 festlegen. Nach Rusch et al. (1981) und anderen kann nicht pauschal von NO-Erzeugung in Beziehung zum Ionenpaar geprochen werden, sondern es muß die Höhenabhängigkeit berücksichtigt werden. Andere Werte sind durch Solomon und Crutzen (1981) mit 1,5 und Porter et al. (1976) mit 1,27 Oddnitrogenteilchen publiziert worden.

Frühe Messungen einer Ozonabnahme nach einem SPE gehen auf WEEKS et al. (1972) zurück. Es wurde von einer Ozonabnahme um den Faktor 2–4 in 50–70 km Höhe während des SPE vom 2. 11. 1969 berichtet. SWIDER und KENESHEA (1973) deuten dies durch den Einfluß erhöhter OH- und HO_2-Produktion.

Versuche, die Ozonreduktion quantitativ abzuschätzen, wurden von CRUTZEN (1975), ZEREFOS und CRUTZEN (1975), CRUTZEN et al. (1975), REID et al. (1976), FREDERICK (1976), BAUER (1979), HEATH et al. (1977), FABIAN et al. (1979), THORNE (1980), MCPETERS et al. (1981), MCPETERS und JACKMAN (1985), THOMAS et al. (1983), ORSINI und FREDERICK (1982) u. a. unternommen. MCPETERS (1986), SOLOMON und CRUTZEN (1981), SOLOMON et al. (1983), SOLOMON et al. (1981), CRUTZEN und SOLOMON (1980), REAGAN et al. (1981) untersuchten den SPE vom 4. 8. 1972 auf der Grundlage von Messung des 1971 - 089A-Polar-Orbiting Satellite von hochenergetischen Protonen. Dieses Ereignis war derartig stark, daß es 85% des energiereichen Protonenflusses des gesamten solaren Zyklus 20 umfaßte (KING 1974).

BUV-Daten stammen von Nimbus 4. Verschiedene Ballonflüge wurden ausgewertet. Hieraus konnte die räumliche Ausdehnung und eine so bezeichnete POC - polar ozone cavity - festgestellt werden. Die Ozonabnahme in diesem „polaren Ozonloch" betrugen am Ende des stärksten Effektes 46, 16 und 4% in 49,5, 41 und 32 km Höhe. Das Gesamtozon reduzierte sich um 2%. (Aufgrund der Ozonabnahme ging in 45 km Höhe einige Tage nach dem Ereignis die Temperatur um 4 K zurück.) Die Lebensdauer des POC überschritt in 38,7 km Höhe 53 Tage, bis die herbstliche Umstellung der Windfelder ihre Dissipation einleitete.

Die Lebenszeiten von NO betragen in 50 km Höhe Monate und in 40 km bereits Jahre. Damit beschränkt sich die Wirkung nicht allein auf hohe Breiten, sondern trägt zur globalen Ozonbeeinflussung bei. Nach CRUTZEN et al. (1975) überstieg die NO-Produktion unterhalb von 60 km die der jährlichen Produktion aus GCR (galactic cosmic rays) für Breiten über 60° und war vergleichbar mit der N_2O-Oxydation.

MCPETERS (1986) leitete für das SPE vom Juli 1982 aus Messungen der NO-Gammabanden von Nimbus 7 NO-Erhöhungen oberhalb 50 km ab (Breiten über 50 °S), die lediglich auf der Südhalbkugel auftreten, bis September blieben, sich aber auf der Nordhalbkugel nicht nachweisen ließen. Dort werden Störungen bereits nach wenigen Tagen ausgeglichen. Abbildung 7.19 stellt den Protonenfluß des SPE vom August 1972 und Abb. 7.20 die daraus resultierende Ozonreduktion dar.

Die Einwirkung auf das mesosphärische O_3 erfolgt über die verstärkte Bildung von Oddhydrogenen. Es werden pro Ionisation unterhalb von etwa 80 km 2 Oddhydrogenpartikel gebildet (SOLOMON et al. 1981). Oberhalb 80 km besteht

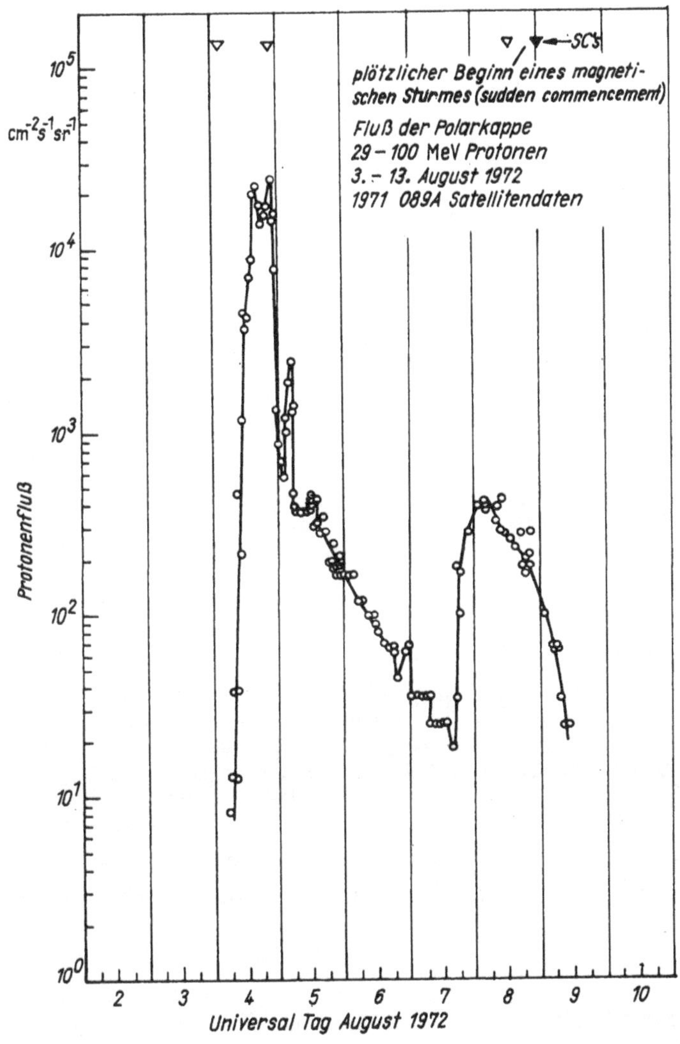

Abb. 7.19. Differentieller Protonenfluß im 29- bis 100-MeV-Bereich über beiden Polarkappen innerhalb eines Breitenintervalls von 6° über dem Pol für den SPE vom August 1972. Während der impulsiven Periode am 4. August erreichten 80% der Energie die Stratosphäre. (Nach Reagan et al. 1981)

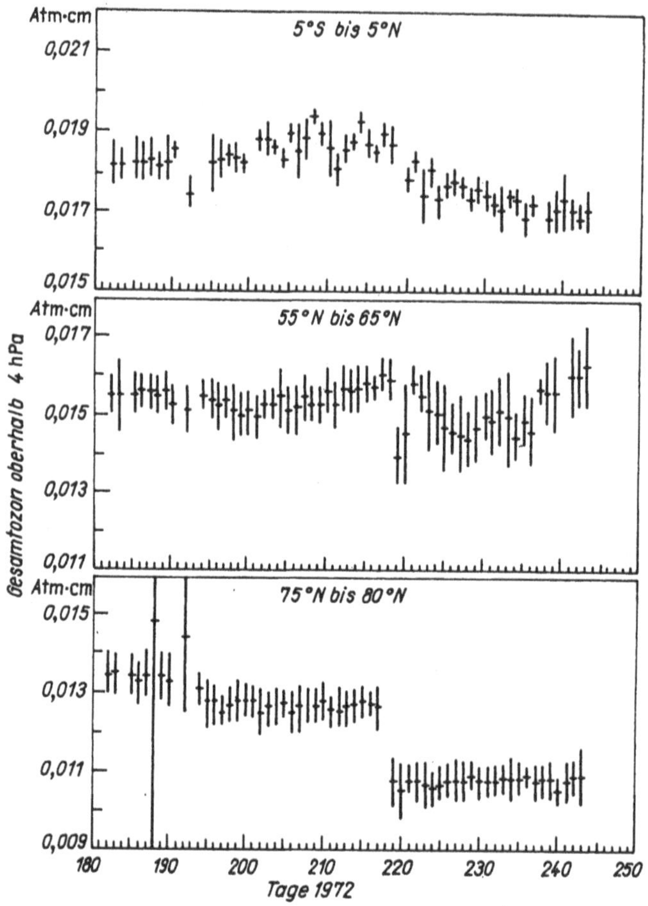

Abb. 7.20. Zonal gemittelte totale O_3-Dichte oberhalb der 4-hPa-Fläche für äquatoriale, mittlere und hohe Breiten um die Zeit des SPE vom 4. August 1972 (nach HEATH et al. 1977)

eine scharfe Grenze, die in Beziehung zur Wasserclusterschicht steht. Aus SME-Daten untersuchten THOMAS et al. (1983) und SOLOMON et al. (1983) für den SPE vom 13. Juli 1982 aus Airglowmessungen bei 1,27 μm die Reaktion des Ozons. Die Protonenflüsse stammten von NOAA-G. Eine maximale Abnahme von 70% wurde nahe 75 km Höhe in 65 °N gefunden.

WEEKS et al. (1972) berichteten über Ozonreduzierungen im Höhenbereich von 50–70 km im Zusammenhang mit dem SPE vom 2. November 1969. Die

Wirkung hängt von der Tageszeit ab, der Vormittagssektor nahe 90° Sonnenstand ist bevorzugt betroffen, da die Oddhydrogenproduktion mit dem Winkel des Sonnenstands abnimmt und damit der relative Einfluß der SPE's wächst und morgens eventuell höhere H_2O-Dichten vorliegen. In mittleren Breiten findet sich erwartungsgemäß kein Effekt. Die Störung dauert etwa 1 Tag. Damit kann sich der Einfluß auch nicht über Transporte der Oddhydrogene ausbreiten, deren charakteristische Zeiten in den Höhen zu gering sind.

Abbildung 7.21 zeigt die Konturen der prozentualen Ozonabnahme über die Höhe und geographische Breite aufgetragen.

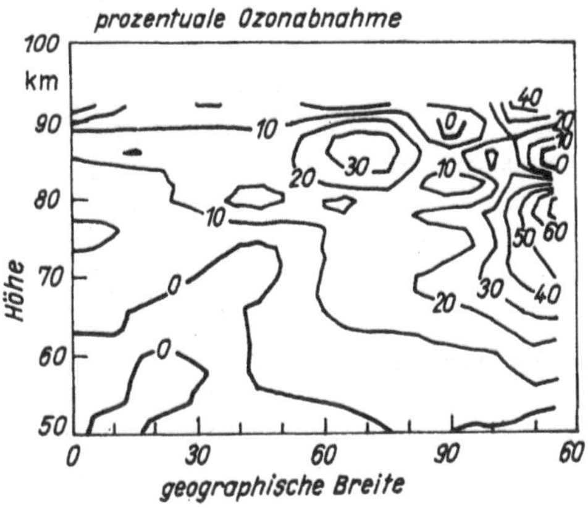

Abb. 7.21. Konturen der prozentualen Ozonabnahme im Höhen-Breiten-Schnitt zum Tag des SPE am 13. Juli 1982 (nach THOMAS et al. 1983)

7.10. Der Einfluß von REP's und GCR auf das Ozon

Eng im Zusammenhang mit solaren Störungen steht die Präzipitation von relativistischen Elektronen (REP – relativistic electron precipitation) (MEYER et al. 1956). Während geomagnetisch gestörter Bedingungen hat sich in der äußeren Zone des Strahlungsgürtels der Erde die Anzahl der energiereichen Elektronen erhöht. Die in diese Schichten eingebrachten Elektronen wechselwirken mit dem natürlichen magnetosphärischen Plasma und führen zum „Abregnen" der Elektronen über den Prozeß der sogenannten Pitchwinkelstreuung (pitch-angle scattering). Obwohl die Präzipitation am intensivsten während der geomagnetischen Störungszeit ist, erfolgt eine Nachwirkung über mehrere Tage im Poststorm-Effekt (LAUTER und KNUTH 1967).

Von besonderer Bedeutung sind die sporadischen (1–3 h Dauer) REP's der subauroralen Breiten 60°–70°, die in Verbindung mit magnetosphärischen Substürmen stehen. Die hochenergetischen Elektronen können zwar nicht unterhalb 50 km Höhe eindringen, sie erzeugen jedoch energiereiche Röntgenbremsstrahlung, die bis in die Stratosphäre vordringt. Nach THORNE (1977 a, b) könnten REP's eine wichtige lokale und temporale NO-Quelle der Mesosphäre und oberen Stratosphäre darstellen. Der Einfluß auf die Mesosphäre über erhöhte OH-Produktion (THORNE 1980) soll nur gering (15–30% in 70 km in Abhängigkeit von der Tageszeit) und nach 2 Stunden praktisch verschwunden sein.

GCR sind energiereiche Ionen (bis 10^{20} eV!) des extra-solaren Systems. Die primäre galaktische kosmische Strahlung besteht zu 83% aus Protonen, zu 12% enthält sie Alphateilchen (Heliumkerne), den Rest beanspruchen schwerere Kerne. Nach einer anderen Abschätzung besteht sie zu 80% aus Protonen, zu 19% aus Heliumkernen und nur zu 1% aus schweren Kernen. Ein Teil der allgemeinen kosmischen Strahlung ist solaren Ursprungs. Sie unterliegt der Wechselwirkung mit dem Magnetfeld. Insbesondere dringt die weniger energiereiche Komponente bevorzugt in die polaren Regionen ein. Nach ersten Messungen von BOWEN et al. (1938) bilden die GCR eine Quelle der Ionisation in der Tropopausenhöhe. Die kosmische Strahlung variiert in Gegenphase zur solaren Aktivität (FORBUSH 1958), da das interplanetare Magnetfeld die Strahlung zu einem gewissen Anteil abschirmt.

Die Vermutung, daß die GCR eine Quelle von stratosphärischem NO sei, sprach WARNECK (1972) aus. BRASSEUR und NICOLET (1973) und NICOLET (1975) untersuchten ihren Einfluß im einzelnen. In ihren Abschätzungen bleibt die Wirkung der GCR unter dem Einfluß der N_2O-Oxydation, sie kann jedoch modulierend wirken. Mit ins Kalkül gezogen werden muß bei der Rechnung, daß die GCR auch Schauer sekundärer Elektronen erzeugen. Andere Partikel, die bei der Kollision und der damit verursachten Zertrümmerung der atmosphärischen Gasteilchen entstehen, sind Hyperonen, Pionen, Müonen, Neutronen und sekundäre Protonen.

Am weitesten in seinen Schlußfolgerungen und Vermutungen geht REID (1977), der selbst eine klimatische Beeinflussung durch die GCR nicht ausschließt. Über eine verstärkte Absorption solarer Strahlung durch erhöhte stratosphärische NO_2-Konzentrationen sollte in solar ruhigen Perioden die Temperatur der Troposphäre sinken. Spekulativ wird die Periode der kleinen Eiszeit im 17. und 18. Jahrhundert, in der kaum Sonnenflecken registriert wurden, mit der erhöhten GCR in Beziehung gebracht. Hierzu muß allerdings bemerkt werden, daß die globale Temperatur nur schlecht mit dem MAUNDER-Minimum korreliert und das frühe 17. und frühe 19. Jahrhundert eher durch tiefe Temperaturen gekennzeichnet waren. Unbeschadet dieser etwas gewagten Schlußfolgerung enthielt die Arbeit interessante Aspekte, die im nächsten Abschnitt erwähnt werden sollen.

7.11. Supernova, Meteoritenfälle, Vulkanausbrüche, die Sektorstruktur des solaren magnetischen Feldes und das Ozon

Wie zuvor angedeutet, könnte eine exzessive NO-Produktion einen Einfluß auf das Klima haben. NO steht mit NO_2 im photochemischen Gleichgewicht. NO_2 absorbiert bevorzugt im blauen Spektralbereich Strahlung (Abb. 7.22), was sich durch die komplementäre bräunliche (orange-rote) Farbe von NO_2-Dämpfen z. B. im photochemischen Smog über einer großen Stadt äußert. Strahlungsanteile, entzogen in der Stratosphäre, tragen zur Abkühlung der Troposphäre bei. Die nachfolgende Tabelle 7.1 stammt von Reid (1977).

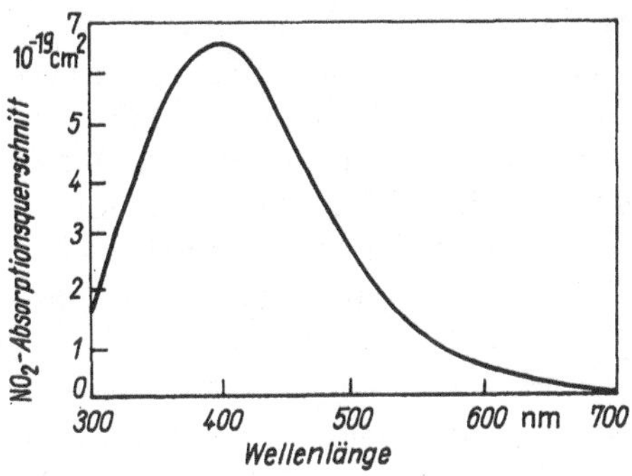

Abb. 7.22. NO_2 absorbiert bevorzugt im blauen Spektralbereich (stark geglättet)

Tabelle 7.1. Resultierende NO_2-Säulendichte und globale Temperaturabnahme bei Erhöhung des Protonenflusses über 30 MeV (nach Reid 1977)

NO_2	Säulendichte cm^{-2}	Temperaturabnahme K	Energiefluß von Protonen über 30 MeV $J\ cm^{-2}$
3×10^{15}	unbelastet	0	-
3×10^{16}		1	6×10^{-1}
$1{,}5\times10^{17}$		3	3×10^{0}
3×10^{17}		9	6×10^{0}

Die letzten Werte korrespondieren bereits mit Eiszeittemperaturen. Der August 1972 SPE hatte einen Flußwert von 6×10^{-2} J cm^{-2} für diese Protonen und erweist sich damit als unkritisch. Eine Supernova in Nachbarschaft zur Sonne, deren Flußwerte 1 J cm^{-2} (30 Lichtjahre) und 10 J cm^{-2} (10 Lichtjahre) betragen, könnte hiernach in der Tat zu katastrophalen Folgen führen. Die Wahrscheinlichkeit hierfür ist zum Glück sehr gering.

Weniger exotisch, doch zumindest singulär scheinen Episoden wie der Niedergang des Tunguska-Meteoriten 1908 zu sein. Dieses in der jüngeren Geschichte stattgefundene Ereignis gibt eine Vorstellung davon, was sich in der Erdgeschichte wiederholt zugetragen hat. Dabei handelt es sich noch um eine relativ harmlose Kollision, wenn man sie z. B. vergleicht mit dem Einschlag des Meteoriten im Nordlinger Ries im Tertiär. Diese Vorfälle konnten nicht das irdische Leben gefährden, obwohl vertreten wird, daß infolge des Zusammenstoßes mit einem kleinen Planetoiden oder Riesenmeteoriten die Saurier und möglicherweise bei analogen Geschehen auch andere Klassen, Familien, Arten ausstarben.

Park (1978) schätzte den Einfluß des Tunguska-Meteoriten (61 °N, 102 °E) auf die NO-Produktion ab und kam auf Werte von $3{,}8 \times 10^{35}$ Molekülen im Höhenbereich zwischen 10 und 50 km. Dieser Wert übersteigt die $4{,}7 \times 10^{34}$ NO-Moleküle der jährlichen Produktion aus der N_2O-Oxydation. Die globalen Gewitter erzeugen zwar $1{,}6 \times 10^{36}$ NO-Moleküle pro Jahr, doch unterliegt das troposphärische Stickstoffoxid einem rapiden Auswascheffekt, so daß diese Quelle die Stratosphäre nicht wesentlich beeinflußt. In der Meteorschicht der Mesopausenregion verglühen ständig staubkörnchengroße Meteore. Oberhalb 86 km werden durch sie $7{,}7 \times 10^{33}$ NO-Moleküle a^{-1} erzeugt. Ihr Abwärtstransport kann damit nur geringfügig modulierend wirken.

Aus den Atombombentests 1961/62 wurde eine Produktion von 1,1 und $2{,}2 \times 10^{34}$ NO-Molekülen abgeschätzt, was bei aller Vorsicht vor den der Abschätzung zugrunde liegenden Annahmen einem beträchtlichen anthropogenen Anteil entspräche.

Einen signifikanten Beitrag zum mesosphärischen NO zwischen $2{,}4 \times 10^{33}$ und 8×10^{34} Molekülen a^{-1} liefert das in der Thermosphäre gebildete NO. Nach Rechnungen von Jackman et al. (1980) ergeben sich Werte von $3{,}7 \times 10^{33}$ bis $1{,}5 \times 10^{34}$ Moleküle a^{-1}, was 8–33% der N_2O-Quote entspräche. Diese Werte übersteigen die Beiträge der GCR's und SPE's der meisten Jahre.

Der Tunguska-Meteorit, dessen Sprengkraft 10 Megatonnen (4×10^{18} J) herkömmlichen Sprengstoffs entsprach (Hunt et al. 1960, Zotkin und Tsikulin 1966), war möglicherweise ein kleiner Komet oder Kometenbruchstück. Die nach Turco et al. (1981) abgeschätzten 30 Megatonnen NO könnten bis 45% des Gesamtozons (30 ± 15%) auf der Nordhemisphäre vernichtet haben. NO-Wolken bestanden möglicherweise noch bis zum Jahre 1912.

Das Smithsonian Astrophysical Observatory begann im Jahre 1908 mit Hilfe eines Spektrobolometers auf dem Mount Wilson (34 °N, 118 °W) mit Messungen zur Solarkonstanten, um die solare Aktivität zwischen 0,35 und 1,6 μm zu überwachen. Für 10 ausgewählte Wellenlängenbereiche wurde die Transmission in Abhängigkeit vom solaren Zenitwinkel bestimmt. Eingeschlossen waren drei Wellenlängenintervalle in den Chappuis-Banden um 0,5; 0,6 und 0,7 μm. An-

GIONE et al. (1976) nutzten diesen Fakt und leiteten für den Zeitraum von 1912 bis 1950 mit einer Genauigkeit von 7% Daten über das Gesamtozon ab. Absorption und RAYLEIGH-Streuung spielen bei der Extinktion im Normalfall die dominierende Rolle. Für die Nachjahre nach dem Tunguska-Meteoriten und der Explosion des russischen Vulkans Shtyubelya Sopka im März 1907 mußte auch der Staubeintrag eliminiert werden, was bei Einbeziehung dreier Wellenlängen näherungsweise geschehen kann. Die Ozondaten zeigen von 1909 bis 1911 (siehe Abb. 7.23) einen deutlichen Anstieg, der als Erholungsphase und Rücklauf auf Normalwerte gedeutet werden kann.

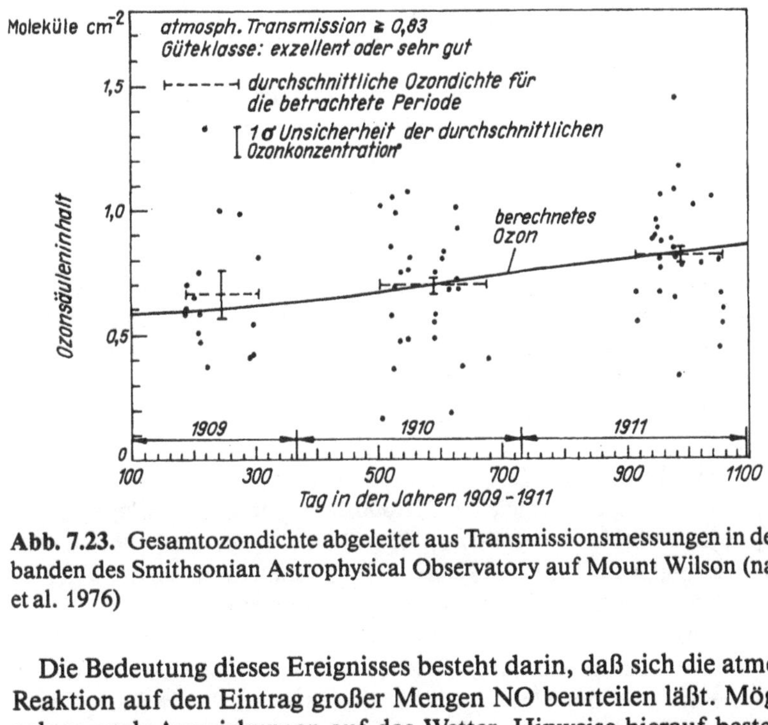

Abb. 7.23. Gesamtozondichte abgeleitet aus Transmissionsmessungen in den Chappuisbanden des Smithsonian Astrophysical Observatory auf Mount Wilson (nach ANGIONE et al. 1976)

Die Bedeutung dieses Ereignisses besteht darin, daß sich die atmosphärische Reaktion auf den Eintrag großer Mengen NO beurteilen läßt. Möglicherweise gab es auch Auswirkungen auf das Wetter. Hinweise hierauf bestehen in dem plötzlichen Anwachsen des arktischen Eises, eine Abnahme der tropischen Zyklontätigkeit zwischen 1910 und 1915 um 50% war zu verzeichnen, die nordhemisphärischen Temperaturen sanken um 0,2 bis 0,3 K u. a. m. Eine relevante Feststellung scheint jedoch zu sein, daß drei Großstörungen innerhalb eines kurzen Zeitraums (zusätzlich die Eruption des Vulkans Katmai (58 °N) auf Alaska) keine dramatischen Folgen hinterließen.

Vulkanausbrüche treten schon wesentlich häufiger als der Einschlag beachtenswerter Meteoriten auf. Von Bedeutung für das Klima und das Ozon sind lediglich die Großeruptionen, die in der Lage sind, die Stratosphäre mit Staub anzufüllen und überdies beträchtliche Mengen an Spurenstoffen ausstoßen. Die Aerosole erhöhen die Temperatur, und über die Photochemie nimmt Ozon leicht ab. Der Haupteinfluß auf das Ozon könnte in der Injektion von Chlorverbindungen in die Stratosphäre bestehen (JONSTON 1980). Heterogene Reaktionen sind möglich, wahrscheinlich aber nicht effektiv. SO_2 und der H_2O-Eintrag können Ozon in der Aerosolschicht leicht reduzieren.

Die Abschätzung der Ausgasung der Asche des Vulkans Augustine in Alaska 1976 ergab 525×10^6 kg Chlorverbindungen (±40%). 82–175×10^6 kg gelangen in die Stratosphäre als HCl. Das entspricht 17–36% der FCKW-Produktion von 1975. Der Einfluß bleibt jedoch in Grenzen, da HCl relativ schnell wieder aus der Stratosphäre ausscheidet.

Besonders eingehend wurde die Eruption des El Chichon untersucht. In der Tat zeigte sich nach der Eruption im Dezember 1982 und in den ersten Monaten von 1983 eine drastische (10%) Reduktion des Gesamtozons. Nachdem 1984 weitgehend normale Werte gemessen wurden, wiederholte sich die Störung im Ozon im Februar bis April auf der Nord- und im Juni bis September auf der Südhemisphäre.

Nach BOJKOV (1987) und anderen ist hierfür aber nicht so sehr die Eruption des El Chichon im April 1982 verantwortlich, sondern Zirkulationsanomalien durch die QBO und einem starken ENSO (El Niño southern oscillation). Die Einflüsse dieser beiden Größen und der Eruption werden mit 4:3:2 abgeschätzt. Hiermit steht diese Interpretation im Gegensatz zu anderen Autoren, die einen engen Zusammenhang zum Vulkanausbruch vermuten (DÜTSCH 1984, KOMHYR et al. 1984, BAIS et al. 1984, MANTIS et al. 1986).

Geologische Haupteruptionen wie vor 700000 Jahren in Long Valley Caldera in Kalifornien bei der Bildung des Bishop Tuffs könnten bei ähnlicher Ausgasungsrate wie bei Augestino 289×10^9 kg HCl oder 570mal mehr als die weltweite Industrieproduktion von 1975 von Chlorverbindungen eingebracht haben. Offensichtlich überstand das irdische Leben auch diesen Hieb.

Hinweise auf einen Zusammenhang zwischen der Sektorstruktur des solaren magnetischen Feldes und der Ozonkonzentration wurden durch REITER und LITTFASS (1977) auf der Zugspitze bei Einfall stratosphärischer Luft in die Troposphäre gefunden. Bekanntlich besitzt das solare Magnetfeld eine spiralartige Sektorstruktur, in deren Sektoren das Magnetfeld zur Sonne hingerichtet T (toward) und fortgerichtet A (away) ist. Es rotiert mit der Sonne und verursacht dadurch ein Überstreichen der Sektorgrenzen über die Erdmagnetatmosphäre, mit der das interplanetare Magnetfeld wechselwirkt.

Frühe Hinweise auf eine Verbindung zum Gesamtozon wurden durch HEATH und PRASAD (1976) aus BUV-Messungen abgeleitet gegeben. Sie berichten, daß in der Nordhemisphäre 4 Tage vor dem Durchgang der Sektorgrenze das Gesamtozon am höchsten ist und sich hinterher leicht verringert. Überraschenderweise ergab sich kein Hinweis bezüglich der Polarität. Rao und Nair (1981) untersuchten auf der Grundlage von Messungen von 70 Stationen für den Zeitraum 1972–1975 ebenfalls den Zusammenhang zwischen Sektorgrenzendurchgang (MSB - solar magnetic sector boundary passage) und Ozon. Sie fanden vor allem im Winter in hohen Breiten enge Beziehungen. Nichtsignifikante Korrelationen zeigten sich in der Äquatorregion in den äquinoktischen Monaten. Es wird die Hypothese aufgestellt, daß die Protonen aus dem Sonnenwind für die Verbindung verantwortlich sind. Nur sehr vage Abhängigkeiten finden Bremer und Laštovička (1989) im Winter der Jahre 1963–1982 (Sommer nicht untersucht) für Mitteleuropa.

Diesen Analysen kommt insofern eine gewisse Bedeutung zu, wie sie phänomenologische Befunde liefern, die helfen, die Kopplung der solaren Aktivität zum Wetter zu verstehen.

7.12. Trendvoraussagen und beobachtete Trends

Für die siebziger Jahre (10 Jahre Differenz) leitete Penner (1982) einen anthropogenen Effekt auf das Gesamtozon von —0,1% ab. Aus Modellrechnungen erhält er Werte von +0,15% im Gesamtozon und −2,03% für das obere Ozon. Diese Größenordnung charakterisiert etwa die Situation der achtziger Jahre. Allgemein wird die größte Ozonreduktion in 40 km Höhe erwartet (Schiff 1983). Ozonveränderungen in dieser Höhe können somit als Warnsignal für eine anthropogene Beeinflussung gewertet werden. Man sollte jedoch bedenken, daß sich auch natürliche Einflüsse in diesem Bereich empfindlicher auswirken. Nach Penners Rechnungen sind für die wahrscheinlichsten Szenarien Trendentdeckungen vor 1995 nicht möglich. Das wahrscheinlichste Szenario koppelt den FCKW-Eintrag mit einem NO-Anstieg durch die SST's und einer selbstkonsistenten Temperaturrechnung auf der Basis eines radiativen Gleichgewichtsmodells mit Einbeziehung hydrostatistischer Effekte bei dem Anwachsen von CO_2.

Das Profil des Eddydiffusionskoeffizienten K stammte von Luther et al. (1979). Geringe turbulente Diffusion läßt die Zerstörung des Gesamtozons steigen, weil die Cl_y-Komponenten länger in der Stratosphäre verbleiben. Die Bestimmung und mögliche Veränderung von K erhöht zweifellos die Dimension des Problems, denn es unterliegt saisonalen und meridionalen Variationen und mag klimatischen Veränderungen unterworfen sein, die mit Veränderung der thermischen Struktur einhergehen.

Tabelle 7.2 gibt nach Penners Berechnungen für die Jahre 1970–1980 über die FCKW hinausgehend die Einflüsse einzelner Faktoren auf das Gesamtozon wieder.

Tabelle 7.2. Einfluß unterschiedlicher Spurenstoffe auf die Ozonschicht (nach Penner 1982)

Kombination	Gesamtozon (%)	O_3 in Umkehrschicht 7 + 8 + 9 (%)
CFM	—0,73	—3,81
CFM + CO_2 (anwachsend)	—0,36	—2,64
CFM + SST*	—0,45	—3,93
CFM + CH_4 (anwachsend)	—0,65	—3,72
CFM + N_2O (anwachsend)	—0,96	—4,37

Berücksichtigt werden muß bei diesen Rechnungen die Zeitverzögerung zwischen dem FCKW-Eintrag und der Wirkung in der Stratosphäre. Die Wachstumsrate für CH_4 wurde mit 9,9 ppb a^{-1} oder 0,6% a^{-1} angenommen. CH_4 reduziert die Wirksamkeit von HO_x und läßt damit O_3 relativ ansteigen. Die anthropogene N_2O-Erhöhung von 0,2% a^{-1} oder 0,6 ppb a^{-1} verstärkt den Trend der Ozonabnahme (Weiss 1981).

Brasseur und Hitchman (1988) berechneten Szenarien auf der Grundlage eines 2-D-Modells unter Einbeziehung eines Anstiegs der FCKW mit 5—8% a^{-1}, so daß im Jahre 2050 in der Stratosphäre 6,6 ppb erreicht werden. Die CO_2-Konzentration wurde von gegenwärtig 350 ppm verdoppelt, und die Dichten von CH_4 und N_2O wuchsen um 1% a^{-1} und 0,25% a^{-1}. Das Modell stellt ein selbstkonsistentes radiatives Zirkulationsmodell dar, welches sowohl die O_3-, H_2O- und O_2-Absorption als auch die CO_2-, O_3- und H_2O-Strahlungskühlung berücksichtigt und die reaktionskinetischen Gleichungen von konservativen Familien integriert sowie Wellentransporte einbezieht.

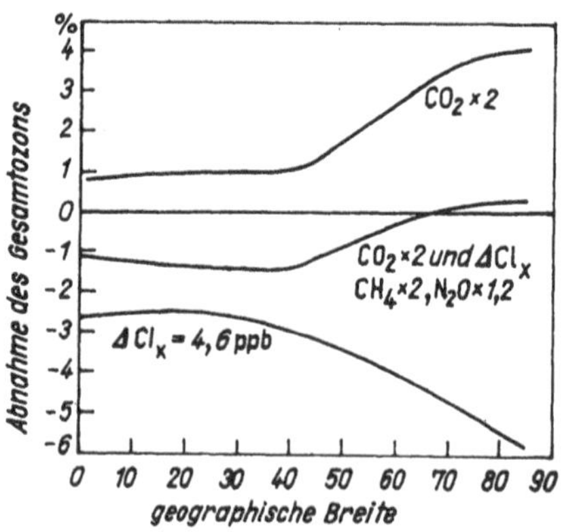

Abb. 7.24. Veränderung des Gesamtozons mit Berücksichtigung der Temperaturrückkopplung ($CO_2 \times 2$) und Einbeziehung anderer Spurenstoffe ($CH_4 \times 2$, $N_2O \times 1{,}2$) sowie des Cl_x-Anstieges (nach Brasseur und Hitchman 1988)

Als wesentliche Aussage folgt aus den Rechnungen, wie Abb. 7.24 an 3 Szenarien verdeutlicht, daß die Temperaturrückkopplung zu einer erheblichen Reduzierung des anthropogenen Ozonabbaus beiträgt und lediglich in den Tropen und mittleren Breiten die Erosion der Ozonschicht 1% beträgt. Die stratosphärischen Temperaturen fallen in Stratopausenhöhe um 8—16 K und erhöhen sich am Erdboden um 2—4 K. Die allgemein vorausgesagte drastische Ozonverminderung an den Polen wird durch die Einrechnung der Strahlungskühlung sogar überkompensiert. Gegenwärtig wirkt der stratosphärische Temperaturtrend noch weitgehend einer Verringerung des Gesamtozons entgegen.

REINSEL et al. (1981) nehmen vor 1970 keine O_3-Veränderung an. Danach (aus Daten von 36 DOBSON-Stationen abgeleitet) wird zwischen 1970 und 1978 eine Änderung von (—0,28 ± 1,35)% angegeben. Das 1,35-%-Vertrauensintervall läßt auch bei dieser Analyse eine erhebliche statistische Unsicherheit erkennen. Die jüngste Analyse von REINSEL et al. (1987) für die Jahre 1970–1984 gibt als Abnahme (—0,26 ± 0,92)% pro Dekade an, was ebenfalls noch außerhalb der statischen Signifikanz liegt. Aus den Umkehrmessungen der Schichten 7 und 8 (34–43 km) bis 1981 folgt jedoch eine signifikante Abnahme der Ozondichte von (—0,30 ± 0,17)%.

Kein erkennbarer Trend ergibt sich aus der Analyse von TIEDE et al. (1979) aus 9 DOBSON-Stationen. Sie schlußfolgern, daß die Trenderkennungsschwelle bei einem geringen Trend von 0,15% a^{-1} erst in 12 Jahren überschritten sein wird. Wie auf einer Konferenz in Boulder, Colorado, im Jahre 1977 festgestellt wurde, stellt die Schwellenwertproblematik der Entdeckung eines anthropogenen Ozontrends das methodische Grundproblem dar (CAMPBELL 1977).

Wird der Effekt bei einer bestimmten Schwelle erkannt, so ist die zu erwartende Ozonabnahme auf Grund der Zeitverzögerung um den Faktor 1,5 größer, wenn es gelänge, den FCKW-Eintrag in dem Moment zu stoppen.

Tabelle 7.3. Anzahl der Jahre einer sicheren Trenderkennung

Beobachtungszeit (a)	9 Stationen (% a^{-1})	18 Stationen (% a^{-1})
6	0,25	0,18
8	0,20	0,15
12	0,15	0,11
20	0,10	0,07

Nach TIEDE et al. (1979) weist Tabelle 7.3 für unterschiedlich hohe Ozonreduzierungsraten die Anzahl der Jahre aus, in denen ein Trend mit Sicherheit zu erkennen wäre. Die statistische Sicherheit erhöht sich dabei mit der Anzahl der Jahre. Die Erkennung der Trends wird durch die Instrumentenunsicherheiten

(Drift in der Instrumentenempfindlichkeit und Interkalibrierungsprobleme) und durch Veränderungen der Meßbedingungen (zunehmende Luftverschmutzung in der Nähe der Meßstationen) erschwert.

Bei der BOIC - Balloon Ozone Intercomparison Compaign - zum Vergleich unterschiedlicher Meßgeräte (2 UV-Absorptionsgeräte, 3 elektrochemische Sonden ECS, 1 Massenspektrometer, zusätzliche Umkehr- und Satellitendaten, das National Bureau of Standards NBS lieferte Referenzozonquelle) ergaben die vom NBS ermittelten Standardabweichungen immerhin 11%. Der Fehler war flughöhenabhängig, besonders ausgeprägt in größeren Höhen für die elektrochemischen Sonden. Die UV-Photometer erwiesen sich mit ±3% Abweichung vom Mittelwert von der Tropopause bis 41 km Höhe als die besten Instrumente. Die ECS ergaben Fehler bis 20% (Hilsenrath et al. 1986). Trotz allem sollte nach den vorliegenden Daten ab 1990 ein anthropogen bedingter Trend im Gesamtozon erkennbar sein.

Obwohl der Wasserdampf in seiner gegenwärtigen Variation keinen großen Einfluß auf die Modulation des Ozons ausübt, wären drastische Änderungen zu beachten. Die Wasserdampfbilanz der mittleren Atmosphäre wird weitgehend durch die Sättigungsmischung der tropischen Tropopause bestimmt. Ein Anwachsen ihrer Temperatur um nur 3 K würde die stratosphärische H_2O-Konzentration verdoppeln. Solche Auswirkungen werden in den nächsten 50 Jahren als Resultat des Anstiegs von CO_2, der FCKW's und anderer infrarotaktiver Spurenstoffe erreicht. Speziell wurde in diesem Zusammenhang eine Beeinflussung der thermischen Struktur zwischen 10 und 20 km vorausgesagt.

Unterhalb von 30 km wird die atmosphärische Dynamik relativ gut verstanden. Eine strenge Oszillation des zonalen Windes der Stratosphäre mit irregulären Perioden (im Mittel bei 26 Monaten), die Quasi-biennale-Oszillation QBO, erscheint in tropischen Breiten. Durch sie wird ein Ozontrend moduliert. Die Stärke der Hadley-Zellen-Zirkulation in niederen Breiten beeinflußt wesentlich die Ozonverteilung in mittleren und höheren Breiten. Ebenso ist von maßgebender Bedeutung in mittleren und höheren Breiten der planetare Wellentransport von Ozon. Planetare Wellen stellen Abweichungen vom zonal gemittelten Wind dar, deren Felder Fourier-analysiert werden können. Die Veränderung dynamischer Größen im Trend zu erfassen ist besonders diffizil.

1983 wurde allgemein eine Ozonabnahme (—10 DU) beobachtet (z. B. Angell et al. 1985). Die Eruption des Vulkans El Chichon im April 1982 war simultan mit einer großen atmosphärischen Zirkulationsanomalie QBO und einem starken El Niño gekoppelt. Mögliche Ursachen könnten der direkte Eintrag von Chlorverbindungen in 26–24 km Höhe und Effekte der heterogenen Chemie durch die Aerosolauffüllung der Stratosphäre sein. Natürliche Störungen machen eine Trendanalyse zur Entdeckung anthropogener Einflüsse unsicher.

Das Gesamtozon als Wegintegral der Ozondichte aller Atmosphärenschichten spiegelt nur sehr grob Veränderungen der Ozonosphäre wider. Die Umkehrdaten zur routinemäßigen Ermittlung eines Ozonhöhenprofils sind nicht sehr präzise. Aus diesen Messungen stellten Reinsel et al. (1984) in 40 km Höhe eine Ozonabnahme von 0,3% a^{-1} fest. Tiao et al. (1986) untersuchten Trends zwischen 1970 und 1982 von 15 Stationen mittlerer nördlicher Breiten und fanden in 15–21 km Höhe eine Abnahme von 0,5% a^{-1}. Dagegen ergaben troposphärische Analysen (0—5 km) einen positiven Trend von 0,8% a^{-1}. Die Zunahme des troposphärischen Ozons steht außer Frage. Als Beispiel mag hier nach Logan (1985) ein Trend aus der freien Troposphäre (700–500 hPa) von 0,9% a^{-1} genannt sein. Er kompensiert gegenwärtig zu einem guten Teil noch das anthropogene Signal im Gesamtozon.

7.13. Kontroversen über das Ozonloch in der Antarktis

In einem Artikel mit dem Titel „Das Ozondrama" im „Bild der Wissenschaft" 6 (1986) von Ewe wurde in suggestiver Form das Ozonloch über der Antarktis als möglicher Anfang vom Ende unseres stratosphärischen Schutzschildes gewertet. In der Tat, wenn es um existentielle Fragen der Menschheit geht, dann gibt es nichts zu beschönigen, zu verheimlichen und zu kaschieren. Der Erhalt der natürlichen Umwelt ist eine der vordringlichsten und verantwortungsvollsten Aufgaben der gesamten Menschheit. Gerade deshalb sollte dieses Problem nicht mit Banküberfällen oder den amourösen Abenteuern irgendeines Thronfolgers auf eine Stufe gestellt werden.

Nach einem Bericht von Farman et al. (1985) wurde eine bemerkenswerte Reduzierung des Gesamtozons über dem antarktischen Kontinent gefunden. Schon Chubachi (1984) wies auf große Veränderungen im Ozon seit dem Beginn eines intensiven Meßprogramms im Jahre 1982 in Syowa (69 °S, 40 °E) hin. 1968 war dieses „Ozonloch" das erstemal beobachtet worden. Von 1975 bis heute nahm die Gesamtozonkonzentration kontinuierlich ab, d. h., das Loch „vertiefte" und erweiterte sich. Nachweisbar ist dieses Phänomen in dieser Ausprägung ausschließlich in hohen südlichen Breiten während des antarktischen Frühlings vom August bis Oktober. Über Halley Bay (76 °S, 27 °W), der britischen Beobachtungsstation, war die Gesamtozonkonzentration im Zeitraum von 1980–1984 um 30% niedriger als im Zeitraum von 1957 bis 1973. 1975 betrug sie 300 DU und 1984 nur noch 200 DU.

Diese Befunde wurden durch Satellitenbeobachtungen mittels des solar backscattered ultra violet SBUV und total ozone mapping spectrometer TOMS auf Nimbus 7 gestartet im Oktober 1978 (Heath et al. 1985, Krueger et al. 1985 sowie Bhartia et al. 1985, Krueger et al. 1985, Stolarski et al. 1986, siehe auch Zitate in Solomon et al. 1985) generell bestätigt und die Ausdehnung mit 15° Breite festgestellt. 1987 wurden die bislang niedrigsten Werte registriert. Abbildung 7.25 beruht auf den TOMS-Daten von Nimbus 7, gemessen am 5. Oktober 1987.

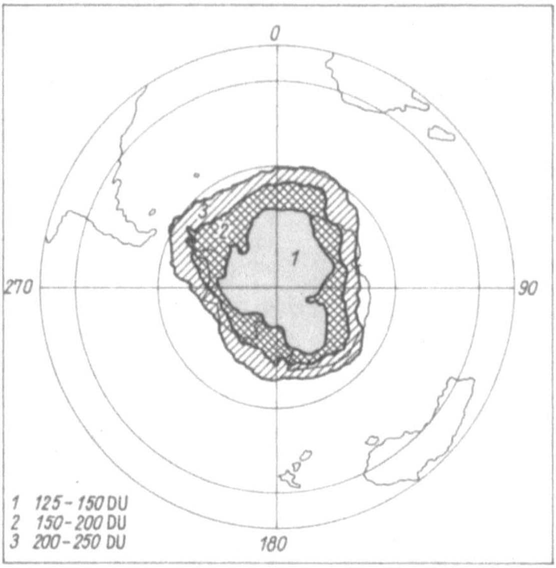

Abb. 7.25. Gesamtozon vom 5. Oktober 1987 über der Antarktis in DU.
1 ≙ 125–150 DU
2 ≙ 150–200 DU
3 ≙ 200–250 DU

Der Vergleich der Jahre zeigt, daß die QBO den allgemeinen Trend moduliert. 1988 folgte plötzlich nicht mehr diese Tendenz. Obwohl nach der QBO geringere Ozonabnahmen als im Vorjahr zu erwarten waren, überraschte doch die Größenordnung dieses Rückgangs auf nahezu „normale Werte", wenn als normal die Beträge der 70er Jahre zu bezeichnen sind.

Die Größe der Variation übersteigt nach ANGELL und KORSHOVER (1983) die Grenze der klimatologischen Variabilität - eine Aussage, die im Lichte neuer Erkenntnisse relativiert werden muß. Zeitreihenanalysen von Ozonmessungen für Februar auf den argentinischen Inseln 65,3 °S, 64 °W ergaben einen Abfall von 15–17%.

Nach ersten Vermutungen (FARMAN et al. 1985) wurde bei anthropogener Erhöhung von Cl_y eine Veränderung des Verhältnisses NO_2/NO bei Verstärkung der Reaktion $ClO + NO \rightarrow Cl + NO_2$, die bei tiefen Temperaturen (—80 °C) des antarktischen Frühlings besonders effektiv abläuft, verantwortlich gemacht. Hiernach müßte die Störung in 30 km Höhe maximal ausgeprägt sein. Die Peakkonzentration des Ozons im antarktischen Frühling liegt aber lediglich bei 15–20 km, so daß aus diesem Grund der Einfluß gering sein sollte. Die Höhenbegrenzung des Effekts der starken Ozonabnahme kann mit 10—20 km angegeben werden. IWASAKA und KONDOH (1987) u. a. finden sie zwischen 10–25 km.

Nach SOLOMON et al. (1986) kann eine Photochemie, die lediglich homogene chemische Reaktionen einbezieht, die Erscheinung gegenwärtig nicht deuten. Es wird jedoch eine andere Tatsache ins Feld geführt. Den Beobachtungen von MCCORMICK (1983) zufolge erscheinen in der unteren Stratosphäre des kalten antarktischen Winters und Frühlings von Juli bis September häufig Wolken (PSC – polar stratospheric clouds). In der Höhe der maximalen Ozonabnahme wurde eine bedeutende Abnahme der Temperatur während des antarktischen Frühlings registriert. KAWAHIRA und HIROOKA (1988) führen als eine mögliche Ursache die positive Temperaturrückkopplung zwischen Wolkenbildung durch leicht erhöhte CO_2-Kühlung und weiterer Temperaturabnahme durch die Strahlungskühlung der Wolken ins Feld. Hiernach könnten heterogene Reaktionen zwischen HCl und $ClONO_2$ bzw. H_2O und $ClONO_2$ eine Ursache der Ozonabnahme sein.

Ausgehend von der homogenen Photochemie belaufen sich die chemischen Zeitkonstanten im Ozonmaximum auf einige Jahre (SOLOMON et al. 1985). Damit kann eine Störung einer derart kurzen Zeitskale von 2 Monaten nicht möglich sein. Das Anwachsen der Konzentration der Chlorkonstituenten von 1,2 ppb auf 2,5 ppb führt im antarktischen Frühling zu einer Ozonreduktion von 3–5 %, unterhalb von 20 km doch lediglich zu 1 %. Aus der klassischen Photochemie ist eine maximale Verminderung des O_3 über die Chlorverbindungen in 40 km Höhe zu erwarten.

In tieferen Schichten werden die gegenüber dem Ozon inerten Spezies HCl und $ClONO_2$ ($ClNO_3$) gebildet, die im Vergleich mit ClO in 20 km Höhe die 100fache Konzentration besitzen. Sie können jedoch untereinander reagieren:

$$HCl + ClONO_2 \rightarrow HNO_3 + Cl_2 \quad \text{und}$$
$$Cl_2 + h\nu \rightarrow 2Cl.$$

Diese Reaktion diskutierten FARMAN et al. (1985) alternativ. Sie besitzt allerdings in der Gasphase nur eine geringe Ratenkonstante. An der Oberfläche stratosphärischer Aerosole verläuft der Prozeß jedoch um ein Mehrfaches effektiver ab. SOLOMON et al. (1986) nehmen eine hypothetische Ratenkonstante von $2 \times 10^{-14}\,cm^3\,s^{-1}$ an (numerisch eine erhöhte homogene Ratenkonstante). Mit diesem Wert erhalten die Autoren eine gute rechnerische Übereinstimmung mit den beobachteten Verhältnissen, wenn die totale Cl_y-Konzentration von 1,2 auf

2,5 ppb ansteigt (Abb. 7.26). Die ClO-Dichte wächst hierbei gegenüber der bei homogener Chemie von 0,02 ppb auf 1,8 ppb bei 2,5 ppb Cl_y und von 0,01 auf 0,4 ppb bei 1,2 ppb Cl_y an. Ab Oktober, wenn die Temperatur über den Taupunkt (—80 °C) steigt, verschwinden auch die Wolken und damit die heterogenen Reaktionen. Ein Problem stellt allerdings das Wiederanwachsen des Ozons im November auf quasi Normalwert dar. Photochemisch ist dies nicht modellierbar, und deshalb wird ein planetarer Wellentransport ozonreicher Luft aus mittleren Breiten angenommen.

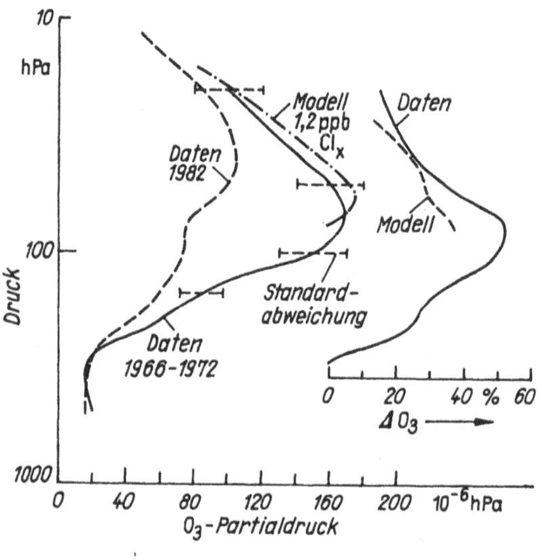

Abb. 7.26. Vertikale Profile des Ozonpartialdrucks beobachtet über Syowa zwischen 1966 und 1972 verglichen mit der Messung von 1982 für den Monat Oktober. 1,2 ppb Cl_x reproduzieren die Beobachtungen der späten 60er Jahre. Rechts ist die prozentuale Abweichung zwischen den Perioden für das Modell und die Beobachtungsdaten dargestellt (nach Solomon et al. 1986)

Eine alternative Variante könnte über

$$H_2O + ClONO_2 \rightarrow HNO_3 + HOCl$$

mit anschließender Bildung von HO_x-Radikalen gegeben sein. Die Ratenkonstante wird dabei mit 1×10^{-17} cm^3 s^{-1} angenommen. In beiden Prozessen entsteht als Beiprodukt HNO_3. Wie Austin et al. (1986) ausführten, gibt es möglicherweise eine zusätzliche HNO_3-Quelle außerhalb der gegenwärtig akzeptierten photochemischen Vorstellungen, die mit einem Abbau von NO_2 und N_2O_5 verbunden ist.

Von anderen hypothetischen Ansätzen gehen McElroy et al. (1986) aus. Sie führten ein katalytisches Schema unter Einschluß der Bromverbindungen ein.

$$ClO + BrO \rightarrow Cl + Br + O_2. \quad (7.20)$$

Heterogene Reaktionen an Partikeln werden als wichtig erachtet. Nicht nur Cl_y ist anthropogen in der Atmosphäre im Anwachsen begriffen, sondern im gleichen Maße die Bromverbindungen. PRATHER et al. (1984) sagten eine Zunahme von 25 auf 100 ppt voraus.

Die Nettoreaktion, wenn anschließend Cl und Br mit O_3 reagieren, ist $2O_3 \rightarrow 3O_3$. Sie verläuft ohne Einschluß des atomaren Sauerstoffs, also auch nachts ab. Die Konzentration von BrO beträgt etwa 25 ppt. ein effektiver Ozonabbau setzte geringe NO_2-Konzentrationen voraus, da NO_2 das ClO und BrO in $ClNO_3$ und $BrNO_3$ überführt.

Über heterogene Reaktionen wird das NO_2 in inerte Komponenten umgewandelt.

$$NO_2 + O_3 \rightarrow NO_3 + O_2,$$
$$NO_3 + NO_2 + M \rightarrow N_2O_5 + M \quad \text{und}$$
$$N_2O_5 + H_2O\ (\text{Partikel}) \rightarrow 2HNO_3. \tag{7.21}$$

Darüber hinaus haben die Reaktionen

$$ClO + NO_2 + M \rightarrow ClNO_3 + M$$

und nachfolgend wieder die heterogenen Prozesse

$$ClNO_3 + H_2O\ (\text{Partikel}) \rightarrow HOCl + HNO_3 \tag{7.22}$$

und

$$ClNO_3 + HCl + (\text{Partikel}) \rightarrow Cl_2 + HNO_3 \tag{7.23}$$

Bedeutung. (7.22) stellt gegenüber (7.23) die dominierende Reaktion dar. Die heterogenen Prozesse (7.21) bis (7.23) wurden im Laboratorium an den Reaktionsgefäßwänden beobachtet.

Die Familienkonzentrationen von ClO_x (ClO, $ClNO_3$, HOCl, OClO) und BrO_x (BrO, $BrNO_3$) werden während der Polarnacht als konstant betrachtet. $ClNO_3$, HOCl und OClO sind die reaktivsten ClO_x, wobei OClO in den Reaktionen

$$ClO + ClO \rightarrow OClO + Cl \tag{7.24}$$

und

$$BrO + ClO \rightarrow OClO + Br \tag{7.25}$$

entsteht. Die zweite Reaktion überwiegt dabei gegenüber der ersten.

MCELROY et al. (1986) betrachten zwei prinzipielle Fälle. Der erste, auf der Grundlage homogener Chemie, geht von der Annahme aus, daß mit OClO die vorherrschende ClO_x-Spezies gegeben ist. Der zweite, auf der Basis heterogener Chemie, nimmt HOCl als dominierend an, wobei NO_y (mit Ausnahme von HNO_3) gegenüber ClO_x die geringere Konzentration besitzen soll. BrO stellte in jedem Fall die bestimmende Form der Bromverbindungen dar. Die Photolyse von HOCl bildet eine augenblickliche Quelle für OH und Cl. OH reagiert mit HNO_3 und bewirkt ein rapides Anwachsen von NO_y mit Umwandlung von ClO zu $ClNO_3$. $ClNO_3$ wird in (7.22) wieder in HOCl übergeführt. Damit wird die Ozonabbaureaktion $Cl + O_3 \rightarrow ClO + O_2$ außerordentlich forciert.

Die berechnete Ozonzerstörung korrespondiert mit der beobachteten Größenordnung der Ozonabnahme. Die Schwachstelle dieser Betrachtung besteht bisher in den hypothetischen Ratenkonstanten, die natürlich so gewählt wurden, daß Messungen und Modell übereinstimmen. Mit ihrer Korrektheit steht oder relativiert sich dieses Modell.

Die starke Reduktion des Ozons in den Jahren 1983/84 ist vielfach mit dem zusätzlichen Aerosoleintrag der Eruption von El Chichon (17 °N, 10,3 °W) am 4. 4. 1982 in Verbindung gebracht worden, wo auf der Nordhalbkugel von Winter bis Frühling von 1983 immerhin 15% weniger Ozon registriert wurde. Quantitativ scheinen die Abnahmen mit der abgeschätzten stratosphärischen Aerosolkonzentration nach Hoffmann und Rosen (1984) zu koinzidieren. Doch ist vor zu schnellen Schlüssen Vorsicht geboten, wie die Messungen von 1987 belegen. Die Eruption von Mt. Agung 1963, die mit der von El Chichon vergleichbar war, brachte in Halley Bay im Oktober 1965 lediglich einen Abfall von 10%. Die Aerosoldichten von 1975 lagen um den Faktor 20 über denen von 1977–1980 (Swissler et al. 1982). Eventuell spielen aber auch die zusätzlich eingebrachten Chlorverbindungen eine Rolle (Mankin und Coffey 1984). Der antarktische Frühling von 1982 zeigte allerdings absolut noch keine Einwirkung, was eventuell mit der Verzögerung und teilweisen Sperrung für den interhemisphärischen Austausch der Luftmassen zusammenhängen kann.

Auch Labitzke (1986) geht davon aus, daß sich durch vulkanische Aerosole (St. Helens, El Chichon) seit 1979 die Stratosphäre abkühlte. Dies führte zu einer Intensivierung des Polarwirbels und einer Verzögerung der finalen Erwärmung. Die Chemie soll bei Einschluß der Aerosole anhaltender wirken können. Nach dem Rückgang der Aerosoldichten müßte sich damit der Zustand vor der Störung wieder annähernd reproduzieren.

Vulkanausbrüche können sicherlich in Grenzen die Stärke der antarktischen Ozonreduktion beeinflussen. Eine Möglichkeit bestünde in der Vergrößerung der Anzahl der für die Wolkenbildung verantwortlichen Kondensationskeime. Die H_2SO_4-Aerosole sind Voraussetzung zur Genese der polaren stratosphärischen Salpetersäureaerosole, die zur Denitrifikation der Umgebungsluft beitragen.

Die beiden zuvor kurz skizzierten Arbeiten lenkten die Aufmerksamkeit auf die Bedeutung heterogener photochemischer Prozesse. Eine interessante hypothetische Variante stellten Crutzen und Arnold (1986) vor. Sie nahmen als ersten Schritt eine Umwandlung von NO_x in N_2O_5 während der Polarnacht an.

Die Basisreaktionen sind

$$NO + O_3 \rightarrow NO_2 + O_2,\ NO_2 + O_3 \rightarrow NO_3 + O_2 \quad \text{und}$$

$$NO_2 + NO_3 + M \rightarrow N_2O_5 + M.$$

Im zweiten Schritt wird HNO_3 durch katalytische Reaktionen über Clusterionen oder Aerosole bei Temperaturen kleiner als 215–210 K gebildet. Die Kondensation von HNO_3-Gas mit H_2O verursacht Wolkenentstehung unterhalb 205 ± 5 K. Im vierten Schritt werden hinreichende Mengen von OH-Radikalen aus der Ionisation durch kosmische Strahlung und Ozonphotolyse erzeugt. Dieser Prozeß wird durch photochemische Methanoxydation während des Regimes des Polarfrühlings verstärkt. HCl soll darauf in ClO_x und HBr in BrO_x durch Reaktionen mit OH übergeführt werden. Schließlich erfolgt durch diese Spezies eine katalytische Ozondestruktion. Die Umwandlung von N_2O_5 in HNO_3 wird über die katalytischen Reaktionen

$$N_2O_5 + H^+(H_2O)_n \rightarrow HNO_3 + H^+(H_2O)_{n-1}HNO_3 \quad \text{und}$$

$$H^+(H_2O)_{n-1}HNO_3 + H_2O \rightarrow HNO_3 + H^+(H_2O)_n \ \text{für}\ n > 6$$

als eine Möglichkeit gesehen. Nur für derart große n werden die Reaktionen exotherm, hohe Cluster existieren aber lediglich bei tieferen Temperaturen.

Tolbert et al. (1988) untersuchten in einer Knudsen-Reaktorzelle Reaktionen des N_2O_5 mit H_2O und HCl an der Oberfläche von Eis bei Temperaturen von 185 K. Sie fanden die Reaktion $N_2O_5 + H_2O \rightarrow 2HNO_3$, so wie sie z. B. McElroy et al. (1986) einbeziehen, bestätigt. Überdies reagiert N_2O_5 bei dieser Temperatur an HCl-Eisflächen und bildet Nitrylchlorid $ClNO_2$ und kondensiertes HNO_3. $ClNO_2$ läßt sich relativ leicht bei einem Wirkungsquerschnitt von $1{,}55 \times 10^{-19}\,cm^2$ bei 300 nm photolysieren, wobei das aktive Cl und das NO_2 entstehen.

Weitere chemische Deutungsansätze wurden durch Rodriguez et al. (1986), Molina und Molina (1987) gegeben. Ein Ozonabbauzyklus läge hiernach mit der Nettobilanz $2O_3 \rightarrow 3O_2$ vor.

$$Cl + O_3 \rightarrow ClO + O_2\ (2\times),$$

$$ClO + ClO + M \rightarrow Cl_2O_2 + M,$$

$$Cl_2O_2 \xrightarrow{h\nu} Cl + ClO_2,$$

$$ClO_2 + M \rightarrow Cl + O_2 + M.$$

Dieser Ansatz über das ClO-Dimer ClOOCl hat in der jüngsten Diskussion erheblich an Bedeutung gewonnen.

Prather und Rodriguez (1988) diskutieren den möglichen Einfluß von alkalischem Meteorstaub der Metalle Magnesium und Eisen, der sich durch die mesosphärische Zirkulation über dem Winterpol anhäuft. Der Staub neutralisiert die natürliche Azidität der polaren Stratosphäre, indem Metallnitrate gebildet werden. In den chemischen Theorien spielt gerade die Entfernung der die aktiven Chlorspezies (ClO, Cl_2O_2, $HOCl$) in das passive Reservoir $ClONO_2$ überführenden Stickstoffkomponenten eine entscheidende Rolle. Der Einfluß des Meteorstaubs sollte aber sehr beschränkt sein.

Adversativ zu diesen stehen die Ansichten von CALLIS und NATARAJAN (1986 b). Ihre wesentliche Aussage besteht darin, daß es sich hierbei nicht um ein anthropogenes Phänomen handelt, sondern durch die katalytische Ozonzersetzung durch NO_x erklärt werden kann, welches aus größeren Höhen herabtransportiert wird. Den Einfluß der Chlorverbindungen schätzen sie dagegen als uneffektiv ab, ebenso halten sie heterogene Reaktionen zur Deutung für nicht erforderlich. Eine wesentliche geophysikalische Randbedingung hierbei besteht in der Annahme eines Abwärtstransportes von NO durch den Polarwirbel während der Polarnacht. Der Polarwirbel stellt ein riesiges planetares Tiefdruckgebiet mit bekanntlich abwärtsgerichtetem Luftmassentransport dar, das sich in der Höhe bis in die Thermosphäre erstreckt.

Mit dem 11jährigen Sonnenfleckenzyklus werden in der Thermosphäre unterschiedliche Mengen NO erzeugt, womit der zeitliche Trend der Ozondaten erklärt wird. Interessant ist, daß PARKER und ZELLER (1980), ZELLER und PARKER (1981), LAIRD et al. (1982) einen Zusammenhang zwischen Nitratgehalt im antarktischen Eis und Sonnenaktivität über Jahrhunderte gefunden haben, doch besagt dieser Befund nicht viel, wenn es darum geht, das Frühjahrsphänomen zu deuten.

Im einzelnen wird argumentiert, daß Halley Bay an der Grenze des starken Ozongradienten liegt (Lochrand). Vergrößerung des Loches zeitigen hier große Effekte der Ozonabnahme. Das Ende der Ozonreduktion wird im Zusammenhang mit dem Final Warming, der abschließenden stratosphärischen Erwärmung, bei der sich endgültig die winterlich zyklonale Zirkulation auf sommerlich antizyklonale Zirkulation umstellt, gesehen.

Während der Polarnacht sollen, wie zuvor vorgestellt, hohe (25–35 ppb in der unteren Stratosphäre) NO_3- und N_2O_5-Konzentrationen geformt worden sein. Diese inaktiven Spezies werden mit dem Beginn des Polarfrühlings photolysiert. Die effektive Höhe liegt bei 16–32 km. Nach dem Zerfall des Polarwirbels mit der finalen stratosphärischen Erwärmung werden die Stickstoffoxide relativ schnell in die mittleren Breiten transportiert. Die Ausprägung des Ozonminimums könnte durch transiente planetare Wellen, die mit Abtransport von NO_x aus dem polaren Gebiet gekoppelt sind, abgeschwächt werden.

Zumindest werden hohe NO_2-Konzentrationen durch MCKENZIE und JOHNSTON (1984) bestätigt. Von August bis Mitte Oktober wächst nach ihren Messungen der Säuleninhalt zwischen 20 und 35 km von $1 \times 10^{15}\ cm^{-2}$ auf $(5-6) \times 10^{15}\ cm^{-2}$ an. Zwischen 1979 bis 1984 wurde eine signifikante Zunahme von NO_2 aus dem SAGE (Stratospheric Aerosol and Gas Experiment) und SAGE II abgeleitet. Dieser Befund stünde scheinbar nicht im Einklang mit den Erfordernissen der Hypothese von McElroy et al. (1986) über eine geringere NO_2-Konzentration.

Die Abwesenheit bemerkenswerter Minima vor dem solaren Zyklus 21 wird damit erklärt, daß der solare Zyklus 20 weniger aktiv war. Weiter muß beachtet werden, daß die höchsten geomagnetischen Störungen während des abfallenden Astes der solaren Aktivität auftreten, für den Zyklus 21 also nicht 1979, im Maximium von R, sondern 1982 in dem Maximum der 205-nm-UV-Strahlung.

Für den solaren Zyklus 19 mit dem ausgeprägten Maximum von 1957–1962 gibt es noch keine Satellitendaten. Es existieren jedoch Hinweise, daß sich auch bereits zu dieser frühen Zeit ein Ozonminimum ausbildete. Wie Repapis et al. (1980) berichteten, wurden an der Station Dumont D'Urville (66,7 °S, 140 °E) im September 1958 als Durchschnitt von 5 Messungen lediglich 184 DU registriert. Die Streuung betrug $\sigma = 69$ DU. In Halley Bay (75,5 °S; 26,7 °W) wurden dagegen 289 DU, $\sigma = 16$ DU, gemessen. Man kann gegen Befunde, wenn sie gesichert sind, nicht polemisieren, sondern nur gegen ihre Interpretation und gegen Schlüsse aus ihnen. Das mögliche Auftreten eines Ozonloches vor der anthropogenen Veränderung der Atmosphäre belegt offensichtlich klimatologische Prämissen. Der Grad der Ausprägung dieser Erscheinung kann dagegen anthropogen beeinflußt sein. Hohe NO_2-Säuleninhalte, die insbesondere im September anwachsen, werden durch Sanders et al. (1989) bestätigt. Allerdings finden diese Autoren, daß die maximale Teilchendichte in 30 km Höhe auftritt, d. h. in einer Höhe, in der der Ozonzerstörungseffekt unbedeutend ist. Dagegen liegen nach ihren Messungen die höchsten Teilchenzahlen für OClO und O_3 nahe 20 km Höhe.

Die Tatsache, daß in der nördlichen Hemisphäre nicht ein analoges Phänomen auftritt, wird durch den intensiveren und sehr stabilen südlichen Polarwirbel begründet, der weniger durch quasi stationäre planetare Wellen (z. B. Aleutenhoch) und transiente Wellenaktivität (der südliche Polarwirbel ist nahe dem Südpol zentriert) gestört ist. Ein schlichtes Minimum wurde jedoch auch in den LIMS- und SBUV/TOMS-Daten für 1979 und 1981–1983 beobachtet.

Die geringe Absenkung des antarktischen Ozonlochs im Jahre 1988 bestätigt die Bedeutung des stabilen Polarwirbels für die Ausprägung dieser Anomalie, denn 1988 war eines der wenigen Jahre, in denen im beginnenden Frühjahr diese Resistenz durch Stratwarms unterbrochen wurde. Eine in dieser Weise typische Korrelation zwischen der winterlichen Ozonreduktion und der Stabilität des Wirbels wurde auch im Bereich der Arktis nachgewiesen. Der Winter 1988/89 kann als ein extremes Beispiel angesehen werden, während dessen sich der arktische Polarwirbel (30 hPa) als ungewöhnlich stabil zeigte. Es gab in diesem atypischen Winter keine Stratwarms. Ab dem 18. Februar 1989 erfolgte eine stratosphärische Haupterwärmung, die darauf in die finale Erwärmung überging. die Temperaturen erreichten im Januar negative Rekordwerte von —90 °C, während —70 °C als Durchschnitt gelten. Der Einbruch stratosphärischer polarer Kaltluft ließ selbst über Deutschland im 30-hPa-Niveau die Temperatur auf —80 °C sinken. Simultan verminderte sich die Gesamtozonkonzentration von normal 370 DU auf 250 DU um 30%. Diese Ozonreduktion in mittleren Breiten hat natürlich nichts mit heterogenen Reaktionen zu tun, sondern belegt die Bedeutung des Windzirkulationsfeldes.

Werden die heterogenen chemischen Prozesse als richtig vorausgesetzt, so sollte sich in der Nordpolarregion ein analoger Effekt zeigen, sobald auch hier die entsprechenden tiefen Temperaturen unterschritten werden und der Polarwirbel eine hinreichende Stabilität aufweist. Möglich wäre dies im regionalen Maßstab. Sieht man von dem Winter 1988/89 ab, für den bislang noch keine Analyse vorlag, so bedeutet regional einen Bereich der Ausdehnung von Grönland. Verschiedene Gruppen haben sich in den letzten Jahren die Aufgabe gestellt, diesen Effekt nachzuweisen, nachdem Satelliten erste Hinweise auf eine schlichte Ozonabnahme gaben. Die Nimbus-7-Daten lassen über der Antarktis eine Ozonverminderung zwischen 1–3% erkennen. Wegen der schon erwähnten Unsicherheit bezüglich der vollen Funktionsfähigkeit der mittlerweile über 10 Jahre alten Meßgeräte gab es einige Vorbehalte. Deutliche Hinweise eines arktischen „Winterozonlochs" erbrachten 1986 ballongetragene Ozonsondenmessungen über Alert Bay 82 °N, der nördlichsten Meßstation.

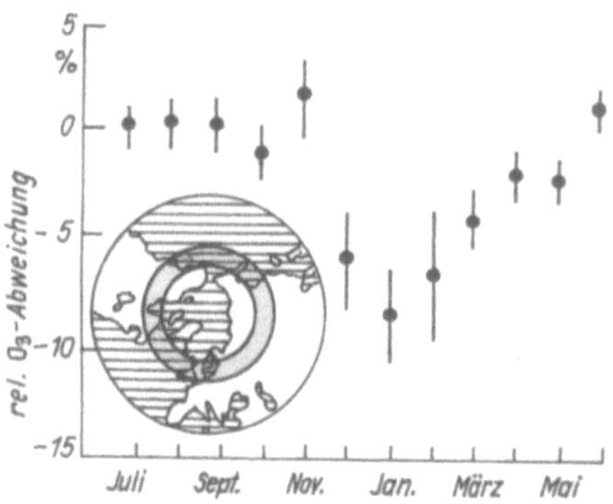

Abb. 7.27. Veränderung der monatlichen Mittelwerte der Gesamtozonkonzentration in % zwischen 53 °N und 64 °N in der Zeit zwischen 1969 und 1986 (nach New Scientist vom 24. 3. 1988)

Abbildung 7.27 demonstriert die Veränderung der Ozonkonzentration zwischen 53 °N und 64 °N in der Zeit zwischen 1969 und 1986. Die Werte wurden aus einigen Dutzend Meßstationen dieses Breitengürtels abgeleitet. Die Analyse ergab für die Wintermonate Ozonabnahmen um 6%, es findet sich jedoch kein Effekt während der Sommermonate. Forschungsflüge der NASA über Kanada Mitte Februar 1988 (Greet Slave Lake 61 °N) am Rande des Polarwirbels fanden außergewöhnlich hohe ClO-Dichten. Messungen über Thule bestätigen Temperaturen der Stratosphäre unterhalb von —80 °C bis —85 °C. Es wurden hohe Säuleninhalte von ClO_2 (4,5 + 1,5×10^{13} cm^{-2}) registriert, und für NO_2 ergaben sich dort so niedrige Werte wie 4×10^{14} cm^{-2}. Diese Befunde als Beweis für eine Spielart der heterogenen Chemie zu werten, ist zweifelsohne überzogen. Es sollte bei aller Analogie zum südlichen Pendant auch nicht der Unterschied verschwiegen werden, daß sich der größte Effekt bereits im Januar (vergleichbar mit Juli der SH) zeigt und damit die Strahlungsaktivierung nicht entscheidend sein kann.

Bojkov (1987) analysierte das arktische Ozon der Station Tromso 70 °N und 10 °E seit 1935 und der Station Lerwick 60 °N 01 °W seit 1952. Er findet 5 Perioden der arktischen Ozonabnahme in der gegenwärtigen Größenordnung, gekoppelt mit der Phase der abfallenden Sonnenfleckenaktivität. Vor diesem Hintergrund sollten auch die gegenwärtigen Dispute um das arktische Ozonloch gesehen werden. Kurzperiodische und von natürlichen Einflüssen nicht bereinigte Trends haben demzufolge auch nur geringe Aussagekraft, wenn es um anthropogene Einwirkungen geht.

Bojkov gibt eine empirische Beziehung zwischen Temperatur- und Ozonabnahme mit 1 °C ≙ 5—6 DU. Die starke modulierte Wirkung der QBO wird herausgestellt. 5-6 Monate nach der Ostwindphase zeigt sich eine klare Tendenz zur Ozonabnahme.

Weitere alternative Denkmöglichkeiten existieren und gewannen an Bedeutung. Kann man wirklich ausschließen, daß es sich nicht um ein stark über die Temperatur rückgekoppeltes klimatisches Phänomen handelt? Die Temperaturen sanken beträchtlich (Iwasaka und Kondoh 1987).

Die Bedeutung des Windzirkulationsfeldes, nicht nur um das Verschwinden des Ozonloches zum Oktober/November hin zu erklären, sondern vor allem, um das Phänomen selbst zu verstehen, wurde in einigen jüngeren Arbeiten herausgearbeitet. Selbst die Entdecker des arktischen Ozonlochs (vielleicht kann auch Chubachi (1984) die Priorität für sich in Anspruch nehmen) Farman, Gardiner und Shanklin räumen vorsichtig ein, daß es sich hierbei um ein zufälliges Ereignis, verbunden mit einer besonderen Ausprägung des antarktischen Polarwirbels (1988 war er dezentriert und elliptischer), der letzten Jahre handele, welches in den kommenden Jahren auch wieder verschwinden könnte.

Insbesondere gehen jedoch Tung et al. (1986), Mahlman und Fels (1986) und Bojkov (1986) auf dynamische Ursachen (Zirkulationsänderungen) ein. Bojkov argumentierte, daß, obwohl der Hauptverlust des Ozons (85%) zwischen 10 und 24 km gefunden wird, es nicht in diesem Höhenintervall abgebaut werden muß. Niedere Gesamtozonwerte werden immer dann beobachtet, wenn der Polarwirbel erst im Oktober und November zusammenbricht. In diesem Fall kann die einsetzende solare Strahlungserwärmung des Frühlings zu einer Aufwärtsbewegung der Luft von mehr als 0,1 cm s^{-1} führen und damit, wie BOJKOV aus einigen Fallstudien ableitet, zu einer Ozonverminderung von 50–100 DU beitragen (radiativ-dynamische Theorie).

FEISTER et al. (1988) berichteten über Messungen der DDR-Station „Georg Forster", daß bis Ende September eine Aufwärtsbewegung des Hauptmaximums des Ozons von 70 hPa zu beobachten war, wobei das Gesamtozon von 230 DU auf 175 DU abnahm. Eine diabatische Aufwärtsströmung wird durch theoretische Rechnungen von KAWAHIRA (1988) gestützt. Interessant ist hierbei, daß mit abnehmender Temperatur die Aufwärtsströmung in geringeren Höhen beginnt, so z. B. für T = 240 K in 25 km Höhe, aber für T = 210 K bereits in 20 km Höhe.

HOFMANN et al. (1988) kommen dagegen zu dem Schluß, daß die Aufwärtsbewegung der Luft im Polarwirbel für den Ozonabbauprozeß unwichtig ist. Nach ihren Messungen nimmt die Höhe der stratosphärischen Sulfataerosolschicht während der Zeit der Ausprägung des Ozonloches sogar ab.

Neuere Untersuchungen von LOEWENSTEIN et al. (1989), TOON et al. (1989) und HEIDT et al. (1989) bestätigen ebenfalls nicht die Vorstellungen der Vertreter der radiativ-dynamischen Theorie eines für das gesamte Ozonloch geltenden aufwärts gerichteten Flusses, worauf etwas später noch eingegangen wird.

Im lokalen Maßstabe gesehen (1 000 km) können allerdings sogenannte Minilöcher für einige Tage entstehen. Diese sind verbunden mit antarktischen Antizyklonen der oberen und mittleren Troposphäre. Durch adiabatische Kühlung von aufwärts bewegter Luft entstehen oberhalb der normalen Wolkenhöhen Wolken, und es flacht sich das Ozonmaximum ab (MCKENNA et al. 1989).

Existiert vielleicht in der Photochemie eine Triggerlösung? PRATHER et al. (1979) wiesen theoretisch diese Möglichkeit nach. Hierbei ist von den beiden stabilen Lösungen eine die stabilere in dem Sinne, daß sie bei räumlicher Nachbarschaft die weniger stabile Lösung eliminiert. Die Stabilität wechselt mit der Veränderung der Systemparameter, speziell mit der Variation von Cl_y. Wird also im antarktischen Frühling die niedere Ozonlösung die stabilere? Die kurze Reaktionszeit des Phänomens spricht u. a. auch bei einer solch spekulativen Lösung gegen homogene Prozesse allein.

Von seiner formalen Struktur her ähnelt es dem Sonnenaufgangseffekt im Ozon der Mesopause, nur daß dort Ozon unmittelbar durch die erste dissoziierende Strahlung zerstört wurde, was in der Stratosphäre wegen der sofortigen Rückbildung des atomaren Sauerstoffs zu Ozon nicht funktioniert.

Prinzipiell steht die Frage, handelt es sich um ein natürliches oder anthropogenes Phänomen? Wird die Erscheinung anthropogen verursacht, dann kann sie aus der Erhöhung der Schadstoffbelastung durch potentiell reaktive Spezies resultieren oder durch radiativ wirkende Konstituenten hervorgerufen sein, die wie CO_2 zur Strahlungskühlung beitragen.

Bei einem natürlichen Phänomen, gleich ob es sich um eine Störung oder einen regulär variierenden Prozeß handelt, muß irgendwann wieder ein Zustand erreicht werden, wie er vor der starken Ausprägung des Ozonloches bestand. Es kann natürlich auch sein, daß die Periode vor dem Ozonloch eine Anomalie darstellt, die es zu erklären gelte. Klimatische Fluktuationen können gewiß eine größere Zeitskala als nur wenige Jahre oder ein oder zwei Jahrzehnte annehmen. Auf ihr Ende zu warten, geht wohl schlecht an.

Die forcierten Anstrengungen zur Aufklärung des Phänomens Ozonloch haben in den letzten Jahren in groben Zügen zu einem Konsens geführt. Insbesondere erbrachte das Airborne Antarctic Ozone Experiment (AAOE) und die National Expedition (NOZE II) der Stützpunkte Punta Arenas (Chile) und McMurdo Base (Antarktis) eine Fülle von Einzelergebnissen, die Ende 1989 im Journal of Geophysical Research (JGR) in zwei umfangreichen Bänden veröffentlicht wurden. Auch wenn die wissenschaftliche Wahrheit nicht durch Mehrheitsbeschluß der auf dem entsprechenden Gebiet forschenden Wissenschaftler festgelegt werden kann, so erhöht sich doch das Vertrauen des Laien in die Wahrhaftigkeit der Anschauungen. Nachfolgend sei das sich nun abzeichnende Bild zusammenfassend dargestellt.

Als meteorologische Voraussetzung muß der stabile Polarwirbel angesehen werden, der über dem antarktischen Kontinent während des Winters besteht und die eingeschlossenen Luftmassen gegen den Austausch von Luftmassen der mittleren Breiten isoliert. Die eingeschlossenen Luftmassen „altern" im Laufe des Winters. Aus der Analyse der vertikalen Profile u. a. der N_2O-Konzentration, die in der Troposphäre mit einer Genauigkeit von $\pm 1\%$ einen Wert (1989) von 305 ppb besitzt, aber in der Stratosphäre auf Grund photochemischer Reaktionen (z. B. der Photolyse und der Oxydation durch $O(^1D)$ kontinuierlich mit der Höhe abnimmt, wird der Schluß nahegelegt, daß im Gegensatz zu den Vorstellungen von Tung et al. (1986), Mahlman und Fels (1986) und Bojkov (1986) (radiativ-dynamische Theorie) die Luft im Polarwirbel absinkt (Loewenstein et al. 1989, Toon et al. 1989, Heidt et al. 1989). Der katalytische Ozonabbau innerhalb der sogenannten CPR (chemically perturbed region) durch die (im wesentlichen) Halogene setzt eine weitgehend akzeptierte Denitrifikation des gestörten Bereiches voraus. NO_x wird dabei in HNO_3 übergeführt, so daß die Bildung des inaktiven $ClONO_2$, das kein unmittelbares Ozonzerstörungspotential besitzt, nicht zum Tragen kommt. Die Denitrifikation kann auch über heterogene Reaktionen aus dem Chlornitrat erfolgen (Molina et al. 1987, Tolbert et al. 1987, Pueschel et al. 1989).

Eine Schlüsselrolle spielen im weiteren die polaren stratosphärischen Wolken PSC. Die Wolken können sich je nach Wolkentyp nur unterhalb bestimmter kritischer Schwellentemperaturen bilden, die erst am Ende des antarktischen Winters in der Stratosphäre erreicht werden. Die Wolken, so zeigt sich, sind durch unterschiedliche Moden der Größenverteilung der Aerosole gekennzeichnet. Aus Kondensationskeimen, bestehend aus Schwefelsäure (H_2SO_4/H_2O) des natürlichen Untergrundes, kann gasförmige Salpetersäure HNO_3 im Komplex mit Wasserdampf H_2O auskondensieren: $HNO_3 \cdot 3H_2O$, bzw. es kann über heterogene Reaktionen von N_2O_5 die Partikelumgebung denitrifiziert werden. Das Anwachsen der Kondensate vergrößert die Sedimentationsgeschwindigkeit und damit den Entzug der Nitrate aus der Stratosphäre, aber auch der Feuchtigkeit (Dehydration). Eine unmittelbare Folge der Denitrifikation ist die Aktivierung der inaktiven Chlorspeicher $ClONO_2$ und HCl.

Indikativ hierfür sind die 50–100fach höheren ClO- und ClO_2-Konzentrationen (ClO_2 in der Modifikation OClO), als nach Modellen ohne Einschluß heterogener Chemie zu erwarten wären. Diese Konzentrationen sind innerhalb des Polarwirbels insbesondere in der sensitiven Höhe um 20 km mit der Ozonkonzentration streng negativ korreliert (Sanders et al. 1989). Die Ozonreduktion selbst geschieht im antarktischen Frühling über verschiedene Prozesse mit einer noch nicht endgültigen Wichtung. Vielleicht ist hierbei der wichtigste Prozeß über die Bildung des ClO-Dimers (Molina und Molina 1987) mit Einschluß der Reaktion $ClO + ClO + M \rightarrow ClOOCl + M$ gegeben (Anderson et al. 1989). Bei der Photolyse $Cl_2O_2 + h\nu \rightarrow ClO_2 + Cl$ entsteht das Chlorradikal. ein möglicher Reaktionszweig liegt mit der thermischen Stoßreaktion $Cl_2O_2 + M \rightarrow Cl_2 + O_2 + M$ vor. Das molekulare Chlor kann darauf zu atomarem Chlor photodissoziiert werden. Zusätzlich kann nach Molina und Molina (1987) der Prozeß $ClOO + M \rightarrow Cl + O_2 + M$ ablaufen. Über die fundamentale Reaktion $Cl + O_3 \rightarrow ClO + O_2$ wird Ozon katalytisch abgebaut. Als wichtiger Prozeß wird gegenwärtig die durch McElroy et al. (1986) und Tung et al. (1986) eingeführte Reaktion $ClO + BrO \rightarrow OClO + Br$ (bzw. $\rightarrow ClOO + Br$) gesehen. Als ein zusätzlicher Reaktionszweig mag nach Toohey und Anderson (1988) $ClO + BrO \rightarrow BrCl + O_2$ möglich sein. Geringere Bedeutung hat wahrscheinlich der durch Solomon et al. (1986) beschriebene Prozeß $ClO + HO_2 \rightarrow HOCl + O_2$ mit nachfolgender Photolyse $HOCl + h\nu \rightarrow OH + Cl$.

Anderson et al. (1989) diskutieren alternativ den termolekularen Prozeß $ClO + O_3 + M \rightarrow ClO \cdot O_3 + M$.
Die einzelnen Schritte sind weitgehend spekulativ, so könnte

$$ClO \cdot O_3 + h\nu \rightarrow ClOO + O_2 \quad \text{oder}$$

$$ClO \cdot O_3 + O_3 \rightarrow ClO + O_2 + O_2 + O_2$$

folgen.

Um im einzelnen die Prozesse auch quantitativ abschätzen zu können, bedarf es allerdings noch weiterer Laboruntersuchungen und Messungen der Konzentration der Spurengase im chemisch gestörten Bereich selbst.

Das Verschwinden des antarktischen Ozonloches im Oktober/November wird durch den Zusammenbruch des Polarwirbels während der finalen stratosphärischen Erwärmung eingeleitet, wobei ozonreiche Luftmassen der mittleren Breiten in die hohen Breiten befördert werden. In Jahren, in denen die Stabilität des Polarwirbels nicht gegeben ist, wie 1988, bildet sich auch kein ausgeprägtes Ozonloch aus.

Die QBO moduliert im quasizweijährigen Rhythmus diese Ausprägung. Hiernach ist das Phänomen antarktisches Ozonloch als Zusammenspiel von Windzirkulationsfeld, Temperaturfeld und Heterogenchemie zu verstehen, wobei die ozonzerstörenden Halogene, aber auch möglicherweise das Temperaturfeld, anthropogen beeinflußt sind.

8. Das troposphärische Ozon

8.1. Stratosphärisches Ozon in der Troposphäre

Vor etwas mehr als 200 Jahren beobachtete VAN MARUM den typischen Ozongeruch beim Durchschlag elektrischer Funken. Es lag deshalb nahe, die Gewitter für die Erzeugung des troposphärischen Ozons zumindest mitverantwortlich zu machen. 1949 fand DUFAY im Spektrum von einigen Blitzen die HUGGINS-Absorptionsbanden nahe 320—325 nm. Auf dem Absorptionsweg von 10 km ergaben sich 15fach höhere Ozondichten als im Normalfall.

1954 schätzte VASSY 10fach höhere Ozondichten während eines Gewitters ab, als sie gewöhnlich in der Troposphäre vorzufinden sind. Der Anstieg begann bereits 3-4,5 Stunden vor dem ersten Blitz und belegt, daß Koronaentladungen, wie sie sich beim St. Elmsfeuer zeigen, bereits Ozon produzieren. So können an Nadeln der Koniferen, an Gräsern und Büschen, wenn die elektrische Feldstärke 8-9 V cm^{-1} überschreitet (beim Gewitter 200 V cm^{-1}), Entladungen erfolgen.

Nach älteren Abschätzungen von KRÖNING und NEY (1962) überträfe die durch die elektrische Aktivität der Atmosphäre erzeugte Ozonmenge sogar den Anteil aus der UV-Strahlung. Bei der Übertragung elektrischer Energie wird ebenfalls Ozon gebildet, und Verfahren der Schadensfrüherkennung bei Transformatoren nutzen den Umstand, daß bei Minidurchschlägen Ozon entsteht, doch kann dieser anthropogene Anteil vernachlässigt werden.

Das troposphärische Ozon besitzt nur eine verhältnismäßig geringe Lebenszeit, so daß Importe aus den Weltgewitterzentren der Tropen in unsere Breiten nicht stattfinden und hier Gewitter lediglich lokale und sommerlich temporäre Quellen darstellen.

Die klassische Theorie des troposphärischen Ozons stammt von JUNGE (1962). Hiernach wird Ozon aus der Stratosphäre abwärts in die Troposphäre transportiert und dort dissipiert und abgebaut. Da die Diffusion zu träge erfolgt, steht als wesentliche Frage, den Austauschmechanismus aufzuklären. Weitere ältere Beiträge gehen u. a. auf BRIGGS und ROACH (1963), PENN (1964), BERGGREN und LABITZKE (1966), JUNGE und CZEPLAK (1968), PRUCHNIEWICZ (1973), FABIAN und PRUCHNIEWICZ (1977), CHATFIELD und HARRISON (1977) zurück. Sie fußen auf den Vorstellungen von JUNGE. Erst die Entwicklung der Theorie zur Smogchemie brachte prinzipiell neue Aspekte in die troposphärische Ozonforschung, wonach es wesentliche eigenständige Ozonquellen auch in der niederen Atmosphäre gibt.

Ein Flugzeugmeßprogramm über dem Zentralteil der USA für Frühling und Herbst 1978 diente der Messung der vertikalen Struktur (2–8 km) des Ozons, um den stratosphärischen Eintrag im Zusammenhang mit troposphärischen Tiefdrucktrögen zu studieren (JOHNSON und VIEZEE 1981, VIEZEE et al. 1983). Speziell sollte der Einfluß von TFE's, den tropopause folding events – Tropopauseneinsenkungen, -faltungen oder -brüchen, untersucht werden.

Diese Ereignisse wurden durch REED bereits 1955 vermutet und in den Folgejahren durch REED, DANIELSEN, REITER, SHAPIRO und andere weiter untersucht. Abb. 8.1 zeigt schematisch den Querschnitt durch einen Tag mit den verbundenen Abwärtswinden. Der durchschnittliche Trogdurchmesser beträgt 200–400 km. Erste Messungen in TFE's wurden durch DANIELSEN et al. (1970, 1977) vorgenommen.

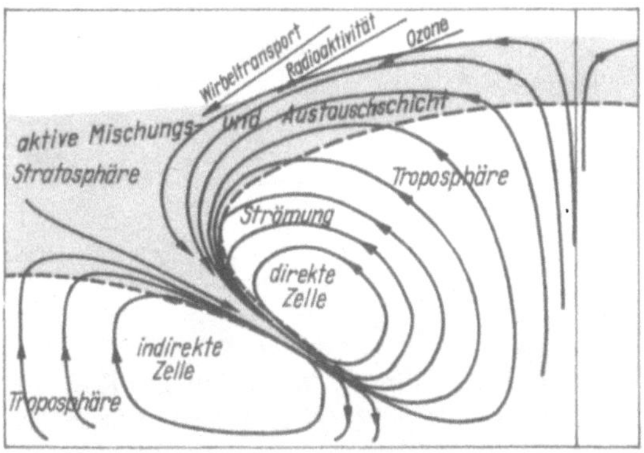

Abb. 8.1. Schematische Darstellung des Querschnittes einer stratosphärischen Intrusion oder Tropopauseneinstülpung (nach JOHNSON und VIEZEE 1981)

Der Ozonabwärtstransport dauert etwa 2 Tage auf dem Wege des Hochdrucksystems, das wandernden Tiefdrucktrögen der oberen Troposphäre folgt. Ein effektiver Abwärtstransport findet in den Windmaxima (höchster Druckgradient) auf der Nordseite der Zyklone statt. Die trockenste Luft steht dabei in Korrelation zur Ozonhaltigkeit. Sie zeigt stratosphärischen Ursprung an. Größte horizontale Gradienten von Ozon und des Taupunktes erscheinen an der Kaltfrontseite, d. h. an der Nordseite.

Die Tropopausenfaltungen sind nach Süden gerichtet mit einer Neigung von 1 : 60 bis 1 : 50. Der Abwärtstransport reichte stets bis 3–4,6 km herunter, in Einzelfällen selbst unterhalb von 2 km Höhe. Für die tieferen Schichten verflacht sich die Einsenkung und gleitet oberhalb der Grundschicht horizontal auf. Dabei vergrößert sich ihr Durchmesser beträchtlich. Die mittleren Konzentrationen des Ozons waren im Frühjahr größer als im Herbst. In 7,3 km Höhe fanden sich maximale Konzentrationen des Ozons von 362 ppb im Frühling und 201 ppb im Herbst, dessen Absolutdichte mit den Größenordnungen der stratosphärischen Ozonschicht korrespondieren.

Mit abnehmender Höhe kommt es zu einer turbulenten Durchmischung mit troposphärischer Luft. Es wird vermutet, daß alle Tiefdrucktröge, auch jene geringer Intensität, zum Abwärtstransport von stratosphärischer Luft in die Troposphäre beitragen. Dies wird durch Abb. 8.2 anhand eines Korrelogramms zwischen der Ozondichte und Windgeschwindigkeit illustriert. In diesem Zusammanhang berichten LUDWIG et al. (1977) und WOLFF et al. (1979) über hohe Ozonkonzentrationen am Boden westlich von Hochdrucksystemen, welche östlich und südöstlich von vorangegangenen Kaltfronten gelegen sind. Die hohen ^{7}Be-Werte zeigten an (WOLFF et al. 1977), daß es sich hierbei um stratosphärisches Ozon handeln müsse.

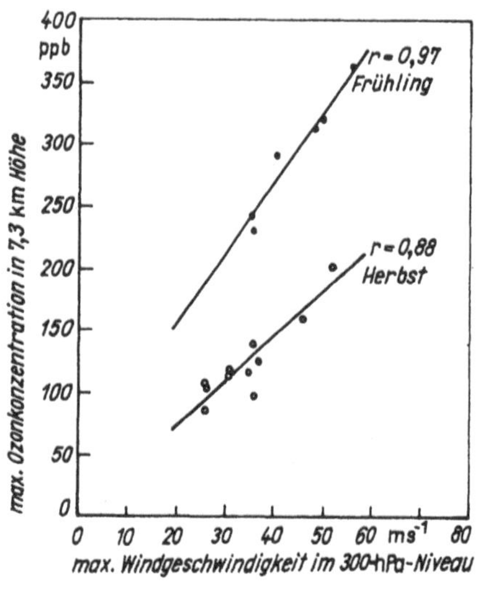

Abb. 8.2. Lineare Regression und Korrelationskoeffizient (*r*) zwischen maximaler Ozonkonzentration, gemessen in einer Intrusion in 7,3 km Höhe und maximaler Windgeschwindigkeit in einem Tiefdrucktrog (nach JOHNSON und VIEZEE 1981)

Das oberhalb der planetaren Grenzschicht aufgleitende Ozon kann durch Vermischung in die Schicht eingebracht werden. Dieser Eintrag läßt sich durch ^{7}Be als natürlicher Indikator für stratosphärische Luft untersuchen, da ^{7}Be zu etwa 75% in der Stratosphäre unter Wirkung der kosmischen Strahlung entsteht. Entsprechende Abschätzungen gehen auf REITER et al. (1976), LUDWICK et al. (1976), HUSSAIN et al. (1977), FERMAN und MONSON (1978), WOLFF et al. (1979) zurück. Die Vermischung erfolgt auf unterschiedlichen Wegen, einmal generell durch turbulente Vermischung, aber auch durch direkten Transport in Verbindung mit Kaltfronten und durch die Konvektion. Aus einer Analyse der O_3-Konzentration stratosphärischer Lufteinbrüche in Abhängigkeit von der troposphärischen Höhe ergab sich die angepaßte Formel

$$[O_3(\text{ppb})] = 7{,}63 \times 10^5 \, (z(\text{hPa}))^{-1{,}40} . \tag{8.1}$$

Höchste Bodenwerte des Ozons werden in mittleren Breiten im Frühsommer erreicht. Besonders in antropogen nicht so stark beeinflußten Gebieten wie in Arosa oder Fairbanks erscheinen sie bereits im April bis Mai. In einigen Meßstationen zeigt sich im langjährigen Mittel ein breites Maximum mit zwei Nebenmaxima, das eine im Hochsommer (Juli, August), das andere im Frühling (April/Mai), so daß von einem Mitsommermaximum gesprochen werden kann (Abb. 8.3). Dies bedeutet (eingedenk maximalen Abwärtstransports im Frühling), daß das stratosphärische Ozon nur einen gewissen Anteil des Grundschichtozons ausmacht. Der abgeschätzte Fluß aus der Stratosphäre in die Troposphäre entspricht nach Viezee et al. (1983) 14 ppb. Die Lebenszeit des troposphärischen Ozons wurde dabei mit 1 Monat veranschlagt (Singh et al. 1980). Da das natürliche O_3-Niveau der Grundschicht ungefähr 30 ppb beträgt (Singh et al. 1978), müssen die restlichen etwa 50% des natürlichen Ozons aus photochemischen Quellen stammen. Liu et al. (1980) geben dabei lediglich 1/3 für den stratosphärischen Eintrag an, und Reiter (1988) erhält aus seinen Abschätzungen einen durchschnittlichen Wert von 4 ppb und während der Intrusion 10–20 ppb.

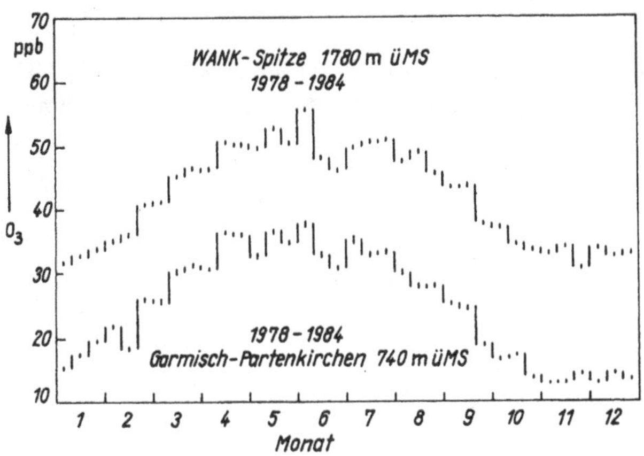

Abb. 8.3. Jährliche Variation des Ozons auf der Basis eines zehntägigen Mittels zwischen 1978 und 1984 (nach Reiter et al. 1987)

Episoden hohen Bodenozons wurden in der Vergangenheit verschiedentlich registriert. Leider stehen hierzu keine simultanen Flugzeug- oder Lidarmessungen zur Bestimmung der Ozonverteilung oberhalb des Meßortes zur Verfügung.

Die aus dem Observatorium Hohenpeissenberg (1000 m über MS) durch ATTMANNSPACHER und HARTMANNSGRUBER (1973) publizierten extremen O_3-Dichten bis 415 ppb, die für 10 Minuten den natürlichen Grundpegel um das 10fache überschritten, können selbst als Episoden forstwirtschaftliche Konsequenzen nach sich ziehen. Immerhin liegt die5%-Wachstumsschädigungsschwelle bei empfindlichen Pflanzen lediglich bei 150 ppb für 0,5 h.

8.2. Die Smogchemie der freien Troposphäre

Wie in 8.1 vorgestellt, macht das stratosphärische Ozon nur den halben oder noch geringeren Anteil am natürlichen troposphärischen Ozon aus. Der andere Part folgt aus einer natürlichen photochemischen Bildung, die zunehmend anthropogen beeinflußt wird. Obwohl sich die Photochemie speziell der Grundschicht als außerordentlich komplex erwiesen hat, so daß sie einer verbalen Beschreibung nur unvollkommen zugänglich ist und viele Einzelprozesse noch einer Aufklärung bedürfen, lassen sich doch die wesentlichen Zusammenhänge erkennen. Eine zentrale Stellung nimmt das NO_x ein. Nach Gleichung (3.34) stehen O_3, NO und NO_2 in einem festen Verhältnis:

$$[O_3] = \frac{J_{NO_2}}{l} \frac{[NO_2]}{[NO]}.$$

Die anthropogene Belastung durch Stickstoffoxide erfolgt gewöhnlich als NO. Dieses muß erst durch Peroxyradikale in NO_2 überführt werden. Das allgemeine Reaktionsschema lautet

$$NO + RO_2 \rightarrow NO_2 + RO. \tag{8.2}$$

Wesentliche Beispiele sind

$$\begin{aligned} &NO + HO_2 \rightarrow NO_2 + OH \quad \text{oder} \\ &NO + CH_3O_2 \rightarrow NO_2 + CH_3O. \end{aligned} \tag{8.3}$$

R bezeichnet ein Radikal.

HEICKLEN et al. (1971) entwickelten hieraus das Schema der Smogkammerreaktionen (smog chamber reactions). Aus Kohlenstoffmonoxid wird durch die katalytische Wirkung von den Stickstoffoxiden unter Einwirkung von Solarstrahlung Ozon aufgebaut.

$$\begin{aligned}&CO + OH \rightarrow CO_2 + H,\\&H + O_2 + M \rightarrow HO_2 + M,\\&HO_2 + NO \rightarrow OH + NO_2,\\&NO_2 + h\nu \rightarrow NO + O,\\&O + O_2 + M \rightarrow O_3 + M,\\\text{Netto:}\quad&CO + 2O_2 + h\nu \rightarrow CO_2 + O_3.\end{aligned} \tag{8.4}$$

Da diese Kette die Einwirkung von Solarstrahlung voraussetzt, bezeichnet man eine extreme Belastung durch die im Schema (8.4) agierenden Schadstoffe (insbesondere durch CO und NO_x) als photochemischen Smog, der durch die Bildung von Ozon und anderen Photooxidanzien als Sekundärschadstoffe gekennzeichnet ist.

In Konkurrenz zur dritten Reaktion in (8.4) steht

$$HO_2 + O_3 \rightarrow OH + 2O_2.$$

Damit hängt das photochemische Gleichgeweicht von Ozon von der NO-Konzentration ab. Unter Beachtung der Ratenkonstanten, die nach dem Bulletin des Upper Atmosphere Program (Sept. 1982) bei 298 K $8{,}3 \times 10^{-12}$ bzw. $2{,}0 \times 10^{-15}$ $cm^3\,s^{-1}$ betragen (nach Hampson und Garvin: $8{,}1 \pm 1{,}5 \times 10^{-12}$ bzw. $7{,}3 \times 10^{-14}$ $\exp(-1275/T)$ $cm^3\,s^{-1}$), verläuft die Reaktion mit NO 4000mal effektiver, und somit erzeugen selbst niedrige NO-Dichten von 10 ppt in der Nettobilanz Ozon.

Aufgrund des Faktes, daß die NO_x-Belastung in der Grundschicht am höchsten ist und nach oben scharf abnimmt, wird Ozon hier am stärksten gebildet (Chameides 1978, Fishman et al. 1979). Die Hauptquellen von NO_x bestehen in Verbrennungen verschiedenster Art wie Waldbränden, Buschfeuer, Großkesselanlagen, Explosionsmotoren usw. sowie in der Oxydation von N_2O in der Stratosphäre und der Gewittertätigkeit. Die NO-Profilmessungen ergaben (Kley et al. 1981), daß für die obere Troposphäre die NO_x-Verteilung durch die stratosphärische Quelle bestimmt wird. Die anthropogenen Einflüsse beschränken sich auf die planetare Grenzschicht und hier auch im wesentlichen auf die urbanen Gebiete.

Obwohl die anthropogenen Quellen stärker als die stratosphärischen sind, wird in der unteren Troposphäre NO_x durch heterogene Prozesse relativ schnell in wasserlösliches NO_y überführt, womit sich in der unteren Troposphäre gegenüber den höheren Schichten die Lebenszeit wesentlich verkürzt. Zu analogen Ergebnissen kommen Chameides et al. (1987). Der Hauptverlust von NO_2 verläuft über $OH + NO_2 + M \rightarrow HNO_3 + M$. In der freien Troposphäre werden etwa 100 ppt NO_x erreicht.

Als NO_y soll die Gesamtmenge aktiver Nitrogenverbindungen bezeichnet werden. $NO_y = NO_x + NO_3 + 2N_2O_5 + HNO_2 + HNO_3 + HNO_4 + ClONO_2 + PAN$ (PAN - Peroxyazetylnitrat $CH_3C(O)OONO_2$). Der Hauptanteil in der freien Troposphäre folgt aus der Oxydation von N_2O in der Stratosphäre. Abb. 8.4 zeigt nach Berechnungen von LIU et al. (1980) die Ergebnisse für NO_x. Es wurde eine stratosphärische Produktionsrate von 3×10^8 cm^{-2} s^{-1} angenommen. Die ermittelten Werte liegen noch um den Faktor 2 unter den Messungen z. B. von KLEY et al. (1981).

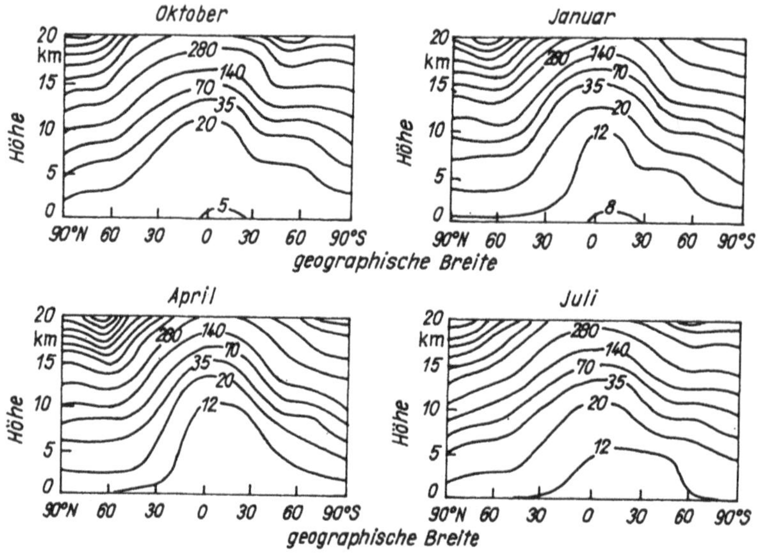

Abb. 8.4. Berechnete troposphärische NO_x-Verteilung in ppt (nach LIU et al. 1980)

Als Hauptquelle des troposphärischen Ozons wurde die photochemische Bildung (2/3 Anteil) abgeschätzt. Im ungünstigsten Fall einer auf die Hälfte reduzierten Säulenproduktion ergaben die Kalkulationen eine ausgeglichene Verteilung.

Die Ozondichten der Nordhemisphäre sind nach Rechnungen bei Verwendung eines generellen Zirkulationsmodells, das den vertikalen Transport bestimmt, um den Faktor 1,8 höher als auf der Südhemisphäre. Die Asymmetrie ist allgemein noch zu wenig untersucht worden, da Messungen auf der Südhemisphäre rar sind. Wegen der größeren Landmassen folgen für die Ozonverlustraten auf der Nordhalbkugel größere Werte. Dies wird durch die erhöhte anthropogene Beeinflussung aber mehr als wettgemacht.

Über die Wirkung anthropogenen Methans und Kohlenstoffmonoxids wird noch in den folgenden Abschnitten zu berichten sein. Insbesondere resultiert aus dem hochfrequenten Einsatz von Überschallflugzeugen oberhalb 9 km ein zusätzlicher NO_x-Eintrag, der die Konzentrationen auf der Basis der NO_x-Emission von 1980 ($1{,}5 \times 10^8$ cm^{-2} s^{-1}) um 40% (teilweise mit 30% abgeschätzt, was 3% im Gesamtozon bedeutet) erhöhte.

Die Netto-NO_2-Erzeugung aus NO verläuft zu 75% über HO_2 und zu 25% über CH_3O_2. Radikale der höheren Kohlenwasserstoffe haben vor allem in der Grundschicht Bedeutung. Der Hauptverlust von NO_x besteht in der Reaktion mit OH (6.45; 6.46) zu etwa 60%. Die Zahlenwerte hängen jedoch vom verwendeten Modell ab und mögen hier die Größenordnungen widerspiegeln.

Die abgeschätzten partiellen Produktionsraten des Ozonsäuleninhalts der Troposphäre besitzen im globalen Durchschnitt einen Wert von $1{,}5 \times 10^{11}$ cm^{-2} s^{-1}. Mit der Höhe wachsen die O_3-Mischungsverhältnisse in der freien Troposphäre an (Chatfield und Harrison 1977). Der Nettofluß ist abwärts gerichtet. Ausnahmen stellen lediglich die urban beeinflußten Gebiete der Grundschicht dar. So erscheint das Frühlingsmaximum des Ozons zuerst in der oberen Troposphäre und breitet sich mit einer Zeitverschiebung von 2 Monaten nach unten aus. Fishman et al. (1987) finden, daß auch die kontinentale Grundschicht in den Monaten reduzierter photochemischer Produktion zur Quelle troposphärischen Ozons wird.

Ozon zeichnet sich in der freien Troposphäre durch keinen sonderlichen Tagesgang aus. Die Ursache ist in der hinreichend großen Lebenszeit des Ozons von etwa 10 Tagen (Chameides 1978) bis zu einem Monat (Singh et al. 1980) zu suchen. Sie ermöglicht auch den horizontalen Transport über größere Distanzen. Als Fazit der Betrachtungen dieses Abschnittes kann angesehen werden, daß zu einem wesentlichen Anteil das troposphärische Ozon photochemisch kontrolliert wird.

8.3. Aspekte der Smogchemie der Grundschicht

Die Smogchemie der Grundschicht ist bislang nur unzureichend entwickelt. Die Effektivität einer Großzahl von Reaktionen läßt sich nur abschätzen, und eine beträchtliche Anzahl von homogenen und heterogenen Reaktionen selbst sind wahrscheinlich noch unbekannt. Die Grundaspekte wurden in 8.2 vorgestellt bzw. werden in den nachfolgenden Abschnitten im konkreten Zusammenhang diskutiert werden.

Die Emission anthropogener Schadstoffe wie SO_2 oder Chlorverbindungen führte zu der Vermutung, daß es innerhalb der Smogzyklen zur Ozonbildung kommen könnte. So wurden durch Davis et al. (1974) in Abgasfahnen gegenüber der Umgebung erhöhte Ozonkonzentrationen beobachtet, was durch Miller et al. (1978) und KEIFER (1977) bestätigt wurde. Ursache hierfür wären NO_x und Kohlenwasserstoffe. DAVIS et al. (1974) vermuten aber auch, daß SO_2 dafür verantwortlich wäre. Die Ansichten waren kontrovers. Während STEPHENS et al. (1956) solch einen Prozeß zuvor ausgeschlossen hatten, hielt ALTWICKER (1976) dies für möglich. Sowohl aus theoretischen Rechnungen als auch aus Versuchen kommen WALLACE et al. (1980) zu dem Schluß, daß SO_2 keinen Einfluß besitzt. Keine großen oder nur vernachlässigbare Effekte werden auch durch RIPPERTON et al. (1965), ALTSHULLER et al. (1968), WILSON und LEVY (1970, 1972) gefunden. Diese negativen Ergebnisse sind für Mitteleuropa insofern bedeutsam, wie es bei den Forstschäden durch SO_2 nicht zu einem Selbstverstärkungseffekt über Ozon kommt.

Etwas anders scheint die Sachlage bezüglich der Chlorverbindungen zu sein. WALLACE et al. (1980) zeigten, daß Chlorspezies aus der Kohleverbrennung einen Einfluß auf die Ozonerzeugung ausüben. Sie werden bei der Verbrennung in HCl überführt. In der Abgasfahne reagiert HCl mit Hydroxylradikalen und bildet Chloratome (STEDMAN et al. 1974). Aus

$$\mathrm{Cl} + \mathrm{O_2} + M \rightarrow \mathrm{ClOO} + M, \tag{8.5}$$

der Rückreaktion (6,76), und

$$\mathrm{ClOO} + \mathrm{NO} \rightarrow \mathrm{ClO} + \mathrm{NO_2} \tag{8.6}$$

sowie nachfolgend $\mathrm{ClO} + \mathrm{NO} \rightarrow \mathrm{Cl} + \mathrm{NO_2}$ (6.64) wird über Photodissoziation von NO_2 Ozon gebildet. Hierbei muß natürlich immer wieder beachtet werden, daß eine Unzahl anderer Reaktionen erst das Bilanzgleichungssytem vervollständigen, in denen auch die ozonabbauenden Reaktionen zum Tragen kommen.

Die Effektivität innerhalb photochemischer Systeme von Dreikörperreaktionen steigt im allgemeinen proportional zur Luftdichte. Damit können in der Troposphäre Reaktionen an Gewicht gewinnen, die in der Stratosphäre noch vernachlässigbar sind. Von Bedeutung kann im Zusammenhang mit der Freisetzung von Chloratomen ein Schema sein, in welchem freie Radikale einbezogen sind (WONGDONTRI-STUPER et al. 1978).

$$\begin{aligned} &\mathrm{Cl} + R\mathrm{H} \rightarrow \mathrm{HCl} + R, \\ &R + \mathrm{O_2} + M \rightarrow R\mathrm{O_2} + M, \\ &R\mathrm{O_2} + \mathrm{NO} \rightarrow R\mathrm{O} + \mathrm{NO_2}, \\ &\mathrm{RO} + \mathrm{NO} + M \rightarrow \mathrm{RONO} + M. \end{aligned} \tag{8.6}$$

8.4. Methan und Kohlenstoffmonoxid in der Troposphäre

Die Oxidation des Methans zu CO_2 und H_2O erfolgt in mehreren Stufen, deren Zwischenprodukte für die Smogchemie von außerordentlichem Interesse sind (EHHALT 1974, KHALIL und RASMUSSEN 1983).

$$\begin{aligned}
&CH_4 + OH \rightarrow CH_3 + H_2O,\\
&CH_3 + O_2 + M \rightarrow CH_3O_2 + M,\\
&CH_3O_2 + NO \rightarrow CH_3O + NO_2,\\
&CH_3O + O_2 \rightarrow H_2CO + HO_2,\\
&H_2CO + h\nu \rightarrow H_2 + CO,\\
&H_2CO + h\nu \rightarrow HCO + H,\\
&HCO + O_2 \rightarrow CO + HO_2,\\
&CO + OH \rightarrow CO_2 + H.
\end{aligned} \tag{8.7}$$

Beim Vergleich mit dem Schema (8.4) erkennt man, daß eine Reihe von Reaktionsprodukten (CO, H, HO_2, NO_2) auch in den Smogbildungszyklus eingehen. Mit der Erzeugung von NO_2 im dritten Schritt trägt Methan selbst zur Ozonbildung bei. Im 5. Schritt entsteht CO, das Ausgangskonstituent der Smogkammerreaktionen ist.

Methan und Kohlenstoffmonoxid avancieren zu den wichtigsten Verlustfaktoren für OH, welches sich wieder einmal als relevanter Atmosphärenreiniger erweist, in dessen Folge jedoch einige (Photo)oxidanzien entstehen. Eine Konsequenz der Reduzierung des Hydroxylradikals besteht in der Herabsetzung der Oxydationsrate für andere anthropogene Stoffe in der planetaren Grenzschicht, die damit potentiell in die Stratosphäre entweichen können. Die Säurebildungsrate nimmt ab und damit die Depositionsrate für diese Stoffe.

Die atmosphärische CH_4-Konzentration ist kontinuierlich im Steigen begriffen. Dieses hat zwei Ursachen. Einmal erhöht sich der anthropogene Eintrag. Zum anderen verringert sich die Senke über OH. Wächst CO alleine anthropogen, so müssen sich zwangsweise auch die CH_4-Konzentration aufgrund der OH-Abnahme mit erhöhen. Es wird angenommen, daß jeweils die Hälfte der Wachstumsrate aus diesen Quellen stammt (KHALIL und RASMUSSEN 1985, LEVINE et al. 1985, THOMSON und CICERONE 1986).

Die Zunahme des Methans beträgt etwa 1–1,5% a^{-1} (KHALIL und RASMUSSEN 1983, BLAKE et al. 1982, SEILER 1982). HOLZAPFEL-PSCHORN und SEILER (1986) schätzen ab, daß 1940 39–94 Tg a^{-1} Methan in der Atmosphäre waren und 1975 70–170 Tg a^{-1}, womit in 35 Jahren ein Anstieg von 1,6% a^{-1} im Mittel vorlag. Verschiedene Quellen des Methans wurden dabei diskutiert (EHHALT und

SCHMIDT 1978, KHALIL und RASMUSSEN 1983, SHEPPARD et al. 1982, BINGEMER und CRUTZEN 1987).

Den Einfluß von Reisplantagen auf den atmosphärischen Methanhaushalt analysierten CICERONE und SHETTER (1981), CICERONE et al. (1983), SEILER et al. (1984). Pro m^2 Reisfläche werden etwa 80 g CH_4 a^{-1} erzeugt (SEILER 1986). Mit Frischwasser überflutete Erde der Reisplantagen und überflutetes Feuchtland bringen einen bedeutenden Methaneintrag in die Atmosphäre (SHEPPARD et al. 1982). Dieser wesentlichen anthropogenen Quelle muß im Hinblick auf die wachsende Weltbevölkerung einige Achtung geschenkt werden. Das gleiche gilt für andere anthropogene Quellen.

Städtische und Industrieabwasser werden biologisch durch anaeroben Abbau geklärt. Anaerobe Deposition von organischen Abfällen liefert einen nicht unerheblichen Posten am Gesamtmethaneintrag in die Atmosphäre. BINGEMER und CRUTZEN (1987) schätzen die Anteile auf 6–18% und machen auf die zunehmende Erzeugung durch die Entwicklungsländer im Zusammenhang mit dem Bevölkerungswachstum im kommenden Jahrhundert aufmerksam. Das Biogas, das Methan, wird heute häufig als eine alternative Energiequelle diskutiert. In der Tat spielt es jedoch noch keine Rolle. Hinsichtlich der Reduzierung der Luftverschmutzung sollten Biogeneratoren jedoch beträchtlich an Interesse gewinnen.

Durch BAKER-BLOCKER et al. (1977), DE LAUNE et al. (1983), BARTLETT et al. (1985) wurde die Methanemanation der natürlichen Feuchtflächen abgeschätzt. Die Emission von Methan durch Termitenpopulationen brachte ZIMMERMAN et al. (1982) in die Diskussion. Sein genauer Wert ist noch nicht bekannt. Selbst Wiederkäuer (vor allem Kühe) leisten zur Methananreicherung ihren nicht unerheblichen Beitrag. Ein Schaf erzeugt z. B. beim Verzehr von 10 kg pflanzlicher Trockenmasse 200 g CH_4, was global $0{,}15 \times 10^9$ t im Jahr ausmacht (RASMUSSEN und KHALIL 1980). Die Gesamtmenge des in die Atmosphäre gelangenden Methans ist etwa eine Größenordnung höher ($1{,}6 \times 10^9$ t a^{-1}). Aus der Verbrennung von Biomasse mag ein Anteil resultieren, der mit dem Eintrag durch die Wiederkäuer vergleichbar ist.

74–95% des atmosphärischen Methans sind biologischen Ursprungs. Vor den Atombombentests entsprach der ^{14}C-Gehalt des Methans relativ gut dem von rezentem Holz. Ein gewisser, nicht genau bekannter Anteil von CH_4 stammt aber auch aus abiotischen Quellen wie der Erdausgasung nach Erdbeben (GOLD 1979) oder Erdgaslecks und der Verbrennung fossiler Brenstoffe.

Die gegenwärtige Methankonzentration liegt bei etwa 1,6 ppm. THOMPSON und CICERONE (1986) rechneten für den Zeitraum von 1860 bis 2035 Szenarios für die Veränderung von CO, CH_4 und OH durch. Bei niederen NO_x-Konzentrationen von 25 ppt als typisch für die unkontaminierte Troposphäre und CH_4 mit lediglich 1% a^{-1} wachsend werden im Jahre 2035 2,9 ppm erreicht. Der vorindustrielle (1860) Methanwert lag nach ihren Schätzungen bei 1,2–1,3 ppm.

Die mittlere Lebenszeit von Methan mag sich auf 6–10 Jahre belaufen (EHHALT und SCHMIDT 1978), MAKIDE und ROWLAND 1981). Durch die Oxydation aerober Bakterien wird ein Großteil des Methaneintrags wieder oxydiert. Die Oberflächentemperatur besitzt eine außerordentlich hohe Sensitivität auf Methan, die nach Einschätzung der WMO (1982) 0,2 K $(ppm)^{-1}$ beträgt. Im Gegensatz dazu ist die Empfindlichkeit auf CO_2 mit 0,006 $K(ppm)^{-1}$ gering. Hiernach würde eine globale Erwärmung allein aus dem Methananstieg von mehr als 0,5 K bis zum Jahre 2035 folgen. Alle Zahlenangaben müssen jedoch als unsicher angesehen werden.

Von CO liegt die nicht sehr präzis bekannte Wachstumsrate bei 6% a^{-1}. Die geringe Lebenszeit hat bei ihrer Abschätzung größere Fehler zur Folge. Quantitative Kalkulationen (KHALIL und RASMUSSEN 1984) ergaben, daß 1500×10^{12} g des atmosphärischen CO-Inhalts aus anthropogenen Aktivitäten resultiert, aus natürlichen Quellen stammen 1200×10^{12} g. Im einzelnen verteilt sich die Menge auf folgende Posten (in 10^{12} g): 450 durch die direkte unvollkommene Verbrennung von fossilen Energieträgern (400–1000), aus Waldbränden 630 (300—1400). 500 folgen aus der Oxydation von Kohlenwasserstoffen (CH_4).

Autoabgase werden z. T. als anthropogene Hauptquelle angegeben. Das trifft sicherlich auf alle urban beeinflußten Gebiete zu. Belaufen sich die CO-Mischungsverhältnisse im globalen Durchschnitt auf 50–100 ppb, so erreichen unter Smogsituationen urbane Spitzenwerte die toxischen Konzentrationen von 100000 ppb. Natürliche Quellen (800–1900) stellen die Oxydation von natürlichen Kohlenwasserstoffen, die Emission von Pflanzen, Wäldern, Wald- und Buschbrände und der Ozean dar.

Die CO-Senken sind mit der Oxydation über OH (über 80%) und der Aufnahme durch die Erde und die Pflanzen verbunden.

Eine umfangreiche Literatur publizierte durch unterschiedliche Meßmethoden ermittelte Kohlenstoffmonoxiddichten, deren Verteilung und Variation: REICHE (1986) Space Shuttle Messung der 4,67-μm-Emission der CO-Fundamentalbande; Kombination von direkten Bodenmessungen durch ROBINSON und ROBBINS (1968), LAMONTAGNE et al. (1971), SWINNERTON und LAMONTAGNE (1974), Flugzeugmessungen durch SEILER und JUNGE (1970), SEILER und WARNECK (1972), SEILER (1974), NEWELL und GAUNTNER (1979), REICHLE und CONDON (1979), HEIDT et al. (1980), SEILER und FISHMAN (1981), NEWELL et al. (1981), RASMUSSEN et al. (1982), Bodenmessungen mit Fernerkundungsmethoden SHAW (1958), DIANOV-KLOKOV et al. (1975) und Flugzeug Remote-sensing DOHERTY et al. (1986), FISHMAN et al. (1987), HIPSKIND et al. (1987), SACHSE et al. (1987), CHAMEIDES et al. (1987).

Nach den Berechnungen von THOMSON und CICERONE (1986) verdoppelt oder verdreifacht sich die CO-Konzentration von gegenwärtig 120 ppb (ein hoher ruraler Wert) auf 250–350 ppb im Jahre 2035. Der vorindustrielle Wert von 1860 war noch einmal um den Faktor 2–3 geringer als zur Zeit. Die OH-Dichte nimmt bei dieser Erhöhung um 25–36% ab. Bei Beachtung der Temperaturrückkoppelung (H_2O-Zunahme) ergeben sich Zahlenwerte, die mit 17–30% etwas geringer ausfallen.

Aus dem Anwachsen von CH_4 und CO resultiert in allen Fällen ein Ansteigen der Ozonkonzentration. Bei geringer angenommener NO_x-Zunahme wuchs Ozon von 1860 bis 1985 um 8–22%, bei hoher Zuwachsrate um 78%. Diese Zahlen mögen den Trend demonstrieren und ein quantitatives Gefühl für die zukünftigen Veränderungen vermitteln.

Jedoch muß einschränkend erklärt werden, daß zumindest kein uniformer Trend der Ozonzunahme zu beobachten ist. Nach Feister und Warmbt (1987) ließ sich für die Reinluftstation Arkona und die durch weniger reine Luft ausgezeichnete Station Fichtelberg kein genereller O_3-Anstieg nachweisen. Dies findet auch Reiter (1988) für die Stationen Zugspitze (2964 m) und Wankspitze (1780 m). Hier fielen die Konzentrationen von 1980–1987 auf jene Werte von 1958–1960. Offensichtlich überlagern sich langperiodische klimatische Einflüsse einem anthropogenen Trend. Bereits im vergangenen Jahrhundert wurden Bodenozonvariationen um 50% registriert. Bei allen Vorbehalten gegenüber älteren Messungen belegt diese Zahl, daß Trends einzelner Stationen nicht repräsentativ für den Anstieg des globalen troposphärischen Ozons sein können, sondern daß das troposphärische Ozon solchen meterologischen Einflüssen wie Sonnenscheindauer, Feuchtigkeit, Staubgehalt, Gewitterhäufigkeit, Temperatur, Wind u. a. unterliegt.

Es wurden erwartungsgemäß höhere CO-Dichten auf der Nordhemisphäre gefunden. Das Maximum liegt in der Nähe der Oberfläche in mittleren Breiten (120 ppb nahe 45°N). In der Südhemisphäre ist die Verteilung gleichförmiger über Höhe und Breite und erreicht im saisonalen Mittel lediglich 60 ppb. Höchste Werte werden im Frühling registriert, die geringsten im Herbst.

8.5. Stickstoffverbindungen in der Troposphäre

Die Bedeutung des NO_x für das Ozon wurde bereits diskutiert und festgestellt, daß troposphärisches NO_x die Ozonbildung fördert. Besonders im Zusammenhang mit den Forstschäden in Reinluftgebieten kamen Stickstoffverbindungen ins Gerede. Die medizinischen Aspekte eines hohen Belastungsgrades repräsentieren eine weitere Seite des Problemkomplexes. Aus den genannten Gründen hat sich eine breite Meßtechnik u. a. auf der Grundlage von Lidartechnik (Dialverfahren), Transmissionsmessungen, Emissionsmessungen und Chemilumineszensverfahren u. a. m. etabliert.

Die Konzentration der NO_x-Konstituenten in sauberer Luft erreicht nur Werte um oder gewöhnlich unter 0,1 ppb. Belastete Luft dagegen kann diese Beträge um Größenordnungen übersteigen. Die Lebenszeit von NO_x in der unteren Schicht (bis 5 km) beträgt etwa drei Tage (eventuell bis 1 Woche), wobei die Umwandlung in HNO_3 als der Hauptverlust anzusehen ist. Obwohl die Lebenszeit relativ gering ist, erlaubt sie doch grenzüberschreitende Transporte im Maßstab von 1 000 km und mehr.

Nach PENNER (1982) beträgt die Oberflächenemission $4{,}9 \times 10^9$ cm^{-2} s^{-1}. Daraus resultiert für NO_x eine Oberflächendichte von 112 ppt mit anteilig etwa 40 ppt NO als Mittagswert. Dieses Mischungsverhältnis ist etwa 10mal so hoch wie das über dem äquatorialen Pazifik durch MCFARLAND et al. (1979) gefundene, es korrespondiert jedoch mit Messungen in kontinentaler Luft. Hier werden Beträge von 30 ppt in sauberer Luft und 1 000 ppt und größer in urbaner Luft beobachtet (BUSH et al. 1979).

Über Meßergebnisse um den Faktor 10 höher als 112 ppt im Höhenbereich 5–12 km berichten KLEY et al. (1984). Dies hängt entweder mit zusätzlichen NO_x-Quellen in der freien Troposphäre (LOGAN et al. 1981) oder einer Veränderung der NO_x-Umwandlungsrate (LIU et al. 1980) zusammen. Die natürlichen Quellen von NO_x sind mit der biologischen Aktivität von Mikroorganismen und der Gewittertätigkeit verbunden. Unter den anthropogenen Quellen stellen die Hochtemperaturverbrennungsmaschinen die Hauptemittenten dar. Primär entsteht dabei NO, das in der Atmosphäre erst zu NO_2 oxidiert wird. Unter Smogbedingungen können Spitzenwerte von einigen 100 ppb erreicht werden. Extrema bis 4000 ppb wurden registriert. (Toxische Werte für Menschen liegen bei einigen ppm, für Pflanzen werden aber bedeutend niedrigere kritische Schwellenwerte angegeben.)

Unter den Stickstoffverbindungen spielen das PAN(Peroxyazetylnitrat) und andere organische Stickstoffkonstituenten als prinzipielles Reizgas im photochemischen Smog und im Zusammenhang mit den Forstschäden eine bedeutende Rolle. Maximale Konzentrationen von 35–58 ppb wurden beobachtet. Die durchschnittlichen Konzentrationen liegen bei 17–34 ppt für die Grenzschicht (2 km), 90–360 ppt für die obere Troposphäre (9 km) und 40–85 ppt für die untere Stratosphäre (15 km). Danach befindet sich das troposphärische NO_x in gleicher Größenordnung oder stärker in organischer Form als in anorganischer Modifikation (SINGH 1981). Hierbei gilt die Gleichgewichtsreaktion

$$CH_3C(O)OONO_2 \rightleftarrows CH_3C(O)OO + NO_2. \quad (8.8)$$

Azetaldehyd und Azeton, die Ausgangsprodukte der PAN-Bildung, entstehen in der Troposphäre und unteren Stratosphäre der mittleren Breiten der Nordhemisphäre aus der Oxydation von Äthan und Propan. Die durchschnittlichen Azetaldehyddichten aus der Äthanoxydation belaufen sich auf 22; 3 und 7 ppt für obige Höhen, die entsprechenden Azetonkonzentrationen infolge der Propanoxydation erreichen Werte von 111; 15 und 3 ppt.

Ammoniak NH_3 besitzt bei der Genese von Ammoniumsulfat-Aerosolen (wie sich auch Nitrataerosole bilden) eine gewisse Bedeutung. Lediglich 1% stammen aus natürlichen Quellen. In der Hauptsache folgt es aus dem Abbau tierischer (Gülle) und pflanzlicher Substanz.

8.6. Einwirkung von Ozon und anderen Luftschadstoffen auf die Vegetation

Sogenannte Rauchschäden sind aus dem Erzgebirge seit der Mitte des vergangenen Jahrhunderts in der Nähe von Hüttenwerken beobachtet worden. Sie besaßen jedoch nur lokale Ausmaße. Ab etwa der gleichen Zeit wurde registriert, daß insbesondere nach trockenen und heißen Sommern ältere Exemplare der Weißtanne abstarben. Systematische Beschreibungen von Rauchschäden in den USA datieren aus dem Jahre 1903. In einem Bulletin über Ergebnisse des Einflusses von Schmelzrauch auf die Landwirtschaft der Versuchsstation des Agricultural College von Utah wurde hierüber berichtet (Widtsoe 1903). Erste umfassende Erforschung solcher Schäden gingen auf Katz et al. (1939) zurück.

Gegenwärtig haben sich die Forstschäden zum vorrangigsten Umweltproblem in Mitteleuropa ausgewachsen. Der Charakter der Schäden hat sich dabei gewandelt. SO_2 und der saure Regen, lange Jahre als ausschließlicher Pflanzenschadstoff betrachtet, wurden durch die Diskussion um die Waldbeeinträchtigung in den Reinluftgebieten etwas in den Hintergrund gedrängt.

Stickstoffoxide, Ozon und das PAN rückten dafür in den Blickpunkt. Automobilabgase stellen die beherrschenden Schadstoffquellen dar. In kennzeichnender Weise werden gerade Forsten, die relativ entfernt von den unmittelbaren Emittentenquellen liegen, wie der Schwarzwald oder der bayrische Hochwald, betroffen. Erste Anzeichen für den Typ der Schädigungen, der mit dem photochemischen Smog in Verbindung gebracht werden kann, stammen aus dem Ballungsraum von Los Angeles im Jahre 1944 (Middleton et al. 1950). 1958 erkannten Heggestad und Middleton (1959) Ozon als die Ursache von den sogenannten Wetterflecken (wheather flecks) auf den Tabakpflanzen.

1983 wurde die O_3-Hypothese von Krause et al. auf die neuartigen Waldschäden angewendet und 1985 um den zusätzlichen Eintrag saurer Deposition erweitert. Die sehr gegensätzlichen Dispute um die Forstschäden mit einer schier unübersehbaren Fülle von hypothetischen Erklärungsversuchen gehen sogar soweit, die in den letzten Jahren durch den Einsatz von Staubfiltern bedingte Staubabnahme und damit Nahrungsentzug für die Pflanzen (und evtl. Entzug eines neutralisierenden basischen Eintrags) dafür verantwortlich zu machen.

Künstliche Begasung mit Ozon wurde unternommen, um bei Weißtannenbäumen Symptome, wie sie unter natürlichen Bedingungen auftreten, zu reproduzieren. Zu 85–90% des totalen Oxydationspotentials entfallen auf das Ozon (TAYLOR 1968). Es kann unter den Photooxydanzien somit als die primäre Komponente angesehen werden.

Die Schädigung durch Ozon findet auf unterschiedlicher Ebene statt. Durch Verdickung und Pigmentierung der Zellwände entsteht eine Schädigung, die durch braune, schwarze, rote oder purpurfarbene Symptone auf der Blattoberfläche gekennzeichnet ist. Chlorotik (Chlorose), das Fehlen von Chlorophyll, tritt an der oberen Blattfläche aufgrund der Störung der Palisadenzellen auf. Die Schädigungen können zu Sprenkelungen zusammenwachsen. Nach dem Zusammenbruch der Palisadenzellen und bisweilen der epidermischen Zellen entsteht die Blattbleiche oder Bleichsucht (bleaching). Nekrosis (Nekrose) schließlich bezeichnet den Zustand des Absterbens des Protoplasmas, somit der Abtötung des Blattgewebes, und ist gewöhnlich auf beiden Blattseiten präsent. Bei der lokalen Nekrosis ist nur ein Teil der Protoplasten irreversibel geschädigt.

An Koniferen und einkeimblättrigen Pflanzenblättern erscheinen die Krankheitszeichen an den Blattspitzen. Die Farben bei der Nekrosis reichen in Abhängigkeit von der Spezies von weiß über gelbbraun bis orangerot. Die Schädigungen konzentrieren sich gewöhnlich zwischen den Blattadern, obwohl sie häufig auch entlang der Seite der Hauptadern verlaufen.

Ozon tritt in das Blatt über die Spaltöffnung ein und beeinträchtigt darauf die Palisadenzellen. Symptomatisch ist, daß junge Blätter relativ resistent sind. Bei Belastungszunahme treten Spitzenschädigungen auf. Mit fortschreitender Blattreife bildet sich eine zunehmende Sensibilität des Mittelblattes und der unteren Bereiche gegenüber Ozon heraus. Erst bei voller Blattreife läßt die Empfindlichkeit wieder nach.

Die abnehmende Fähigkeit zur Photosynthese wegen der Schädigung der Chloroplasten auf subzellularer Ebene und die Veränderung der Durchlässigkeit der Zellmembranen durch die Photooxidanzien verringern das Wachstum an Biomasse.

Konzentrationen von 30 ppb über einige Stunden führen nach LINZON (1971) bereits zu Wachstumsstörungen an diesjährigen Nadeln der empfindlichen Weißkiefer (white pine). Tabakblätter wurden bei Immissionen von 50 ppb O_3 über 9 h beeinträchtigt. Bei 100–120 ppb für 2 h zeigten sich Effekte an Spinat, Klee, Hafer, Rettich, Mais und Bohnen (HILL et al. 1970). Nach HECK und TINGEY (1970) besteht die minimale Ozonkonzentration bei Kurzzeitbelastung, welche eine 5%ige Wachstumsschädigung unter optimalen Bedingungen bei empfindlichen Pflanzen bewirkt, in 150 ppb für 0,5 h, 100 ppb für 1 h, 70 ppb für 2 h und 50 ppb für 4 h bzw. 30 ppb für 8 h. 20–30 ppb entsprechen dabei etwa gegenwärtigen urbanen Konzentrationen! Diese Intoleranz gegenüber einem natürlichen Ozonniveau überrascht und legt den Schluß nahe, daß die pflanzliche Evolution unter geringerer tolerierbarer Ozonbelastung in der Umwelt stattgefunden hat.

Nach METZNER (1987) sollen sich allerdings bei O_3-Begasungsversuchen von Koniferen unterhalb 200 µg m^{-3} = 93 ppb keine Effekte gezeigt haben. Auch experimentelle Befunde von SKEFFINGTON und ROBERTS (1985) deuten an, daß die Schadsymptome nicht allein durch O_3-Stress erklärt werden können. Doch gibt es Hinweise, die zum Nachdenken anregen sollten. Die Ventilation ist sicher ein zusätzlicher Stressfaktor. Obwohl z. B. nach REITER (1987) in den bayrischen Alpen kein Ozontrend in den Jahren 1978 bis 1984 zu verzeichnen ist, muß ein Ergebnis mit Aufmerksamkeit registriert werden. Wird der Zusammenhang zwischen Ozonkonzentration und Sonnentagen untersucht, so ergibt sich für Sommertage für die Station Garmisch (740 m) ein signifikanter Anstieg des Ozons von 1978 bis 1984 um 40%. Im Winter dagegen findet sich keine Beziehung – ein Hinweis für die photochemische Ozonbildung. Ein Sonnentag wurde dabei als Tag mit über 80% Sonnenscheindauer definiert. Sonnentage gibt es nur in 22–32% aller Fälle. Die Ozonkonzentration stieg während des Zeitraums im Mittel von 35 ppb auf 50 ppb (Abb. 8.5). Wichtiger als die Betrachtung eines Trends der Durchschnitte scheint daher die Analyse von Episoden zu sein (Episodenhypothese).

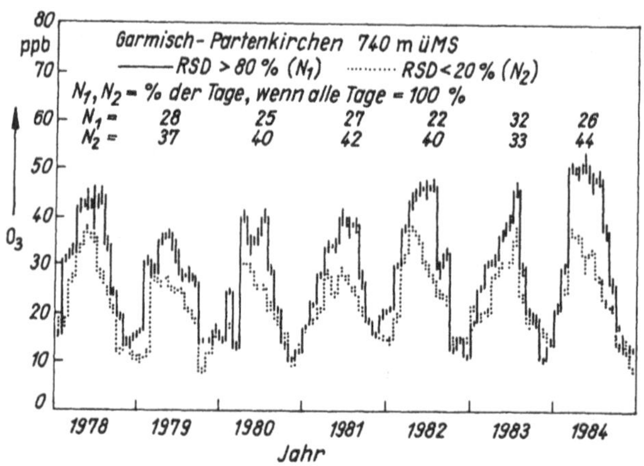

Abb. 8.5. Variation der monatlichen Mittelwerte zwischen 1978 und 1984 für Tage mit hoher Sonnenscheindauer (RSD 80%) und geringer (RSD 20%); RSD-relative sunshine duration (nach REITER et al. 1987)

Die Pflanzen reagieren von Art zu Art und Individuum zu Indiviuum unterschiedlich auf O_3. Selbst bei einer Einzelpflanze ist die Reaktion von Blatt zu Blatt und Zweig zu Zweig verschieden. Standortseigenarten, Ernährung, Feuchte, Sonnenscheindauer, Temperatur, Ventilation, kleinräumige meteorologisch-orographische Besonderheiten spielen eine Rolle. Schlechte Ernährung, wenig Licht, hohe relative Feuchte, gemäßigt hohe Temperaturen stimulieren negativ. Dagegen verhindert das Schließen der Spaltöffnungen durch Feuchtigkeitsstress das Eindringen von O_3. Zusätzliche Faktoren, wie geringes Kohlehydratniveau in den Pflanzen oder Erhöhung des Zuckerniveaus, verstärken oder verringern die Sensibilität gegenüber O_3 (Lee 1965).

Allgemein sind synergetische Effekte beim Zusammenwirken von SO_2 und NO_x bzw. O_3 gefürchtet. Bereits 1966 berichteten Menser und Heggestad über die Beeinträchtigung von Tabakpflanzen, wenn diese mit einer Mixtur aus 27 ppb O_3 und 240 ppb SO_2 für 2 Stunden begast wurden, wobei jede Einzelkonzentration ohne signifikante Wirkung blieb. Ähnliche Versuche wurden vielfach wiederholt und bestärken den Anschein, daß gerade Schadstoffe in Kombination die Wirkung der Einzelkomponenten potenzieren können. Alle MIK-Werte (maximale Immissionskonzentration) unterliegen der Restriktion, daß sie (wenn überhaupt) zu kritischen Schwellenwerten für Einzelschädigungen korrespondieren. Was also fehlt, wären MIK-Werte für Schadstoffkombinationen.

Wie Bisessar und Palmer (1984) berichteten, wurden Versuche unternommen, Tabakpflanzen mit einem Antioxidanzienspray EDU zu besprühen. Nach 14maligem Besprühen mit 1 kg Spray pro ha zeigten die Pflanzen bei einer O_3-Belastung von 80 ppb eine größere Resistenz gegen Krankheiten, und die Biomasse vergrößerte sich gegenüber den unbesprühten Kulturen. Doch kann ein solcher Weg im Großeinsatz kaum das Heilmittel gegen eine zu große O_3-Immission sein.

Das typische Kennzeichen einer PAN-Schädigung besteht in einer glänzenden bronzeartigen Blattunterseite. Empfindliche Pflanzen entwickeln eine leicht ölige oder wachsige Oberfläche 2 bis 3 Stunden nach Beginn der Belastung. Dieses Aussehen folgt aus dem Zusammenbruch der Mesophyllzellen, wobei Lufttäschchen ihren Platz einnehmen. Die Membranendurchlässigkeit wird beeinflußt, so daß der Zelleninhalt in das interzelluläre Gewebe sickert. Dieses bronzefarbene Erscheinungsbild entwickelt sich 2 bis 3 Tage nach der Einwirkung.

Bei hohen PAN-Konzentrationen nehmen die Schädigungen die Form querlaufender Bänder über das Blatt an. Auch durch PAN wird nicht so sehr das junge und ältere Gewebe beeinflußt. Betroffen werden vor allem einkeimblättrige Pflanzen mit halmartigen Blättern und zusammengesetzte Blätter wie die der Kartoffel und der Tomate. PAN unterdrückt ebenfalls die Photosynthese und trägt damit zur Reduzierung des Pflanzenwachstums bei.

Sehr sensible Pflanzen reagieren bereits auf Konzentrationen von 15 bis 20 ppb bei 4 h Belastungsdauer für einige Tage (Tomate, Bohnen etc.). Gegen PAN tolerantere Gewächse wie bestimmte Getreidearten, Baumwolle, Gurke, Zwiebel, Rettich, Azalea, Begonie, Immergrün usw. vertragen für 2 h Belastungen bis 100 ppb. Wenig resistente Kulturpflanzen sind dagegen Weizen, Gerste, Runkelrübe, Möhre, Sojabohne, Spinat, Tabak, Sauerampfer u. a. Die Empfindlichkeit auf PAN hängt dabei entscheidend von der Lichtintensität ab. Hohe Lichtstärken vermindern die Toleranz.

Das eigentliche Gefahrenpotential der Stickstoffoxide bilden die Konstituenten NO_2 und NO, wobei direkt nur NO_2 auf die Pflanze einwirkt. Maximale Konzentrationen in der freien Atmosphäre wurden in Los Angeles mit einigen ppm NO_x und etwas mehr als 1 ppm NO_2 gemessen. Im allgemeinen sind jedoch selbst anthropogen stark belastete Gebiete mit bedeutend weniger kontaminiert.

Die typischen Krankheitszeichen bei NO_2-Einwirkung ähneln denen bei SO_2. Weiße oder hellgelborange bis braune Farben erscheinen zwischen den Hauptadern des Blattes. Graue Verfärbungen an der Blattunterseite sind selten. NO_2 und O_3 schädigen dieselben Pflanzen im gleichen Pflanzengewebe, die Symptome unterscheiden sich jedoch und ebenfalls die erforderlichen kritischen Konzentrationen, die um eine Größenordnung höher liegen. Auf 6 ppm NO_2 für 2 h reagieren sensible Pflanzen wie die Tomate, Gurke oder Pintobohne. Bei geringem Licht steigt die Sensitivität, da keine Nitratreduktion in der Pflanze wirksam werden kann.

Konzentrationen von weniger als 0,5 ppm verhindern das Wachstum empfindlicher Pflanzen bei Dauerbelastung von 10–22 Tagen. Ansonsten sind keine äußeren Schädigungen bemerkbar, es scheint sogar die Chlorophyllbildung intensiviert zu werden. So reagieren verschiedene Pflanzen nicht negativ auf NO-Konzentrationen bis 25 ppm. Manche Pflanzen vermögen selbst die Stickstoffoxide in ihren Stickstoffhaushalt einzubeziehen.

Stickstoffoxide sind vor allem mit Forstschäden in den Reinluftgebieten in Verbindung gebracht worden. Die Tatsache, daß O_3 wesentlich negativer auf die Pflanzen einwirkt, läßt das NO_x-Gefahrenpotential vor allem in der Ozonbildung erscheinen. Sowohl die Oxydation von NO zu NO_2 als auch die nachfolgende Ozonerzeugung erfordern Reaktionszeiten, die verständlich machen, daß die Hauptschädigungen nicht in der Nähe der NO-Emittenten auftreten, sondern erst in einiger Entfernung von diesen.

Der Leitindikator für Luftverschmutzung SO_2 bewirkt seine Toxität durch die starke Reduktionsfähigkeit bei Schädigung der Mesophyllzellen. Die Beeinträchtigung kann in akute oder chronische Schäden unterteilt werden. Akute Schäden bei kurzzeitiger hoher Immission von Sulfiten stören die Stoffwechselprozesse in den Mesophyllzellen. Bei chronischer Belastung werden die Sulfite im Verhältnis zu ihrer Aufnahme in Sulfate oxydiert. Sulfate sind jedoch 30mal weniger toxisch als Sulfite, und damit ist die chronische Immission unterhalb eines für jede Art spezifischen Schwellenwertes tolerierbar. Junge und alte Blätter reagieren auch auf SO_2 weniger sensibel.

In einkeimblättrigen Pflanzen treten die Symptome an den Spitzen und zwischen den Hauptadern in Längsrichtung auf. Bei akuten Schädigungen der Koniferen zeigen sich orangerote Spitzennekrosis der diesjährigen Nadeln mit scharfer Abgrenzung zum gesunden Gewebe.

Chronische überkritische Belastung äußert sich als Vergilbung oder Chlorose. Die Stoffwechselrate ist reduziert. Ältere Nadeln nehmen ein gelbgrünes Aussehen an, was sich an den Spitzen beginnend zu rötlichbraun bei fortschreitender Immission verändern kann.

Kritische Werte einer 8-h-Konzentration liegen bei 0,25 ppm SO_2, für 4 h bei 0,35 ppm, für 2 h bei 0,55 ppm und für 1 h bei 0,95 ppm. Ein jährlicher Durchschnitt von 0,03 ppm während der Wachstumssaison erzeugt bereits chronische Schäden, wenn der SO_2-Ausstoß von einigen lokal verteilten Quellen stammt, die zeitweise höhere Emissionen besitzen. Insofern sind Durchschnittswerte für den Belastungsgrad nicht repräsentativ.

Die Sensibilität einzelner Arten ist sehr unterschiedlich. Das Verschwinden der Baumflechten zeigt zuerst eine SO_2-Immission an. Gerste, Klee, Baumwolle, Birke, Lärche, Weißtanne stehen für empfindliche Pflanzen, Weizen, Bohnen, Erdbeere, Rose sind mittelmäßig sensitiv. Aus Begasungsversuchen wurden Sensitivitätsreihen aufgestellt. Ziel der Untersuchungen war es, rauchharte Kulturpflanzen zu finden.

Schadensschätzungen wurden wiederholt angestellt. Sie ergaben, daß Ernteverluste und Reduzierung des Holzwachstums beachtenswerte ökonomische Faktoren darstellen. Zusätzliche Einflußgrößen wie Licht, Temperatur, Wind, Feuchte, andere Schadstoffe wurden in Abhängigkeit von Tageszeit und Saison untersucht. Ernährung, Genotyp, Pflanzenwuchs, Gewebereife u. a. wurden in die Betrachtung mit einbezogen. Es stellte sich heraus, daß das Gewebe während der Wachstumsperiode Juni bis August am sensibelsten reagiert. Die Tatsache, daß SO_2 über die Stomata aufgenommen wird, läßt viele Pflanzen nachts weniger sensitiv sein, da sich bei Dunkelheit die Spaltöffnungen schließen. Die Kartoffel dagegen schließt diese nachts nicht, wodurch sie auch bei Dunkelheit SO_2-empfindlich ist. Sonnenschein, Temperatur, Schwüle beeinflussen die Öffnung der Stomata.

Daß auch andere Stressoren für das Waldschädensyndrom verantwortlich sein können, wird in einer neuen Arbeit durch Möller (1988) vertreten. Hiernach verschulden die Radikale OH und HO_2, die sich über Ozon-Alken-Reaktionen bilden, die neuartigen Waldschäden. Die Alkene stammen aus den unverbrannten Kraftfahrzeugabgasen bzw. entweichen beim Umfüllen der Kraftstoffe. Allerdings trägt die zunehmende Anreicherung der Atmosphäre mit CO und CH_4 zumindest zu einer Reduzierung von OH bei. 1989 favorisierte Möller das gasförmige Wasserstoffperoxid H_2O_2 als primären Auslöser bei großflächiger Überschreitung von kritischen Schwellenwerten. Nach Untersuchungen von

MASUCH (1985) kann im Nebel gelöstes Wasserstoffperoxid die Waldschäden verursachen, wie an jungen Buchen experimentell nachgewiesen wurde.

Die zytotoxische Wirkung von H_2O_2 studierten IMLAY und LINN (1988). Es wird vermutet, daß diese Wirkung auf der Fähigkeit des Gewebes beruht, intrazellular OH zu bilden. In der Arbeit werden auch zelluläre Reinigungsmechanismen und DNS-Reparaturenzyme diskutiert. Was speziell die phytotoxische Wirkung von H_2O_2 angeht, bedarf die Hypothese einer Bestätigung auf mehreren Ebenen (meßtechnischer Nachweis von H_2O_2, biochemische Untersuchungen, photochemische Modellierung). Bemerkenswert ist, daß NO_X keinen oder sogar einen kompensierenden Einfluß auf die H_2O_2-Bildung ausübt.

Der Streit um die Forstschäden, die Diskussion um die Aufklärung des biochemischen Mechanismus, die Kontroversen um zusätzliche Einflüsse wie die sauren Niederschläge (Regen, Nebel, Schnee und Morgentau), Witterungsanomalien, Krankheiten, Insektenbefall und der Disput um zusätzliche Schadsubstanzen wie Schwermetalle oder Radioaktivität sind bei weitem nicht abgeschlossen, und konträre Auffassungen wurden publiziert. Es kann im Rahmen dieses Buches lediglich auf die einschlägigen Veröffentlichungen verwiesen werden.

8.7. Natürliche Kohlenwasserstoffe

Die Smogchemie fand ihren Ausgang im Kohlenstoffmonoxid und Methan. Aber auch unverbrannte höhere Kohlenwasserstoffe aus Autoabgasen sind bei ihrer stufenweisen Oxydation zur photochemischen Smogbildung fähig. Indes bleibt im globalen Durchschnitt betrachtet die Emission von reaktiven anthropogenen höheren Kohlenwasserstoffen hinter der natürlichen Emanation vor allem aus den Koniferenwäldern zurück. WENT schätzte bereits 1966 einen Eintrag dieser reaktiven Kohlenwasserstoffe von $175 \times 10^6\,t\,a^{-1}$ im Vergleich zu $27 \times 10^6\,t$ anthropogener Kohlenwasserstoffe ab.

Besonders bei hoher luftelektrischer Ladung gehen von Nadelspitzen hohe Feldstärken aus und begünstigen das Entweichen von Terpenen, Olefinen und Wachsen. Etwas Ähnliches gilt bei hoher Temperatur und intensiver Sonnenstrahlung, wie aus dem würzigen Terpentingeruch in einem Nadelwald zu erkennen ist. Isoprene, d. h. flüssige Kohlenwasserstoffe wie die Olefine, wirken im photochemischen Smog reaktiv, da sie Kohlenstoffdoppelbindungen besitzen.

$$CH_2{=}\overset{\displaystyle CH_3\atop|}{C}{-}CH{=}CH_2 .$$

Nach HAAGEN-SMIT (1952) erzeugen bei der Smogbildung Olefine und Stickstoffoxide von Autogasen unter Sonneneinstrahlung Ozon und PAN und tragen zur Aerosolbildung bei. WENT machte 1960 auf die verblüffende Ähnlichkeit des blauen Dunstes über entfernten Industriegebieten mit dem über Nadelwäldern aufmerksam. Es wurde die Aerosolbildung ausgehend von den natürlichen Olefinen dafür verantwortlich gemacht.

Verschiedene Arbeiten schließen die Vermutung nicht aus, daß hohe Ozonkonzentrationen in ländlichen Gebieten einer natürlichen Smogbildung zu verdanken sind (z. B. COFFEY und STASINK 1975, PINKER und DELMAN 1983). FEISTER und WARMBT (1987) leiteten aus dem Ozonmeßnetz der DDR signifikant höhere O_3-Dichten in nichtbelasteten Gebieten gegenüber verschmutzen Arealen ab. Die Ozonkonzentration wächst dabei mit einer Rate von 2,3% a^{-1} oder etwa 0,5 ppb a^{-1}. Allein höhere rurale Ozondichten sind noch kein Beweis für eine natürliche Smogbildung. In urbanen Gebieten könnten frische Stickstoffoxide als Ozonsenke in Erscheinung treten (HARRISON und HOLMAN 1979) und O_3 erst während des Transports von CO und NO_x aus den industriellen Gebieten gebildet werden. Ebenso könnte eine verstärkte Deposition von Ozon über die urbanen Aerosole erfolgen. Die Ansichten sind noch kontrovers.

LAHMANN (1969) stellt bei Messungen des bodennahen Ozons in Westberlin fest, daß Luft bei Nordostwinden, die über dichtbesiedelte Gebiete streicht, nur ein Viertel der Ozonkonzentration enthält, als wenn sie von Nordwest kommt und vorherrschend eine größere Mischwaldfläche überströmte. Auch hier wird auf eine Erzeugung über ungesättigte Kohlenwasserstoffe geschlossen. Im 400-hPa-Niveau (ca. 7 km) findet FETT (1970) ein Ozonmaximum bei Nord- bis Nordostwinden und ein Minimum bei südlicher Strömung. Im Zusammenhang mit dem vorhergehenden Befund wird geschlußfolgert, daß das Bodenozon einem durch reduzierende urbane Abgase aufgeprägten Einfluß unterliegt. Man sollte doch in jedem Fall vorsichtig sein, älteren Messungen kritiklos zu glauben, da die chemischen Ozonsonden, ohne spezielle Filter für andere Schadstoffe (SO_2) ausgerüstet, vielfach falsche Werte ergaben.

Unter Anwesenheit von Stickstoffoxiden erweisen sich bei Bestrahlung Isoprene als gemäßigt bis extrem reaktiv. Monoterpene reagieren ähnlich, doch bilden sie auf Grund der intensiven Reaktion mit O_3 über Polymerisation Aerosole, so daß keine effektive Ozonerzeugung zu erwarten ist (ARNTS und GAY 1979). Anders soll die Sachlage bei den Isoprenen liegen, die ein hohes O_3-Bildungspotential besitzen. Die Transpiration der Pflanzen könnte wegen der OH-Erzeugung ein zusätzlicher Faktor der Smogbildung sein.

ALTSHULLER (1986) billigt jedoch auch den Isoprenen kein großes Ozonbildungspotential zu, womöglich äußern sie sich sogar in einer Ozonreduktion. Ein sehr hohes O_3-Bildungsvermögen besitzen aber Alkene und Aromate wie die Methylbenzene aus anthropogenen Quellen und auf Grund ihrer hohen Konzentration die C_4-C_5-Alkene. Erst jüngst diskutierte MÖLLER (1989) das O_3-Bildungspotential von Alkenen und Aromaten aus Fahrzeugabgasen.

Reiter (1987) findet in Garmisch-Partenkirchen einen negativen Zusammenhang zwischen Ozon und den reaktiven Kohlenwasserstoffen KW (ohne dabei zu spezifizieren, aber mit Ausnahme von CH_4). Ihre angepaßte Formel lautet $[O_3]_{ppb} = 286 \times \exp [-0{,}0124 \, [KW]_{ppb}]$. Die KW-Konzentration bewegt sich zwischen 100 und 500 ppb mit höchsten Werten im Winter.

Die endgültige Bestätigung (oder Widerlegung) dieser Vorstellungen und eine quantitative Abschätzung der Ozonproduktion brächten einige dendroklimatologische Konsequenzen mit sich. Unter der katalytischen Wirkung von anthropogenem NO_x erzeugte sich der Wald seine Schadstoffe selbst (oder trüge zur Selbstheilung bei). Demnach sollte im ersten Fall die flächenspezifische Emanation von reaktiven Kohlenwasserstoffen gesenkt werden. Dies kann durch Mischkulturen oder durch Anpflanzung emanationsarmer Arten geschehen. Die dendroklimatologischen Einflüsse (Standortbesonderheiten, Hanglage und -höhe, kleinsträumige meteorologische Bedingungen müßten speziell untersucht werden (Sonnemann und von Cossart 1987). Die hohe NO_x-Kontamination in Mitteleuropa und der vorherrschende Typ der Nadelholzforsten könnte, hypothetisch formuliert, einen verstärkenden Einfluß auf Waldschäden in Reinluftgebieten haben.

8.8. Ozontransporte in der Grundschicht

Die Prognose von Forstschäden setzt die Kenntnis über die Schadstoffflüsse voraus. Dies erfordert das Wissen um die Quellen, die atmosphärische Umwandlung, die Deposition, die Durchmischung und die Zirkulation. Ozon ist ein sekundärer Schadstoff. Er besitzt keine unmittelbaren Quellen, sondern bildet sich erst in der Atmosphäre. In der Grundschicht wird Ozon trocken deponiert, während die Stickstoffoxide vornehmlich nach Umwandlung in HNO_3 feucht deponiert werden ($2O_3$ + Wand $\rightarrow 3O_2$ + Wand).

Die Ozondichte der urbanen Grundschicht wird wesentlich durch meteorologische Parameter beeinflußt, die zu markanten Episoden führen. Inversionsschichten oder winterliche Hochdruckwetterlagen können Schadstoffe bis zur Smogstufe ansammeln. Ozonhaltige Luft kann grenzüberschreitend aus entfernten Gebieten herangeführt werden. Wir müssen dabei jedoch immer den Familientransport im Auge behalten, der in der Troposphäre für die Oddoxygene im Transport von $[O_3] + [NO_2]$ und für die Oddnitrogene im wesentlichen in $[NO] + [NO_2]$ besteht. In urban beeinflußten Gebieten kommen die NO_x-Konzentrationen in die Größenordnung von der des Ozons. Bezeichnend ist, daß erhöhte Ozonkonzentrationen häufig in 50–100 km Entfernung von urbanen Gebieten (Bull und Bernard 1978) registriert werden. So wird berichtet, daß 80 ppb Ozon als ein typischer Wert für die Umgebung von London an ruhigen

Tagen angesehen werden kann. In ländlichen Gebieten übersteigen die Konzentrationen oft diesen Wert. Die sekundären Schadstoffe werden über Strecken von einigen 1 000 km transportiert und überstreichen somit Flächen vergleichbar mit dem erweiterten mitteleuropäischen Raum (Cox et al. 1975, GUICHERIT und VAN DOP 1975). Erste theoretische Modellierungen gehen auf Hov et al. (1978) zurück. Neue anspruchsvolle Modelle des NO_x-Transports stammen von LURMANN et al. (1986).

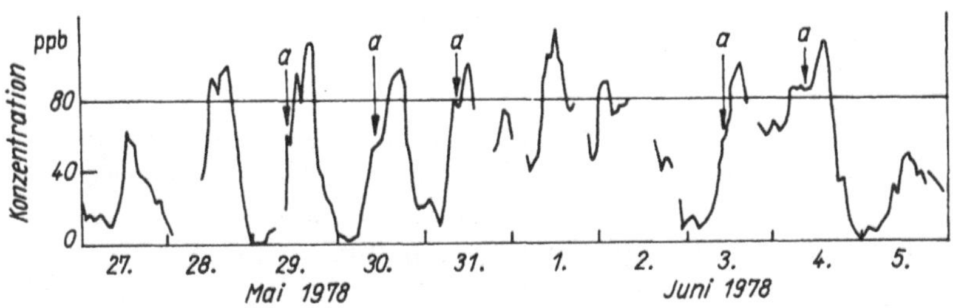

Abb. 8.6. Konzentration des Bodenozons (3 m) in Nordwestengland während der Zeit Mai–Juni 1978 (nach HARRISON und HOLMAN 1979)

HARRISON und HOLMAN (1979) untersuchten Episoden. Abb. 8.6 zeigt nach diesen die Konzentration des Bodenozons in Nord-Westengland über ruralen Gebieten in 3 m Höhe. Die Spitzenwerte übersteigen 80 ppb. Am 1. 6. 1978 wurden sogar 122 ppb gemessen. Der Zusammenhang zwischen Meteorologie und Ozonvariation wird am O_3-Tagesgang deutlich. Die nächtliche Ozonverminderung (Trockendeposition) beschränkt sich auf die untersten 50–100 m durch Ausbildung einer Inversionsschicht, die die vertikale Durchmischung verhindert. Oberhalb der Inversionsschicht war die Ozondichte kaum verändert. Mit dem morgendlichen Aufbrechen der Inversionsschicht verstärkte sich durch vertikale Durchmischung die Ozonkonzentration wieder.

Mittlere Tagesgänge des Bodenozons zeigen ein morgendliches Minimum und ein spätnachmittägliches Maximum. Die Amplitude wächst drastisch an Sonnenscheintagen sowie in den Sommermonaten. Regentage sind durch einen sehr flachen Tagesgang gekennzeichnet. Irreguläre Variationen in den individuellen Tagesgängen folgen aus dynamischen Vorgängen.

NO_x-Dichten in der urban beeinflußten Grundschicht erreichen Mischungsverhältnisse von einigen 10 ppb. 5–15 ppb mögen noch als gering gelten, 60–70 ppb stellen hohe Werte dar. Diese Konzentrationen stehen im starken

Kontrast zu den weniger als 1 ppb in reiner Luft wie z. B. über den Ozeanen. Unter günstigen meteorologischen Bedingungen können auch Stickstoffoxide über Strecken um 1 000 km befördert werden.

8.9. Die gesundheitliche Wirkung von Ozon

In alten Kurprospekten wurde die „gesunde ozonreiche" Luft der Umgebungswälder angepriesen. Auch heutzutage ist dieser Irrglaube noch nicht ganz verschwunden. Ozon wirkt jedoch mindestens ab Konzentrationen von 100–200 ppb giftig.

Nach der World Health Organization wird Gesundheit als ein Status kompletten physischen, psychischen und sozialen Wohlbefindens definiert und ist damit mehr, als nur nicht „krank" zu sein. Die beiden letztgenannten Aspekte können in einer verschmutzten Umwelt schließlich sogar dominieren. Auch sollte wohl beachtet werden, daß eine Nichtgefährdung der Menschheit als Ganzes viele bedauerliche Einzelschicksale nicht ausschließt. VARNEY und MCCORMAC (1971) schreiben hierzu: „The fact that Earth is not facing an air pollution doomsday is of no comfort to the person suffering from local pollution."

Im allgemeinen ist es schwierig, auf Fragen über die Wirkung einzelner Umweltfaktoren auf die Gesundheit schlüssige Antworten zu geben, denn es verbietet sich, gezielte Experimente an Menschen über einen gewissen Grenzbereich hinaus zu unternehmen. Tierversuche sind dabei auch nur bedingt aussagefähig. Analysen von episodenhaften Umweltkatastrophen und Havarien bilden eine Quelle der Erfahrung, toxikologische Studien an Tieren und Menschen eine weitere. Schließlich führen epidemiologische Untersuchungen an statistischem Material zu Aussagen über einzelne gesundheitliche Einflußfaktoren, deren Stärke und, was wesentlich schwieriger zu erfassen ist, deren synergetische Wirkung. Synergetisch soll dabei heißen, daß sich im Zusammenwirken verschiedener Umweltfaktoren die negativen Effekte nicht addieren, sondern potenzieren, z. T. überhaupt erst ermöglichen.

Die Toxikologie untersucht allgemein die schädlichen Wirkungen von Chemikalien auf biologisches Gewebe und schließt die Analyse chemischer Reaktionen und Wechselwirkungen sowie biologische Mechanismen mit ein. Die Umwelttoxikologie befaßt sich entsprechend mit dem Forschungsgegenstand, wie anthropogene Chemikalien, die über Luft, Wasser und Boden in Mensch und Tier gelangen, gesundheitsschädlich wirken.

Ozon ist ein Umweltgift, ein Reizgas wie SO_2, welches den Selbstreinigungsmechanismus der Luftröhre dadurch hemmt, daß es die schlagende Bewegung der Zilien schwächt oder verhindert. Die nachfolgend aufgeführten Daten wurden aus Experimenten an Freiwilligen und Analysen bei beruflicher Belastung durch Ozon gewonnen.

Die toxische Schwelle wird dabei unterschiedlich angegeben. Ältere Arbeiten publizieren den Schwellenwert bei 390 $\mu g\ m^{-3}$ oder etwa 182 ppb. Dieser Wert schlösse also vollkommen das natürliche Niveau und selbst Dosen anthropogen stark belasteter Luft ein, womit die anthropogene Anreicherung der Atmosphäre mit O_3 durch den Menschen toleriert würde. Die Schwelle wird aber auch bei 100 ppb angegeben. Hierbei liegt auch dann schon eine Wirkung vor, wenn auf subzellulärer Ebene günstige Dispostionen für Infektionen entstehen oder sich langzeitige Veränderungen vollziehen.

Der USA-Standard für eine 1-Stundenbelastung wurde 1979 mit 120 ppb festgelegt. Mittlerweile (1988) zeigte sich jedoch, daß besonders Kinder bei Einatmung vergleichbarer Konzentrationen von Ozon mit deutlicher Verringerung des sekundlich aus der Lunge ausgeatmeten Luftvolumens reagieren. Dieser so bezeichnete FEV-Wert (forced expiratory volume) verringerte sich bei einem Drittel der untersuchten Kinder um 16%, aber bereits eine 10-%-Reduktion hat gesundheitliche Folgen. Aus diesem Grund wird durch Lippmann und andere gefordert, den Standard für Belastung von mehreren (8) Stunden auf 80 ppb zu senken. Dies hätte für die USA allerdings zur Folge, daß in 9 Bereichen der neue Standard überschritten wird und auch bei uns ähnlich hohe Konzentrationen episodenweise erreicht werden können.

Die Schwelle der Reizbarkeit der Nasenschleimhäute und Luftröhre liegt bei 590 $\mu g\ m^{-3}$ oder etwa 300 ppb. Belastung von 980 $\mu g\ m^{-3}$ oder etwa 500 ppb für 3 h pro Tag 6 Tage in einer Woche für 8 Wochen vermindern das sekundliche Ausatmungsvolumen. Tägliche Immissionen von 1 180 bis 1 980 $\mu g\ m,^{-3}$ oder etwa 0,6–1 ppm für 1–2 Stunden beeinträchtigen die Lungenfunktion durch Abnahme der Kohlenstoffmonoxiddiffusionsfähigkeit, Verkleinerung der totalen Lungenkapazität und Verminderung des Ausatmungsvolumens. Konzentrationen von 1 960 bis 5 900 $\mu g\ m^{-3}$ oder etwa 1 bis 3 ppm für 10 bis 30 Minuten sind gewöhnlich intolerierbar. 17 600 $\mu g\ m^{-3}$ oder etwa 9 ppm führen zu schweren pathologischen Auswirkungen.

Die klinischen Symptome nach Ozoninhalation beginnen mit der Geruchswahrnehmung, darauf folgt eine durchgängige Trockenheit der Schleimhäute des oberen Atmungsapparates, Veränderung der Sehschärfe, funktionelle Störungen der Lunge, Blutsturz in der Lunge und Tod.

Ozon wirkt auf der Ebene der Zellmembranen mit einem Zusammenbruch der ungesättigten Fettsäuren in der Zellmembran. Aus experimentellen Befunden an Tieren ergab sich, daß nach Inhalation von Ozon oder Stickstoffdioxid eine zunehmende Tendenz zur Infektion des Atmungstraktes nach Kontakt mit pathogenen Organismen besteht. Die Schädigung ist anscheinend reversibel, zumindest bei wiederholter Immission geringer Dosen.

Es sei zum Schluß erwähnt, daß dem Ozon eventuell auch eine therapeutische Wirkung zukommt. Wie aus einem Bericht der Science vol. 209, NO. 4454 hervorging, verhindern erhöhte Ozondosen das Wachstum der Lungenkrebszellen. Ob dieser Methode ein Teilerfolg beschieden sein wird, mag die Zukunft zeigen.

8.10. Troposphärisches Ozon und der Treibhauseffekt

Die alarmierenden Prognosen über eine zukünftige globale Erwärmung mit all ihren katastrophalen Folgen für die Menschheit, wie Verschiebung der Klimazonen, Anstieg des Weltmeeresspiegels, Häufung von tropischen Wirbelstürmen, usw., lenkten auch die Aufmerksamkeit auf die zwar gering konzentrierten, aber dafür extrem infrarotaktiven Spurenstoffe. Von diesen besitzt Ozon einen nicht unerheblichen Rang. Schon scheinen sich erste Anzeichen einer signifikanten globalen anthropogenen Erwärmung anzudeuten, wie Abb. 8.7 suggerieren könnte, und der Mitteleuropäer mag eingedenk unserer letzten freundlichen Winter nur halbherzig den apokalyptischen Visionen folgen. Doch belegt gerade das antarktische Ozonloch, daß weder Modelle diesen Effekt vorauszusagen vermochten, noch eine lineare Extrapolation eines nun allmählichen behaglicher werdenden Klimas statthaft ist.

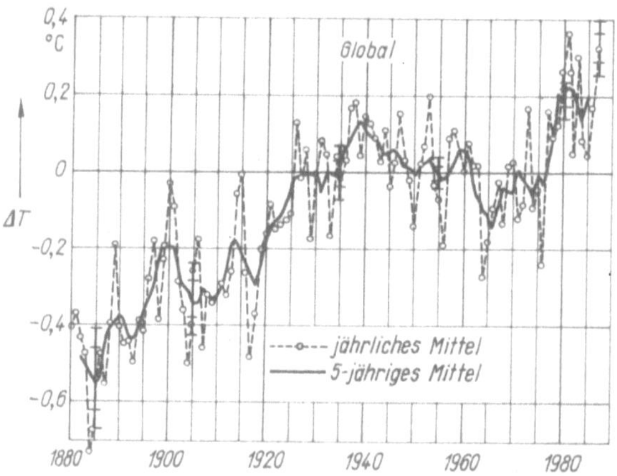

Abb. 8.7. Globale Veränderung der Temperatur der Erdoberfläche im fünfjährig gleitenden Mittel und als jährliches Mittel (nach HANSEN und LEBEDEFF 1988)

Analysen der Ozonverteilung des troposphärischen Ozons ergaben eine klare Nord-Südasymmetrie, die auf den anthropogenen Beitrag der Smogchemie in der Nordhemisphäre zurückgeführt wurde (FISHMAN et al. 1979). Dieser generellen Aussage wurde zumindest für den Bereich der Tropen von KIRCHHOFF (1984) widersprochen, der höhere Dichten im südlichen Teil findet.

Ozon besitzt sowohl im UV und nahen IR als auch im thermischen Infrarot Absorptionsbanden. Die 9,6-µm-Bande zwischen 8—10 µm ist die effektivste. Sie liegt im Fenster der H_2O-Transparenz. Die PLANCK-Funktion der Oberflächentemperaturen hat in der Nähe ihr Maximum. Weitere Vibrations-Rotations-Banden liegen bei 4,75 und 14,2 µm, schwächere Banden bei 3,28, 3,57 und 5,75 µm.

Von der Erdoberfläche emittierte Strahlung wird in der Stratosphäre durch O_3 absorbiert und teilweise in die Troposphäre zurückemittiert.

Nach einer Studie von RAMANATHAN und DICKINSON (1979) folgt, daß wegen der Druckverbreitung der Absorptionslinien in der 9,6-µm-Bande die 10% troposphärisches Ozon gleich infrarotaktiv wie die 90% des restlichen Ozons sind, d. h. mit anderen Worten, die Infrarottransparenzen beider Anteile sind gleich hoch.

Die Sensitivität der Temperatur auf eine bestimmte Erwärmungsrate R wird unterschiedlich zwischen 0,75 bis 2,5 W m^{-2} K^{-1} angegeben.

$$\Delta T = \Delta R_h \Big/ \frac{dR_h}{dT}. \tag{8.9}$$

Einen mittleren Wert von 1,5 W m^{-2} K^{-1} benutzten FISHMAN et al. (1979). Bei einer Ozonverdopplung resultiert hieraus eine Erwärmung um 0,9 K und bei einer Halbierung eine Abnahme um 0,5 K (Abb. 8.8). Die Erwärmungsraten sind saison- und breitenabhängig. Für 50° N ergeben sich für Frühling, Sommer, Herbst und Winter Werte von 0,61; 0,77; 0,48; und 0,35 Wm^{-2}. Sie demonstrieren die Größenordnung eines zu erwartenden Effektes.

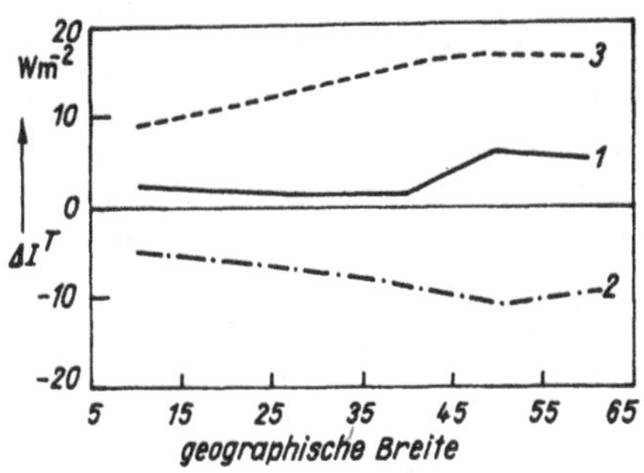

Abb. 8.8. Jährliche mittlere Strahlungserwärmung (ΔI^T) über die Breite durch Störung des troposphärischen Ozons. Volle Kurve: Unterschiedliche Erwärmung verursacht durch interhemisphärische O_3-Differenzen; punktierte Kurve: Halbierung des troposphärischen O_3; gestrichelte Kurve: Verdopplung des troposphärischen O_3 (nach FISHMAN et al. 1979)

Der Unterschied in den Erwärmungsraten zwischen Nord- und Südhemisphäre, bedingt durch die Abweichung in der Ozondichte, beträgt 0,3 Wm^{-2}, was einer Temperaturdifferenz von 0,2 K entspricht. Oberhalb der Troposphäre bewirkt Ozon, wie mehrfach erwähnt, die mit der Höhe zunehmende Erwärmung der Stratosphäre. Zum Wärmeabwärtstransport aus der Stratosphäre trägt Ozon im globalen Durchschnitt zu 20% bei, womit das stratosphärische Ozon auch für die troposphärische Wärmebilanz von Relevanz ist (Ramanathan und Dickinson 1979).

Tabelle 8.1. Anteile des CO und O_3 aus unterschiedlichen Quellen für die einzelnen Hemisphären (in Molekülen cm^{-2})

	Nordhemisphäre	Südhemisphäre
CO industrielle Emission	19×10^{10}	4×10^{10}
CH_4-Oxydation	$(4-8)\times10^{10}$	$(4-8)\times10^{10}$
Ozon		
In-situ-Produktion	$(12-32)\times10^{10}$	$(5-14)\times10^{10}$
stratosphärischer Eintrag	$(5-8)\times10^{10}$	$(3-4)\times10^{10}$

Co und O_3 stehen über der Smogchemie in positiver Korrelation. Wie Tabelle 8.1 verdeutlicht, muß die anthropogene Ozonproduktion als wahrscheinlich größer als der stratosphärische Eintrag angesehen werden.

Die Temperaturzunahme durch CO_2 wurde lange Zeit als einzig bedeutsam angesehen. Neueste Rechnungen auf der Grundlage von 6-D-Modellen (Atmosphäre und Ozon je dreidimensional behandelt, in welchen also beim Wärmeaustausch Atmosphäre- Ozon die Energieströme korrekt modelliert wurden und somit der Ozean nicht als eine nasse ständig energieschluckende Fläche angesehen wird), tendieren zu „pessimistischen Werten" der Temperaturerhöhung bei CO_2-Verdoppelung von 3–4 K. Diesem Anstieg überlagern sich die Einflüsse einer Großzahl von infrarotaktiven Minorkonstituenten wie N_2O, CH_4, F11, F12, CF_4 und nicht zuletzt von Ozon.

Beachtet werden muß, daß nur etwa die Hälfte der Absorptionsstrukturen im nahen IR bislang identifiziert wurden. Hierbei muß die zunehmende Trübung der Atmosphäre durch Aerosole (deren Wirkung noch umstritten ist) und die positive Rückkoppelung zum Wasserdampf mit ins Kalkül gezogen werden. Eine globale, nicht unkritische Erwärmung scheint somit unausweichlich bevorzustehen mit klimatischen Auswirkungen, deren Konsequenzen absolut noch nicht zu überschauen sind.

9. Nichtlineare Prozesse der Ozonchemie und Randprobleme der Ozonforschung

9.1. Ozon in der Geschichte der Erdatmosphäre

Die Beschäftigung mit dem Ozon in der geschichtlichen Entwicklung der Erdatmosphäre ist eng verbunden mit der Fragestellung, unter welchen abiotischen Umweltbedingungen sich die biologische Evolution vollzog. Bei Nichtvorhandensein von Ozon kann die relativ harte UV-Strahlung zwischen etwa 200 und 300 nm bis auf die Erdoberfläche und in eine Wassertiefe von 10 m vordringen und dort das Leben abtöten.

Obwohl die Erde $4{,}5 \times 10^9$ Jahre alt ist, haben die bislang ältesten Gesteine, gefunden in Grönland, nur ein Alter von $3{,}7 \times 10^9$ Jahren (Moorbath et al. 1973, Allaart 1976). Damit liegen für die ersten $0{,}8 \times 10^9$ Jahre keine geologischen Belege vor, die Schlüsse über die primitive Erdatmosphäre erlaubten. Vermutungen gehen von einer H-reichen Atmosphäre aus, die u. a. CH_4, NH_3, H_2, H_2O, H_2S enthielt, bzw. postulieren eine H-arme Atmosphäre mit CO, CO_2, N_2, H_2O, SO_2 als Hauptkomponenten. Damit müssen Versuche, die frühere Ozonschicht zu berechnen, auch spekulativ bleiben. Große Unsicherheiten bestehen darüber hinaus bezüglich der thermischen Struktur der archaischen Atmosphäre und vor allem hinsichtlich der Ausstrahlung der Sonne im UV-Spektrum. Seinerzeit war die Erdrotation höher, und damit waren die Corioliskräfte stärker. Der Wirbeltransport besaß beim Energieaustausch zwischen den Breiten eine größere Bedeutung.

In der Vorstellung über die Evolution spielt ein einheitliches globales Klima eine beherrschende Rolle. Die Entwicklung wird in den günstigen Klimagebieten begonnen haben, selbst wenn mittlere Verhältnisse sie überhaupt nicht zuließen. Eine Differenzierung zwischen tropischem und polarem Präklima wird zu allen Zeiten bestanden haben, und damit gab es nicht nur Unterschiede in den meteorologischen Parametern, sondern es bestand auch eine Breitenvariation der schützenden Ozonschicht.

Die UV-Strahlungsentwicklung der Sonne und die Veränderung der Solarkonstante war Gegenstand eines (zum Teil spekulativen) Meinungsstreits. Im allgemeinen wurde angenommen, abgeleitet aus Sternenstandardmodellen, daß die Ausstrahlung der Sonne vor $4{,}5 \times 10^9$ Jahren um 30% geringer war. Die Schlußfolgerung aus dem STEFAN-BOLTZMANNschen Gesetz besteht in einer um 8% niedrigeren Oberflächentemperatur und damit unter gegenwärtigen Bedingungen in Voraussetzungen für eine globale Vereisung. Flüssiges Wasser existiert auf der Erdoberfläche aber seit $3{,}5 \times 10^9$ Jahren, so daß hiernach entweder die Erdalbedo geringer oder der Treibhauseffekt (ähnlich der Venus) größer war. Andererseits könnte eine höhere Gravitationskonstante einen größeren solaren Output gebracht haben (KASTING et al. 1979).

Im Gegensatz zu dieser Vorstellung entwickelten ZAHNLE und WALKER (1982) sowie CANUTO et al. (1982) aus Messungen von jüngeren T-Tauri-Sternen, die der frühen Sonne ähneln, die These, daß die Sonne eine um den Faktor 10^3–10^4 höhere UV-Strahlung emittierte. Die Auswirkungen auf die Uratmosphäre und die präbiologische Entwicklung wären signifikant. O_2 hätte dadurch eine um den Faktor 10^4–10^6 größere Oberflächendichte als der Standardwert von 10^{-15} PAL (PAL - present atmospheric level). Tabelle 9.1 gibt nach CANUTO et al. (1982) in Abhängigkeit vom Erdalter die abgeschätzten Faktoren der UV-Strahlungserhöhung an.

Tabelle 9.1. Veränderung der UV-Flußfaktoren in Abhängigkeit vom Sternenalter (nach CANUTO u. a. 1982)

Alter des Sterns (a)	UV-Flußfaktor
10^6	10^4
10^7	500
5×10^7	100
10^8	32
5×10^8	8
10^9	4
5×10^9	1

Die Abnahme verhält sich wie $t^{-0,5}$ bis $t^{-0,9}$. Darüber hinaus war der Sonnendurchmesser vergrößert. Die hohe UV-Strahlung führte zur effektiven Dissoziation von H_2O und CO_2. Die hieraus folgende Gesamtozondichte der präbiologischen Atmosphäre für unterschiedliche CO_2-Konzentrationen bezogen auf den heutigen Wert weist Tabelle 9.2 aus. Es werden die Größenordnungen von 0,1 DU erreicht.

Eine Folgerung aus einem erhöhten EUV-Fluß sollte eine hohe Exosphärentemperatur und damit ein verstärkter Wasserstoffentweichfluß sein, dessen Auswirkungen sich auch in der Sauerstoffbilanz zeigen müßte (SONNEMANN 1986).

Tabelle 9.2. Gesamtozonkonzentration einer präbiologischen Atmosphäre in Abhängigkeit vom CO_2-Niveau und dem solaren UV-Fluß (nach CANUTO u. a. 1982)

Solarer UV-Fluß	CO_2(PAL) vorindustriell 280 ppmv	O_3 total (cm^{-2})
1	1	$1,72 \times 10^{12}$
	10	$2,49 \times 10^{14}$
	100	$1,38 \times 10^{15}$
	1	$3,94 \times 10^{13}$
10	10	$5,36 \times 10^{14}$
	100	$1,95 \times 10^{15}$
	1	$1,50 \times 10^{14}$
	10	$7,81 \times 10^{14}$
30	100	$2,06 \times 10^{15}$
	1	$1,76 \times 10^{14}$
100	10	$8,15 \times 10^{14}$
	10	$2,04 \times 10^{15}$
	1	$1,52 \times 10^{14}$
300	10	$9,41 \times 10^{14}$
	100	$2,19 \times 10^{15}$

Die Entwicklung der Ozonschicht ist gekoppelt mit der Evolution des freien Sauerstoffs. Der Anstieg auf gegenwärtiges Niveau wird im allgemeinen der pflanzlichen Aktivität zugeschrieben, die vorbiologische Produktion dagegen der Photolyse des Wassers und dem Entweichen von atomarem Wasserstoff in den freien Weltraum. Erste Versuche, das Problem zu lösen, sind verbunden mit den Arbeiten von BERKNER und MARSHALL (1964, 1965, 1966).

Durch den sogenannten UREY-Selbstbegrenzungseffekt (UREY 1957) konnte die O_2-Dichte nicht über 0,001 PAL ansteigen. Dieser Effekt besteht darin, daß O_2 effizient die solare Strahlung in höheren Schichten absorbiert, die auch in niederen Höhen H_2O dissoziiert und somit seinen eigenen Entstehungsmechanismus hemmt. Allerdings konnte die L-α-Strahlung durch das O_2-Absorptionsfenster tiefer eindringen und eventuell doch zur weiteren O_2-Anreicherung beitragen (SONNEMANN 1986).

Die Folge geringer O_2-Konzentration war, daß die UV-Strahlung bis in 5–10 m Wassertiefe eindringen konnte. Erst bei 0,01 PAL sollte der Ozean hinreichend von UV-Strahlung abgeschattet sein. Dieses als „first critical level" bezeichnete Niveau wurde etwa vor 600×10^6 Jahren im Kambrium erreicht. 0,1 PAL, der „second critical level", garantierte einen UV-Schutz des trockenen Landes und konnte vor 420×10^6 Jahren zu Ende des Silurs überschritten werden.

BRINKMANN (1969) betrachtete einen zusätzlichen Verlustterm, der alles FeO der Erdkruste in volloxidiertes Fe_2O_3 überführte, und schätzte hierfür einen

Verbrauch von 0,27 PAL O_2 ab. Hiernach verharrte die Sauerstoffentwicklung und damit die biologische Evolution (Blaualgenzeitalter) solange, bis alles FeO aufgebraucht war.

Walker (1977) bezog in sein photochemisches Modell der vorbiologischen Atmosphäre den Wasserstoffentweichfluß mit ein und kam auf so geringe O_2-Dichten wie 10^{-12} PAL. Auch Kasting et al. (1979) kommen zu ähnlichen Bodenwerten, finden jedoch eine strenge Höhenabhängigkeit. In der Rechnung wurde von Konzentrationen für N_2, CO_2 und H_2O wie gegenwärtig bestehend ausgegangen. So ergaben sich in 60 km Höhe Werte von 10^{-5} PAL. Die O_3-Spitzenkonzentration lag bei 10^7 cm^{-3} in 40 km. Es wird chemisch stark durch die Reaktion $H + O_3 \rightarrow OH + O_2$ reduziert.

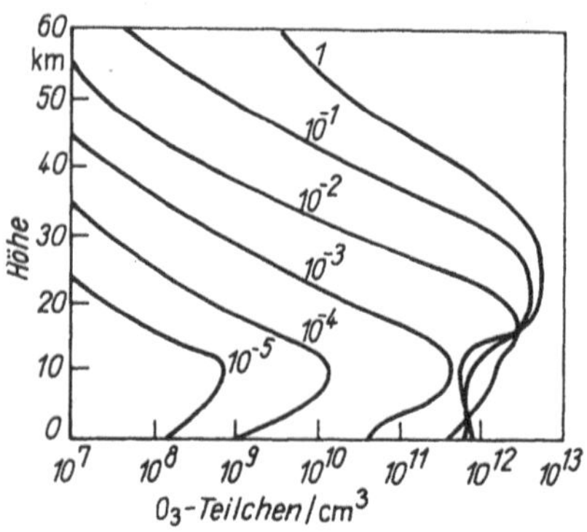

Abb. 9.1. Ozonprofile bei verschiedenen Sauerstoffniveaus und einem solaren Zenitwinkel von 45° (nach Kasting und Donahue 1980)

In einer späteren Arbeit betrachteten Kasting und Donahue (1980) die Evolution der Ozonschicht. Hierbei wurden die biologisch erzeugten Spurengase CH_4 und N_2O sowie NO_x aus der Gewittertätigkeit berücksichtigt. Der Nichteinschluß der Chlorverbindungen führt, gemessen an gegenwärtigen O_2-Dichten, zu Abweichungen von 30% im Gesamtozon. Die Ozonkonzentration (Abb. 9.1) wächst monoton mit dem Anstieg von O_2 im Gegensatz zu vorhergehenden Abschätzungen, bei denen ein Gesamtozonpeak bei etwa 10^{-1} PAL entsteht (Levine et al. 1979). Das kritische O_2-Niveau, für das eine effektive Landabschattung erfolgt, liegt hiernach bei 10^{-1} PAL.

Nach Ratner und Walker (1972) sollte dieser Schutz bereits bei 10^{-3} PAL erreicht sein. Es werden in der Analyse jedoch viele Einflußfaktoren vernachlässigt. Hesstvedt et al. (1974) gehen von realistischen Ansätzen aus und kommen auf Werte von 2×10^{-2} PAL. Blake und Carver (1977), Morss und Kuhn (1978), Katsumori (1979) berechneten Atmosphärenmodelle unter speziellen Annahmen (z. B. bezüglich der thermischen Struktur) und Einschränkungen. Levine et al. (1974) berücksichtigen auch den vertikalen Eddytransport. Nach ihren Berechnungen lag die O_3-Spitzenkonzentration bei 10^{-1} PAL O_2 um 40% höher als gegenwärtig und die Ozondichte in Bodennähe sogar um den Faktor 10 über dem rezenten.

Tabelle 9.3. Abhängigkeit der Ozonschicht vom atmosphärischen Sauerstoffniveau (nach KASTING und DONAHUE 1980)

O_2-Niveau (PAL)	O_3 (cm^{-2})	Peakhöhe (km)	Peakdichte (cm^{-3})
1	1,12 (19)	24	5,37 (12)
10^{-1}	8,51 (18)	20	5,48 (12)
10^{-2}	4,15 (18)	16	3,22 (12)
10^{-3}	5,62 (17)	10	5,53 (11)
10^{-4}	1,50 (16)	10	1,86 (10)
10^{-5}	7,77 (14)	10	8,76 (8)

Tabelle 9.3 stellt nach KASTING und DONAHUE (1980) die Ozonentwicklung beim O_2-Anstieg dar. Die Modelle begrenzen sich bei 1 PAL. Bereits BERKNER und MARSHALL (1965) vermuteten eine durchaus nicht unwesentliche Modulation der Sauerstoffkonzentration auch nach Erreichen des heutigen Niveaus etwa im Karbon. Sie schließen 3 PAL nicht aus, ebenso eine Reduktion wieder bis auf 10^{-1} PAL, obwohl seit der Existenz der Warmblüter 2/3 PAL nicht unterschritten werden konnten.

Erst unlängst wurde aus der Analyse von Gaseinschlüssen im Bernstein bekannt, daß der Sauerstoffgehalt der Atmosphäre damals im Tertiär um 30% höher gewesen sein soll. Das biologische Dasein hat alle Schwankungen überstanden. Das Aussterben mancher Gattungen und Arten mag (ohne das Aussterben der Saurier mit einer O_2-Verarmung der Atmosphäre in Verbindung zu bringen) mit der Veränderung der abiotischen Faktoren gekoppelt gewesen sein. Andere Spezies entwickelten sich dafür.

Die bisherigen Ergebnisse erlauben noch keine definitiven Aussagen. Zuwenig ist über die stoffliche Zusammensetzung (z.B. CO_2, Cl_x, NO_x) der Paleoatmosphäre und über andere essentielle Einflüsse bekannt. Die thermische Struktur der mittleren Atmosphäre, wesentlich bestimmt durch die Bilanz zwischen CO_2-, H_2O- und O_3-Erwärmung und CO_2-Abkühlung, müßte selbstkonsistent mit Einschluß der H_2O-Rückkopplung und RAYLEIGH-Streuung sowie Erdalbedo berücksichtigt werden, globale Rechnungen wären erforderlich.

Szenarien mit Einbeziehung des Solarzykluseffektes, der vor 680 Mill. Jahren eine Länge von 12 Jahren hatte, wurden durch GERARD und FRANCOIS (1987) durchgerechnet. Es sind Ansätze, die Variabilitätsgrenzen der Temperatur abzuschätzen, ohne daß über die Grundannahmen hinreichend Klarheit bestünde.

9.2. Ozon in der Atmosphäre anderer Planeten

Neben der Erde gehört der Mars zu den Planeten, auf denen das Ozon eine gewisse Rolle spielt. Der Mars besitzt mit einer Masse von 0,12 Erdmassen eine bedeutend geringere Schwerkraft, so daß auch massenreichere Atome und Moleküle den Anziehungsbereich des Planeten verlassen können. Folglich ist seine Atmosphäre nur sehr dünn ausgeprägt.

Der Hauptkonstituent der Marsatmosphäre ist mit 95,3% durch CO_2 gegeben, gefolgt von Stickstoff mit nur noch 2,7% und Argon mit 1,6%. Freier Sauerstoff 0,13%, Kohlenstoffmonoxid 0,07% und Wasserdampf mit unterschiedlichen Dichten im Mittel bei 0,03% stellen die weiteren Bestandsteile dar. Im ppm-Bereich liegen Neon 2,5 ppm, Krypton 0,3 ppm und Xenon 0,08 ppm.

Bei einer Distanz zur Sonne von 1,5 AU erweisen sich die photochemischen Prozesse noch als hinreichend intensiv (43% UV-Strahlung bezogen auf die Erde), um Ozon mit einer Konzentration von durchschnittlich 0,03 ppm zu erzeugen, was etwa der Bodenozondichte der Erdoberfläche entspricht.

Das Kohlenstoffdioxid, welches gegenwärtig nur noch ein Zwanzigstel der insgesamt ausgegasten Menge ausmacht, unterliegt starken saisonalen Variationen und ist für die Ausbildung besonders der südlichen Polkappe verantwortlich. Sein Frostpunkt liegt auf dem Mars bei 148 K. Wenn diese Temperatur über dem Winterpol erreicht ist, friert ein Viertel bis ein Sechstel der Gesamtmenge des CO_2 aus. Die nur geringen Konzentrationen des freien Sauerstoffs resultieren aus der Abwesenheit der biologischen Produktion. Seine Dichte reicht jedoch aus, über prinzipiell die gleichen Reaktionen wie auf der Erde Ozon entstehen zu lassen.

Ozon wurde auf dem Mars im späten Sommer über den Winter bis zum Frühling mit abnehmender Teilchenzahl in hohen Breiten beobachtet. Nicht nachgewiesen werden konnte es am Äquator und zur restlichen Zeit des Jahres, was soviel heißt, wie daß seine Konzentrationen unter die Nachweisgrenze gesunken waren.

Spekuliert wurde, ob Ozon einen signifikanten Einfluß auf das Temperaturregime der Marsatmosphäre hat. Die höheren Ozonkonzentrationen der Nordhemisphäre könnten für die Verhinderung der CO_2-Kondensation um den Winternordpol verantwortlich sein. Für andere Planeten hat Ozon keine Bedeutung. Die äußeren Planeten bestehen größtenteils aus oxydationsfähigen Gasen wie H_2, CH_4, NH_3.

Die Venusatmosphäre ist um etwa 2 Größenordnungen dichter als die Erdatmosphäre und besteht ebenfalls überwiegend aus CO_2 ($\approx$ 96%) und 4% N_2 sowie Wasserdampf mit unterschiedlichen Konzentrationen (0,05 bis 0,5%). Von den Spurenstoffen gehört SO_2 zu den wichtigsten. Die hohe UV-Strahlung

0,7 AU Distanz) löst in den oberen Schichten Reaktionen aus, die auch im vernachlässigbaren Umfang zur Spurenozonbildung beitragen sollten. Mariner 10 entdeckte z. B. in der oberen Venusatmosphäre 10mal mehr atomaren Sauerstoff als Mariner 9 auf dem Mars.

9.3. Erzwungene photochemische Schwingungen

Betrachten wir ein sehr einfaches chemisches System: Eine Komponente X wird durch Photodissoziation mit der Dissoziationsratenkonstanten J_L aus dem Konstituenten L gebildet. X reagiert mit M und erzeugt den Stoff Y. Der Verlustprozeß von Y sei durch eine Reaktion mit der Spezies N gegeben. $[L]$, $[M]$ und $[N]$ werden als hinreichend groß angenommen, wie es in der realen Atmosphäre für Hauptkonstituenten gilt, so daß sie sich im reaktionskinetischen Ablauf nicht verändern. Das Bilanzgleichungssytem lautet dann:

$$\frac{d[X]}{dt} = J_L[L] - l_M[M][X],$$

$$\frac{d[Y]}{dt} = l_M[M][X] - l_N[N][Y]. \tag{9.1}$$

Die zweite Gleichung, nach der Zeit differenziert und $\frac{d[X]}{dt}$ durch die rechte Seite der ersten Gleichung substituiert sowie $[X]$ aus der undifferenzierten zweiten Gleichung bestimmt und eingesetzt, ergibt nach Ordnung

$$\frac{d^2[Y]}{dt^2} + (l_M[M] + l_N[N])\frac{d[Y]}{dt} + (l_M[M]l_N[N])[Y] = l_M[M][L]J_L. \tag{9.2}$$

Dies stellt eine inhomogene lineare Differentialgleichung 2. Ordnung mit konstanten Koeffizienten dar, die somit die mathematische Struktur einer Schwingungsgleichung besitzt. Die Koeffizienten dieser Gleichung sind generell positiv, wobei $l_M[M] = \tau_M^{-1}$ und $l_N[N] = \tau_N^{-1}$ den reziproken charakteristischen chemischen Zeiten entsprechen. Die Lösung der homogenen Gleichung erfolgt in bekannter Weise über den Ansatz $[Y] = a\,e^{\lambda t}$ und die Lösung der charakteristischen Gleichung

$$\lambda_{1/2} = -\frac{1}{2}(\tau_M^{-1} + \tau_N^{-1}) \pm \left(\frac{1}{4}(\tau_M^{-1} + \tau_N^{-1})^2 - \tau_M^{-1}\tau_N^{-1}\right)^{1/2}. \tag{9.3}$$

Für $\tau_M \neq \tau_N$ lautet dann die Lösung

$$[Y] = A \cdot e^{-\tau_M^{-1} \cdot t} + Be^{-\tau_N^{-1} \cdot t}, \tag{9.4}$$

bzw. für

$$\tau_M = \tau_N = \tau_{M/N},$$

$$[Y] = e^{-\tau_{M/N}^{-1} \cdot t}(A + Bt). \tag{9.5}$$

A und B folgen aus den Anfangsbedingungen. Der Radikant von (9.3) ist stets größer oder gleich 0 und weist auf starke Dämpfung und aperiodisches Verhalten hin. Für die Lösung der inhomogenen Gleichung genügt es, ein partikuläres Integral zu finden. Dies setzt Annahmen über das Zeitverhalten des inhomogenen Terms voraus. Das System werde über $J_L(t)$ periodisch mit der Kreisfrequenz ω angeregt, und J_L habe die einfache Form

$$J_L(t) = J_{L_0}(1 + \cos \omega t). \tag{9.6}$$

Mit $\omega_0^2 = (\tau_M \cdot \tau_N)^{-1}$ wird wie üblich die Eigenfrequenz des ungedämpften Systems bezeichnet. Die partikuläre Lösung kann als Summe eines zeitabhängigen und zeitfreien Terms gefunden werden.

$$[Y] = [Y_o] + y(t), \tag{9.7}$$

$$[Y_0] = \frac{J_{L0}[L]}{l_N[N]} \tag{9.8}$$

entspricht der stationären Lösung unter gemittelten Einstrahlungsverhältnissen. Für $Y(t)$ kann in Analogie zu bekannten Lösungsansätzen in der Mechanik oder Elektrotechnik (siehe z. B. Joos 1952, Lehrbuch der theoretischen Physik)

$$y(t) = \sqrt{a^2 + b^2} \cdot \cos(\omega t - \varphi) \tag{9.9}$$

gesetzt werden. Unter der Forderung, daß die Unbekannten a und b die Differentialgleichung einzeln befriedigen sollen, läßt sich aus

$$\begin{aligned} a(\omega_0^2 - \omega^2) + b(\tau_M^{-1} + \tau_N^{-1})\omega &= \tau_M^{-1} [L] J_{L_0}, \\ a(\tau_M^{-1} + \tau_N^{-1})\omega - b(\omega_0^2 - \omega^2) &= 0, \end{aligned} \tag{9.10}$$

$$(a^2 + b^2) = \frac{\tau_M^{-1}[L] J_{L_0}}{((\omega_0^2 - \omega^2) + (\tau_M^{-1} + \tau_N^{-1})^2 \omega^2)^{1/2}} \tag{9.11}$$

und

$$\tan \varphi = (\tau_M^{-1} + \tau_N^{-1}) \frac{\omega}{(\omega_0^2 - \omega^2)} \tag{9.13}$$

bestimmen. Die homogene Lösung charakterisiert lediglich das Einschwingverhalten. Aus dem zeitabhängigen inhomogenen Anteil folgt, daß sowohl Amplitude als auch Phase von der Anregungsfrequenz abhängen. Resonanz liegt bei

$$\omega^2 = \omega_0^2 = (\tau_M \tau_N)^{-1}. \tag{9.14}$$

vor.

In diesem Fall beträgt die Phasendifferenz $\frac{\pi}{2}$, während sie für sehr langsame Schwingungen den Wert 0 und für unendlich schnelle π annimmt.

9.4. Resonanzen in komplexen photochemischen Systemen

Alle realen Systeme sind von nichtlinearer Natur. Lineare Systeme stellen immer Idealisierungen und Grenzfälle dar, die freilich mit einem hohen Grad an Genauigkeit linearen angenähert sein können. Die linearisierende Vereinfachung im System (9.2) bestand darin, daß $[L]$, $[M]$, $[N]$ als unveränderlich angesehen wurden.

Resonanzphänomene beschränken sich jedoch nicht allein auf lineare, sondern kennzeichnen allgemein anregungsfähige Systeme.

Es soll im folgenden ein mathematisch zwar schon sehr komplexes, aber im Vergleich zu atmosphärischen Bedingungen einfaches System der Ozonchemie untersucht werden, das ungeachtet aller Idealisierungen die wesentlichen Seiten der Ozonchemie der oberen Mesosphäre widerspiegelt. Es handelt sich um ein Hydrogen-Oxygensystem. Die Ausgangssubstanzen sind mit dem molekularen Sauerstoff und dem Wasserdampf gegeben, deren Dichten ebenso wie $[M]$ photochemisch als unbeeinflußt angesehen werden können (Index „0“). Finalkonstituenten wie H_2 oder H_2O_2 scheiden aus dem System aus, obwohl z. B. das Wasserstoffperoxyd durch Photodissoziation in 2 OH rückgeführt wird. Auch die angeregten Spezies $O(^1D)$ und andere werden nicht betrachtet. Sie ergeben lediglich Korrekturen zu dem prinzipiellen Verhalten.

Das System ist 5komponentig, bestehend aus O, O_3, H, OH und HO_2. Die Modellrechnungen beziehen sich auf reale aeronomische Bedingungen, d. h., $[O_2]_O$, $[H_2O]_O$, $[M]$, J_{H_2O}, J_{O_2}, J_{O_3}, T entsprechen den Verhältnissen einer vorgegebenen Höhe. $[H_2O]_O$ variiert dabei als Parameter in vorgegebenen Grenzen.

$$\begin{aligned}\frac{d[O]}{dt} = {} & 2J_{O_2}[O_2]_O + J_{O_3}[O_3] + l_{155}[OH]^2 - (l_{12}[O_3] + l_{26}[OH] \\ & + l_{28}[HO_2] + \bar{k}_{10}[O_2]_O[M] + \bar{k}_3[M][O] + \bar{k}_{27}[M][OH])\,[O],\end{aligned}$$

$$\frac{d[O_3]}{dt} = \bar{k}_{10}[O_2]_O[M][O] - (l_{12}[O] + l_{87}[H] + l_{89}[OH] + J_{O_3})[O_3],$$

$$\frac{d[H]}{dt} = l_{26}[O][OH] + J_{H_2O}[H_2O]_O - (l_{87}[O_3] - l_{141}[HO_2] + l_{139}[HO_2] + \bar{k}_{63}[O_2]_O[M] + \bar{k}_{137}[M][OH])[H],$$

$$\frac{d[OH]}{dt} = l_{87}[O_3][H] + l_{28}[O][HO_2] + 2l_{139}[H][HO_2] + J_{H_2O}[H_2O]_O - (l_{26}[O] + l_{89}[O_3] + 2l_{155}[OH] + l_{157}[HO_2] + \bar{k}_{27}[M][O] + \bar{k}_{137}[M][H])[OH],$$

$$\frac{d[HO_2]}{dt} = l_{89}[O_3][OH] + \bar{k}_{27}[M][O][OH] + \bar{k}_{63}[O_2]_O[M][H] - (l_{139}[H] + l_{28}[O] + l_{141}[H] + l_{157}[OH] + 2l_{163}[HO_2])[HO_2]. \tag{9.15}$$

Die einzelnen charakteristischen Zeiten sind kein klein gegenüber der Periodendauer der strahlungsbedingten Anregung. Die charakteristischen Nettozeiten leiten sich aus der Nettobilanz der Familien ab.

$$\frac{d([O] + [O_3])}{dt} = 2J_{O_2}[O_2]_O + l_{155}[OH]^2 - (2l_{12}[O][O_3] + l_{87}[O_3][H] + l_{26}[O][OH] + l_{89}[O_3][OH] + l_{28}[O][HO_2] + 2\bar{k}_3[M][O]^2 + \bar{k}_{27}[M][O][OH]),$$

$$\frac{d([H] + [OH] + [HO_2])}{dt} = 2J_{H_2O}[H_2O]_O - 2(l_{139}[H][HO_2] + l_{155}[OH]^2 + l_{157}[OH][HO_2] + l_{163}[HO_2]^2 + \bar{k}_{137}[M][H][OH]). \tag{9.16}$$

Im Verlustterm der Wasserstoffamilie erscheinen lediglich Ausdrücke quadratisch in den Wasserstoffkomponenten, deren Konzentrationen jedoch um mehr als 2 Größenordnungen unter denen der Sauerstoffkomponenten liegen. Dies hat eine wesentliche Vergrößerung der charakteristischen Nettozeit gegenüber den Einzelheiten zur Folge.

Abb. 9.2 zeigt den Verlauf der charakteristischen Nettozeit in Abhängigkeit von der Zeit. „On“ kennzeichnet volle Einstrahlung, die nach 10^6 Sekunden (11,57 Tagen) „abgeschaltet“ wird. Im stationären Fall unter Einstrahlung besitzt diese Zeit eine Größenordnung von 2 bis 3×10^5 s. Das System benötigt etwa diese Zeit, um stationäre Bedingungen anzunehmen, d. h. bedarf einiger Tage.

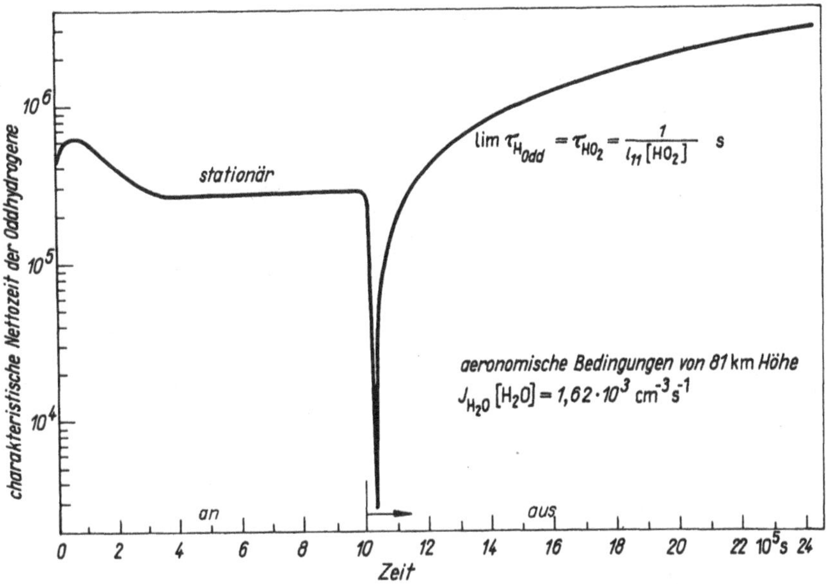

Abb. 9.2. Charakteristische Nettozeit für die Oddhydrogenkomponenten

Nach dem Abschalten sinkt kurzzeitig (für Stunden) durch die starke OH- und HO_2-Produktion die charakteristische Nettozeit, um darauf zunächst durch OH-Verarmung und schließlich durch die einzig verbleibende Verlustreaktion von HO_2 mit sich selbst unbegrenzt zu wachsen. HO_2 stellt das Finalradikal der Oddhydrogene dar, deren Konzentration im Grenzfall durch die einfache Differentialgleichung

$$\frac{d[HO_2]}{dt} = -l_{163}[HO_2]^2$$

bestimmt wird. $[O_3]$ nähert sich in diesem Modell, nachdem der atomare Sauerstoff vollständig abgebaut wurde, einem konstanten Nachtniveau.

Das System (9.15) wurde über die Dissoziationsratenkonstanten periodisch mit variierbarer Frequenz angeregt. In den Modellrechnungen wird dazu für eine halbe Periode die Strahlung ein- und für die andere halbe Periode ausgeschaltet (Rechteckanregung, deren wesentlicher Anteil durch die Grundmode gegeben ist). Das System besitzt für jede Kombination von beliebigen Werten der Dissoziationsratenkonstanten eine eindeutig bestimmte stationäre Lösung. Diese wird innerhalb der halben Periode angestrebt. Dabei können für den Zeitraum dieser halben Periode einige Komponenten mit einem sogenannten falschen Ausschlag antworten, d. h., sie entfernen sich zunächst von ihrem stationären Wert - ein Effekt, der in typischer Weise nichtlineare Systeme charakterisiert.

Resonanzphänomene, gekennzeichnet durch eine maximale Amplitude bei einer bestimmten Periodendauer der Anregung, werden nur in der Nähe der systeminternen charakteristischen Zeit zu erwarten sein. Durch (2.35) war eine täglich gemittelte charakteristische Nettozeit definiert worden. Erwarten wir also in Analogie zu (9.14) in sehr grober Näherung Resonanz in der zeitlichen Nachbarschaft von $2\pi(\tau_{H_{ODD}} \cdot \tau_{O_{ODD}})^{1/2}$. Hierbei geht es lediglich um Abschätzung von Größenordnungen, denn ein solcher Ausdruck läßt sich nicht aus dem nichtlinearen System heraus ableiten.

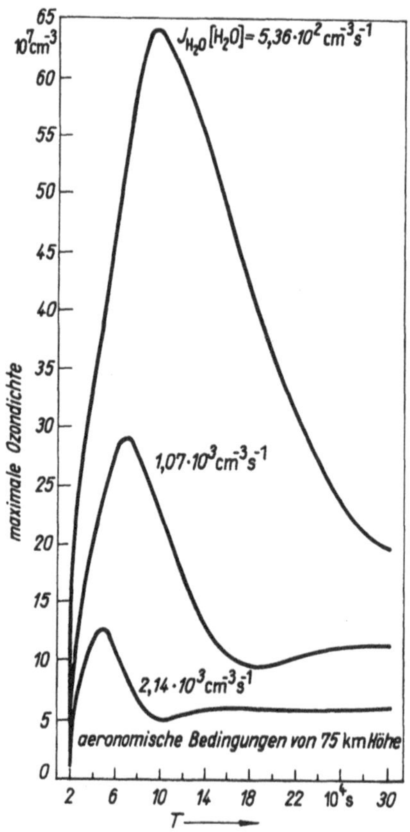

Abb. 9.3. Maximale Ozonkonzentration innerhalb einer Periode über die Periodendauer

Abb. 9.3 stellt für aeronomische Bedingungen von 75 km Höhe mit dem Parameter Feuchtigkeit bzw. konkreter dem Produkt $J_{H_2O}[H_2O]$ (HO_x-Produktionsrate) die Maximalkonzentration des Ozons innerhalb einer Periode über die Periodendauer aufgetragen dar. Bei sehr hohen Frequenzen zeigt sich so gut wie kein Ausschlag in der Periodenamplitude, die Konzentrationen der Komponenten entsprechen dem zeitlichen Mittelwert der Dissoziationsratenkonstanten. Mit abnehmender Frequenz steilen sich die Amplituden auf und erreichen bei bestimmter Frequenz in Abhängigkeit vom Parameterwert ein Maximum, um bei weiterer Frequenzabnahme ein schwaches Minimum zu durchlaufen und darauf einem stationären Wert entgegenzustreben.

Für atmosphärische Verhältnisse interessant ist nun, daß die Resonanzfrequenzen in der Nähe von 1 d^{-1} liegen können. Bei aeronomisch bedingter Veränderung der Feuchte kann sich somit das System in Resonanz oder auch außerhalb (z. B. im schwachen Minimum) befinden. In Abb. 9.4 wurde bei einer Periode von $T = 1\,d$ die Feuchtigkeit so geändert, daß das System einmal maximale und zum anderen minimale Ozonkonzentration hervorbringt. Im unteren Teil der Abbildung ist das Verhältnis der Dichten beider Perioden-(Ta-

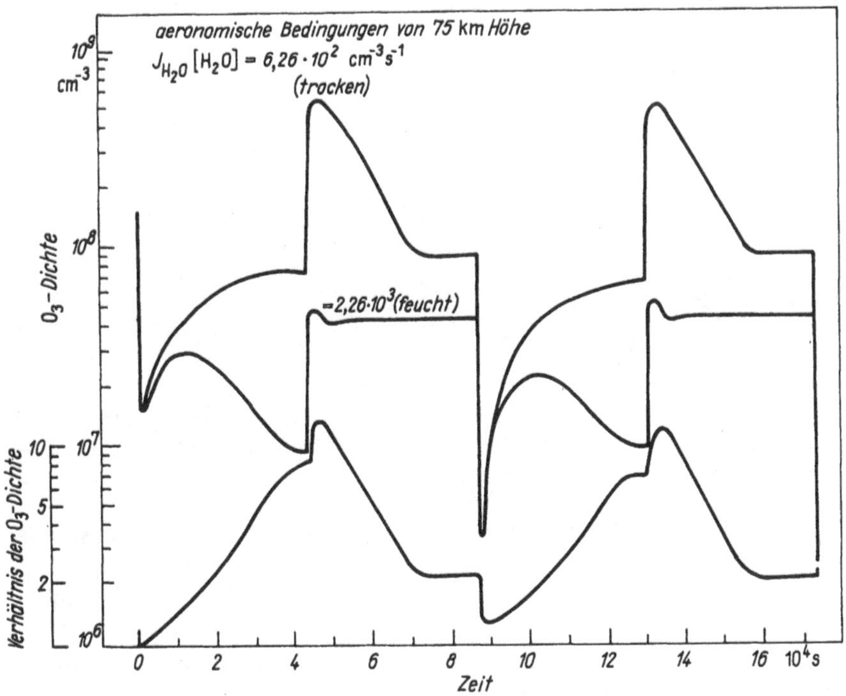

Abb. 9.4. Periodengänge des Ozons für trockene und feuchte Verhältnisse (oben) sowie deren Dichtequozient (unten). Quasi eingeschwungen ist das System mit der 2. Periode.

ges-)gänge dargestellt. Deutlich zeigt sich eine maximale Abweichung um den Beginn der Nacht. Abb. 9.5 verdeutlicht dieses Verhalten unter den Bedingungen einer realen Atmosphäre auf der Grundlage der Rechenergebnisse eines komplexem dynamischen photochemischen 1-D-Modells für Äquinoktien und 50° geographischer Breite in 78 km Höhe. Die H_2O-Konzentration entsprach 2 und 10 ppm.

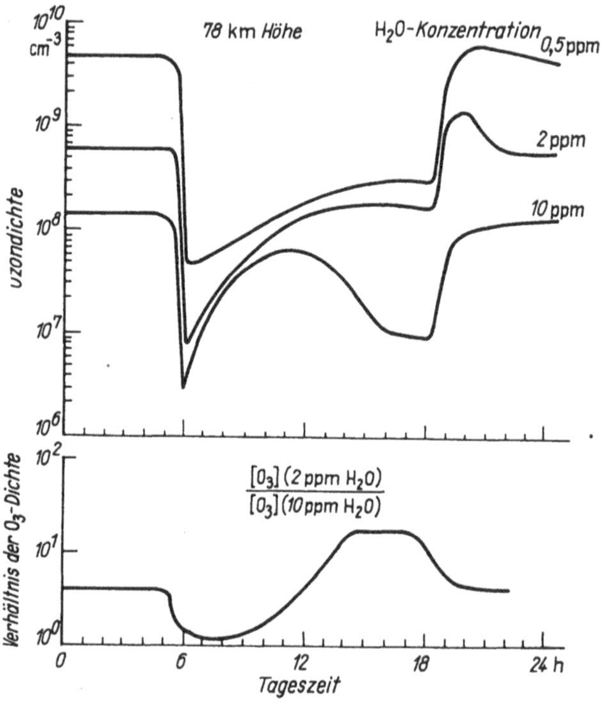

Abb. 9.5. Ozontagesgänge in 78 km Höhe (mittlere Breiten, Äquinoktien, ruhige solare Bedingungen) für unterschiedliche Feuchtigkeiten berechnet auf der Grundlage eines komplexen photochemischen Modells (oben). Verhältnis der Ozondichte für 2 ppm und 10 ppm H_2O-Konzentration über den Tag (unten)

Resonanzen bilden eine besondere Form der Ozonvariabilität des Mesopausenbereichs. Bedeutsam ist diese Tatsache in Anbetracht der gefundenen Tag-zu-Tagvariationen für die Sonnenuntergangsmessungen mittels der Okkultationsmethode.

Betrachtet man einen Periodengang des Ozons, so wird ersichtlich, daß die maximale Amplitude dann erreicht wird, wenn unter Einstrahlungsbedingungen im Maximum der Ozonkonzentration auf Nachtverhältnisse umgeschaltet wird. Dies gilt auch für reale Modelle. Für diese verschiebt sich das tageszeitliche

Maximum mit zunehmender Höhe oder abnehmender Feuchte in den Abend. Es deutet sich bei aller vorsichtigen Interpretation an, daß bei Resonanz die Phasenverschiebung auch $\frac{\pi}{2}$ beträgt, zumindest sich in die Umgebung dieses Wertes einordnet.

9.5. Stabilitätsuntersuchungen von stationären Lösungen, die Eigenwerte der charakteristischen Gleichung

Die Bilanzgleichungen photochemischer Prozesse stellen ein System von gewöhnlichen Differentialgleichungen erster Ordnung dar.

$$\frac{\mathrm{d}[X_i]}{\mathrm{d}t} = f_i([X_j]), \quad i = 1(1)n. \tag{9.17}$$

Die stationäre Lösung bestimmt sich aus der Bedingung $\frac{\mathrm{d}[X_i]}{\mathrm{d}t} = 0$ für alle i. Die Auffindung der stationären Lösung erfolgt über die Lösung des algebraischen Gleichungssystems

$$f_i([X_j]) = 0. \tag{9.18}$$

Jede physikalisch sinnvolle Lösung muß notwenig positiv reell sein. Bisweilen besitzt ein System mehrere positiv reelle Lösungen. Eine Lösung kann nur dann angenommen werden, wenn sie stabil gegenüber kleinen Störungen ist. Die Allgegenwart von Fluktuationen kann als ein fundamentales Naturgesetz angesehen werden. Stellt $[X_i]_S$ $i = 1(1)n$ den Satz der stationären Lösung dar und wird diese durch kleine Störungen $\Delta[X_i]_t$ überlagert, so ist die Lösung im Sinne von Ljapunow (Lyapunov) asymptotisch stabil, wenn für $t \to \infty$ und alle i gilt:

$$|\Delta[X_i]_t| = |[X_i]_t - [X_i]_S| \to 0. \tag{9.19}$$

Bei der mathematischen Behandlung der Stabilität können Glieder höherer Ordnung in $\Delta[X_i]_t$, wenn in (9.17) für $[X_j]_t = [X_j]_S + \Delta[X_j]_t$ gesetzt wird, vernachlässigt werden. Unter Beachtung der Tatsache, daß die $[X_j]_S$ eine Lösung des Systems sind, folgt für die Störungen das Gleichungssystem

$$\frac{\mathrm{d}\Delta[X_i]}{\mathrm{d}t} = \sum_{k=1}^{n} \frac{\partial f_i([X_j]_S)}{\partial [X_k]_S} \Delta[X_k], \quad i = 1(1)n. \tag{9.20}$$

Dieses lineare Differentialgleichungssystem kann nach bekanntem Ansatz

$$\Delta[X_i] \sim \mathrm{e}^{\lambda t} \tag{9.21}$$

gelöst werden. Die unbekannten Größen λ folgen dann aus der Lösung der charakteristischen Gleichung n-ten Grades

$$\mathrm{Det}\left(\frac{\partial f_i[X_j]}{\partial[X_k]} - \lambda\delta_{ik}\right) = 0. \tag{9.22}$$

δ_{ik} stellt das KRONECKER-Symbol dar und nimmt für $i = k$ den Wert 1 und für $i \neq k$ den Wert 0 an. Die Eigenwertdeterminante wird auch als Funktional- oder JAKOBI-Determinante bezeichnet. Nach dem Fundamentalsatz der Algebra gibt es hierfür im Raum der komplexen Zahlen genau n Lösungen. Diese Lösungen werden als Eigenwerte des Systems bezeichnet. Für die Störung folgt die allgemeine Lösung

$$\Delta[X_i]_t = \sum_{k=1}^{n} C_{ik}\, e^{\lambda_k \cdot t}. \tag{9.23}$$

Offensichtlich klingt eine Störung der stationären Lösung nur in dem Fall mit der Zeit ab, wenn kein Eigenwert einen positiven Realteil besitzt.

Für atmosphärische Bedingungen fanden PRATHER et al. (1979) und FOX et al. (1982) ein System der Ozonchemie der winterlichen Stratosphäre (12 km Höhe, 60°N), das eine Dreifachlösung besaß. Nach der Theorie ist die mittlere Lösung instabil, die beiden äußeren sind dagegen stabil. Genau diese Tatsache wurde dadurch belegt, daß für die mittlere Lösung ein Eigenwert einen positiven Realteil besaß, dagegen die beiden extremen Lösungen sämtlich nur durch Eigenwerte mit negativem Realteil gekennzeichnet waren. Das untersuchte System besaß somit eine Triggerlösung.

Beide stabile Lösungen können isoliert existieren. Bei räumlicher Nachbarschaft erweist sich eine der stabilen Lösungen als dominant in der Weise, daß sie die andere liquidiert. Angetrieben durch die Diffusion frißt sich mit konstanter Geschwindigkeit und solitonenartiger Frontform die dominante Lösung in die schwächere hinein. Lediglich unterhalb eines kritischen Volumens (parcel) wird die dominante Lösung eliminiert, ein Ausdruck der Stabilität der nicht dominanten Lösung gegen kleine Störungen.

Die Dominanz hängt von den konkreten Konzentrationen von Cl_x ab. Chlor ist in der Stratosphäre in Konstituenten wie Cl, ClO, HCl, $ClNO_3$ und HOCl enthalten. Bei geringer Konzentration von CL_y stellt HCL den Hauptanteil, und es läßt sich näherungsweise $[HCl] \approx [Cl_y]$ setzen. Abb. 9.6 zeigt in Abhängigkeit von der Cl_y-Konzentration die Mehrfachlösung einzelner Komponenten innerhalb eines bestimmten Wertevorrats von $Cl_y (3{,}5 \times 10^9 < [Cl_y] < 10 \times 10^9$ $\mathrm{cm}^{-3})$.

Die Photochemie speziell der Grundschicht ist derart komplex, daß die Möglichkeit von Mehrfachlösungen nicht ausgeschlossen werden kann, aber andererseits auch schwer nachweisbar ist. Ein Hauptproblem stellt dabei die Nichtsta-

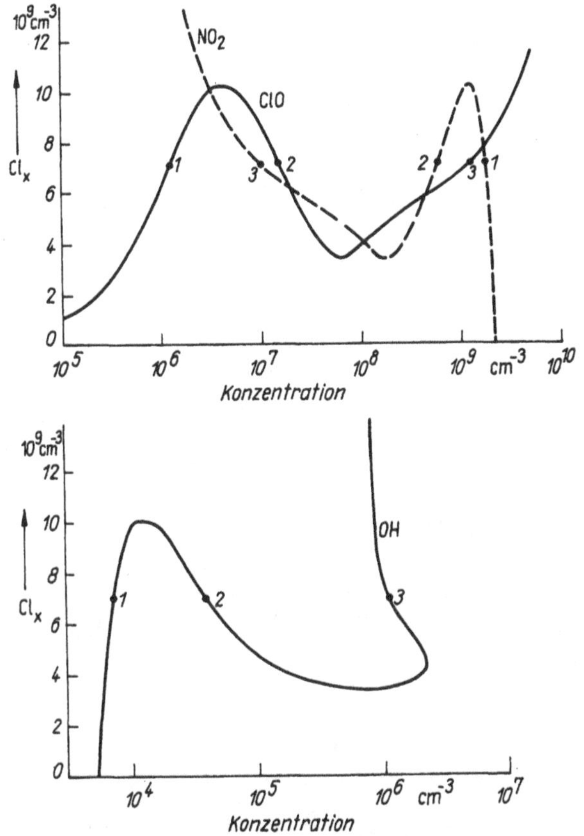

Abb. 9.6. Mehrfachlösung für einzelne Konstituenten für den CL_x-Bereich von $3{,}5 \times 10^9$ bis 10×10^9 cm^{-3} (nach Fox u. a. 1982)

tionärität der Photochemie dar. White und Dietz (1984) stellen die Frage, ob in der troposphärischen Photochemie mehr als eine Lösung existiert. Sie diskutierten anhand eines vereinfachten photochemischen Modells die Möglichkeit einer Mehrfachlösung in der freien Troposphäre (4 km) und gehen dabei von fixierten Bedingungen (3 000 ppm H_2O, 273 K, $1{,}7 \times 10^{19}$ Gasteilchen, 45°N, Photolyserate täglicher Durchschnitt) aus.

Zwei Fälle eines hohen (500 Tage) und geringen (10 Tage) Verlustes von NO_x (primär über die Auswaschung in Form von HNO_3) werden gefunden. Hiernach hängt die NO_x-Konzentration der Troposphäre vom Oxydationspotential ab. Innerhalb eines bestimmten Bereichs der NO_x-Emission ergeben sich 3 stationäre Lösungen für NO_x, wovon die beiden extremen mathematisch wieder stabil sind. Die Lösung mit den geringen NO_x-Werten wird in der Troposphäre beobachtet. Konkret ergaben sich 0,4 ppb NO_x und 64 ppb O_3 für starken NO_x-Verlust bzw. 0,3 ppb NO_x und 120 ppb O_3 für geringen Verlust. Die hohe NO_x-Lösung wird allerdings real nicht beobachtet. 13 ppb NO_x sind mit 4 ppb O_3 bzw. 500 ppb NO_x mit 0,5 O_3 kombiniert.

Beide kurz vorgestellten Beipiele müssen zunächst als interessante Denkmöglichkeit gewertet werden. Die realen Verhältnisse sind im allgemeinen komplizierter, als die Modelle sie bislang abbilden. Es gibt zwar einen Erfahrungssatz aus der Ökologie (der heute allerdings verschiedentlich angezweifelt wird), der besagt, daß artenreiche Ökosysteme stabiler als artenarme sind, übertragen auf die Photochemie, je mehr Konstituenten miteinander wechselwirken, um so weniger wären nichtlineare Effekte zu erwarten, indes mögen gerade die realen Bedingungen Phänomene erzeugen, die bislang noch nicht modelliert wurden.

9.6. Strukturbildung in photochemischen Prozessen

Wie zuvor angeführt, ist die Photochemie vom Wesen her nichtlinear. Dies bedeutet jedoch nicht, daß es zwangsweise zu nichtlinearen Effekten kommen muß. Phänomene, die als dissipative Strukturen im Sinne von Prigogine bezeichnet werden können, setzen positive oder auch als kumulativ bezeichnete Rückkopplungen voraus, die an auto- oder kreuzkatalytische Prozesse gebunden sind. Erscheinungen dieser Art beobachtet man weitab vom thermodynamischen Gleichgewicht. Diese Gleichgewichtsferne kennzeichnet aber gerade die Atmosphäre.

Die solare Strahlungsenergie wird dissipiert, indem im photochemischen System unter Aufnahme von Energie komplexere Molekülstrukturen in einfachere reaktive zerlegt werden, die zum Motor photochemischer Raktionen avancieren, und als Folge wandelt sich die hochwertige kurzwellige Strahlung über die Erzeugung chemischer Rekombinationswärme letztlich in niederwertige langwellige Wärmestrahlung um. Das photochemische System muß überdies den täglichen Veränderungen der Einstrahlung hinterherlaufen. Besonders zu Sonnenaufgang und -untergang ändern sich die Dissoziations- und Ionisationsratenkonstanten mit der Zeit am stärksten. Der Übergang von der Nacht zum Tag stellt in diesem Sinne eine extreme Störung dar. Bei der Analyse konkreter Fälle hat man wieder die systeminternen photochemischen Reaktionszeiten mit der charakteristischen Zeit der Strahlungsänderung zu vergleichen.

Massenspektrometrische Messungen von Ionen- oder Neutralgasdichteprofilen zeigen in ihrem Profilverlauf häufig eine kleinskalige Strukturiertheit, die außerhalb der Fehlergrenzen der Messungen liegt. Abb. 9.7 zeigt nach Goldberg (1972) ein Beispiel für die Ionenchemie der D- und E-Schicht. Diese Oszillationen wurden durch den externen Einfluß von internen Schwerewellen gedeutet, was jedoch ein Gegeneinanderschwingen der Konzentrationen von O_2^+ und NO^+ nicht erklärt. SONNEMANN (1980) versuchte diese Wellen auf der Grundlage einer dissipativen photochemischen Strukturbildung unter dem Einfluß der Diffusion zu deuten. Berechnete Eigenwerte mit positivem Realteil und abgeleitete Wellenlängen (formal dadurch, daß im Exponenten des Lösungsansatzes (9.21) der Wellenvektor aufgenommen wurde) ließen dies zumindest als möglich erscheinen. Hierbei müssen allerdings wieder einschneidende modellmäßige Idealisierungen vorgenommen werden.

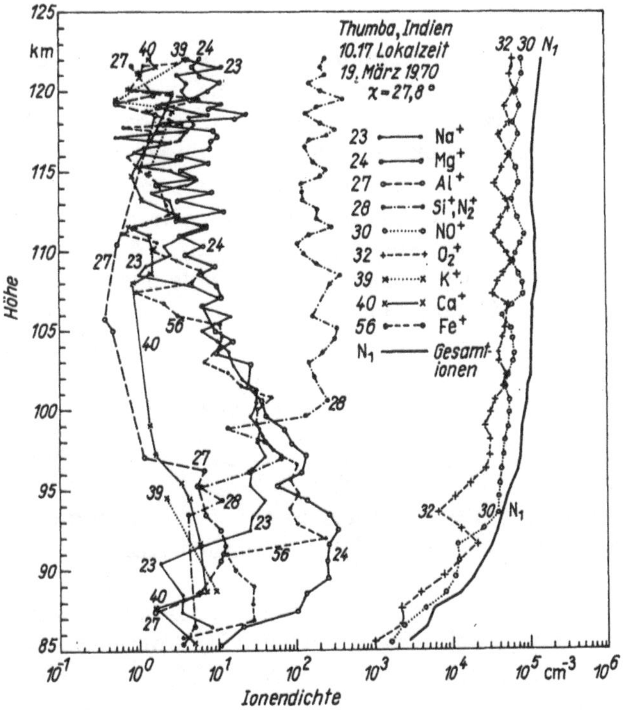

Abb. 9.7. Ionenkonzentration der E-Schicht (10:17 LMT, 19. März 1970) (nach GOLDBERG 1972)

Räumliche fluktuative Strukturen (small scale fluctuations) können sich auch beim überexponentiellen Wachstum einer Komponente aus lokalen Fluktuationen der Anfangswerte herausbilden, die wiederum dem glättenden Einfluß der Diffusion unterliegen. Gewisse mikroskopische Startunterschiede wachsen sich hierbei zu makroskopischen Strukturen aus (SONNEMANN 1984).

Es soll hier auf die Diskussion mathematischer Aspekte verzichtet werden. Die gezielte Untersuchung nichtlinearer Effekte steht noch am Anfang ihrer Entwicklung. Im letzten Abschnitt wird in diesem Zusammenhang auf ein Ergebnis eingegangen, dem über den speziellen Anwendungsfall hinaus prinzipielle Bedeutung zukommt.

9.7. Periodengänge, der Begriff des Grenzperiodenganges oder Attraktors und der Strange Attractor der Ozonchemie

In der numerischen Praxis werden von bestimmten Anfangswerten ausgehend die Systeme über soviel Perioden durchgerechnet, bis sich die einzelnen Periodengänge nur noch hinreichend wenig voneinander unterscheiden. Die Abbruchbedingung wird dabei oft gefühlsmäßig festgelegt, etwa unter der Konvergenzannahme, daß jede Komponente zur Zeit t^* nach einem Exponentialgesetz $K_S(1 \pm \alpha e^{-\beta(t-t^*)})$ ihren Grenzwert K_S asymptotisch erreicht. Die Konvergenz wird stillschweigend vorausgesetzt. Der asymptotisch angestrebte Periodengang, der Grenzperiodengang, der nach unendlich langer Einlaufzeit erreicht wird, wird auch als Attraktor oder Grenzzyklus bezeichnet.

Wird ein Periodengang mit μ (μ — Anzahl der Perioden) indiziert und mit t_p die Zeit innerhalb der Periode T bezeichnet, so liegt Konvergenz vor, wenn für beliebige $\varepsilon > 0$ ein μ existiert, so daß für alle Komponenten X_i gilt

$$\operatorname*{Max}_{t_p \in T} |{}^{\mu}[X_i]_{t_p} - {}^{(\mu+1)}[X_i]_{t_p}| < \varepsilon . \qquad (9.24)$$

Auf der Grundlage der systeminternen Reaktionszeiten ist eine vernünftige Konvergenzabschätzung möglich. $\mu \cdot T$ sollte dabei wesentlich größer als die charakteristische Systemzeit sein.

Das fünfkomponentige Modell der Ozonchemie (9.15) des Abschnitts 9.4 wird periodisch durch Ein- und Ausschalten der dissoziierenden Strahlung angeregt. Die aeronomischen Bedingungen entsprechen denen in 81 km Höhe, die Periodendauer ist frei wählbar.

Abb. 9.8 stellt die Ergebnisse einer Modellrechnung für die beiden Konstituenten O_3 und OH nach einer langen Anlaufzeit dar. Es hat sich ein stationärer Zustand eines alternierenden Periodengangs herausgebildet, der sich dadurch auszeichnet, daß die geradzahligen und ungeradzahligen Periodengänge identisch verlaufen, während sich benachbarte Periodengänge stark unterscheiden. Insbesondere erreicht die nächtliche Ozonkonzentration nur in jedem zweiten Periodengang einen quasistationären Wert. Dies ist mit einer Erschöpfung des H-Vorrats verbunden, in dessen Folge sich OH stark reduziert.

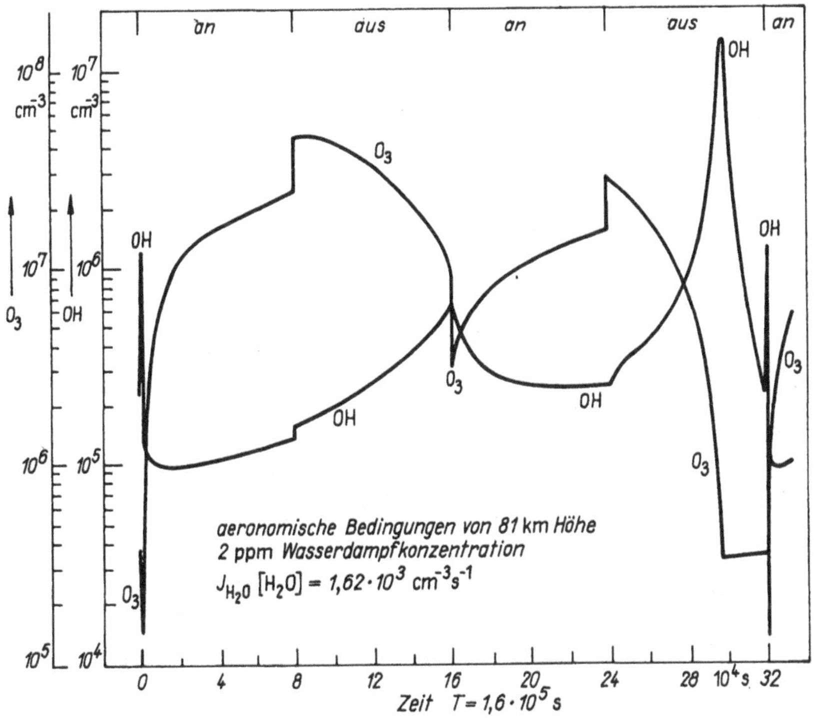

Abb. 9.8. Periodenverdopplung (erste Subharmonische) am Beispiel von OH und O_3

Es handelt sich hierbei offensichtlich um ein häufiger in der Realität zu beobachtendes Phänomen der Periodenverdoppelung (allgemein Vervielfachung). Bildlich gesprochen hat es den Anschein eines Langstreckenläufers, der eine Runde schnell läuft und sich dabei verausgabt, um sich in der nächsten Runde bei langsamerem Lauf zu erholen, worauf er die subsekutive Runde wieder forscher angeht. Aus der Atmosphärenphysik sei die sogenannte 2-Tageswelle im Grundwind der niederen Thermosphäre (100 km) als ein mögliches Beispiel erwähnt.

Ob ein analoges Verhalten in der Ozonchemie auch unter realen Verhältnissen zu beobachten ist, steht noch nicht fest. Zumindest werden um die Mesopause auf der Grundlage des komplexen Modells Bedingungen gefunden, die dies andeuten.

In Abb. 9.9 wurde die halbe Periode zwischen $4{,}9 \times 10^4$s und $7{,}5 \times 10^4$s bzw. 6×10^4s und 19×10^4s (im verkleinerten Maßstab dargestellt) für ein System unter aeronomischen Bedingungen von 81 km Höhe variiert und die Sauerstoff-

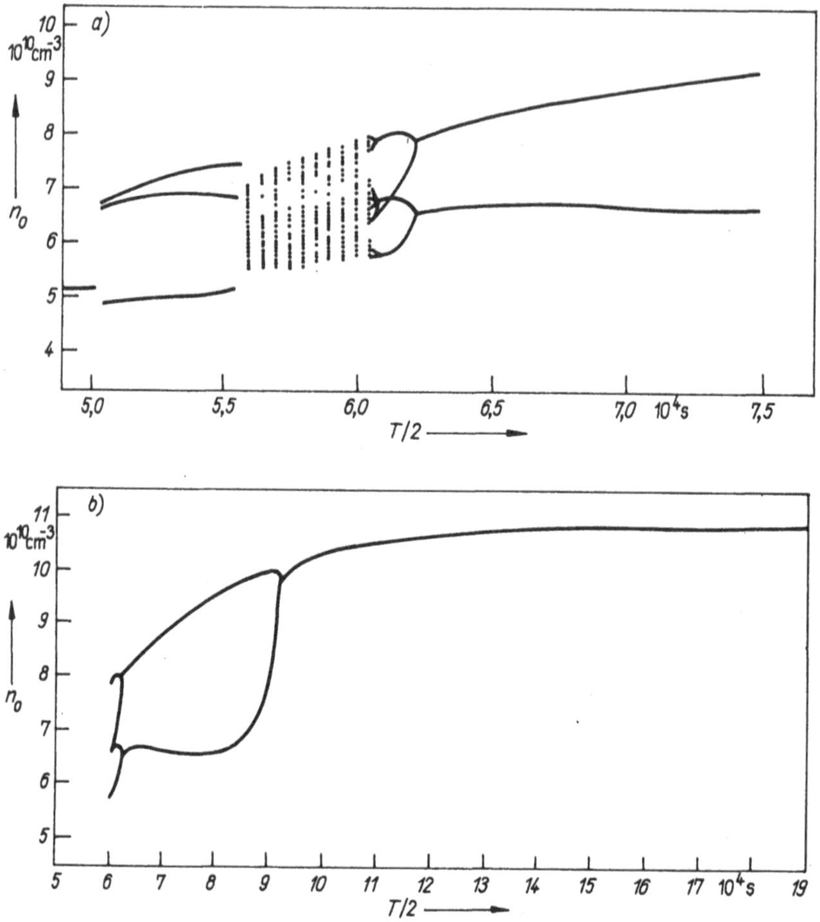

Abb. 9.9. a, b Stroboskopisches Phasenporträt mit den Subharmonischen und dem chaotischen Band. Aeronomische Bedingungen von 81 km Höhe

dichte zur festen Zeit des Sonnenuntergangs aufgetragen. In diesem stroboskopischen Phasenporträt tritt unterhalb von $T/2 = 9{,}30\times 10^4$s die erste Subharmonische auf. Es zeigt sich bei weiteren Periodendauerverkürzungen eine Kaskade von Periodenverdopplungen: $6{,}23\times 10^4$s, $6{,}06\times 10^4$s, die unterhalb von etwa $6{,}055\times 10^4$s in ein chaotisches Band einläuft. Dieses geht dann für Werte unterhalb von $5{,}50\times 10^4$s sprunghaft in ein stabiles Dreierregime über, um dieses für Werte um $5{,}05\times 10^4$s ebenso sprunghaft zu verlassen. Die Bifurkationspunkte linksseitig vom chaotischen Band stellen echte kinetische Phasenübergänge im Sinne eines sprunghaften Umkippens eines Regimes dar. (Sie werden auch als innere Krisen bezeichnet.) An der Übergangsstelle vom Dreierregime hängt das realisierte Regime von den Anfangswerten ab (Hysteresiseffekt).

Das prinzipiell gleiche Verhalten findet man, wenn die Periode z. B. auf einen Tag konstant gehalten, jedoch die Feuchtigkeit im Rahmen der aeromomischen Möglichkeiten in 81 km Höhe verändert wird (Abb. 9.10). Abbildung 9.11 stellt die Grenztagesgänge der Periodenverdopplungskaskaden an Hand der O_3—OH-Trajektorie dar. Der Umlauf erfolgt im Uhrzeigersinn.

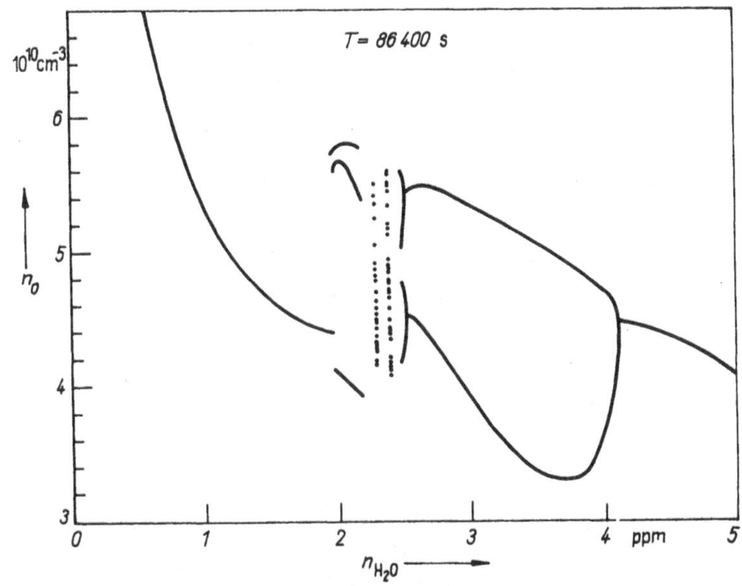

Abb. 9.10. Stroboskopisches Phasenporträt bei Variation der Feuchte

Von Interesse ist, die Struktur des so bezeichneten deterministischen Chaos zu untersuchen. In Abb. 9.12 wurden für $T = 5{,}7 \times 10^4$s 1 300 Perioden durchgerechnet und die Sonnenuntergangswerte für den atomaren Sauerstoff nach den ersten 3 Stellen sortiert und in ein Histogramm eingetragen. Es deutet sich hier an, daß auch das Chaos nicht strukturlos ist, sondern in der Verteilung Häufigkeitsunterschiede existieren, was durch weitere Analysen bestätigt wurde. In Abb. 9.13 wurde der Sauerstoffwert der Periode $i + 1$ über den der Periode i eingetragen (Next-amplitude-map). Obwohl es keine Ordnung gibt, liegen die Werte auf einem sogenannten fraktalen Kurvenzug.

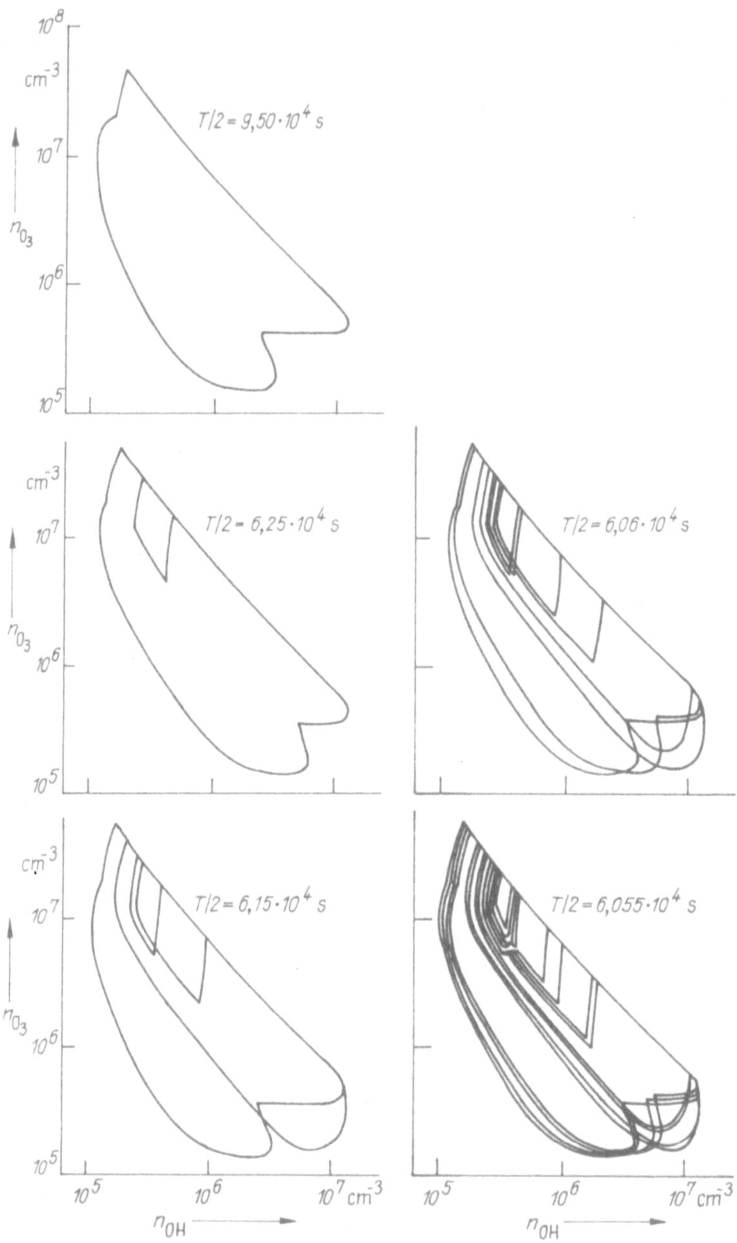

Abb. 9.11. Trajektorien der Periodenverdopplungskaskade

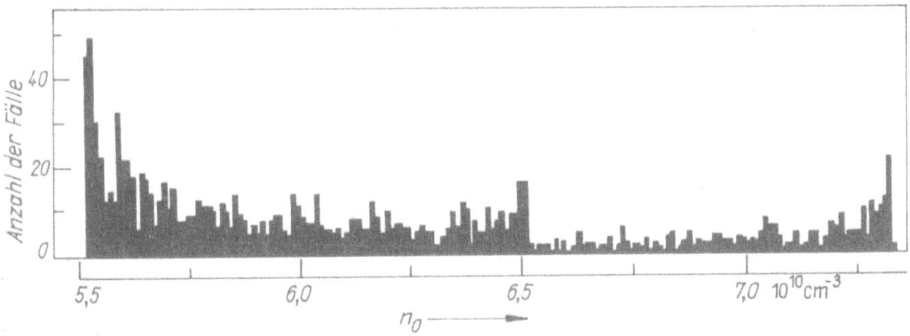

Abb. 9.12. Statistik von 1 300 Orbits im chaotischen Band

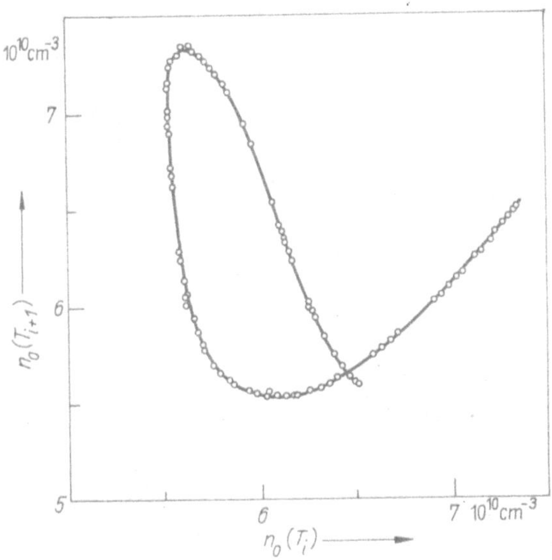

Abb. 9.13. Attraktor der Sauerstoffkonzentration im chaotischen Fall für $T/2 = 5{,}70 \times 10^4$ S

Offensichtlich können Effekte der vorgestellten Art in nichtlinearen Systemen nur dann erwartet werden, wenn die Periodendauer der Anregungen in die Nähe der charakteristischen Eigenzeit des Systems kommt.

Chaotische oder auch quasiperiodische Prozesse im Sinne eines irregulären Periodenablaufs bei periodischer oder kontinuierlicher Anregung kennzeichnen eine breite Klasse von Naturerscheinungen, wie nicht zuletzt der Wetterablauf oder die vergebliche Suche nach Klimaperioden belegen. Auf das chaotische

Verhalten des Wetters machte Lorenz (1963) aufmerksam. In seinem verblüffend simplen idealisierten hydrodynamischen System (dessen Inhalt hier nicht diskutiert werden kann),

$$\frac{dx}{dt} = \sigma y - \sigma x,$$

$$\frac{dy}{dt} = -x \cdot z + rx - y,$$

$$\frac{dz}{dt} = x \cdot y - bz, \tag{9.25}$$

welches lediglich 2 nichtlineare Terme enthält, folgt für bestimmte Werte der Parameter ein irregulärer dynamischer (chaotischer) Ablauf der Variablen, X, Y, Z.

Mit den hier kurz vorgestellten Beispielen erschöpft sich nicht die strukturelle Variationsmöglichkeit des photochemischen Systems der Ozonchemie. Sie prägen unter realen Bedingungen möglicherweise der Tag-zu-Tag-Variation eine zusätzliche Mannigfaltigkeit auf.

Literaturverzeichnis

Abbot, C. G., Smithon. Misc. Collect. **448** (1966).

Ackerman, M., in: Mesospheric models and related experiments, ed. by G. Fiocco, Reidel Publ., Dordrecht, The Netherlands 1971, 149.

Ackerman, M., J. C. Fontanella, D. Frimout, A. Girard, N. Louisnard, and C. Muller, Planet. Space Sci. **23** (1975) 651.

Ackerman, M. and D. Frimout, Bull. Acad. Roy. Belg., Cl. Sc. **55** (1969) 948.

Ackerman, M., D. Frimout, A. Girard, M. Gattignies, and C. Muller, Geophys. Res. Lett. **3** (1976) 81.

Allaart, J. H., in: The early history of the earth, ed. by B. F. Wendley, John Wiley, New York 1976, 177.

Allen, M., J. I. Lunine, and Y. L. Yung, J. G. R. **89**, D3 (1984) 4841.

Altshuller, A. P., Environ. Sci. Technol. **10** (1976) 596.

Altshuller, A. P., Atmos. Environ. **20** (1986) 245.

Altshuller, A. P., S. L. Kopozynski, W. A. Lonneman, T. L. Becker, and D. L. Wilson, Environ. Sci. Technol. **2** (1968) 696.

Altwicker, F. R., J. Environ. Sci. Health, A 11 (1976) 439.

Anderson, J. G., W. H. Brune, S. A. Lloyd, D. W. Toohey, S. P. Sander, W. L. Starr, M. Loewenstein, and J. R. Podolske, JGR **94**, D 9 (1989) 11480.

Anderson, J. G., H. J. Grassl, R. E. Shetter, and J. J. Margitan, J.G.R. **85** (1980) 2869.

Anderson, J. G., J. J. Margitan, and D. H. Stedman, Science **198** (1977) 501.

Angell, J. K., Environ. **16** (1982) 1278.

Angell, J. K. and J. Korshover, Mon. Weath. Rev. **101** (1973) 426.

Angell, J. K. and J. Korshover, Mon. Weath. Rev. **104** (1976) 63.

Angell, J. K. and J. Korshover, Mon. Weath. Rev. **106** (1978) 725.

Angell, J. K. and J. Korshover, Mon. Weath. Rev. **111** (1983) 901.

Angell, J. K., J. Korshover, and W. G. Planet, Mon. Weath. Rev. **113** (1985) 641.

Angione, R. J., E. J. Mederios, and R. G. Roosen, Nature **261** (1976) 289.

Arnts, R. R. and B. W. Gay, Photochemistry of some naturally emitted hydrocarbons, EPA-600/3-79-081.

Arvesen, J. C., R. N. Griffin, and B. D. Pearson, Appl. Opt. **8** (1969) 2215.

Ashby, R. W., I. Shimazaki, and J. A. Weinman, Bull. Am. Met. Soc. **53** (1972) 219.

Austin, J. A., R. R. Garcia, J. M. Russel, S. Solomon, and A. F. Tuck, J. G. R. **90** (1986) 5477.

BADGER, R. M., A. C. WRIGHT, and R. F. WHITLOCK, J. Chem. Phys. **43** (1965) 4345.

BAIS, A., C. S. ZEREFOS, I. ZIOMAS, N. ZOUMAKIS, H. T. MANTIS, D. J. HOFMANN, and G. FIOCCO, Decrease in the ozone and SO_2 column following the appearance of the El Chichon aerosol cloud at mid latitudes, Proc. Atmospheric Ozone Symp. - 1984 (C. S. ZEREFOS and A. GHAZI, Eds.) D. Reidel Publ. Co. 1984, 353.

BAKER-BLOCKER, A., T. M. DONAHUE, and K. H. MANEY, Tellus **29** (1977) 245.

Balloon Ozone Intercomparison Campaign (BOIC) Upper Atmospheric Programs, Bulletin 83-2 (1983).

BANKS, P. M. and G. KOCKARTS, Aeronomy, Part A and B, Academic Press, New York and London 1973 a and b.

BANKS, P. M. et al. JPC Publication 78-54, Upper Atmosphere Research Satellite Program, Final Report of the Science Working Group (1978).

BARANGER, M., Phys. Rev. **111** (1958) 481.

BARNETT, J. J., J. T. HOUGHTON, and J. A. PYLE, Quart. J. Roy. Met. Soc. **101** (1975) 245.

BARTH, C. A., D. W. RUSCH, R. J. THOMAS, G. H. MOUNT, G. J. ROTTMAN, G. E. THOMAS, R. W. SANDERS, and G. M. LAWRENCE, Geophys. Res. Lett. **10** (4) (1983) 237.

BARTLETT, K. B., R. C. HARRISS, and D. I. SEBACHER, J. G. R. **90** (1985) 5710.

BATES, D. R., Ann. Geophys. **8** (1952) 194.

BATES, D. R. and P. H. HAYS, Planet. Space Sci. **15** (1967) 189.

BATES, D. R. and M. NICOLET, Publ. Astr. Soc. Pacific **62** (1950 a) 106.

BATES, D. R. and M. NICOLET, J. G. R. **55** (1950 b) 301.

BATES, D. R. and A. E. WITHERSPOON, Mon. Notic. Roy. Astron. Soc. **120** (1952) 101.

BATES, J. R., Quart. J. Roy. Met. Soc. **103** (1977) 397.

BAUER, E., Federal Aviation Administration Report No FAA-EQ-78-20, U. S. Department of Transportation, Washington, D. C. 1978.

BAUER, E. A., J. G. R. **84** (1979) 6929.

BAUER, E. and F. R. GILMORE, Rev. Geophys. **13** (1975) 451.

BAUM, W. A., F. S. JOHNSON, J. J. OBERLEY, C. C. ROCKWOOD, C. V. STRAIN, and R. TOUSEY, Phys. Rev. **70** (1946) 781.

BECKER, K. H., W. GROTH, and V. SCHURATH, Chem. Phys. Lett. **8** (1971) 259.

BEN-REUVEN, A., Phys. Rev. Lett. **14** (1965) 349.

BERG, W. W., P. J. CRUTZEN, F. E. GRAHEK, and N. S. GITLIN, Geophys. Res. Lett. (1980).

BERGGREN, R. and K. LABITZKE, Tellus **18** (1966) 761.

BERIGNY, A., Crit. Rev. **41** (1855) 426.

BERKNER, L. V. and L. L. MARSHALL, Discuss. Faraday Soc. **37** (1964) 122.

BERKNER, L. V. and L. L. MARSHALL, J. Atmos. Sci. **22** (1965) 225.

BERKNER, L. V. and L. L. MARSHALL, J. Atmos. Sci. **23** (1966) 133.

BERONOSE, H. J. and M. G. RENE, Ozone Chemistry and Technology, Adv. Chem. Ser. **21** (1959) 7.

BEVILACQUA, R. M., W. J. WILSON, W. B. RICKETTS, P. R. SCHWARTZ, and R. W. HOWARD, Geophys. Res. Lett. **12**, 6 (1985) 397.

BHARTIA, P. K., D. F. HEATH, and F. A. FLEIG, Observation of anomalously signal ozone densities in south polar stratosphere during October 1983 and 1984, paper presented at the Symposium on Dynamics and Remote Sensing of the Middle Atmosphere, 5-th Scientific Assembly IAGA, Prague, Czechoslovakia 1985.

BINGEMER, H. G. and P. J. CRUTZEN, J. G. R. **92**, D2 (1987) 2181.

BIONDI, M. A., M. T. LEU, and R. JOHNSON, COSPAR Symp. Urbana, Illinois (1971).

BISESSAR, S. and K. T. PALMER, Atmos. Environ. **18**, 5 (1984) 1025.

BLACKSHEAR, W. T. and R. H. TOLSON, Geophys. Res. Lett. **5** (1978) 921.

BLAKE, A. J., J. G. R. **84**, A7 (1979) 3272.

BLAKE, A. J. and J. H. CARVER, J. Atmos. Sci. **34** (1977) 720.

BLAKE, D. R., E. W. MAYER, S. C. TYLER, Y. MAKIDE, D. C. MONTAGUE, and F. S. ROWLAND, Geophys. Res. Lett. **9** (1982) 477.

BOECKEL, TH., Ann. Chem. Phys., **6** (1865) 235.

BOJKOV, R. D., Adv. Space Res. **6**, (10) (1986) 89.

BOJKOV, R. D., Mon. Weath. Rev. **115**, 10 (1987) 2187.

BOJKOV, R. D., Meteorol. Atmos. Phys. **38** (1988) 117.

BORCHERS, R., P. FABIAN, and S. A. PENKETT, Naturw. Rundsch. **70** (1983) 514.

BOWEN, K. S., R. A. MILLIKAN, and H. V. HEHER, Phys. Rev. **104** (1938) 855.

BOWMAN, M. R., A. J. GIBSON, and M. C. M. SANDFORD, Nature **221** (1969) 1423.

BRASSEUR, G., Am. Geophys. **34** (1978) 301.

BRASSEUR, G., P. DE BAETS and A. DE RUDDER, Space Sci. Rev. **34** (1983) 377.

BRASSEUR, G. and A. De Rudder, J. G. R. **92**, D9 (1987) 10903.

BRASSEUR, G. and M. H. HITCHMAN, Science **240** (1988) 634.

BRASSEUR, G. and M. NICOLET, Planet. Space Sci. **21** (1973) 939.

BRASSEUR, G. and P. C. SIMON, J. G. R. **86** (1981) 7343.

BREMER, J. and J. LAŠTOVIČKA, Studia geoph. et geod. **33** (1989) 198.

BREWER, A. C., C. T. MCELROY, and J. B. KERR, Nature **246** (1973) 129.

BREWER, A. W., Quart. J. Roy. Meteor. Soc. **75** (1949) 351.

BREWER, A. W. and J. R. MILFORD, Proc. Roy. Soc. London, Ser. A, **256** (1960) 470.

BRIGGS, J. and W. T. ROACH, Q. J. R. Met. Soc. **89** (1963) 225.

BRINKMANN, R. T., J. G. R. **74** (1969) 5355.

BROADFOOT, A. L., Astrophys. J. **173** (1972) 681.

BRODERICK, A. J. and R. C. OLIVER, The supersonic transport, in: Stratospheric Ozone and Man, Vol II, ed. F. A. BOWER and R. B. WARD, CRC Press, Inc. Boca Raton, Florida 1982, 7.

BRUECKNER, G. E., The variability of sun's ultraviolet radiation, paper to XXIII. COSPAR-Meeting, Budapest (1980).

BULL, D. J. and R. E. BERNARD, Atmos. Environ. **12** (1978) 1391.

BUSH, Y. A., D. PARRISH and F. C. FEHSENFELD, Measurements of trace gases in the troposphere, paper presented at CA CGP Symp. on the Budgets and Cycles of Trace Gases in the Atmosphere, (1979) Boulder, Colo.

CADLE, R. D., Disc. Faraday Soc. **37** (1964) 66.

CALLIS, L. B., New Scientist 15. Nov. (1979) 532.

CALLIS, L. B. and M. NATARAJAN, Nature **323** (1986) 772.

CALLIS, L. B., and M. NATARAJAN, J. G. R. D10 (1986) 10771.

CAMPBELL, J. W., Report on the NASA-Sponsored Symposium on Ozone Trend Detectability Thresholds, Boulder, Colo. (1977), Proc. Fourth Joint Conference on Sensing of Environmental Pollutants, New Orleans.

CANUTO, V. M., J. S. LEVINE, T. R. AUGUSTSSON, and C. L. IMHOFF, Nature **296** (1982) 816.

CARIOLLE, D. and M. DEQUE, J. G. R. **91**, D 10 (1986) 10825.

CARRERA, G., Wheather **33** (1978) 179.

CARVER, J. H., H. P. GIES, T. I. HOBBS, B. R. LEWIS, and D. G. McCoy, Univ. of Adelaide, Dep. of Phys., ADP **144** (1976) und J. G. R. **82**, 13 (1977) 1955.

CATON, W. M., G. G. MANNELLA, P. M. KALAGHAN, A. E. BARRINGTON, and H. I. EWEN, Astrophys. J. **151** (1968) 151.

CHAMBERLAIN, J. W., Theory of planetary atmospheres – An introduction to their physics and chemistry, International geophysics series, Vol. 22, New York (1978).

CHAMEIDES, W. C., Geophys. Res. Lett. **5** (1978) 17.

CHAMEIDES, W. C., D. D. DAVIS, M. O. RODGERS, J. BRADSHAW, S. SANDHOLM, G. SACHSE, G. HILL, G. GREGORY, and R. RASMUSSEN, J. G. R. **92**, D2 (1987) 2131.

CHANDRA, S., J. G. R. **89** (1984) 1373.

CHANG, J. S., J. R. BARKER, J. E. DAVENPORT, and D. M. GOLDEN, Chem. Phys. Lett. **60** (1979) 385.

CHANF, J. S. and W. H. DUEWER, On the possible effect of NO_x injection in the stratosphere due to past atmospheric nuclear weapons tests, Lawrence Livermore National Laboratory Report UCRL-74480, Livermore, CA (1973).

CHANG, J. S. and W. H. DUEWER, Ann. Rev. Phys. Chem. **30** (1979) 443.

CHANG, J. S., W. H. DUEWER, and D. J. Wuebbles, J. G. R. **846** (1979) 1755.

CHAPMAN, S., On Ozone and Atomic Oxygen in the Upper Atmosphere, Phil. Mag., Ser. 7, **10**, 64 (1930) 369.

CHAPMAN, S., Mem. Roy. Meteorol. Sci. **3** (1930) 103.

CHAPMAN, S., Quart. J. Roy Meteorol. Soc. **60** (1934) 127.

CHAPMAN, S., Rep. Progr. Phys. **9** (1943) 92.

CHAPMAN, S., and T. G. COWLING, The mathematical theory of nonuniform gases, 3rd ed. Cambridge Univ. Press, London and New York (1960).

CHAPPUIS, J., C. R. Acad. Sci. Paris **91** (1880) 985.

CHAPPIUS, J., J. Phys. Paris, Ser. 2, **1** (1882) 494.

CHAPPUIS, J., Sur le spectre d'absorption de l'ozone, Compr. rend **15** (1882) 858.

CHATFIELD, R. and H. HARRISON, J. G. R. **82** (1977) 5969.

Chemical Manufactures Association, Production, Sales and Calculated Release of CFC-11 and CFC-12 Through 1982, Washington, D. C. (1983).

CHRISTIE, A. D., PAGEOPH 106–108 (1973) 1000.

CHRISTIE, A. D., The use of BUV satelliteobservations to study ozone depletion processes, in: Proceedings of the International Conference on Structure, Composition and General Circulation of the Upper and Lower Atmosphere and Possible Anthropogenic Perturbations, Vol. 1, IAMAP, Melbourne (1976).

CHUBACHI, S., Mem. natu. Inst. pol. Res., spec. Iss. **34** (1984) 13.

CHUBACHI, S., A special ozone observation at Syowa station, Antarctica, in: Proc. Ozone Symp. – 1984 ed. ZEREFOS and GHAZI, D. Reidel Publ. Co. 1984, 243.

CIAP, Report of Findings: The Effects of Stratospheric Pullution By Aircraft, DOT-

TSC-75-50, Climatic Impact Assessment Program, U. S. Department of Transportation, Washington, D. C. 20590, Dec. (1974).
CICERONE, R. J., Science **206** (1979) 59.
CICERONE, R. J., Rev. Geophys. Space Sci. **19**, 1 (1981) 123.
CICERONE, R. J. and J. D. SHETTER, J. G. R. **86** (1981) 7203.
CICERONE, R. J., J. D. SHETTER, and C. C. DELWICHE, J. G. R. **88** (1983) 11022.
CICERONE, R. J., S. WALTERS, and S. C. LIU, J. G. R. **88** (1983) 3647.
COFFEY, M. T., W. G. MANKIN, and A. GOLDMAN, J. G. R. **86** (1981) 7331.
COFFEY, P. E. and W. M. STASINK, Environ. Sci. Technol. **2** (1975) 59.
COOK, J. W., G. E. BRUECKNER, and M. E. VON HOOSIER, J. G. R. **85**, A5 (1980) 2257.
CORNU, C. R., Acad. Sci. Paris **88** (1879) 1101.
COVOS, Comite d'Etudes sur les Consequences des Vols Stratospheriques Activites, Societe Meteorologique de France, Boulogne, France (1976).
COX, R. A., A. E. J. EGGLETON, R. G. DERWENT, J. E. LOVELOCK, and D. H. PACK, Nature **225** (1975) 118.
CRUTZEN, P. J., Quart. J. Roy. Meteorol. Soc. **96** (1970) 320.
CRUTZEN, P. J., J. G. R. **76** (1971) 7311.
CRUTZEN, P. J., Ambio **1** (1972) 41.
CRUTZEN, P. J., Can. J. Chem. **52** (1974).
CRUTZEN, P. J., Proceedings of the Fourth Conference on the Climatic Impact Assement Program, ed. by T. M. HARD and A. J. BRODERICK (1975) 264.
CRUTZEN, P. J. and F. ARNOLD, Nature **324** (1986) 651.
CRUTZEN, P. J., I. S. A. ISAKSEN and G. C. REID, Science **189** (1975) 457.
CRUTZEN, P. J. and S. SOLOMON, Planet. Space Sci. **28** (1980) 1147.
CUNNOLD, D. M., F. N. ALYEA, N. PHILLIPS, and R. G. PRINN, J. Atmos. Sci. **32** (1974) 170.
CUNNOLD, D. M., F. N. ALYEA, and R. G. PRINN, Pageoph. **118** (1980) 329.
CUNNOLD, D. M., R. G. PRINN, R. A. RASMUSSEN, P. G. SIMMONDS, F. M. ALYEA, C. A. CARDILINO, A. J. CRAWFORD, P. J. FRASER, and R. D. ROSEN, J. G. R. **91**, D10 (1986) 10797.
CUNNOLD, D. M. et al. J. G. R. **88** (1983) 8379.
DANIELSEN, E. F., R. BLECK, J. SHEDLOVSKY, A. WARTBURG, P. HAAGENSON, and W. POLLOCK, J. G. R. **75** (1970) 2353.
DANIELSEN, E. F. and V. A. MOHNEN, J. G. R. **82** (1977) 5867.
DAVE, J. V. and C. L. MATEER, J. Atmos. Sci. **24** (1967) 414.
DAVIS, D. D., G. SMITH, and G. KLAUBER, Science **186** (1974) 733.
DE BAETS, P., G. BRASSEUR, and P. C. SIMON, Solar Physics **74** (1981) 349.
DELABOUDINIERE, J. P., R. F. DONELLY, H. E. HINTEREGGER, G. SCHMIDTKE, and P. C. SIMON, COSPAR Technique Manual Series, Man. J. Intercomparison, compilation of relevant solar flux data related to aeronomy (1978).
DE LAUNE, R. D., C. J. SMITH, and W. H. PATRICK, Tellus **33 B** (1983) 8.
DE MORE, W. B., J. Phys. Chem. **86** (1982) 121.
DERE, K. P., D. M. HORAN, and R. W. KREPLIN, J.A.T.P. **36** (1974) 989.
DIANOV-KLOKOV, V. I., V. V. LUKSHIN, I. Y. SKLYARENKO, and Y. P. SHAKULA, IZV. Acad. Sci. USSR, Atmos. Ocean. Phys. **11** (1975) 320 (in russ. Sprache).

DICKINSON, R. E., E. C. RIDLEY, and R. G. ROBLE, J. G. R. **86**, A 3 (1981) 1499.

DOBSON, G. M. B., Proc. Phys. Soc. London **43** (3) (1931) 324.

DOBSON, G. M. B., Proc. Roy. Soc. London Ser. **A 235** (1956) 187.

DOBSON, G. M. B., Appl. Opt. **7** (1968) 387.

DOBSON, G. M. B. and D. N. HARRISON, Proc. Roy. Soc. London **110** (1926) 660.

DOBSON, G. M. B. and D. N. HARRISON, Proc. Roy. Soc. London **114** (1927) 521.

DOBSON, G. M. B., D. N. HARRISON, and J. LAWRENCE, Proc. Roy. Soc. London, Ser. A **122** (1928) 456.

DOHERTY, G. M., R. E. NEWELL, and H. G. REICHLE, J. G. R. **91** (1986) 9827.

DONNELLY, R. F., D. F. HEATH, and J. L. LEAN, J. G. R. **87** (1982) 10318.

DONNELLY, R. F., D. F. HEATH, J. L. LEAN, and G. J. ROTTMAN, J. G. R. **88**, A 12 (1983) 9883.

DOPPLICK, T. G., J. Atmos. Sci. **36** (1972) 1812.

DOSE, V., U. SCHMOCKER, and G. SELE, Z. Physik A, **274** (1975) 1.

DOTTO, L. and H. SCHIFF, The ozone war double day, Garden City, NY 1978.

DUCE, R. A., J. G. R. **74** (1969) 4597.

DÜTSCH, H. U., Arch. Met. Geophys. Bioklim. **A 2** (1950) 386.

DÜTSCH, H. U., Quart. J. Roy. Meteorol. Soc. **94** (1968) 483.

DÜTSCH, H. U., Atmospheric ozone and ultraviolet radiation, in: Climate of the free atmosphere of world survey of climatology, 4, ed. by H. E. LANDSBERG, pp 383–432, Elsevier, Amsterdam Netherlands 1969.

DÜTSCH, H. U., Can. J. Chem. **52**, 8 (1974) 1491.

DÜTSCH, H.-U., Pure Appl. Geophys. **115** (1978) 511.

DÜTSCH, H. U., Totalozone trend in the light of ozone soundings, the impact of El Chichon, Proc. Atmospheric Ozone Symp. - 1984 (C. S. ZEREFOS and A. GHAZI, Eds.), D. Reidel Publ. Co. 1984, 263.

EBEL, A., MAP Handbook 2 (1981) 468.

EBELING, W., Strukturbildung bei irreversiblen Prozessen, Math. Naturwiss. Bibl. Bd. 60, Teubner Verlagsgesellschaft, Leipzig 1976.

EHHALT, D. H. Tellus **26** (1974) 58.

EHHALT, D. H. and U. SCHMIDT, PAGEOPH **116** (1978) 452.

ELLSAESSER, H. W., Atmos. Environ. **16**, 2 (1982) 197.

ENGLEMAN, R., J. Atm. Chem. Soc. **87** (1965) 4193.

ENTZIAN, G., Mitteilung am OAF des HHI der AdW der DDR, 1988.

ENTZIAN, G. and K. H. GRASNICK, Variability of ozone and of neutral and ionized gas parameters in the stratosphere and mesosphere in winter, paper given at Joint Symposium on Atmos. Ozone, Dresden 1976.

ENTZIAN, G. and K. H. GRASNICK, Z. f. Meteor. **31**, 5 (1981) 322.

ERIKSON, E., Tellus **12** (1960) 63.

EVANS, W. F. J., D. M. HUNTEN, E. J. LLEWELLYN, and A. VALLANCE JONES, J. G. R. **73** (1968) 2885.

EVANS, W. F. J. and E. J. LLEWELLYN, Ann. Geophys. **26** (1970) 167.

EVANS, W.F. J., E. J. LLEWELLYN, and A. VALLANCE JONES, Planet. Space Sci. **17** (1969) 933.

EVANS, W. F. J., E. J. LLEWELLYN, and A. VALLANCE JONES, J. G. R. **77** (1972) 4899.

EWE, T., Bild d. Wissensch. **6** (1986) 38.

EYRE, J. R. and H. K. ROSCOE, Nature **266** (1977) 243.

FABIAN, P., Nature **272** (1978) 306.

FABIAN, P. and P. G. PRUCHNIEWICZ, J. G. R. **82** (1977) 2063.

FABIAN, P., J. A. PYLE, and R. J. WELLS, Nature **227** (1979) 458.

FABRY, C., Gerlands Beitr. z. Geophys. **24** (1929) 1.

FABRY, C. and H. BUISSON, J. Phys. Paris, Ser. 5, **3** (1913) 196.

FABRY, C. and H. BUISSON, J. Phys. Paris **2** (1921) 197.

FAIRCHILD, C. H., E. J. STONE, and G. M. LAWRENCE, J. Chem. Phys. **69** (1978) 3632.

FARMAN, J. C., B. G. GARDINER and J. D. SHANKLIN, Nature **315** (1985) 207.

FARMAN, J. C., B. G. GARDINER and J. D. SHANKLIN, Nature **336** (1988) 198.

FARMER, C. B., D. F. RAPER, and R. H. NORTON, Geophys. Res. Lett. **3** (1976) 13.

FARMER, C. B., D. F. RAPER, B. D. ROBBINS, R. A. TOTH and C. MULLER, J. G. R. **85** (1980) 1621.

FEISTER, U., Zeitschr. f. Meteorol. **30**, 5 (1980) 279.

FEISTER, U., Zeitschr. f. Meteorol. **32**, 6 (1982) 360.

FEISTER, U., Zeitschr. f. Meteorol. **33**, 4 (1983) 197.

FEISTER, U., Gerlands Beitr. Geophys. **95**, 4 (1986) 283.

FEISTER, U., P. PLESSING and H. GERNANDT, Ozone soundings at the Antarctic station Georg Forster (70°46′5, 11°50′ E). Paper given at Workshop on Tropospheric Ozone, Univ. Göttingen, BRD, 1988.

FEISTER, U. and W. WARMBT, J. Atmosph. Chemistry **5** (1987) 1.

FELSKE, D., R. KNUTH, G. SONNEMANN, L. MARTINI, and B. Stark, J. A. T. P. **39** (1977) 1423.

FENN, R. W., Appl. Opt. **5** (1966) 293.

FERMAN, M. A. and P. R. MONSON, General Motors Res. Lab. Publ. GMR-2719, Warren, Michigan, June (1978).

FETT, W., Schr. Reihe Ver. Wass.-Boden-Lufthyg. Berlin-Dahlem **33** (1970) 117.

FICHTELMANN, B., Diss. A, AdW der DDR (1987).

FICHTELMANN, B. und G. SONNEMANN, Sbornik d. 1. Seminars über meteorol. Effekte in der Ionosphäre, Sofia (1985) (in russ. Sprache).

FICHTELMANN, B. and G. SONNEMANN, Acta Geod. Geoph. Mont. Hung. 1–2 (1987) 313.

FICHTELMANN, B. and G. SONNEMANN, Z. Meteor. **39**, 6 (1989) 297.

FINDLAY, F. D. and D. R. Snelling, J. Chem. Phys. **55** (1971) 545.

FISCHER, H., E. REDEMANN, F. FERG, and D. RABUS, J. Atmos. Chem. **3** (1985) 203.

FISHMAN, J., G. L. GREGORY, G. W. SACHSE, S. M. BECK, and G. F. HILL, J. G. R. **92**, D2 (1987) 2083.

FISHMAN, J., V. RAMANATHAN, P. J. CRUTZEN, and S. C. LIU, Nature **25** (1979) 318.

FISHMAN, J., J. S. SOLOMON and P. J. CRUTZEN, Tellus **31** (1979) 432.

FLEIG, A. J., Geophys. Res. Lett. **13**, 12 (1986) 1359.

FLEIG, A. J., R. S. FRASER, B. W. GUENTHER, D. F. HEATH, E. HILSENRATH, L. V. NOVAK, V. G. KAREESCHWAR, R. D. MCPETERS, C. L. MATEER, and A. J. MILLER, Developments in Atmospheric Science 9, Remote Sensing of the Atmosphere, ed. by A. L. TYMAT and V. E. ZUEV, pp. 97, Elsevier, New York 1978.

FOLEY, H. M. and M. A. RUDERMANN, J. G. R. **78** (1973) 4441.
FORBUSH, S. E., J.G.R. **63** (1958) 651.
FOWLER, A. and R. J. STRUTT, Proc. Roy. Soc. London, Ser. A., **93** (1917) 577.
FOX, J. L., S. C. WOFSY, M. B. MCELROY, and M. J. PRATHER, J. G. R. **87**, C13 (1982) 11126.
FREDERICK, J. C., J. G. R. **81** (1976) 3179.
FREDERICK, J. C. and R. D. HUDSON, J. Atmos. Sci. **37** (1980) 1088.
FREDERICK, J. E., J. G. R., **85**, C3 (1980) 1611.
FREDERICK, J. E., J. G. R., **86**, C4 (1981) 3148.
FREDERICK, J. E. and J. MENTALL, Geophys. Res. Lett. **9** (1982) 461.
FRÖHLICH, C., J. G. R. 92, D1 (1987) 796.
FRÖHLICH, C. and G. E. SHAW, Appl. Optics **19** (1980) 1773.
GALBALLY, I. E., Science **193** (1976) 573.
GARCIA, R. R. and S. SOLOMON, J. G. R. **88** (1983) 6622.
GARCIA, R. R., and S. SOLOMON, J. G. R. **90** (1985).
GARCIA, R. R., S. SOLOMON, S. K. AVERY and G. C. REID, Transport of nitric oxide and the D-region winteranomaly, Sonderdruck (1986).
GARCIA, R. R., S. SOLOMON, R. G. ROBLE, and D. W. RUSCH, Planet. Space Sci. **32** (1984) 411.
GARDENER, E. P., P. D. SPERRY and J. G. CALVERT, J. G. R. **92**, D 6 (1987) 6642.
GAUT, N. E., Studies of atmospheric water vapor by means of passive microwave techniques, Technical Report 467, Massachusetts Institute of Technology, Research Laboratory of Electronics (1968).
GELBWACHS, J. A., M BIRNBAUM, A. W. TUCKER, and C. C. FINCHER, Opto-Electron. **4** (1972) 155.
GÉRARD, J.-U. and L. M. FRANCOIS, Nature **326** (1967) 577.
GHAZI, A., A. EBEL, and D. F. HEATH, J.G.R. **81** (30) (1976) 5365.
GILLE, J. C., P. L. BAILEY, R. A. CRAIG, F. B. HOUSE and G. B. ANDERSON, Science **208** (1980) 397.
GILLE, J. C., C. M. SMYTHE, and D. F. HEATH, Science **225** (1984) 315.
GLAISHER, J., C. FLAMMARION, W. DE FONVIELLE, and G. TISSANDIER, Voyages Aeriens, Librairie de L'Hachette, Paris, 1870.
GOLD, T., J. Pet. Geol. **1** (1979) 3.
GOLDBERG, R. A., Aeronomy Report **48** (1972) 160.
GOLDSMITH, P., A. F. TUCK, J. S. FOOT, E. L. SUNMONS, and R. L. NEWSON, Nature **244** (1973) 545.
GOLOMB, D. and R. E. GOOD, Space Res. **12** (1972) 675.
GOODY, R. M., Atmospheric Radiation, Vol. I, Theoretical Basis, Oxford University Press, London 1964.
GÖTZ, F. W. P., Beitr. Phys. fr. Atmosph. **13** (1926) 15.
GÖTZ, F. W. P., Gerlands Beitr. z. Geophys. **31** (1931) 119.
GÖTZ, F. W. P., Beitr. Geophys. **1** (1931) 180.
GÖTZ, F. W. P., Ergebnisse d. kosmischen Physik **3** (1938) 253.
GÖTZ, F. W. P., A. R. MEETHAN, and G. M. B. DOBSON, Proc. Roy. Soc. London, Ser. A, **145** (1934) 416.

GRIBBIN, J. G., New Scientist **12**, 10 (1978) 94.

GRIBBIN, J. G., New Scientist **15**, 2 (1979) 474.

GRIBBIN, J. G., New Scientist **91** (1981) 596.

GRIGGS, H., Atmospheric ozone, in: The middle ultraviolet. Its science and technology, ed. by A. E. S. GREEN, pp 83–117, John Wiley, New York 1966.

GROSS, E. P., Phys. Rev. **97** (1955) 395.

GUICHERIT, R. and H. VON DOP, Atmos. Environ. **11** (1975) 145.

HAAGEN-SMITH, A. J., Ind. Eng. Chem. **44** (1952) 1342.

HAAP, Initial Planning Documentation, High Altitude Pollution Program, Office of Environmental Quality, Federal Aviation Administration, Department of Transportation, Washington D.C. 20591, June 16 (1975).

HAIGH, J. D. and J. A. PYLE, Quart. J. Roy. Met. Soc. **108** (1982) 551.

HAMPSON, J., Tech. Note 1627, Can. Arm. Res. and Dev. Establ., Quebec, Canada (1964).

HAMPSON, R. F., Report No. FAA-EE-80-17 (1980).

HAMPSON, R. F. Jr. and D. GARVIN, Reaction rate and photochemical data for atmospheric chemistry, 199. National Bureau of Standards, Washington D.C., NBS Spec. Publ. 513 (1978).

HANEL, R. A., B. J. CONRATH, and SCHLACHMAN, The Infrared Interferometer Spectrometer (IRIS) Experiment, The Nimbus IV Users Guide, NASA Rep. (1970) 149.

HANSEN, J. and S. LEBEDEFF, Geophys. Res. Lett. **15**, 4 (1988) 323.

HARRISON, R. M. and G. D. HOLMAN, Atmos. Environ. **13** (1979) 1535.

HARTLEY, W. N., Chem. News, London, **42** (1880) 268.

HARTLEY, W. N., J. Chem. Soc. **39** (1881) 57.

HARTLEY, W. N., J. Chem. Soc. **39** (1881) 111.

HARTMANN, D. L., MAP Handbook 2, ed. by S. K. AVERY (1981) 384.

HARTMANN, D. L. and R. R. GARCIA, J. Atmos. Sci. **36** (1979) 350.

HAUS, R., Diss. A, AdW der DDR (1985).

HAYS, P. B. and R. G. ROBLE, Planet. Space Sci. **21** (1973) 273.

HEATH, D. F., J. G. R. **78** (1973) 2779.

HEATH, D. F., A review of observational evidence for short and long term ultraviolet flux variability of the sun, paper presented at proceedings of International Conference on Sun and Climate, Central National d'Etudes Spatiales, Sept. 30. to Oct. 3. (1980).

HEATH, D. F., P. BHARTIA, and B. SCHLESINGER, EOS **66** (1985) 1009.

HEATH, D. F., R. F. DONNELLEY, and R. G. MERRILL, NOAA Technical Report ERL 424-ARL 7, August (1983).

HEATH, D. F., A. J. KRUEGER, and P. J. CRUTZEN, Science **197** (1977) 886.

HEATH, D. F. and S. S. PRASAD, Proc. Joint Symposium on Atmosph. Ozone, Dresden (1976), Vol. II (1977) 91.

HEATH, D. F., T. P. REPOFF and R. F. DONNELY, Nimbus-7 SBUV observations of solar UV spectral irradiance variations caused by solar rotation and active-region evolution for the period November 7, 1978–November 1, 1980, NOAA-TM-ERL-ARL-129, NOAA Air Resouces Laboratory, Rockville, MD, September (1984).

HEATH, D. F. and M. P. THEKAEKARA, The solar spectrum between 1 200 and 3 000 A: in:

The solar output and its variation, ed. by O. R. White, Color. Assoc. Press, Boulder, Color., 1977, 193.

Heck, W. W. and D. T. Tingey, Second Int. Clean Air Congress, Washington, D.C. 1970.

Hedin, A. E., C. A. Reber, G. E. Newton, N. W. Spencer, H. C. Brinton, H. G. Mayr, and W. E. Potter, J. G. R. **82** (1977) 2148 (1977 a).

Hedin, A. E., J. E. Salah, J. V. Evans, C. A. Reber, G. P. Newton, N. W. Spencer, D. C. Kayser, C. Alcayde, P. Bauer, L. Cogger, and J. P. McClure, J. G. R. **82** (1977) 2139 (1977 b).

Heggestad, H. E. and J. T. Middleton, Science **129** (1959) 208.

Heicklen, J., K. Westberg and N. Cohen, Comments, in Chemical Reactions in Urban Atmosphere, ed. by C. S. Tuesday, Elsevier, New York 1971.

Heidt, L. E., J. P. Krasnec, R. A. Lueb, W. H. Pollock, B. B. Henry, and P. J. Crutzen, J. G. R. **85** (1980) 7329.

Heidt, L. E., J. F. Vedder, W. H. Pollack, R. A. Lueb, and B. E. Henry, J. G. R. **94**, D9 (1989) 11599.

Henderson, W. R., J. G. R. **76** (1971) 3166.

Herman, J. R. and J. E. Mentall, J. G. R. **87** (1982).

Herman, B. M. and D. E. Yarger, J. Atmos. Sci. **23** (1966) 320.

Heroux, L., M. Cohen, and J. E. Higgins, J. G. R. **79** (1974) 5237.

Heroux, L. and A. F. Hinteregger, J. G. R. **83**, A11 (1978) 5305.

Herzberg, G., J. Roy. Astron. Soc. Can. **45** (1951) 100.

Herzberg, L., J. G. R. **65** (1960) 3505.

Hesstvedt, E., S. Henrikson, and H. Hjartarson, Geophys. Norv. **31** (1974) 1.

Hickey, J. I., R. N. Griffin, H. Jacobwitz, L. Stowe, P. Pellegrino, and R. Maschhoff, Comments on solar constant measurements from Nimbus 6 and 7, EOS Trans. AGU, **61** (1980) 355.

Hill, A. C., H. E. Heggestad, and S. N. Linzon, Inform. Rep. 1, TR-7, Agricultural Committee, APCA, Pittsburgh, Pennsylvania (1970).

Hilsenrath, E., W. Attmannspacher, A. Bass, W. Evans, R. Hagemeyer, R. A. Barnes, W. Komhyr, K. Mauersberger, J. Mentall, M. Proffitt, D. Robbins, S. Taylor, A. Torres and E. Weinstock, J. G. R. **91**, D12 (1986) 13137.

Hilsenrath, E., D. F. Heath, and B. M. Schlesinger, J. G. R. **84**, C11 (1979) 6969.

Hinkley, E. D., Laser Monitoring of the Atmosphere, ed. by E.D.

Hinkley, Springer-Verlag, Berlin-Heidelberg-New York 1976.

Hinteregger, H. E., J. Atmos. Sci. **19**, 5 (1962) 351.

Hinteregger, H. E., in: Annals of the IQSY, ed. by A. C. Strickland, Vol. 5, MIT Press, Cambridge, Massachusetts, (1969) 305.

Hinteregger, H. E., Preprint to XXIII. COSPAR-Meeting, Budapest 1980.

Hinteregger, H. E., Adv. Space Res. **1**, 12 (1981) 39.

Hipskind, R. S., G. L. Gregory, G. W. Sachse, G. F. Hill, and E. F. Danielsen, J. G. R. **92**, D2 (1987) 2121.

Hirschfelder, J. O., C. F. Curtiss, and R. B. Bird, Molecular theory of gases and liquids, Wiley, New York 1954.

Hochanadel, C. J., J. A. Ghormley, and P. G. Ogren, J. Chem. Phys. **56** (1972) 4426.

Hofmann, D. J. and J. M. Rosen, J. G. R. **89** (1984) 4883.

HOFMANN, D. J., J. M. ROSEN and J. W. HARDER, JGR, **93**, D1 (1988) 665.
HORVATH, J. J. and J. E. FREDERICK, Geophys. Res. Lett. **12**, 8 (1985) 495.
HORVATH, J. J. and C. J. MASON, Geophys. Res. Lett. **5** (1978) 1023.
HOLDSWORTH, G., Nature **324** (1986) 551.
HOLTON, J. R., J. Atmos. Sci. **39** (1982) 791.
HOLTON, J. R., J. Atmos. Sci. **40** (1983) 2497.
HOLZAPFEL-PSCHORN, A. and W. SEILER, J. G. R. **91**, D11 (1986) 11814.
HOOD, L. L., J. G. R. **89** (1984) 9557.
HOUZEAU, C. R., Crit. Rev. Acad. Sci. Paris **46** (1858) 89.
HOV, O., E. HESSTVEDT and I. S. A. ISAKSEN, Nature **273** (1978) 341.
HOWARD, C. J. and K. M. EVENSON, Geophys. Res. Lett. **4** (1977) 437.
HOYT, D. V. and J. A. EDDY, Techn. Note 194+STR, Hight-Altitude Observ., Natl., Enter for Atmos. Res., Boulder, Colo. (1982).
HUGGINS, W., and Mrs. HUGGINS, Proc. Roy. Soc. London **48** (1890) 216.
HULBERT, E. O., J. Opt. Soc. Am. **27** (1937) 344.
HUMMEL, J. R. and R. A. RECK, Atmos. Environ **15** (1981) 379.
HUMPHREYS, W. J., Astrophys. J. **32** (2) (1910) 97.
HUNT, J. N., R. PALMER, and W. PENNY, Philos. Trans. R. Soc. London, Ser. A, **252** (1960) 275.
HURUHATA, M., T. NAHAMURA, and W. R. STEIGER, Rep. Ionos. Space Res. Japan **21** (1967) 229.
HUSSAIN, L., P. E. COFFEY, R. T. MEYERS, and R. T. Cederval, Geophys. Res. Lett. **4** (1977) 363.
IMLAY, J. A. and S. LINN, Science **240** (1988) 1302.
INN, E. C. and Y. TANAKA, Advances in Chemistry **21** (1959) 203 (American Chemical Society, Washington, D. C. 1959.
ISAKOV, M. N., Space Sci. Rev. **12**, 3 (1971) 261.
IWASAKA, Y. and K. KONDOH, Geophys. Res. Lett. **14**, 1 (1987) 87.
JACCHIA, L. G., Atmospheric models in the region from 110 to 2000 km, in CIRA 1972, Akademie-Verlag Berlin 1972.
JACCHIA, L. G., Smithson. Astrophys. Obs. Spec. Rep. **375** (1977).
JACKMAN, C. H., J. E. FREDERICK, and R. S. STOLARSKI, J. G. R. **85**, C12 (1980) 7495.
JACKMAN, C. H., H. S. PORTER, and J. E. FREDERICK, Nature **280** (1979) 170.
JEANS, J. H., The dynamical theory of gases, Cambridge: Cambridge University Press 1916.
JOHNSON, E. A., R. C. MEYER, R. E. HOPKINS, and W. H. MOCK, J. Opt. Soc. Am. **29** (1939) 512.
JOHNSON, F. S. and B. GOTTLIEB, Planet. Space Sci. **18** (1970) 1707.
JOHNSON, F. S., J. D. PURCELL, R. TOUSEY, and K. WATANABE, J. G. R. **57** (1952) 157.
JOHNSON, W. B. and W. VIEZEE, Atmos. Environ. **15**, 7 (1981) 1309.
JOHNSTON, D. E., Science **209** (1980) 491.
JOHNSTON, H. S., Reactions in the atmosphere, in: Project Clean Air, Task Force 7, section 3, 25 pp, University of California Press. Berkeley 1970.
JOHNSTON, H. S., Science **73** (1971) 517.
JOHNSTON, H. S., J. G. R. **82** (1977) 3119.

JOHNSTON, H. S., Stratospheric Ozone and Man, Vol I, ed. by F. A. BOWER and R. B. WARD, CRC Press Inc. Boca Raton (1982), Florida.

JOHNSTON, H. S. and J. PODOLSKE, Rev. Geophys. Space Phys. **16**, 4 (1978) 491.

JOHNSTON, H. S., G. WITTEN, and J. BIRKS, J. G. R. **78** (1973) 6107.

JONES, A., New Scientist **68** (1975) 14.

JOOS, G., Lehrbuch der theoretischen Physik, Akademische Verlagsgemeinschaft Geest und Portig K.-G., Leipzig 1952.

J. P. L., Chemical kinetic and photochemical data for use in stratospheric modeling, NASA panal for data evaluation, JPL 82-3 (1982).

JUNGE, C. E., Tellus **8** (1956) 127.

JUNGE, C. E., Tellus (1962) 363.

JUNGE, C. E., C. W. CHAGNON, and J. E. MANSON, J. Meteor. **18** (1961) 81.

JUNGE, C. E. and G. CZEPLAK, Tellus **20** (1968) 422.

KASTING, J. F. and T. M. DONAHUE, J. G. R. **85**, C6 (1980) 3255.

KASTING, J. F., S. C. LIU and T. M. DONAHUE, J. G. R. **84**, C6 (1979) 3097.

KATSUMORI, M., J. Meteorol. Soc. Jap. **57** (1979) 243.

KATZ et al., Bulletin No 815, Nation. Res. Council, Ottawa, Canada (1939).

KAWAHIRA, K., J. A. T. P. **42**, 4 (1984) 321.

KAWAHIRA, K., Roles of the Temperature Decline on the Ozone Hole, Paper given at Workshop on Tropospheric Ozone, Univ. Göttingen, BRD (1988).

KAWAHIRA, K. and T. HIROOKA, Interannual Variations of Zonal Mean Temperature in the Southern Hemisphere Stratosphere: With Reference to the Antarctic Ozone Depletion. Paper given at Workshop on Tropospheric Ozone, Univ. Göttingen, BRD (1988).

KEATING, G. M., Solar Physics **74** (1981) 321.

KEATING, G. M., G. P. BRASSEUR, J. Y. NICHOLSON III, and A. DE RUDDER, Geophys. Res. Lett. **12**, 7 (1985) 449.

KEATING, G. M., L. R. LAKE, J. Y. NICHOLSON III, and M. NATARAJAN, J. G. R. **86** (1981) 9873.

KEATING, G. M., D. F. YOUNG and M. C. PITTS, Adv. Space Res. **7**, 10 (1987) 105.

KEIFER, W. S., The generation of ozone in plumes from large point sources. Ph. D. Thesis, University of Maryland College Park, Maryland 1977.

KELLOGG, W. M., J. Meteorol. **18** (1961) 373.

KERR, J., and C. MCELROY, Atmosphere **14** (1976) 166.

KHALEK, A. and A. VASSY, Mesures relatives a l ozone atmospherique en Afganiston, In: Sci. Proc. I.A.M. Tenth General Assembly, Rome, 1954, London, Butterworths (1956) 194.

KHALIL, M. A. K. and R. A. RASMUSSEN, J. G. R. **88** (1983) 5131.

KHALIL, M. A. K. and R. A. RASMUSSEN, Science **224** (1984) 54.

KHALIL, M. A. K. and R. A. RASMUSSEN, Atmos. Environ. **19** (1985) 397.

KHRGIAN, A. KH., The Physics of Atmospheric Ozone, Keter Publishing House Jerusalem Ltd, Jerusalem 1975.

KILLINGER, D. K. and A. MOORADIAN, Optical and Laser-Remote Sensing, ed. by D. K. KILLINGER, Springer-Verlag, Berlin-Heidelberg-New York 1983.

KING, J. H., Solar proton influences for 1977–1983 space missions, J. Spacecrafts and Rockets **11** (1974) 401.

KIRCHHOFF, W. W. J. H., Eos **65**, 30 (1984) 449.

KIRCHHOFF, W. W. J. H., B. R. CLEMASHA, and D. M. SIMONICH, J. G. R. **86**, A3 (1981) 1463.

KLEY, D., J. Atmos. Chem. **2** (1984) 203.

KLEY, D., J. W. DRUMMOND, M. MCFARLAND, and S. C. LIU, J. G. R. **86** (1981) 3153.

KLEY, D., C. M. LAWRENCE, E. J. STONE, J. Chem. Phys. **66** (1977) 4157.

KO, N. K. W. and N. D. SZE, Nature **297** (1982) 317.

KOCKARTS, G., Planet. Space Sci. **24** (1976) 589.

KOMHYR, W. D., Rev. Sci. Instr. **38** (1967) 981.

KOMHYR, W. D., Ann. Geophys. **25** (1969) 203.

KOMHYR, W. D., E. W. BARETT, E. SLOCUM, and H. K. WEIHMANN, Nature **232** (1971) 390.

KOMHYR, W. D., S. OLTMANS, A. CHOPRA, R. LEONHARD, T. GARCIA, and C. MCFEE, Result of Umkehr, ozonesonde, total ozone and sulfur dioxid observations in Hawaii following the eruption of El chichon volcano in 1982, Proc. Atmospheric Ozone Symp. - 1984 (C. S. ZEREFES and A. GHAZI, Eds.), D. Reidel Publ. Co. 1984, 305.

KONDRATYEV, K. YA. and G. A. NIKOLSKY, Quart. J. Roy. Meteorol. Soc. **96** (1970) 509.

KOSCHMIEDER, H., Beiträge z. Physik d. Atmosphäre **12**, 33 (1925) 1.

KOSTERS, J. J. and D. G. MURCRAY, Geophys. Res. Lett. **6**, 4 (1979).

KRAUSE, G. H. M., K. D. JUNG und B. PRINZ, Neuere Untersuchungen zur Aufklärung immissionsbedingter Waldschäden, VDI - Bericht Nr. 500 (1983) 257.

KRAUSE, G. H. M., K. D. JUNG und B. PRINZ, Experimentelle Untersuchung zur Aufklärung der neuartigen Waldschäden in der Bundesrepublik Deutschland, VDI - Bericht Nr. 560 (1985) 627.

KREPLIN, R. W., Annls. Géophys. **17** (1961) 151.

KRITZ, M. A. and J. RANCHER, J. G. R. **85** (1980) 1633.

KRÖNING, J. L. and E. P. NEY, J. G. R. **67** (1962) 1867.

KRUEGER, A. J., NASA/GSFC X Doc. 910-74-101 (1974).

KRUEGER, A. J., MAP Handbook **19** (1986) 29.

KRUEGER, A. J., A. J.Fleig, J. A. Gatlin, D. F. Heath, P. K. Bhartia, V. G. Kaveeshwar, K. F. Klink, and P. M. SMITH, in Proc. Quadrennial Int. Ozone Symp., Boulder, Colo. 1, ed. by J. LONDON, 322, Nation. Center for Atm. Res., Boulder, Colo, 1981.

KRUEGER, A. J., B. GUENTHER, A. J. FLEIG, D. F. HEATH, E. HILSENRATH, R. MCPETERS, and C. PRABAKHARA, Phil. Trans. R. Soc. London, Ser. A, **296** (1980) 191.

KRUEGER, A. J., D. F. HEATH, and C. L. MATEER, Pure Appl. Geophys. 106–108 (1973) 1254.

KRUEGER, A. J. and R. A. MINZNER, J. G. R. **81** (1976) 4477.

KRUEGER, A. J., R. S. STOLARSKI, J. C. ALPERT, D. F. HEATH, and S. CHANDRA, EOS Trans. AGU **66** (1985) 838.

KULCKE, W. und H. K. PAETZOLD, Ann. Meteorol. **8** (1957) 47.

KULKARNI, R. N., P. D. ANGREJI and K. R. RAMANATHAN, Comparison of Ozone Amounts Measured at Delhi (28 1/2 °N), Srinagar (34 °N) and Tateno (36 °N) in 1957–58, Pap. Met. Geophys., Tokyo, **10**, 2 (1960) 85.

KUNDU, N. and S. L. JAIN, Depletion of ozone over Antarctica: Is it only in this decade? Paper given at Workshop on Tropospheric Ozone, Univ. Göttingen, BRD (1988).

KURUCZ, R. L., Astrophys. J. Suppl. Ser. **40** (1979) 1.

KURYLO, M. J., J. Phys. Chem. **76** (1972) 3518.

KUZNETSOV, G. I., Ozon i obshchaya tsirkulyatsiya atmosfery, In: Atmosfernyi ozon, Izdatelstvo MGU, 1961 82.

KUZNETSOV, G. I., O nekotorykh svyezyakh mezhdu obshchei tsirkulyatsiei i ozonom atmosfery Izvestiya AN SSSR, Seriya Geofizicheskaya, **3** (1961) 467.

LABITZKE, K., Paper presented at the EGS-Meeting, Kiel/FRG, Aug. (1986).

LABITZKE, K., Annales Geophysicae, **5** A, 3 (1987) 95.

LABITZKE, K., Geophys. Res. Lett. **14**, 5 (1987) 535.

LABITZKE, K. and M.-L. CHANIN, Annales Geophysicae **6**, 6 (1988) 643.

LABITZKE, K. and H. VON LOON, J. A. T. P. **50**, 3 (1988) 197.

LACIS, A. A. and J. E. HANSEN, J. Atmos. Sci. **31** (1974) 118.

LADENBURG, R. und E. LEHMANN, Ann. Phys. Ser. **4**, 21 (1906) 305.

LAHMANN, E., Ozon in städtischer Luft, Umschau (1969) 693.

LAIRD, C. M., E. J. ZELLER, and T. P. ARMSTRONG, Geophys. Res. Lett. **9** (1982) 1195.

LAMONTAGNE, R. A., J. W. SWINMERTON and V. J. LIMNENKOM, J. G. R. **76** (1971) 5117.

LAURANT, J., M.-P. LOMAITRE, J. BESSON, A. GIRARD, C. LIPPENS, C. MULLER, J. VERCHEVAL, M. ACKERMAN, Nature **315**, 6015 (1985) 126.

LAUTER, E. A. and R. KNUTH, J. A. T. P. **29** (1967) 411.

LEAN, J. L., J. G. R. **89**, A1 (1984) 1.

LEAN, J. L., J.G.R. **92**, D1 (1987) 839.

LEAN, J. L., O. R. WHITE, W. C. LIVINGSTON, D. F. HEATH, R. F. DONNELLY, and A. SKUMANICH, J. G. R. **87** (1982) 10307.

LEE, T. T., Can. J. Botany **43** (1965) 677.

LEVINE, J. S., P. B. HAYS, and J. C. G. WALKER, Icarus **39** (1979) 295.

LEVINE, J. S., C. P. RINSLAND and G. M. TENNILLE, Nature **318** (1985) 254.

LINZON, S. N., J. Air Pollut. Contr. Ass. **10** (1959) 140.

LINZON, S. N., Introduction to the scientific study of atmospheric pollution, D. Reidel Publishing Company, Dortrecht, Holland 1971.

LIPPERT, W., L. MARTINI, G. SONNEMANN, and B. TRINKKELLER, Proceeding Joint Symp. Atm. Ozone, Dresden 1976, 2 (1977) 37.

LIU, S. C., D. KLEY, M. MCFARLAND, J. D. MAHLMAN, and H. LEVY II, J. G. R. **85**, C12 (1980) 7546.

LLEWELLYN, E. J. and G. WITT, Planet. Space Sci. **25** (1977) 165.

LOEWENSTEIN, M., J. R. PODOLSKE, K. R. CHAN, and E. E. STRAHAU, J. G. R. **94**, D9 (1989) 11589.

LOGAN, J. A., J. G. R. **90** (1985) 10463.

LOGAN, J. A., M. J. PRATHER, S. C. WOFSY, and M. B. MCELROY, J. G. R. **86** (1981) 7210.

LONDON, J. and G. G. BJARNASON, Radiation Symp. Fort Collins, Colorado (1980) Suppl. 1–4, paper 1.1., Volume of extended abstr.

LONDON, J., G. G. BJARNASON, and G. J. ROTTMAN, Geophys. Res. Lett. **11** (1984) 54.

LONDON, J., R. D. BOJKOV, S. OLTMANS, and J. I. KELLY, Tech. Note NCAR/TN/113+STR. Nat. Center for Atm. Res., Boulder, Color. Jan. (1976).

LONDON, J. and J. KELLEY, Science **188** (1974) 987.

LONGBOTHUM, R. L., Scientific Report 449, Ionos. Res. Lab., Univ. Park, Pennsylvania, PSU-IRL-SCI-449 (1976).

LORENTZ, H. A., Proc. Amsterdam Acad. Sci. **8** (1906) 591.

LORENZ, E. N., J. Atm. Sci. **20** (1963) 130.

LORENZ, E. N., J. Atm. Sci. **20** (1963) 448.

LOVELOCK, J. E., Nature **256** (1975) 193.

LUDWICK, J. D., T. D. FOX and L. L. WENDELL, J. Air Pollut. Control Ass. **26** (1976) 565.

LUDWIG, F. L., E. REITER, E. SHELAR, and W. B. Johnson, The relation of oxidant level to precursor emissions and meteorological features, Final Report EPA-450/3-77-022 a, Contact 68-02-2084, Evironmental Protection Agency, Research Triangle Park NC 27711 (1977).

LURMANN, F. W., A. C. LLOYD, and R. ATKINSON, J. G. R. **91**, D10 (1986) 10936.

LUTHER, F. M. (1976) FAA-EQ-77-6, Lawrence Livermore Laboratory, First annual report to the High Altitude Pollution Program.

LUTHER, F. M., J. S. CHANG, W. H. DUEWER, J. E. PENNER, R. L. TARP, and D. F. WUEBBLES, Potential environmental effects of aircraft emissions, Lawrence Livermore National Laboratory Report FAA-EE-79-23, UCRL-52861 (1979).

MAHLMAN, J. D., MAP Handbook 3, ed. by C. F. SECHRIST Jr., (1981) 14.

MAHLMAN, J. D. and S. B. FELS, Geophys. Res. Lett. **13** (1986) 1316.

MAHLMANN, J. D., H. LEVY II, and W. J. MOXIM, J. Atmos. Sci. **37** (1980) 655.

MAKIDE, Y., and F. S. ROWLAND, Proc. Natl. Acad. Sci. U.S.A. **78** (1981) 5933.

MANGE, P., J. G. R. **62** (1957) 279.

MANKIN, W. G.and M. T. COFFEY, Science **226** (1984) 170.

MANTIS, H. T., C. S. ZEREFOS, A. BAIS, I. ZIOMAS, and A. KELESSIS, Arch. Met., Geophys., Biocl., B, **36** (1986) 135.

MARTINI, L., G. ZIMMERMANN und B. TRINKKELLER, Z. Meteor. **32** (1982) 51.

MASUCH, G., A. KETTRUP, R. MALLANT, and J. SLANINA, Wirkung von wasserstoffperoxidhaltigem sauren Nebel auf Laubblätter junger Buchen (Fagus sylvatica L.), VDI - Bericht Nr. 560 (1985) 761.

MATEER, C. L., D. F. HEATH, and A. J. KRUEGER, J. Atmos. Sci. **28** (1971) 1301.

MCCLATCHEY, R. A., AFCRL-TR-0096 (1973).

MCCONNELL, J. C., J. G. R. **78** (1973) 7812.

MCCORMICK, M. P., Adv. Space Res. **2** (1983) 73.

MCELROY, M. B. and J. C. MCCONNELL, J. Atm. Sci. **28** (1971) 1055.

MCELROY, M. B., R. J. SALAWITCH, S. C. WOFSY, and J. A. LOGAN, Nature **321** (1986) 759.

MCELROY, T., MAP Handbook **15** (1985) 1, ed. by D. G. MURCRAY.

MCFARLAND, M., D. KLEY, J. W. DRUMMOND, A. L. SCHMELTEKOPF, and R. J. WINKLER, Geophys. Res. Lett. **6** (1979) 605.

MCGHAN, A. SHAW, L. R. MEGILL, W. SEDLACEK, P. R. GUTHALS, and M. M. FOWLER, J. G. R. **86**, C2 (1981) 1167.

MCKENNA, D. S., R. L. JONES, J. AUSTIN, E. V. BROWELL, M. P. MCCORMICK, A. J. KRUEGER, and A. F. TUCK, J. G. R. **94**, D9 (1989) 11641.

MCKENZIE, R. L. and P. V. Johnston, Geophys. Res. Lett. **9** (1982) 1255.

MCKENZIE, R. L. and P. V. Johnston, Geophys. Res. Lett. **11** (1984) 73.

McPeters, R. D., J. G. R. **85**, C8 (1980) 4545.
McPeters, R. D., Geophys. Res. Lett. **13**, 7 (1986) 667.
McPeters, R. D. and C. H. Jackman, J. G. R. **90** (1985) 7945.
McPeters, R. D., C. H. Jackman, and E. G. Stassinopoulos, J. G. R. **86** (1981) 12071.
Mecke, R., Trans. Faraday Soc. **27** (1931) 375.
Meinel, A. B., Astrophys. J. **111** (1950) 555.
Melcher, H., Transmission und Absorption, VEB Deutscher Verlag der Wissenschaften, Berlin 1970.
Mentall, J. E., J. E. Frederick, and J. R. Herman, J. G. R. **86**, C10 (1981) 9881.
Menzies, R. T., Geophys. Res. Lett. **6** (1979) 151.
Menzies, R. T. and R. Thomas, Patent GO1N/52 DE245945 (1974).
Metzner, H., Beeinflussung des Zellstoffwechsels von Koniferennadeln durch Peroxide und säurebildende Ionen. 8. Seminarbericht „Waldschäden/Luftverunreinigungen", Schmallenberg-Grafschaft (BRD) 15.–16. Oktober (1987).
Meyer, P., E. N. Parker, and J. A. Simpson, Phys. Rev. **104** (1956) 768.
Middleton, J. T., J. B. Kendrick and H. W. Schwalm, Plant Disease Rep. **34** (1950) 245.
Miller, A. J., et al. Nuclear weapon test and short-term effects on atmospheric ozone, paper presented at the Second International Conference on the Environmental Impact of Aerospace Operations in the High Atmosphere, Am. Inst. of Aeronaut and Astronaut, Am. Meteorol. Soc., San Diego Calif. July (1976).
Miller, A. J., B. Korty, E. Hilsenrath, A. J. Fleig and D. F. Heath, Symposium on the Geophysical Aspects and Consequences of Change in the Composition of the Stratosphere, Toronto, Canada, June 26–30, (1978) paper 511, World Meteorol. Organ., Geneva (1978).
Miller, C., J. M. Steed, D. L.Filkin, and J. P. Jesson, Atm. Environ. **15**, 5 (1981) 729.
Miller, D., A. J. Alkezweeng, J. M. Hales, and R. N. Lee, Science **202** (1978) 1186.
Miller, D. and P. Ryder, Planet. Space Sci. **21** (1973) 963.
Miller, P. R., J. R. Parmeter, B. H. Fleck, and C. W. Martinez, J. Air Pollut. Contr. Ass. **19** (1969) 435.
Molina, L. T. and M. J. Molina, J. Phys. Chem. **91** (1987) 433.
Molina, M. J. and F. S. Rowland, Nature **249** (1974 a) 810.
Molina, M. J. and F. S. Rowland, Geophys. Res. Lett. **1** (1974 b) 309.
Molina, M. J., T. Tso, L. T. Molina, and F. C. Y. Wang, Science **238** (1987) 1253.
Möller, D., Atmos. Environ. **22** (1988) 2607.
Möller, D., The possible role of H_2O_2 in new type forest decline, Atmos. Environ. **23**, in Druck (1989).
Monin, A. S., Weather Forecasting as a Problem in Physics, MIT Press, Cambridge, MA (1972).
Moorbath, S., R. K. O'Nions, and R. J. Pankhurst, Nature **245** (1973) 138.
Moreels, G. M., G. Megie, A. Vallance Jones, and R. L. Gattinger, J. A. T. P. **39** (1977) 551.
Morss, D. A. and W. R. Kuhn, Icarus **33** (1978) 40.
Mount, G. H. and G. J. Rottman, J. G. R. **86** (1981) 9193.
Mount, G. H. and G. J. Rottman, J. G. R. **88** (1983) 5403.

MOUNT, G. H., G. J. ROTTMAN, and J. G. TIMOTHY, J. G. R. **85** (1980) 4271.
MOUNT, G. H., D. W. RUSCH, J. F. NOXON, J. M. ZAVODNY, and C. A. BARTH, J. G. R. **89** (1984) 1327.
MROSE, H. und W. WARMBT, Geod. u. Geoph. Veröfftl. d. NKGG d. DDR Reihe II, **18** (1974) 58.
MURCRAY, D. G., A. GOLDMAN, F. H. MURCRAY, F. J. MURCRAY, and W. J. WILLIAMS, Geophy. Res. Lett. **6** (1979) 857.
MURCRAY, D. G., A. GOLDMAN, W. J. WILLIAMS, F. H. MURCRAY, J. N. BROOHS, J. VAN ALLEN, R. N. STOCKER, J. J. KOSTERS, and D. B. BARKER, Recent results of stratospheric trace-gas measurements from balloon-borne spectrometers, in: Third CIAP Conference Proceedings, U.S. Department of Transportation, Washington, D. C. (1974).
NACHTWEY, D. S.and R. D. RUNDEL, in: Stratospheric Ozone and Man Vol. II, ed. by F. A. Bower and R. B. WARD, CRC Press Inc. Boca Raton, Florida (1982).
NAS (1975) Environmental Impact of Stratospheric Flight, National Academy of Sciences, Washington, D. C.
NASA. Present State of Knowledge of the Upper Atmosphere: An Assement Report (NASA, Washington, D. C. (1984)) Causes and Effects of Changes in Stratospheric Ozone. Up date 1983 (National Research Council, National Academy, Washington, D. C. 1984).
NATARAJAN, M. and J. E. NEALY, Science **204** (1979) 1303.
NEWELL, R. E., E. P. CONDON, and H. G. REICHLE, J. G. R. **86** (1981) 933.
NEWELL, R. E.and D. J. GAUTNER, J. Appl. Meteorol. **18** (1979) 696.
NEWELL, R. E., J. W. KIDSON, VINCENT, and G. J. BOER, The general circulation of the tropical atmosphere and interactions with extratropical latitudes, Vol. II, MIT Press, Cambridge, Mass. (1974) Normand.
NICOLET, M., Mem. Inst. Roy. Meteorol. Belg. **19** (1945) 162.
NICOLET, M., J. A. T. P. **7** (1955) 152.
NICOLET, M., The properties and composition of the upper atmosphere, in: Physics of the upper atmosphere, ed. by J. A. RATCLIFFE, Academic Press, New York 1960.
NICOLET, M., Smithson. Astrophys. Obs. Spec. Rep. **75** (1961).
NICOLET, M.,. J. G. R. **70** (1965) 691.
NICOLET, M., Planet. Space Sci. **18** (1970a) 1111.
NICOLET, M., Ann. Geophys. **26** (1970b) 531.
NICOLET, M., Aeronomic reactions of hydrogen and ozone, in: Mesopheric Models and Related Experiments, ed. by G. FIOCCO, D. Reidel, Dordrecht, Netherlands 1971, 1.
NICOLET, M., J. G. R. **23** (1975) 637.
NICOLET, M., R. R. MEIER, and D. E. ANDERSON Jr., Planet. Space Sci. **30**, 9 (1982) 935.
NICOLET, M. and W. PEETERMANS, Ann. Geophys. **28** (1972) 751.
NICOLET, M. and W. PEETERMANS, Planet. Space Sci. **38** (1980) 58.
NORMAND, C., Q. J. Roy. Meteorol. Soc. **79** (1953) 39.
NORTON, R. B. and C. A. BARTH, J. G. R. **75** (1970) 3903.
NOXON, J. F., J. G. R. **84** (1979) 5067.
NOXON, J. F., W. R. HENDERSON, and R. B. NORTON, J. G. R. **88** (1983) 5240.
NRC, Environmental Impact of Stratospheric Flight Climatic Impact Committee, Na-

tional Research Council of the National Academy of Sciences, National Academy of Engineering, Washington, D. C. (1975).
OFFERMANN, D., Paper IV–VI a. 1.1, COSPAR-Meeting Tel Aviv (1978).
OGAWA, M., J. G. R. **73** (1968) 6759.
OGAWA, M., J. Chem. Phys. **54** (1971) 2550.
OHLE, K. H., G. SONNEMANN, B. FICHTELMANN, Adv. Space Res. **4**, 6 (1984) 69.
OLIVER, R. G., E. BAUER, H. HIDALGO, K. A. GARDNER, and W. WASYLKIWSKYJ, Aircraft emissions: Potential effects on ozone and climate, Report FAA-EQ-77-3, U.S. Department of Transportation, Washington, D. C. (1977).
ORAN, E. and D. STROBEL, J. G. R. **82**, 4 (1977) 696.
ORSINI, N. and J. E. FREDERICK, J. A. T. P. **44** (1982) 489.
OWENS, A. J., J. M. STEED, C. MILLER, D. FILKIN, and J. P. JESSON, Geophys. Res. Lett. **9** (1982) 700.
PAETZOLD, H., K. PISCALAR, and H. ZSCHÖRNER, Nature Phys. Sci. **240** (1972) 106.
PANETH, F. A. and E. GLÜCKAUF, Nature **147** (1941) 614.
PARK, C., EOS Trans. AGU **59** (1978) 1078.
PARK, J. E., and J. LONDON, J. Atmos. Sci. **31** (1974) 1898.
PARKER, B. C. and E. J. ZELLER, Antarct. J. U. S. **14** (1980) 80.
PAYNE, W. A., C. J. STIEF, and D. D. DAVIS, J. Am. Chem. Soc. **95** (1973) 7614.
PELON, J. and G. MEGIE, Nature **299** (1982) 137.
PENFIELD, H., M. M. LITRAK, C. A. GOTTLIEB, and A. E. LILLEY, J. G. R. **81**, 34 (1976) 6115.
PENKETT, S. A., K. A. BRICE, R. G. DERWENT, and A. E. J. EGGLETON, Atmos. Environ. **13** (1979) 1011.
PENN, S., J. Appl. Met. **3** (1964) 581.
PENNDORF, R., J. Opt. Soc. Am. **47** (1957) 176.
PENNER, J. E., Atmos. Environ. **16**, 5 (1982) 1109.
PENNER, J. E. and J. S. CHANG, Geophys. Res. Lett. **5** (10) (1978) 817.
PFLEIDERER, G., Naturw. Rundsch. **37**, 5 (1984) 189.
PIAGET, A., Ann. Geophys. **25** (1969) 183.
PINKER, R. T. and A. DELMAN, Atmos. Environ. **17**, 2 (1983) 221.
PITTOCK, A. B., Solar cycles and the weather: Successful experiments in autosuggestion? In: B. M. MCCORMAC and T. A. SELIGA, Solar - Terrestrial Influences on Wether and Climate, D. Reidel Publ. Co. Dordrecht/Boston/London 1978.
POLLACK, J. B., W. J. BORUCKI, O. B. TOON, Nature **282** (1979) 600.
PORTER, H. S., C. H. JACKMAN, and A. E. S. GREEN, J. Chem. Phys. **65** (1976) 154.
PRABHAKARA, C., E. B. RODGERS, B. J. CONRATH, R. A. HANEL, and V. G. KUNDE, J. G. R. **81** (1976) 6391.
PRABHAKARA, C., S. CHANDRA, and S. B. MODALI, J. G. R. **85**, C3 (1980) 1618.
PRATHER, M. C., J. G. R. **86**, C6 (1981) 5325.
PRATHER, M. J., M. B. MCELROY, and S. C. WOFSY, Nature **312** (1984) 227.
PRATHER, M. J., M. B. MCELROY, S. C. WOFSY, and J. A. LOGAN, Geophys. Res. Lett. **6** (1979) 163.
PRATHER, M. J. and J. M. RODRIGUEZ, Geophys. Res. Lett., **15**, 1 (1988) 1.
PRINN et al., J. G. R. **88** (1983) 8415.

PRINZ, D. K. and G. E. BRUECKNER, J. G. R. **82**, 10 (1977) 1481.
PRIOR, E. J. and B. J. OZA, Geophys. Res. Lett. **5** (1978) 547.
PRUCHNIEWICZ, P. G., PAGEOPH 106–108 (1973) 1058.
PUESCHEL, R. F., K. G. SNETSINGER, J. K. GOODMAN, O. B. TOON, G. V. FERRY, V. R. OBERBECK, J. M. LIVINGSTON, S. VERMA, W. FONG, W. L. STARR, and K. R. CHAN, J. G. R. **94**, D9 (1989) 11271.
PURCELL, J. D., R. TOUSEY, J. G. R. **65** (1960) 370.
PYLE, J. A., A. M. ZAVODNY, J. E. HARRIES, and P. H. MOUNT, Nature **305** (1983) 690.
QUIROZ, R. S., J. G. R. **84** (1979) 2415.
RADFORD, H. E., J. G. R. **82** (1977) 472.
RAMANATHAN, K. R., Q. J. R. Met. Soc., **89**, 382 (1963) 540.
RAMANATHAN, V., R. J. CICERONE, H. B. SINGH, and J. T. KIEHL, J. G. R. **90** (1985) 5547.
RAMANATHAN, V. and R. E. DICKINSON, J. Atmos. Sci. **36** (1979) 1084.
RAO, K. S. R. and M. V. H. NAIR, J. T. P. **43**, 4 (1981) 367.
RASMUSSEN, R. A. and M. A. K. KHALIL, Proceedings of the NATO Advanced study Institute on Atmospheric Ozone (A. C. AIKIN, Ed.) (Dept. of Transportation, Washington D. C.) (1980).
RASMUSSEN, R. A. and M. A. K. KHALIL, Atmos. Environ. **15**, 5 (1981) 883.
RASMUSSEN, R. A., M. A. K. KHALIL and A. J. CRAWFORD, Geophys. Res. Lett. **9** (1982) 704.
RASMUSSEN, R. A. and M. A. K. KHALIL, Natural and anthropogenic trace gases in the lower troposphere of the arctic. Bearerton: Dept. of Environ. Sci. (1983).
RATNER, M. I. and J. C. G. WALKER, J. Atmos. Sci. **29** (1972) 803.
REAGAN, J. B., R. E. MEYEROTT, R. W. NIGHTINGALE, R. C. GUNTON, R. G. JOHNSON, J. E. EVANS, W. L. IMHOF, D. F. HEATH, and A. J. KRUEGER, J. G. R. **86**, A3 (1981) 1473.
REBER, C. A. and F. T. HUANG, J. G. R. **87** (1982) 1313.
RECK, R. A. and D. L. FREY, Atmos. Environ. **12** (1978) 2501.
REED, R. J., J. Met. **12** (1955) 226.
REGENER, E. und V. H., Phys. Z. **35** (1934) 788.
REGENER, V. H., Nature **167** (1951) 276.
REGENER, V. H., J. G. R. **65** (1960) 3975.
REGENER, V. H., J. G. R. **69** (1964) 3795.
REICHLE, H. G. and E. P. CONDON, Geophys. Res. Lett. **6** (1979) 949.
REICHLE, H. G., V. S. CONNORS, J. A. HOLLAND, W. D. HYPES, H. A. WALLIO, J. C. CASAS, B. B. GORMSEN, and M. S. SAYLOR, J. G. R. **91**, D10 (1986) 10865.
REID, G. C., Influence of ionization on the neutral atmosphere, Aeronomy Laboratory, NOAA, Boulder, Colorado 80302 (1977).
REID, G. C., I. S. A. ISAKSEN, T. E. HOLZER, P. J. CRUTZEN, Nature **259** (1976) 177.
REINSEL, G. C., G. C. TIAO, J. J. DE LUISI, C. L. MATEER, A. J. MILLER, and J. E. FREDERICK, J. G. R. **89** (1984) 4833.
REINSEL, G. C., G. C. TIAO, R. LEWIS, and M. BOBKOSKI,J. G. R. **88** (1983) 5393.
REINSEL, G. C., G. C. TIAO, A. J. MILLER, D. J. WUEBBLES, P. S. CONNELL, C. C. MATEER, and J. J. DELUISI, J. G. R. **92**, D2 (1987) 2201.

REINSEL, G. C., G. C. TIAO, M. N. WANG, R. LEWIS, and D. NYCHKA, Atmos. Environ. **15** (1981) 1569.

REITER, R., Meteorol. Atmos. Phys. **37** (1987) 27.

REITER, R., Wetter und Leben, **40** (1988) 1.

REITER, R., Wetter und Leben, **40** (1988) 87.

REITER, R., Naturwissenschaften **75** (1988) 511.

REITER, R., H. J. KANTER, R. SLADKOVIC, and K. POTZL, Measurements of air-borne radioactivity and its meteorological application, Part V, USERDA Document No NYO-3425-12 (1976).

REITER, R. and M. LITTFASS, Arch. Met. Geophys. Biokl. Ser. A26 (1977) 127.

REITER, R., R. SLADKOVIC, and H.-J. KAUTER, Meteorol. Atmos. Phys. **37** (1987) 27.

REPAPIS, C. C., C. S. ZEREFOS, R. L. JENNE, and S. KOTINI, Publ. 2, Acad. of Athens, Res. Centre for Atmos. Phys. and Climatol., Athens, Greece 1980.

RIEGLER, G. R., S. K. ATREYA, R. C. CICERONE, J. F. DRAKE, and S. C. LIU, Paper presented at the Joint Symp. Atm. Ozone, Dresden 1976.

RIEGLER, G. R., J. F. DRAKE, S. C. LIU, and R. J. CICERONE, Preprint of the Jet Propulsion Laboratory California Institute of Technology, Passadena, California 1976.

RIMA, A., Sulle variazioni della quantitá totale di ozono in Arosa, Geofis. Met. **9**, 3–4 (1961) 77.

RIMA A., Sulle variazione della quantitá totale di ozono atmosferico di tutta la terra, In: Atti 14-mo Conv. ann. Ass. Geof. Hal., Roma, (1965) 169.

RINSLAND, C. P., R. E. BOUGHNER, J. C. LARSEN, G. M. STOKES, and J. W. Brault, J. G. R. **89**, D6 (1984) 4613.

RIPPERTON, L. A., C. E. DECKER and W. W. PAGE, Effects of sulfur dioxide on photochemical oxidant production, Presented before the Division of Water, Air and Waste Chemistry at the 150th National ACS Meeting, Atlantic City, New Jersey (1965).

ROBBINS, R. C., R. D. CADLE, and D. L. ECKHARDT, J. Meteorol. **16** (1959) 53.

ROBINSON, E., and R. C. ROBBINS, Antarct. J. U. S. **3** (1968) 194.

RODRIGUEZ, J. M., M. K. W. Ko and N. D. SZE, Geophys. Res. Lett., **13** (1986a) 1292.

ROGERS, C. F. and J. A. PYLE, MAP Handbook 2, ed. by S. K. AVERY, (1981) 400.

ROOD, R. B. and M. R. SCHOEBERL, J. G. R. **88** (1983) 5208.

ROTTMANN, G. J., J. G. R. **86**, A8 (1981) 6697.

ROWLAND, F. S. and M. J. MOLINA, Rev. Geophys. Space Phys. **13** (1975) 1.

RUDERMAN, M. A. and J. W. CHAMBERLAIN, Planet. Space Sci. **23** (1975) 247.

RUSCH, D. W., J.-C. GERARD, S. SOLOMON, P. J. CRUTZEN and G. L. REID, Planet. Space Sci. **29**, 7 (1981) 767.

RUSCH, D. W., G. H. MOUNT, C. A. BARTH, G. J. ROTTMAN, R. J. THOMAS, G. E. THOMAS, R. W. SANDERS, G. N. LAWRENCE, and R. S. ECKMAN, Geophys. Res. Lett. **10**, 4 (1983) 241.

RUSSEL, J. M., Adv. Space Res. **4** (1984) 107.

SACHSE, G. W., G. F. HILL, L. O. WADE, and M. G. PERRY, J. G. R. **92**, D2 (1987) 2071.

SALTZMAN, B. E. and A. F. WARTBURG, Analyt. Chem. **37** (1965) 779.

SANDER, S. P. and R. R. FRIEDL, Geophys. Res. Lett. **15** (1988) 213.

SANDERS, R. W., S. SOLOMON, M. A. CARROLL, and A. L. SCHMELTEKOPF, J. G. R. **94**, D9 (1989) 11381.

SCHIFF, H. I., Nature **305** (1983) 471.

SCHLESINGER, M. E. and Y. MINTZ, J. Atm. Sci. **36** (1979) 1325.

SCHMIDTKE, G., J. G. R. **82** (1977) 2423.

SCHÖNBEIN, C. F., C. R. Acad. Sci. Paris **10** (1840) 706.

SCHÖNBEIN, C. F., Ann. Phys. Chem. **50** (1840) 616.

SCHOTLAND, R. M., Proc. Third Symp. on Remote Sensing of the Environment, Univ. of Michigan, Ann. Arbor, Michigan (1964) 215.

SEILER, W., Tellus **26** (1974) 116.

SEILER, W., The cycle of methane in the troposphere, paper presented at 2nd Symp. on the Composition of the Nonurban Troposphere, Am. Meteorol. Soc., Williamsburg, Va., (1982).

SEILER, W., Global budget of methane, paper presented at 2nd Int. Symp. on Biosph.-Atmos. Exchange, Max-Planck-Inst. for Chem. Mainz, FRG (1986).

SEILER, W. and J. FISHMAN, J. G. R. **86** (1981) 7255.

SEILER, W., A. HOLZAPFEL-PSCHORN, R. CONRAD, and D. SCHARFFE, J. Atmos. Chem. **1** (1984) 241.

SEILER, W. and C. JUNGE, J. G. R. **75** (1970) 2217.

SEILER, W. and P. WARNECK, J. G. R. **77** (1972) 3204.

SHAW, J. H., Astrophys. **7**, 128 (1958) 428.

SHEPPARD, J. C., H. WESTBERG, J. F. HOPPER, K. GANESAN, and P. ZIMMERMANN, J. G. R. **87** (1982) 1305.

SHIMABUKURO, F. I., P. L. SMITH, and W. J. WILSON, J. G. R. **80** (1975) 2957.

SHIMABUKURO, F. I. and W. J. WILSON, J. G. R. **78** (1973) 6136.

SHIMAZAKI, T., J. A. T. P. **46**, 2 (1984) 173.

SHIMAZAKI, T. and A. R. LAIRD, J. G. R. **75** (1970) 3221.

SIMON, P. C., Planet. Space Sci. **26** (1978) 355.

SIMON, P. C., Solar Physics **74** (1981) 273.

SIMMONDS, P. G. et al., J. G. R. **88** (1983) 8427.

SINGH, H. B., Upper Atmos. Progr. Bulletin 81-4 (1981).

SINGH, H. B., D. P. FOWLER, and T. O. PEYTON, Science **192** (1976) 1231.

SINGH, H. B., F. L. LUDWIG, and W. B. JOHNSON, Atmos. Environ. **12** (1978) 2185.

SINGH, H. B., L. J. SAIZS, H. SHIGEISHI, and E. SCRIBNER, report of Atmos. Sci. Lab., Standford Res. Inst., Standford, Calif. (1978).

SINGH, H. B., W. VIEZEE, W. B. JOHNSON, and F. L. LUDWIG, J. Air Pollut. Control. Ass. **30** (1980) 1009.

SKEFFINGTON, R. and M. ROBERTS, Effect of ozone and acid mist on Scot pine and Norway spruce - qn experimental study. VDI - Bericht Nr. 560 (1985) 747.

SMITH, W. C., C. C. CHOU, and F. S. ROWLAND, Geophys. Res. Lett. **4** (1977) 517.

SOFIA, S., J. O. KEEFE, and J. R. LESH, Science **204** (1979) 1306.

SOLOMON, P. M., R. DE ZAFRA, A. PARRISH, and J. W. BARRETT, Science **224** (1984) 1210.

SOLOMON, S. and P. J. CRUTZEN, J. G. R. **86** (1981) 1140.

SOLOMON, S. and R. GARCIA, J. G. R. **88** (1983 a) 5229.

SOLOMON, S. and R. GARCIA,J. G. R. **88** (1983 b) 5497.

SOLOMON, S. and R. R. GARCIA, J. G. R. **89** (1984) 11644.

SOLOMON, S., R. R. GARCIA, F. S. ROWLAND, and D. J.Wuebbles, Nature **321** (1986) 755.

SOLOMON, S., R. R. GARCIA, F. STORDAL, J. G. R. **90** (1985) 12981.

SOLOMON, S., G. C. REID, D. W. RUSCH, and R. J. THOMAS, Geophys. Res. Lett. **10**, 4 (1983 d) 257.

SOLOMON, S., D. W. RUSCH, J. D. GERARD, G. C. REID, and P. J. CRUTZEN, Planet. Space Sci. **29** (1981) 885.

SOLOMON, S., D. W. RUSCH, R. J. THOMAS, and R. S. ECKMAN, Geophys. Res. Lett. **10**, 4 (1983 c) 249.

SONNEMANN, G., Diss. A, W.-Pieck-Univ. Rostock (1976).

SONNEMANN, G., Proceeding Joint Symp. Atm. Ozone, Dresden 1976, 1 (1977) 193.

SONNEMANN, G., paper C.1.2.4. XXII. COSPAR-Meeting Budapest, Hungary (1980).

SONNEMANN, G., Phys. Solariterr. Potsdam, No. 21 (1983) 41.

SONNEMANN, G., DISS. B, Akad. Wissensch. DDR (1984).

SONNEMANN, G., Ist unsere Atmosphäre noch im Gleichgewicht? Urania-Verlag Berlin-Leipzig-Jena 1986, Aulis Verlag Köln 1986.

SONNEMANN, G. und G. v. COSSART, Interner Bericht ans HHI der AdW d. DDR (1987).

SONNEMANN, G., G. v. COSSART and B. SCHÄNING, Patentanmeldung WPGO1N/3110378 LIAG (1987 a).

SONNEMANN, G., D. FELSKE and R. KNUTH, Adv. Space Res. **3** (1) (1983) 103.

SONNEMANN, G. and B. FICHTELMANN, Small scale fluctuations of minor constituents caused by photochemical processes, paper presented at the XXV. COSPAR-Meeting Graz (1984).

SONNEMANN, G. and B. FICHTELMANN, IAGA/IAMAP Prague (1985) paper 11. 07. 11.

SONNEMANN, G. und B. FICHTELMANN, Acta Geod. Geoph. Mont. Hung., **22**, 1–2 (1987) 301.

SONNEMANN, G., B. FICHTELMANN, L. MARTINI und B. STARK, Patentanmeldung WP GO1 N/301 681 (1987 b).

SONNEMANN G., B. FICHTELMANN, L. MARTINI und B. STARK, Patentanmeldung: Simultan Nachweis von NO, NO_2 und O_3 (1988).

SONNEMANN, G., B. FICHTELMANN und K.-H. OHLE, Ableitung von Dichten des atomaren Sauerstoffs aus Ozonmessungen von IK-16. Interner Bericht am IKF der AdW d. DDR (1986), Veröffentlichungsvorbereitung (1988).

SONNEMANN, G., B. FICHTELMANN and K.-H. OHLE, An empirical model of mesospheric ozone, MAP Newsletter (1984).

STARK, B., Diss. B., Akad. Wissensch. DDR (1984).

STARK, B., L. MARTINI, G. SONNEMANN und B. Fichtelmann, Patentschrift 212358 des Amtes für Erfindungs- und Patentwesen der DDR vom 8. 8. 1984 (Anmeldung 20. 12. 1982) WPHO13/2462858.

STARR, W. L. and M. LOEWENSTEIN, J. G. R. **77**, 25 (1972) 4790.

STEDMAN, D. H., J. AY, J. R. WILLIAMS, and T. C. ADAMSON, Astronaut. Acta **1** (1974) 1507.

STEDMAN, D . H., W. L. CHAMEIDES, and R. J. CICERONE, Geophys. Res. Lett. **2** (1975) 333.

STEPHENS, E. R., W. E. SCOTT, P. L. HOUST, and R. C. DOERR, J. Air Pollut. Contr. Ass. **6** (1956) 159.

STOLARSKI, R. S. and R. J. CICERONE, Can. J. Chem. **52** (1974) 1610.

STOLARSKI, R. S., A. J. KRUEGER, M. R. SCHOEBERL, R. D. MCPETERS, P. A. NEWMAN, and J. C. ALPERT, Nature **322** (1986) 803.

STREIT, G. E., C. J. HOWARD, A. L. SMELTEKOPF, J. A. DAVIDSON, and H. I. SCHIFF, J. Chem. Phys. **65** (1976) 4761.

STROBEL, D. F., J. G. R. **76** (1971) 8384.

STROBEL, D. J., J. G. R. **83** (1978) 6225.

STROBEL, D. F., D. M. HUNTEN and M. B. MCELROY, J. G. R. **75** (1970) 4307.

STRUTT, R. J., Proc. Roy. Soc. London, Ser. A, **64** (1918) 260.

SULLIVAN, J. O. and A. C. HOLLAND, NASA Contract. Rep. CR-371 January (1966).

SUNDARAMAN, N., W. SMITH and J. ROGERS (1979) Second biennial report prepared in accordance with the clean air act amendments of 1977, Report No FAA-EE-79-24, U.S. Department of Transportation, Federal Aviation Administration Office of Environment and Energy, Washington, D. C. 20591 (1979).

SWIDER, W. and T. J. KENESHEA, Planet. Space Sci. **21** (1973) 1669.

SWINNERTON, J. W. and LAMONTAGNE, Tellus **26** (1974) 136.

SWISSLER, T. J., P. HAMILL, M. OSBORNE, P. B. RUSSEL, and M. P. MCCORMICK, J. Atmos. Sci. **39** (1982) 909.

SYED, M. W. and A. W. HARRISON, Can. J. Phys. **59** (1981) 1278.

TAYLOR, O. C., J. Occupational Med. **10** (1968) 485.

THOMAS, L. and M. R. BOWMAN, J. A. T. P. **34** (1972) 1843.

THOMAS, R. J., C. A. BARTH, G. J. ROTTMAN, D. W. RUSCH, G. H. MOUNT, G. M. LAWRENCE, R. W. SANDERS, G. E. THOMAS and L. E. CLEMENS, Geophys. Res. Lett. **10**, 4 (1983 a) 253.

THOMAS, R. J., C. A. BARTH, G. J. ROTTMAN, D. W. RUSCH, G. H. MOUNT, G. M. LAWRENCE, R. W. SANDERS, G. E. THOMAS, and L. E. CLEMENS, Geophys. Res. Lett. **10**, 4 (1983 b) 253.

THOMAS, R. J., C. A. BARTH, D. W. RUSCH, and R. W. SANDERS, J. G. R. **89** (1984 a) 9569.

THOMAS, R. J., C. A. BARTH, and S. SOLOMON, Geophys. Res. Lett. **11**, 7 (1984 b) 673.

THOMPSON, A. M. and R. J. CICERONE, J. G. R. **91**, D10 (1986) 10853.

THORNE, R. M., Influence of relativitic electron precipitation on the lower ionosphere and stratosphere, in: Dynamical and chemical coupling between the neutral and ionized atmosphere, ed. by G. GRANDAL and J. A. HOLTET, D. Reidel Publ. Co. 1977, 161 (1977 a).

THORNE, R. M., Science **21** (1977 b) 287.

THORNE, R. M., The importance of energetic particle precipitation on the chemical composition of the middle atmosphere, Birkhäuser Verlag Basel, PAGEOPH **118**, 1/2 (1980) 128.

TIAO, G. C., G. C. REINSEL, J. H. PEDRICK, G. M. ALLENBY, C. L. MATEER, A. J. MILLER, and J. J. DE LUISI, J. G. R. **21**, D12 (1986) 13121.

TIEDE, J. J., P. N. SHELDON, W. J. HILL, Atmos. Environ. **13** (1979) 999.

TOLBERT, M. A., M. J. ROSSI and D. M. GOLDEN, Science **240** (1988) 1018.

TOOHEY, D. W. and J. G. ANDERSON, J. Phys. Chem. **92** (1988) 1705.

TOON, G. C., C. B. FARMER, P. W. SCHAPER, J.-E. BLAVIER, and L. L. LOWES, J. G. R. **94**, D9 (1989) 11613.

TORR, M. R., D. G. TORR, and H. E. HINTEREGGER, J. G. R. **85**, A11 (1980) 6063.

TRIED, P. M. and J. A. WEINMAN, Bull. Am. Met. Soc. **51** (1970) 1006.

TRINKS, H., Geophys. Res. Lett. **2** (1975) 99.

TRINKS, H., D. OFFERMANN, U. v. ZAHN, and G. STEINHAUER, J. G. R. **83**, A5 (1978) 2169.

TUCKER, A. W., A. B. PETERSEN, and M. BIRNBAUM, Appl. Opt. **12** (1973) 2036.

TUNG, K. K., M. K. W. KO, J. M. RODRIGUEZ, and N. D. SZE, Nature **322** (1986) 811.

TURCO, R. P., Science **214** (1981) 19.

TYNDALL, J., Contribution to Molecular Physics in the Domain of Radiant Heat, London 1872.

UREY, H. C., Primitive planetary atmospheres and the origin of life, The origin of life on the earth, Symp. of Int. Union of Biochemistry, Moscow 1957, New York, The MacMillan Company 1 (1959) 16.

VAN VLECK, J. H. and V. F. WEISSKOPF, Rev. Mod. Phys. **17** (1945) 227.

VARNEY, R. and B. M. McCORMAC, Introduction to the Scientific study of atmospheric pollution, ed. by McCORMAC, D. Reidel Publishing Company, Dordrecht, Holland 1971.

VASSY, A. T., Relations entre l'ozone atmosphérique et les orages, Compr. rend. **239** (1954) 1309.

VASSY, A., J. Sci. Meteorol. **10** (1958) 63.

VAUGHAN, G., Nature **296** (1982) 133.

VIDAL-MADJAR, A., Solar Phys. **40** (1975) 69.

VIDAL-MADJAR, A., and B. PHISSAMAY, Solar Physics **66** (1980) 259.

VIEZEE, W., W. B. JOHNSON, and B. SINGH, Atmos. Environ. **17**, 10 (1983) 1979.

VINCENT, R. A., MAP Handbook 13, ed. by R. A. VINCENT (1984).

WALKER, J. C. G., Evolution of the Atmosphere, MacMillan Company, New York 1977.

WALLACE, J. S., G. S. SINGER and D. H. STEDMAN, Atmos. Environ. **14** (1980) 1147.

WALLACE, L. V. and D. M. HUNTEN, J. G. R. **73** (1968) 4813.

WANG, C. C. and L. I. DAVIS, Jr., Phys. Rev. Lett. **32** (1974) 349.

WANG, P.-H., S.-S. HONG, M.-F. WU, and A. DEEPAK, J. Atmos. Sci. **39** (1982) 1398.

WARMBT, W., Luftchemische Naturuntersuchungen des bodennahen Ozons 1952–1961, Methoden und Ergebnisse, Abh. Meteor. Dienst der DDR, Berlin, **X**, 72 (1964).

WARNECK, P., J. G. R. **77** (1972) 6589.

WASSER, B. and T. M. DONAHUE, J. G. R. **84**, A4 (1979) 1297.

WATANABE, K., Advances in Geophys. **5** (1958) 153.

WATERS, J. W., J. J. GUSTINCIC, R. K. KAKAR, H. H. ROSCOE, P. N. SWANSON, T. G. PHILLIPS, T. DE GRAAUW, A. R. KERR, and R. J. MATTAUCH, J. G. R. **84** (1979) 7034.

WATERS, J. W., J. C. HARDY, R. F. JARNOT, and H. M. PICKETT, Science **214** (1981) 61.

WEEKS, L. H., R. S. CUIKAY, and J. R. Corbin, J. Atmos. Sci. **29** (1972) 1138.

WEEKS, L. H., R. E. GOOD, J. S. RONDHAWA, and H. TRINKS, J. G. R. **83** A3 (1978) 978.

WEISS, R. E., J. G. R. **86** (1981) 7185.

WENT, F. W., Nature **187** (1960) 641.

WENT, F. W., Tellus **18** (1966) 549.

WHITE, O. R., Ed., The solar output and its variation, Colorado Associated University Press, Boulder 1977.

WHITE, W. H. and D. DIETZ, Nature **309** (1984) 242.

WHITTEN, R. C., W. J. BORUCKI, H. T. WOODWARD, L. A. CAPONE, and C. A. RIEGEL, Atm. Environ. **17**, 10 (1983) 1995.

WHITTEN, R. C. and I. G. POPPOFF, Fundamentals of Aeronomy, J. Wiley and Sons Inc., New York, London, Sydney, Toronto 1971.

WIDTSOE, J. A., Bulletin No 88, Exp. Sta. Agric. College of Utha, Logan Utah (1903).

WIGAND, A., Verh. dt. phys. Ges. **13** (1913) 15.

WILLET, H. C., J. G. R. **67** (1962) 661.

WILLET, W. J., J. J. KOSTERS, A. GOLDMAN, and D. G. MURCRAY, Geophys. Res. Lett. **3** (1976) 383.

WILLSON, R., S. GULKIS, M. JANSSEN, H. S. HUDSON, and G. A. Chapman, Science **211** (1981) 700.

WILSON, W. E. and A. LEVY, J. Air Pollut. Contr. Ass. **20** (1970) 385.

WILSON, W. E., A. LEVY, and D. B. WINNER, J. Air. Pollut. Contr. Ass. **22** (1972) 27.

WMO-NASA-Report: The Stratosphere 1981, Theory and Measurements, Geneva (1982).

WMO World Meteorological Organization report global ozone research and monitory project, Geneva, Rep. **14** (1982) 35.

WOFSY, S. C., J. G. R.**83** (1978) 364.

WOFSY, S. C. and M. B. MCELROY, Can. J. Chem. **52** (1974) 1582.

WOFSY, S. C., M. B. MCELROY, and Y. L. YUNG, Geophys. Res. Lett. **2** (1975) 215.

WOLFF, G. T., M. A. FERMAN, and P. R. MONSON, Geophys. Res. Lett. **6** (1979) 637.

WONG, W. and D. D. DAVIS, Int. J. Chem. Kinet. **6** (1974) 401.

WONGDONTRI-STUPER, W., R. SIMONATIS, and J. HEICKLEN, Geophys. Res. Lett. **5** (1978) 1005.

WULF, O. R. and L. S. DEMING, J. G. R. **41** (1936a) 299.

WULF, O. R. and L. S. DEMING, J. G. R. **41** (1936 b) 375.

WULF, O. R. and L. S. DEMING, J.G.R. **42** (1937) 95.

ZAHNLE, K. J. and J. C. G. WALKER, Rev. Geophys. Space Phys. **20**, 2 (1982) 289.

ZALPURI, K. S. and T. OGAWA, J. A. T. P. **41** (1979) 961.

ZELLER, E. J. and B. C. PARKER, Geophys. Res. Lett. **8** (1981) 895.

ZEREFES, C. S. and P. J. CRUTZEN, J. G. R. **80** (1975) 5041.

ZIMMERMANN, P. R., J. P. GREENBERG, S. O. WANDIGA, and P. J. CRUTZEN, Science **218** (1982) 503.

ZITTEL, Über den Ozongehalt der Wüstenluft, Z. Österr. Gesell. Met. **1** (1874) 9.

ZOTKIN, I. T. and M. A. TSIKULIN, Sov. Phys. Dokl. **11** (1966) 183.

Sachregister

www.ingramcontent.com/pod-product-compliance
Lightning Source LLC
LaVergne TN
LVHW042232300926
849161LV00003B/334